精细有机合成原理与技术

韩福忠　林雪松　贾利娜　编著

中国纺织出版社

内容提要

本书对精细有机合成原理与技术进行了研究，主要内容包括磺化与硫酸化、硝化与亚硝化、氧化还原、卤化与氨解、烷基化、酰基化、重氮化与重氮盐的转化、羟基化、缩合反应、精细有机合成路线设计基本方法与评价、精细有机合成的选择性控制与工艺优化、精细有机合成新方法新技术等。本书力求做到理论严谨、内容丰富、重点突出、层次清晰。在章节上注意整体与局部的划分和衔接；在内容上注重引入最新理论和技术；在语言上注意逻辑性和准确性；在结构上注意同类知识的结合。同时，加入了大量典型应用实例，循序渐进、深入浅出、图文并茂，为深入理解和应用奠定了坚实的基础。

图书在版编目(CIP)数据

精细有机合成原理与技术 / 韩福忠，林雪松，贾利娜编著. -- 北京 ：中国纺织出版社，2018.3 （2022.1重印）

ISBN 978-7-5180-4143-5

Ⅰ.①精… Ⅱ.①韩… ②林… ③贾… Ⅲ.①精细化工—有机合成 Ⅳ.①TQ202

中国版本图书馆 CIP 数据核字(2017)第 241447 号

责任编辑：姚 君　　　　责任印制：储志伟

中国纺织出版社出版发行

地址：北京市朝阳区百子湾东里 A407 号楼　邮政编码：100124

销售电话：010—67004422　传真：010—87155801

http://www.c-textilep.com

E-mail:faxing@e-textilep.com

中国纺织出版社天猫旗舰店

官方微博 http://www.weibo.com/2119887771

北京市金木堂数码科技有限公司印刷　　各地新华书店经销

2018 年 3 月第 1 版　　2022 年 1 月第 9 次印刷

开本：787×1092　1/16　印张：18.25

字数：447 千字　定价：78.00 元

前 言

2001年诺贝尔化学奖得主日本名古屋大学教授野依良治博士说过:“有机合成有两大任务:一是实现有价值的已知化合物的高效生产;二是创造新的有价值的物质与材料。”即可以理解为有机合成有两个基本目的:一是为了工业大量生产,即工业合成,为了这一目的,成本问题非常重要,即使是收率上的极小变化或工艺路线和设备的微小改进都会对成本产生很大的影响;二是为了合成特殊的、新的有机化合物,探索新的合成路线或研究其他理论问题,即实验室合成,为这一目的所需要的物质的量较少,但纯度常常要求较高,而成本在一定范围内不是主要问题。

工业合成是利用化学反应将简单的原料通过工业化装置生产出各种化工中间体及化学产品的过程。根据所承担的任务不同,工业有机合成一般可分为基本有机合成和精细有机合成两大类。其中,基本有机合成工业的主要任务是利用化学方法将简单的、廉价易得的天然资源如煤、石油、天然气等以及其初加工产品和副产品(电石、煤焦油等)合成为最基本的有机化工原料。基本有机合成多在气相催化下进行,且多为连续性的大规模生产,因此也称为重有机合成。精细有机合成工业的主要任务是合成染料、药物、农药、香料以及各种试剂、溶剂、添加剂等,其特点是产量小、品种多、质量要求较高,而且一般为间歇生产,操作比较复杂、细致。

精细有机合成具备以下特点。

(1)小批量,多品种。精细化学品的年产量一般为几吨至几百吨,有些小品种仅以千克计。为了满足多方面的需要,它们不可能像大化工产品那样大批量生产,而是有针对性地生产各种具有特殊功能的专用化学品。如表面活性剂,现已有5000多个具有明确化学结构的品种,不同化学结构的染料品种也有5000多个。不断开发新的精细化学品是精细有机合成的一个特点。

(2)高技术密集度。精细化学品合成的高技术密集度主要体现在整个生产流程长、涉及的单元反应和单元操作多、中间体和终产物质量要求高。从原料的选择到最终产品的检验,中间需要多学科的理论知识和专业技能,如多步合成、分离纯化、分析检测等。因此,精细化学品合成的技术垄断性强,大部分精细化学品的合成均受专利保护。

(3)高附加值。附加值是指在产品产值中扣除原材料、税金、设备和厂房折旧后剩余部分的价值。大部分精细化学品附加值很高,有些产品的利润率甚至可达300%。在这些产品的生产中,原材料的费用、动力和劳动力的消耗都占次要地位。精细化学品利润高的原因,很大程度上来源于它的高技术含量和技术垄断。

上述两类有机合成工业都是国计民生所必不可少的,没有精细有机合成就不能满足人民生活所必需的各种有机产品,而没有基本有机合成就断绝了精细有机合成所需要的工业原料。

工业合成与实验室合成虽然在反应原理和单元操作上大致相同,但在规模大小上是有差别的，工业生产上常常有些特殊要求。有时在实验室合成中被否定的合成路线，在工业生产上却有较大的生产价值；反之，有时实验室合成中认为十分理想的合成路线，在工业生产上却有很大的困难，甚至难以实现。这是因为工业生产除了考虑反应原理和单元操作之外，还必须考虑整个生产过程的要求，如设备、操作、产物的综合利用、物料和能量的平衡以及是否适合于连续性生产等，而且还必须考虑"三废"的处理和环境的保护。因此，工业合成除了理论研究之外，还有更加精确和具体的要求，而且工业合成路线的改进对工业生产有巨大的影响，因而必须重视和加强对有机合成以及整个生产过程的研究。

本书力求做到理论严谨、内容丰富、重点突出、层次清晰、深入浅出。在章节安排上注意整体与局部的划分和衔接；在内容上注重引入最新理论和技术，并突出"实际、实用、实践"的"三实"原则，循序渐进、深入浅出；在语言上注意逻辑性和准确性；在结构上注意同类知识的结合。同时，加入了大量典型应用实例及图表，为深入理解和应用奠定了坚实的基础。

全书由韩福忠、林雪松、贾利娜撰写，并由韩福忠负责统稿。具体分工如下：

第 2 章～第 5 章、第 11 章：韩福忠（齐齐哈尔大学）；

第 1 章、第 6 章、第 8 章、第 12 章：林雪松（赤峰学院）；

第 7 章、第 9 章、第 10 章、第 13 章：贾利娜（齐齐哈尔大学）。

本书的写作得到了出版社领导和编辑的鼎力支持和帮助，同时也得到了各学校领导的支持和鼓励，在此一并表示感谢。由于作者水平所限，书中难免存在疏漏和不妥之处，恳请同行专家不吝赐教。

编者

2017 年 7 月

目　录

第 1 章　绪论 …… 1

1.1　精细有机合成基础知识 …… 1
1.2　精细有机合成的基础工艺 …… 14
1.3　精细有机合成的原料资源 …… 15
1.4　精细有机合成工艺从小试到工业 …… 17

第 2 章　磺化与硫酸化 …… 21

2.1　概述 …… 21
2.2　芳环上的取代磺化 …… 22
2.3　亚硫酸盐的置换磺化 …… 25
2.4　用磺化法制备阴离子表面活性剂的反应 …… 27
2.5　烯烃的硫酸化 …… 31
2.6　脂肪醇的硫酸化 …… 32
2.7　聚氧乙烯醚的硫酸化 …… 33

第 3 章　硝化与亚硝化 …… 35

3.1　概述 …… 35
3.2　硝化反应历程 …… 35
3.3　混酸硝化 …… 37
3.4　硫酸介质中的硝化 …… 40
3.5　有机溶剂—混酸硝化 …… 42
3.6　在乙酐或乙酸中的硝化 …… 42
3.7　稀硝酸硝化 …… 44
3.8　置换硝化法 …… 46
3.9　亚硝化 …… 47

第 4 章　氧化还原 …… 49

4.1　概述 …… 49
4.2　催化氧化 …… 50
4.3　化学试剂氧化 …… 58

4.4 催化还原 …… 63
4.5 化学还原 …… 70

第 5 章 卤化与氨解 …… 78

5.1 概述 …… 78
5.2 取代卤化 …… 79
5.3 加成卤化 …… 82
5.4 置换卤化 …… 85
5.5 氨解反应基本原理 …… 89
5.6 氨解方法 …… 92
5.7 氨解反应的制备实例 …… 98

第 6 章 烷基化 …… 102

6.1 概述 …… 102
6.2 烷基化反应的基本原理 …… 103
6.3 相转移烷基化反应 …… 131
6.4 烷基化生产实例 …… 132

第 7 章 酰基化 …… 137

7.1 概述 …… 137
7.2 *N*-酰化反应 …… 138
7.3 *C*-酰化反应 …… 152
7.4 *O*-酰化(酯化)反应 …… 162

第 8 章 重氮化与重氮盐的转化 …… 171

8.1 概述 …… 171
8.2 重氮化反应 …… 173
8.3 重氮化合物的转化反应 …… 179

第 9 章 羟基化 …… 189

9.1 概述 …… 189
9.2 芳磺酸盐的碱熔 …… 189
9.3 有机化合物的水解 …… 193
9.4 其他羟基化反应 …… 198

第 10 章 缩合反应 …… 201

10.1 概述 …… 201
10.2 羟基缩合反应 …… 201

10.3 羧酸及其衍生物的缩合 …… 208

第 11 章 精细有机合成路线设计基本方法与评价 …… 215

11.1 逆合成法及其常用术语 …… 215
11.2 逆合成路线设计技巧 …… 222
11.3 导向基和保护基的应用 …… 236
11.4 合成路线的评价标准 …… 242

第 12 章 精细有机合成的选择性控制与工艺优化 …… 245

12.1 有机合成反应的选择性及控制机制 …… 245
12.2 非对映立体选择性控制与对映立体选择性控制 …… 248
12.3 精细有机合成工艺优化 …… 254
12.4 工艺优化案例 …… 262

第 13 章 精细有机合成新方法新技术 …… 264

13.1 绿色合成技术 …… 264
13.2 真空实验技术 …… 269
13.3 微波催化技术 …… 274
13.4 微反应器技术 …… 278

参考文献 …… 282

第1章 绪 论

1.1 精细有机合成基础知识

精细有机化工产品种类繁多，合成这些产品需涉及许多不同的化学反应，其反应历程和反应条件更是多种多样，很难提出单一的理论来指导所有这些合成。尽管如此，在进行这些不同类型的合成反应时，它们仍遵循有机化学的一些规则规律。

1.1.1 有机反应中的电子效应与空间效应

有机化合物的性质取决于自身的化学结构，也与其分子中的电子云分布有关。分子相互作用形成新的化合物时，将发生旧键的断裂和新键的生成，这个过程不仅与分子中电子云的分布有关，还与分子间的适配性有关，了解和掌握这些相互关系对掌握有机反应的规律十分有益。

1.1.1.1 电子效应

电子效应可用来讨论分子中原子间的相互影响以及原子间电子云分布的变化。电子效应又可分为诱导效应和共轭效应。

(1)诱导效应

在有机分子中相互连接的不同原子间由于其各自的电负性不同而引起的连接键内电子云偏移的现象，以及原子或分子受外电场作用而引起的电子云转移的现象称作诱导效应，用 I 表示。根据作用特点，诱导效应可分为静态诱导效应和动态诱导效应。

①静态诱导效应 I_s。由于分子内成键原子的电负性不同所引起的电子云沿键链(包括 σ 键和 π 键)按一定方向移动的效应，或者说键的极性通过键链依次诱导传递的效应。这是化合物分子内固有的性质，被称为静态诱导效应，用 I_s 表示。诱导效应的方向通常以 C—H 键作为基准，比氢电负性大的原子或原子团具有较大的吸电性，称吸电子基，由此引起的静态诱导效应称为吸电静态诱导效应，通常以 $-I_s$ 表示；比氢电负性小的原子或原子团具有较大的供电性，称给电子基，由此引起的静态诱导效应称为供电静态诱导效应，通常以 $+I_s$ 表示。其一般的表示方法如下(键内的箭头表示电子云的偏移方向)。

$$\overset{\delta^+}{Z} \rightarrow \overset{\delta^-}{C}R_3 \qquad H—CR_3 \qquad \overset{\delta^-}{Z} \leftarrow \overset{\delta^+}{C}R_3$$

给电子基团　　　　吸电子基团

诱导效应沿键链的传递是以静电诱导的方式进行的，只涉及电子云分布状况的改变和键的极性的改变，一般不引起整个电荷的转移和价态的变化，如：

$$Cl \leftarrow CH_2 \leftarrow \overset{\overset{O}{\|}}{C} \leftarrow O \leftarrow H \qquad CH_3 \rightarrow CH_2 \rightarrow \overset{\overset{O}{\|}}{C} \rightarrow O \rightarrow H$$

由于氯原子吸电诱导效应的依次传递，促进了质子的离解，加强了酸性，而甲基则由于供电诱导效应的依次诱导传递影响，阻碍了质子的离解，减弱了酸性。

在键链中通过静电诱导传递的诱导效应受屏蔽效应的影响是明显的，诱导效应的强弱与距离有关，随着距离的增加，由近而远依次减弱，而且变化非常迅速，一般经过三个原子以后诱导效应已经很弱，相隔五个原子以上则基本观察不到诱导效应的影响。

诱导效应不仅可以沿 σ 键链传递，同样也可以通过 π 键传递，而且由于 π 键电子云流动性较大，因此不饱和键能更有效地传递这种原子之间的相互影响。

②动态诱导效应。在化学反应中，当进攻试剂接近底物时，因外界电场的影响，也会使共价键上电子云分布发生改变，键的极性发生变化，这被称为动态诱导效应，也称可极化性，用 I_d 表示。

发生动态诱导效应时，外电场的方向将决定键内电子云偏离方向。如果 I_d 和 I_s 的作用方向一致，将有助于化学反应的进行。在两者的作用方向不一致时，I_d 往往起主导作用。

③诱导效应的相对强度。对于静态诱导效应，其强度取决于原子或基团的电负性。

a.同周期的元素中，其电负性和 I_s 随族数的增大而递增，但 $+I_s$ 则相反。如：

$$-I_s: —F > —OH > —NH_2 > —CH_3$$

b.同族元素中，其电负性和 $-I_s$ 随周期数增大而递减，但 $+I_s$ 则相反。如：

$$-I_s: —F > —Cl > —Br > —I$$

c.同种中心原子上，正电荷增加其 $-I_s$；而负电荷则使 $+I_s$ 增强。例如：

$$-I_s: —{}^{+}NR_3 > —NR_2$$

$$+I_s: —O^- > —OR$$

d.中心原子相同而不饱和程度不同时，则随着不饱和程度的增大，$-I_s$ 增强。

$$-I_s: =O > —OR; \equiv N = NR > —NR_2$$

当然这些诱导效应相对强弱是以官能团与相同原子相连接为基础的，否则无比较意义。

一些常见取代基的吸电子能力、供电子能力强弱的次序如下：

$-I_s$: $—{}^{+}NR_3 > —{}^{+}NH_3 > —NO_2 > —SO_2R > —CN > —COOH > —F > —Cl > —Br > —I > —OAr > —COOR > —OR > —OH > —C\equiv CR > —C_6H_5 > —CH=CH_2 > —H$

$+I_s$: $—O^- > —CO_2^- > —C(CH_3)_3 > —CH(CH_3)_2 > —CH_2CH_3 > —CH_3 > —H$

对于动态诱导效应，其强度与施加影响的原子或基团的性质有关，也与受影响的键内电子云可极化性有关。

a.在同族或同周期元素中，元素的电负性越小，其电子云受核的约束也相应减弱，可极化性就越强，即 I_d 增大，反应活性增大。如

$$-I_d: -I > -Br > -Cl > -F$$

$$-CR_3 > -NR_2 > -OR > -F$$

b.原子的富电荷性将增加其可极化的倾向。

$$-I_d: -O^- > -OR > -O^+R_2$$

c.电子云的流动性越强，其可极化倾向越大。一般来说，不饱和化合物的不饱和程度大，其 I_d 也大。

$-I_d: -C_6H_5 > -CH=CH_2 > -CH_2CH_3$

(2)共轭效应

①共轭效应。在单双键交替排列的体系中，或具有未共用电子对的原子与双键直接相连的体系中，p 轨道与 π 轨道或 π 轨道与 π 轨道之间存在着相互的作用和影响。电子云不再定域在成键原子之间，而是围绕整个分子形成了整体的分子轨道。每个成键电子不仅受到成键原子的原子核的作用，而且也受分子中其他原子核的作用，因而分子能量降低，体系趋于稳定。这种现象被称为电子的离域，这种键称为离域键，由此产生的额外的稳定能被称为离域能(或叫共轭能)。含有这样一些离域键的体系统称为共轭体系，共轭体系中原子之间能相互影响的电子效应就叫共轭效应。

与诱导效应不同的是，共轭效应是起因于电子的离域，而不仅是极性或极化的效应。它不像诱导效应那样可以存在于一切键上，而只存在于共轭体系之中。共轭效应的传递方式不靠诱导传递而愈远愈弱，而是靠电子离域传递的，对距离的影响是不明显的，而且共轭链愈长，电子离域就愈充分，体系的能量也就愈低，系统也就愈稳定，键长的平均化趋势就愈大。例如，苯分子是一个闭合的共轭体系，电子高度离域的结果，使得电子云分布呈平均化，苯分子根本不存在单、双键的区别，苯环为正六边形，C—C—C 键角为 120°，C—C 键长均为 0.139 nm。

如果共轭键原子的电负性不同，则共轭效应也表现为极性效应，如在丙烯腈中，电子云定向移动呈现正负偶极交替的现象。

$$\overset{\delta^+}{CH_2}=\overset{\delta^-}{CH}-\overset{\delta^+}{C}\equiv\overset{\delta^-}{N}$$

共轭效应也分为静态(以 C_s 表示)和动态(以 C_d 表示)两种类型，其中又可细分为给电子效应的正共轭效应($+C_s$，$+C_d$)和吸电子效应的负共轭效应($-C_s$，$-C_d$)；静态共轭效应是共轭体系内在的、永久性的性质，而动态共轭效应则是由外电场作用所引起，仅在分子进行化学反应时才表现出来的一种暂时的现象。例如，1,3-丁二烯在基态时由于存在 C_s，表现出体系能量降低，π 电子离域、键长趋于平均化。当其与 HCl 发生加成反应时，由于质子外电场的影响，丁二烯内部发生 $-C_d$ 效应，分子上 π 电子云沿着共轭链发生转移，出现各碳原子被极化——所带部分电荷正负交替分布的情况，这是动态共轭效应($-C_d$)所致。

$$\overset{\delta^+}{CH_2}=\overset{\delta^-}{CH}-\overset{\delta^+}{CH}=\overset{\delta^-}{CH_2}+\overset{\delta^+}{H^+}\longrightarrow CH_2=CH-\overset{+}{CH}-CH_3$$

在反应中生成的上述活性中间体——正碳离子，由于结构上具有烯丙基型正碳离子的 p-π 共轭离域而稳定，并产生了 1,2-加成和 1,4-加成两种产物。

$$CH_2{=}CH{-}\overset{+}{C}H{-}CH_3 \longrightarrow \overset{\delta^+}{C}H_2 \cdots CH \cdots \overset{\delta^+}{C}H{-}CH_3 \xrightarrow[Cl^-]{1,2-加成} CH_2{=}CH{-}CH(Cl){-}CH_3$$

$$\xrightarrow[Cl^-]{1,4-加成} CH_2(Cl){-}CH{=}CH{-}CH_3$$

静态共轭效应可以促进也可以阻碍反应的进行，而动态共轭效应只能存在于反应过程有利于反应进行时才能发生，因此，动态共轭效应只会促进反应的进行。与诱导效应类动态因素在反应过程中，往往是起主导、决定作用的。

②共轭体系。共轭体系中以 p-π 共轭、π-π 共轭最为常见。

a.π-π 共轭体系　由单双键交替排列组成的共轭体系，即为 π-π 共轭体系。不只双键，其他 π 键如叁键也能组成 π-π 共轭体系，如：

$$CH_2{=}CH{-}C({=}O){-}H,\ CH_2{=}CH{-}C{\equiv}N,\ C_6H_5{-}NO_2$$

b.p-π 共轭体系　具有处于 p 轨道的未共用电子对的原子与 π 键直接相连的体系，称 p-π 共轭体系，如：

$$CH_2{=}CH{-}\ddot{C}l,\ R{-}C({=}O){-}\ddot{O}H,\ R{-}C({=}O){-}\ddot{N}H_2,\ C_6H_5{-}\ddot{O}H,\ C_6H_5{-}\ddot{N}H_2$$

正是因为 p-π 共轭效应的结果，氯乙烯键长有平均化的趋势，而且在与不对称亲电试剂的加成反应中也符合马尔可夫尼柯夫规则。羧酸为什么具有酸性？苯胺为什么比脂肪胺碱性弱？酰胺为什么碱性更弱？苯酚为什么与醇明显不同？这些都起因于少 π 共轭效应的影响。

另外，还有一些如烯丙基型正离子或自由基等也是 p-π 共轭，不同的是体系是缺电子或含有独电子的 p-π 共轭。

$$CH_2{=}CH{-}\overset{+}{C}H_2 \qquad CH_2{=}CH{-}\dot{C}H_2$$

烯丙基型正离子、自由基比较稳定，是 p-π 共轭效应分散了正电荷或独电子性的结果。

③共轭效应的相对强度。共轭效应的强弱与组成共轭体系的原子性质、价键状况以及空间位阻等因素有关。C_s 和 C_d 有相同的传递方式，它们的强弱比较次序是一致的。

a.同族元素与碳原子形成 p-π 共轭时，正共轭效应 $+C$ 随元素的原子序数增加而减小；而同族元素与碳原子形成 π-π 丌共轭时，其负共轭效应 $-C$ 随元素的原子序数增加而变大。

$$+C:\ {-F}>{-Cl}>{-Br}>{-I}$$

$$-C:\ {>}C{=}S > {>}C{=}O$$

b.同周期元素与碳原子形成 p-π 共轭时，$+C$ 效应随原子序数的增加而变小；与碳原子形成 π-π 共轭时，$-C$ 效应随原子序数的增加而变大。

$$+C:\ {-NR_2}>{-OR}>{-F}$$

$$-C:\ {>}C{=}O > {>}C{=}N{-} > {>}C{=}C{<}$$

c.带正电荷的取代基具有相对更强的$-C$效应，带负电荷的取代基具有相对更强的$+C$效应：

$$-C:\ \rangle C{=}\overset{+}{N}R_2 > \rangle C{=}NR$$

$$+C:\ -O^- > -OR > -O^+R_2$$

(3)超共轭效应

单键与重键以及单键与单键之间也存在着电子离域的现象，即出现σ-π共轭和σ-σ共轭，一般称为超共轭效应。例如，丙烯分子中，甲基上的C—H键可与和体系发生共轭，使σ键和π键间的电子云发生离域，形成σ-π键共轭体系，致使丙烯基上的氢原子比丙烷中的甲基氢原子活泼得多，丙烯分子中的C_2—C_3键(0.150 nm)一般的C—C键(0.154 nm)略短一些。

$$H-\overset{H}{\underset{H}{C_3}}-\underset{2}{CH}{=}\underset{1}{CH_2} \qquad H_3C\rightarrow\overset{H}{\underset{CH_3}{C}}-C_6H_4-CH_2\rightarrow Cl$$

C—H键的电子云也可离域到相邻的空p轨道或仅有单个电子的p轨道上，形成σ-p共轭效应，使电荷分散，体系稳定性增加。例如：

$$H-\overset{H}{\underset{H}{C}}-\overset{\oplus}{CH}-\overset{H}{\underset{H}{C}}-H \qquad CH_3CH_2-\overset{H\ \ H}{C}-\dot{C}H_2$$

超共轭效应多数是给电子性的。它可使分子内能降低，稳定性增加。但与普通的共轭效应相比，其影响较弱。

1.1.1.2 空间效应

空间效应是由分子中各原子或基团的空间适配性，或反应分子间的各原子或基团的空间适配性所引起的一种形体效应，其强弱取决于相关原子或基团的大小和形状。最普通的空间效应是所谓的空间位阻，一般是指体积庞大的取代基直接影响化合物反应活性部位的显露，阻碍反应试剂对反应中心的有效进攻；也可以是指进攻试剂的庞大体积影响其有效地进入反应位置。例如，对烷基苯进行一硝化反应时，随着烷基基团的增大，硝基进入取代基邻位的空间位阻也增大，从而使邻位产物的生成量下降，而对位产物的生成量上升，见表1-1。

表1-1 烷基苯硝化反应的异物体分布

化合物	环上原有取代基(—R)	异构体分布/%			化合物	环上原有取代基(—R)	异构体分布/%		
		邻位	对位	间位			邻位	对位	间位
甲苯	$-CH_3$	58.45	37.15	4.40	异丙苯	$-CH(CH_3)_2$	30.0	62.3	7.7
乙苯	$-CH_2CH_3$	45.0	48.5	6.5	叔丁苯	$-C(CH_3)_3$	15.8	72.7	11.5

同样，在向甲苯分子中引入甲基、乙基、异丙基和叔丁基时，随着引入基团（进攻试剂）体积的增大，进入甲基邻位的空间位阻也增大，所以邻位和对位产物比例发生变化，见表 1-2。

表 1-2　甲苯-烷基化时异物体的分布

新引入基团	异构体分布/%			新引入基团	异构体分布/%		
	邻位	对位	间位		邻位	对位	间位
甲基（$—CH_3$）	58.3	28.8	17.3	异丙基[$—CH(CH_3)_2$]	37.5	32.7	29.8
乙基（$—CH_2CH_3$）	45	25	30	叔丁基[$—C(CH_3)_3$]	0	93	7

又如，卤代烷与胺类物质进行 N-烷化反应时，一般不用卤代叔烷作烷化剂，这是因为卤代叔烷的空间位阻大。在反应条件下，卤代叔烷的反应中心不能有效地作用于氨基，相反，自身却容易发生消除反应，产生烯烃副产物。

$$(CH_3)_3—Br \xrightarrow[\text{加热}]{NaOH} (CH_3)_2C{=}CH + HBr$$

在分子内部，各原子之间也有空间适配性问题。例如，p-π 共轭体系中的各原子其轨道必须是平行的或很接近于平行，这样才能通过 π 轨道发生有效的电子云离域。如果这一平行状态受到阻碍，则电子云的离域就受到抑制。例如，N，N-二甲基苯胺具有 p-π 共轭结构，苯环可有效地进攻首氮锚阳离子 PhN_2^+，产生偶联在氮的对位产物。

但以 N，N-二甲基苯胺的 2，6-二甲基衍生物（H_3C—C₆H₃(N(CH₃)₂)—CH_3）为原料，在相同的条件下不能得到类似的对位偶联产物。这是因为连接在取代基$—N(CH_3)_2$ 邻位的两个甲基在空间上对氮原子上的 P 轨道产生干扰，使其不能与芳环上的 P 轨道相平行，从而破坏了 p-π 共轭体系，电荷不发生如同在 N，N-二甲基苯胺中那样的迁移。

1.1.2　有机反应试剂

在有机合成中，一种有机物可看作是底物或称为作用物，无机物或另一种有机物则视为反应试剂。有机化学反应通常是在反应试剂的作用下，底物分子发生共价键断裂，然后与试剂生成新键，生成新的化合物。促使有机物共价键断裂的反应试剂也称进攻试剂，有极性试剂和自由基试剂两类。

1.1.2.1 极性试剂

极性试剂是指那些能够供给或接受电子对以形成共价键的试剂。极性试剂又分为亲电试剂和亲核试剂。

(1)亲电试剂

亲电试剂是从基质上取走一对电子形成共价键的试剂。这种试剂电子云密度较低，在反应中进攻其他分子的高电子云密度中心，具有亲电性能，包括以下几类：①阳离子，如 NO_2^+、NO^+、R^+、$R—C^+═O$、ArN_2^+、R_4N^+ 等；②含有可极化和已经极化共价键的分子，如 Cl_2、Br_2、HF、HCl、SO_3、RCOCl、CO_2 等；③含有可接受共用电子对的分子(未饱和价电子层原子的分子)，如 $AlCl_3$、$FeCl_3$、BF_3 等；④羰基的双键；⑤氧化剂，如 Fe^{3+}、O_3、H_2O_2 等；⑥酸类；⑦卤代烷中的烷基等。

由该类试剂进攻引起的离子反应叫亲电反应。例如，亲电取代、亲电加成。

(2)亲核试剂

能将一对电子提供给底物以形成共价键的试剂称亲核试剂。这种试剂具有较高的电子云密度，与其他分子作用时，将进攻该分子的低电子云密度中心，具有亲核性能，包括以下几类：①阴离子，如 OH^-、RO^-、ArO^-、$NaSO_3^-$、NaS^-、CN^- 等；②极性分子中偶极的负端，$\ddot{N}H_3$、$R\ddot{N}H_2$、$RR'\ddot{N}H$、$Ar\ddot{N}H$ 和 $\ddot{N}H_2OH$ 等；③烯烃双键和芳环，如 $CH_2═CH_2$、C_6H_6 等；④还原剂，如 Fe^{2+}、金属等；⑤碱类；⑥有机金属化合物中的烷基，如 RMgX、RC≡CM 等。

由该类试剂进攻引起的离子反应叫亲核反应。例如，亲核取代、亲核置换、亲核加成等。

1.1.2.2 自由基试剂

含有未成对单电子的自由基(也称游离基)或是在一定条件下可产生自由基的化合物称自由基试剂。例如，氯分子(Cl_2)可产生氯自由基(Cl·)。

1.1.2.3 一些重要的金属有机试剂与元素有机试剂简介

(1)有机镁试剂

有机镁试剂(RMgX)，通常称为格氏试剂，是精细有机合成中最常用的金属有机试剂之一，由 Grignard 在 1901 年率先发展起来。它的出现极大地推动了精细有机合成化学的发展，至今它仍然广泛地应用于精细有机合成的实验室研究和工业生产中。

简单的格氏试剂可以由卤代烃与金属镁直接反应制得。由于碳－镁键的高反应活性，制备反应需要在无水无氧的条件下在非质子惰性溶剂中进行。最常用的溶剂是对格氏试剂溶解性能较好的醚类溶剂，如乙醚和四氢呋喃等。

$$R—X+Mg \xrightarrow{\text{醚}} RMgX$$

原料选择上，一般实验室和小规模精细合成中常使用活性中等的溴代烃，大规模工业生产中一般使用价格更便宜的氯代烃。乙醚、四氢呋喃对格氏试剂溶解性良好，是实验室制备格氏试剂的常用溶剂。但出于安全和成本考虑，工业上也常使用甲苯等烃类溶剂替代乙醚等醚类溶剂制备格氏试剂。另外，还可用二氯甲烷作溶剂，后者的最大优点是溶解性好。

操作工艺上，首先必须对原料和溶剂进行预处理。所用的溶剂和反应器必须干燥，整个反应体系必须除尽含活泼质子物质、氧气和二氧化碳等。由于卤代烃与活性的金属镁反应是放热的自由基式反应，一旦引发，需避免过热和局部浓度高而产生(武兹偶联)副反应，因此反应要在良好的搅拌下和冷却条件下进行，并控制卤代烃的加料速度和物料浓度。

格氏试剂中的烃基碳负离子具有碱性，且表现出很强的亲核性。因此，它不仅可与含有活泼质子的化合物发生酸碱反应，还能与几乎所有的羰基化合物发生加成反应。此外，它还能与环氧化合物、CO_2及腈等化合物发生反应。

如图 1-1 所示列出了格氏试剂参与的各类有机合成反应。

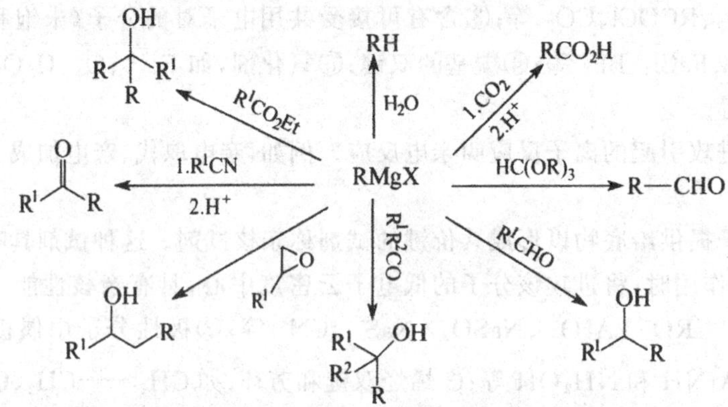

图 1-1 格氏试剂参与的有机合成反应

(2)有机锂试剂

有机锂试剂(LiR)是另一类应用广泛的主族金属有机合成试剂。有机锂与格氏试剂有很多相似之处，但碱性和亲核性都比相应的格氏试剂高，能进行一些格氏试剂不能进行的反应。

有机锂试剂的制备与格氏试剂类似，但严格要求在干燥的惰性气体(氮或氢气)保护下和在惰性溶剂中进行。由于有机锂试剂制备反应中主要的副反应也是武兹偶联反应，而金属锂和有机锂的反应活性相应地比金属镁和有机镁的活性高，因此有机锂的制备比较容易引发，而且为了防止偶联反应，反应温度一般要比制备格氏试剂低。

很多有机锂化合物，例如正丁基锂等在烷烃中的溶解性好，而且烷基锂反应活性很高，能与醚等很多极性溶剂反应，因此制备时经常采用已烷、苯等为溶剂。但当要制备的烷基锂活性不大时，也可用醚作溶剂。一些难以制备的有机锂，还可以用四氢呋喃、乙二醇二甲醚、丁醚和癸烷等高沸点溶剂，使用高温加快反应。

$$i-\mathrm{BuCl}+\mathrm{Li}\xrightarrow[\text{正已烷}]{60℃}i-\mathrm{BuLi}$$

由于芳基或乙烯基等卤化物不易与金属锂反应，此类有机锂可采用低温下的锂—卤素交换的途径制备。

在采用低温下的锂—卤素交换的途径制备有机锂时，最常用的是采用叔丁基锂。叔丁基锂与卤素发生交换后形成的产物是叔丁基卤，它很容易再与等物质的量的叔丁基锂反应生成卤化锂、异丁烯和叔丁烷，推动反应快速完成。

$$\mathrm{R—X}+(\mathrm{CH_3})_3\mathrm{C—Li}\xrightarrow{-70℃}\mathrm{RLi}+(\mathrm{CH_3})_3\mathrm{C—X}\xrightarrow{(\mathrm{CH_3})_3\mathrm{C—Li}}$$

$$(CH_3)_3CH + LiX + CH_2 = C(CH_3)_2 + RLi$$

另外,正丁基锂、仲丁基锂和叔丁基锂都可以快速将含有活泼氢的化合物转化成相应的负离子,例如1,4-丁二烯、环戊二烯、末端炔烃等,也是获得相应有机锂试剂的一种途径。

有机锂的性质与格氏试剂大体类似,只是其反应活性比格氏试剂更高。在有机反应中,有机锂中的烷基的碱性更强,因此常作为强碱使用,脱去反应物中的质子形成负离子。除能进行类似格氏试剂参与的反应外,有机锂还可以与很多官能团进行加成反应。例如,与烯烃中C═C键的加成、与C≡N键的加成以及与环醚开环加成等。在有些格氏试剂难以反应的情况下,可用锂试剂来完成。但由于有机锂的成本更高,制备、贮存和安全等多方面的要求都比格氏试剂更严格,因此可以使用格氏试剂进行的反应一般不使用有机锂。

(3)有机硼试剂

硼烷与烷基硼烷是有机合成中最重要、应用最广泛的硼试剂。硼烷包括甲硼烷(BH_3)和乙硼烷(B_2H_6)。但甲硼烷很不稳定,通常是将B_2H_6溶于四氢呋喃(THF)或甲硫醚(Me_2S)溶剂中,生成的$BH_3 \cdot THF$或$BH_3 \cdot Me_2S$作为有机合成的硼试剂。也就是说,B_2H_6实际上是最简单的硼烷。乙硼烷可用氢化锂和氟化硼在乙醚中反应制得:

$$3LiAlH_4 + 4BF_3 \xrightarrow{Et_2O} 2B_2H_6 + 3LiF + 3AlF_3$$

烷基硼烷是有机合成中又一重要的硼试剂,其中有一烷基硼烷(RBH_2)、二烷基硼烷(R_2BH)和三烷基硼烷(R_3B)。它们可以通过乙硼烷或烷基硼烷的硼氢化反应来制得,如:

$$RCH{=\!=}CH_2 + BF_3 \cdot THF \longrightarrow RCH_2CH_2BH_2$$

$$RCH{=\!=}CH_2 + RCH_2CH_2BH_2 \longrightarrow R(CH_2CH_2)_2BH$$

$$RCH{=\!=}CH_2 + R(CH_2CH_2)_2\quad BH \longrightarrow R(CH_2CH_2)_3B$$

通过硼氢化反应得到的各类烷基硼烷,可以进一步反应,转变为各种有用的产物。如烷基硼烷可进行质子化、氧化、异构化、羰基化等反应,由此可以合成烯烃、醇、醛、酮等化合物,并且反应具有高度的立体选择性,因此烷基硼烷在精细合成中的应用广泛。

除上述重要试剂外,还有很多其他金属或元素有机试剂,如有机铜锂试剂、有机锌试剂、有机锡试剂、有机磷试剂和有机硅试剂等在精细有机合成中也得到了广泛的应用。

1.1.3 有机反应溶剂与催化剂

1.1.3.1 溶剂

在精细有机合成中,溶剂不只是使反应物溶解,更重要的是溶剂可以和反应物发生各种相互作用。因此,了解溶剂的性质、分类以及溶剂与溶质之间的相互作用,并合理地选择溶剂,对于目的反应的顺利完成有重要意义。

(1)溶剂的分类与性质

溶剂的分类有多种方法,各有一定的用途。若根据溶剂是否具有极性和能否放出质子,可将溶剂分为四类。

①极性质子溶剂。这类溶剂极性强,介电常数大,能电离出质子。水、醇是最常用的极性

质子溶剂。它们最显著的特点是能同负离子或强电负性元素形成氢键,从而对负离子产生很强的溶剂化作用。因此,极性质子溶剂有利于共价键的异裂,能加速大多数离子型反应。

②极性非质子溶剂。该类溶剂又称偶极非质子溶剂或惰性质子溶剂。其介电常数大于15,偶极矩大于2.5D,故具有较强的极性。分子中的氢一般同碳原子相连,由于C—H键结合牢固,故难以给出质子。常见的偶极非质子溶剂有N,N-二甲基甲酰胺(DMF)、二甲基亚砜(DMSO)、四甲基砜、碳酸乙二醇酯(CEG)、六甲基磷酰三胺(HMPA),以及丙酮、乙腈、硝基烷等。由于这类溶剂一般含有负电性的氧原子(如C═O、S═O、P═O),而且氧原子周围无空间障碍,因此,能对正离子产生很强的溶剂化作用。相反在这类溶剂的结构中正电性部分一般包藏于分子内部,故难以对负离子发生溶剂化。

③非极性质子溶剂。该类溶剂极性很弱,常见的是一些醇类,如叔丁醇、异戊醇等。它们的羟基质子可以被活泼金属置换。

④非极性非质子溶剂。这类溶剂的介电常数一般在8以内,偶极矩为0～2D,在溶液中既不能给出质子,极性又很弱。如一些烃类化合物和醚类化合物等。常见的溶剂分类及某些物性参数见表1-3。

表1-3 溶剂的分类及其物性参数

类别	质子溶剂			非质子溶剂		
	名称	介电常数 ε(25℃)	偶极矩 μ/D	名称	介电常数 ε(25℃)	偶极矩 μ/D
极性	水	78.29	1.84	乙腈	37.50	3.47
	甲酸	58.50	1.82	二甲基甲酰胺	37.00	3.90
	甲醇	32.70	1.72	丙酮	20.70	2.89
	乙醇	24.55	1.75	硝基苯	34.82	4.07
	异丙醇	19.92	1.68	六甲基磷酰三胺	29.60	5.60
	正丁醇	17.51	1.77	二甲基亚砜	48.90	3.90
	乙二醇	38.66	2.20	环丁砜	44.00	4.80
非极性				乙二醇二甲酸	7.20	1.73
	异戊醇	14.70	1.84	乙酸乙酯	6.01	1.90
	叔丁醇	12.47	1.68	乙醚	4.34	1.34
	苯甲醇	13.10	1.68	二噁烷	2.21	0.46
	仲戊醇	13.82	1.68	苯	2.28	0
	乙二醇单丁醚	9.30	2.08	环已烷	2.02	0
				正已烷	1.88	0.085

(2)溶剂对有机合成反应的影响

溶剂在许多有机反应中是必不可少的。它可以对有机反应的反应速率、反应历程、反应方向和立体化学等产生影响。

质子性溶剂(如水、醇等)所起的作用是多方面的,它们和溶质分子以氢键相缔合,或形成阳离子,在介质中增加离子的溶剂化效应,它们自已往往是酸碱催化剂。虽然多数有机分子是不能在溶剂中离解的，但是质子化的结果把极性分子变成不稳定的活性中间体，碳正离子或阳离子，促进了离子反应。但当反应中有两个不相似的离子时，正离子和负离子在这种介质中相互离开，而且它们的电荷被分散，反应便减慢。

对于非质子无极性溶剂(如苯、CCl_4 等)，它们对电荷分散不起作用，介电能力很低，也不能生成氢键，在这类溶剂中不易进行离子的分隔，不相似的离子极易接近而迅速结合成中性分子。如果反应中带电荷的和不带电荷的反应物在不同溶剂中相遇，可以归纳出极性和非极性溶剂对反应速率的影响，见表1-4。

表1-4 溶剂的极性对各种电荷类型反应的影响

反应类型……→产物	影响情况
$A^- + B^+ \longrightarrow \overset{\delta-}{A}\cdots\overset{\delta+}{B} \longrightarrow A—B$	非极性溶剂促进其反应
$A—B \longrightarrow \overset{\delta-}{A}\cdots\overset{\delta+}{B} \longrightarrow A^- + B^+$	极性溶剂促进其反应
$A+B \longrightarrow A\cdots B \longrightarrow A—B$	溶剂的极性对其影响不大
$A—B^+ \longrightarrow A\cdots B^+ \longrightarrow A+B^+$	极性溶剂稍有利
$A+B^+ \longrightarrow A\cdots B^+ \longrightarrow A—B^+$	非极性溶剂稍有利

(3)有机反应中溶剂的使用和选择

在有机化学反应中溶剂的使用和选择，除了考虑溶剂对反应的上述影响以外，还必须考虑以下因素：①溶剂与反应物和反应产物不发生化学反应，不降低催化剂的活性，溶剂本身在反应条件下和后处理条件下是稳定的；②溶剂对反应物有较好的溶解性，或者使反应物在溶剂中能良好分散；③溶剂容易从反应体系中回收，损失少，不影响产品质量；④溶剂应尽可能不需要太高的技术安全措施；⑤溶剂的毒性小、含溶剂的废水容易治理；⑥溶剂的价格便宜、供应方便。

1.1.3.2 催化剂

催化剂是一种能改变给定反应的速率，但不参与化学计量的物质。催化剂参与化学反应，催化剂与反应物作用，通过降低反应活化能参与化学反应，反应结束时催化剂又重新再生，从而实现少量催化剂起到活化很多反应物分子的作用。催化剂只能改变反应速率，但不能改变反应平衡点的位置。催化作用是决定现代化学合成工业发展的一项重要手段。精细有机合成中常见的催化体系有：均相催化、多相催化、相转移催化及酶催化等。这里仅介绍均相催化剂及催化作用。

均相催化作用是指催化剂与反应物处于同一物相，反应在均一的单相体系内发生。均相催化反应可分为气相和液相两类，但常见的为液相。用于液相均相反应的催化剂有酸碱催化剂和均相配合物催化剂。

(1)酸碱催化剂及其催化作用

常用作酸碱催化剂的物质有：Brönstaed 酸(即为质子给予体，如 H_2SO_4、HCl、H_3PO_4、CH_3COOH、$CH_3C_6H_4SO_3H$ 等)、Lewis 酸(即为电子对接受体，如 $AlCl_3$、BF_3 等)和

Brönstaed 碱(即为质子接受体,如 NaOH、$NaOC_2H_5$、NH_3、RNH_2 等)。其催化作用可从广义酸碱概念来理解,即通过催化剂和反应物的自由电子对,使反应物与催化剂形成非均裂键,然后再分解为产物。例如,催化异构化反应中,反应物烯烃与催化剂的酸性中心作用,生成活泼的正碳离子中间化合物:

$$R-\overset{H}{\overset{|}{C}}=CH_2 + H^+ \longrightarrow R-\overset{H}{\overset{|}{\underset{+}{C}}}-CH_3$$

这类催化剂可用于水合、脱水、裂化、烷基化、异构化、歧化、聚合等反应的催化。

(2)均相配合物催化剂及其催化作用

这类催化剂是由特定的过渡金属原子与特定的配位体相配而成。通常有三类:

①只含有过渡金属的配合物,如烯烃加氢催化剂 $RhCl[P(C_6H_5)_3]_3$;

②含有过渡金属及典型金属的配合物,如 Ziegler－Natta 定向聚合催化剂 TiCl－Al$(C_2H_5)_2Cl$ 等;

③电子接受(EDA)配合物,如蒽钠及石墨－碱金属的夹层化合物等。常见的过渡金属配合物或配合离子为多面体构型,金属原子位于中心,配位体在其周围。

常见的配位体有 Cl^-、Br^-、H_2O、NH_3、$P(C_6H_5)_3$、C_2H_5、CO 等,配合物中典型的键为配位键。

在均相配位催化剂分子中,参加化学反应的主要是过渡金属原子,而许多配位体只起着调整催化剂的活性、选择性和稳定性的作用,而并不参加化学反应。其催化作用是通过配位体,反应物分子与配合物催化剂分子中的金属原子的配位活化、配位体的交换、配位体的离解(与配合物催化剂的金属脱络)、配位体向金属—C 和金属—H 键插入等步骤循环进行的。这类催化剂广泛用于烯烃的氧化、加氢甲酰化、聚合、加氢、加成以及甲醇羰基化、烷烃氧化、芳烃氧化和酯交换等反应的催化。

1.1.4 有机合成反应计算

1.1.4.1 有关化学反应计算的基本术语

(1)反应物的摩尔比(反应配比或投料比)

反应物的摩尔比是指加入反应器中的几种反应物之间的摩尔比。这个摩尔比值可以和化学反应式的摩尔比相同,即相当于化学计量比。但是对于大多数有机反应来说,投料的各种反应物的摩尔比并不等于化学计量比。

(2)限制反应物和过量反应物

化学反应物不按化学计量比投料时,其中以最小化学计量数存在的反应物叫作“限制反应物”。而某种反应物的量超过“限制反应物”完全反应的理论量,则该反应物称为“过量反应物”。

(3)过量百分数

过量反应物超过限制反应物所需理论量部分占所需理论量的百分数称作“过量百分数”。

若以 n_e 表示过量反应物的物质的量，n_t 表示它与限制反应物完全反应所消耗的物质的量，则过量百分数为：

$$过量百分数=\frac{n_e-n_t}{n_t}\times100\%$$

1.1.4.2 转化率、选择性及收率的计算

(1)转化率(以 x 表示)

某一种反应物 A 反应掉的量 $n_{A,r}$ 占其向反应器中输入量 $n_{A,in}$ 的百分数，叫作反应物 A 的转化率 x_A。

$$x_A=\frac{n_{A,r}}{n_{A,in}}=\frac{n_{A,in}-n_{A,out}}{n_{A,in}}\times100\%$$

式中，$n_{A,out}$ 为 A 从反应器输出的量，均以物质的量表示。

一个化学反应以不同的反应物为基准进行计算，可得到不同的转化率。因此，在计算时必须指明某反应物的转化率。若没有指明，则常常是主要反应物或限制反应物的转化率。

有些生产过程，主要反应物每次经过反应器后的转化率并不太高，有时甚至很低，但是未反应的主要反应物大部分可经分离回收循环再用。这时要将转化率分为单程转化率 $x_单$ 和总转化率 $x_总$ 两项。设 $x^R_{A,in}$ 和 $x^R_{A,out}$。表示反应物 A 输入和输出反应器的物质的量。$x^R_{A,in}$ 和 $x^R_{A,out}$ 表示反应物 A 输入和输出全过程的物质的量，则：

$$x_单=\frac{x^R_{A,in}-x^R_{A,out}}{x^R_{A,in}}\times100\%$$

$$x_总=\frac{x^S_{A,in}-x^S_{A,out}}{x^S_{A,in}}\times100\%$$

(2)选择性(以 S 表示)

选择性是指某一反应物转变成目的产物，其理论消耗的物质的量占该反应物在反应中实际消耗掉的总物质的量的百分数。设反应物 A 生成目的产物 P，n_P 表示生成的产物的物质的量，a 和 p 分别为反应物 A 和目的产物 P 的化学计量系数，则选择性为：

$$S=\frac{\frac{a}{p}n_P}{n_{A,in}-n_{A,out}}\times100\%$$

(3)理论收率(以 y 表示)

收率是指生成的目的产物的物质的量占按输入反应器的反应物物质的量计算应得的产物摩尔分数。这个收率又叫作理论收率。

$$y=\frac{n_P}{\frac{p}{a}n_{A,in}}\times100\%$$

当反应系统有物料循环时，通常需要用总收率来表示。相应地，物料一次通过反应器所得产物所计算的收率称为单程收率。设 n^R_P 表示从反应器输出的目的产物的物质的量，n^S_P 表示从整个系统输出的目的产物的物质的量，$n_{A,循}$ 表示反应物 A 在系统内循环的物质的量。则：

$$y_{单}=\frac{n_{P}^{R}}{\frac{p}{a}n_{A,in}}\times100\%$$

$$y_{总}=\frac{n_{P}^{S}}{\frac{p}{a}(n_{A,in}-n_{A,循})}\times100\%$$

(4)质量收率(以 y_w 表示)

在工业生产中,还常常采用质量收率 y_w 来衡量反应效果。它是目的产物的质量占某一输入反应物质量的分数。

$$y_w=\frac{所得目的产物的质量}{某输入反应物的质量}\times100\%$$

1.1.4.3 原料消耗定额

原料消耗定额这指的是每生产 1t 产品需消耗多少吨(或千克)各种原料。对于主要反应物来说,它实际上就是质量收率的倒数。消耗定额的高低,说明生产工艺水平的高低及操作技术水平的好坏。

1.2 精细有机合成的基础工艺

精细有机合成的工艺是指从原料获得目标产品的合成路线、分离纯化处理过程和所使用的技术设备。精细有机合成的工艺学包括为目标产品确定在技术上和经济上更合理的合成路线、对合成路线中的单元反应选择更佳条件、技术和设备以使其高收率地完成反应,对产物进行后处理以使其达到需要的形态。其中主要涉及的基本概念如下。

(1)合成路线

合成路线是指从原料出发经由一系列单元反应最后获得目标产品的化学反应的组合路线。

(2)工艺

工艺是指对原料的预处理(纯化、粉碎、干燥、溶解、脱气等)和反应物的后处理(产物的分离纯化、副产物的处理、溶剂和催化剂的回收等),应采用哪些化工过程(单元操作)、使用什么设备和生产流程等。

(3)预处理

预处理是指为使反应物即原料得到适合进行目标合成反应的状态。不同的有机合成反应对原料的状态有不同的要求,商品化的原料不一定适合特定的反应条件,因此一般都需要进行预处理。

(4)反应条件

反应条件是指使有机合成反应进行涉及的各种实际因素,如反应物的比率、反应物的浓度、反应过程的温度、时间、压力以及体系的干燥情况、溶剂和气氛,等等。

(5)反应物的物质的量比

反应物的物质的量比指的是加入反应器中的几种反应物之间的物质的量的关系。反应物的物质的量比可以和化学反应式的物质的量比相同,即相当于化学计量比;但对于大多数有机反应而言,投料的各种反应物的物质的量比并不等于化学计量比。

(6)限制反应物和过量反应物

化学反应物不按化学计量比投料时,其中以最小化学计量数投入的反应物叫作限制反应物;而投入超过限制反应物完全反应需要的理论量的反应物称为过量反应物。

(7)过量百分数

过量反应物超过反应所需理论量部分与所需理论量的百分比就是该反应物的过量百分数。

(8)转化率(以 x 表示)

某一反应切反应转化的量(消耗)占投入量的百分数为该反应物的转化率。

(9)选择性(以 s 表示)

选择性指的是某一反应物转变为目标产物消耗的物质的量占该反应物在反应中消耗的总物质的量的百分数。

(10)物质的量收率(以 y 表示)

物质的量收率指的是生成的目标产物占限制反应物物质的量的百分数,又叫作理论收率。转化率、选择性和理论收率三者之间的关系是:

$$y=s\cdot x$$

(11)重量收率

实际生产中也常常采用重量收率更直观地评价反应的效率。重量收率是生成的目标产物的质量占限制反应物质量的百分数。

另外,在实际化工生产中,我们还必须对所涉及物料的性质有充分的了解,包括物料稳定性、物理性质(熔点、沸点、蒸汽压、密度、折光率、比热、导热系数、蒸发热、挥发性和黏度等)、安全性(闪点、爆炸极限、毒性、必要的防护措施以及急救措施等)。

1.3 精细有机合成的原料资源

1.3.1 煤

煤的主要成分是碳,其次是氢,此外还有氧、硫和氮等其他元素,它们以结构复杂的芳环、杂环或脂环的化合物存在。煤通过高温干馏、气化或生电石提供化工原料。

(1)煤的高温干馏

煤在隔绝空气下,在 900~1 100℃进行干馏(炼焦)时,生成焦炭、煤焦油、粗苯和煤气。

高温炼焦的煤焦油是黑色黏稠液体,它的主要成分是芳烃和杂环化合物,已经鉴定的就有400 余种。煤焦油经过进一步加工分离可得到萘、1-甲基萘、2-甲基萘、蒽、菲、芴、苊、芘、苯酚、甲酚、二甲酚、氧芴、吡啶、甲基吡啶、喹啉和咔唑等化工原料。

粗苯经分离可得到苯、甲苯和二甲苯。

煤高温干馏提供的化工原料已不能满足精细有机合成工业的需要，因此还开发了其他原料来源，或者用合成法来制备，例如苯酚、吡啶和蒽醌等。

(2)煤的气化

煤在高温、常压或加压条件下与水蒸气、空气或两者的混合物相反应，可得到水煤气、半水煤气或空气煤气。煤气的主要成分是氢、一氧化碳和甲烷等，它们都是重要的化工原料。作为化工原料的煤气又称合成气，但现在合成气的生产主要以含氢较高的石油加工馏分或天然气为原料。

1.3.2 石油

石油是黄色或黑色黏稠液体。石油中含有几万种碳氢化合物，另外还含有一些含硫和含氮、含氧化合物。中国石油的主要成分是烷烃、环烷烃和少量芳烃。石油加工的第一步是用常压和减压精馏分割成直馏汽油、煤油、轻柴油、重柴油和润滑油等馏分，或分割成催化裂化原料油、催化重整原料油等馏分供二次加工之用。提供化工原料的石油加工过程主要是催化重整和热裂解。

(1)催化重整

催化重整是将沸程为 60～165℃的轻汽油馏分或石脑油馏分在 480～510℃、2.0～3.0 MPa 氢压和含铂催化剂的存在下使原料油中的一部分环烷烃和烷烃转化为芳烃的过程。重整汽油可作为高辛烷值汽油，也可经分离得到苯、甲苯和二甲苯。

(2)烃类热裂解

乙烷、石脑油、直馏汽油、轻柴油、减压柴油等基本原料在 750～800℃进行热裂解时，发生 C—C 键断裂、脱氢、缩合、聚合等反应，其主要目的是制取乙烯，同时可得到丙烯、丁二烯以及苯、甲苯和二甲苯等化工原料。另外，也可以天然气为原料进行热裂解制取乙炔和炭黑。

(3)芳烃生产新技术

在石油芳烃中，苯、对二甲苯和邻二甲苯的需要量很大，而甲苯、间二甲苯和 C_9 芳烃的需要量少，20 世纪 60 年代又出现了甲苯脱烷基制苯、甲苯歧化制取苯和二甲苯、二甲苯的异构化和 C_9 芳烃的烷基转移等芳烃转化工艺。

(4)石油萘

萘的需要量很大，焦油萘已远不能满足需要。因此又出现了石油萘工艺。在催化重整、烃类裂解和催化裂化等过程中，副产的沸程在 210～295℃的重质芳烃馏分中含有质量分数 35%～55%的各种甲基萘和烷基萘，将这些烷基萘进行脱烷基化可得到石油萘。石油萘只适于大规模生产。

(5)石油蜡

石油蜡指的是从石油加工产品中分离精制而得到的正构烷烃混合物。以 C_9～C_{18} 为主要成分的液蜡和以 C_{18}～C_{30} 为主要成分的固态蜡都是重要的化工原料。液蜡是由煤油或轻柴油馏分经分子筛脱蜡或用尿素脱蜡而得。固态蜡则是由润滑油馏分脱蜡而得。石油蜡还可用精馏法切割成 C_9～C_{15}、C_{12}～C_{18} 等窄馏分再加以利用。

1.3.3 天然气

天然气的主要成分是甲烷,油型天然气含 C_2 以上烃约 5%(体积分数,下同),煤型天然气含 C_2 以上烃 20%～25%,生物天然气含甲烷 970A 以上。天然气中的甲烷是重要的化工原料,C_2 以上烃的混合物可用作燃料、热裂解或生产芳烃的原料。天然气可芳构化产生轻质芳烃,也可转化成水煤气。

1.3.4 动植物原料

含糖或淀粉的农副产品经水解可以得到各种单糖,例如葡萄糖、果糖、甘露蜜糖、木糖、半乳糖等。如果用适当的微生物酶进行发酵,可分别得到乙醇、丙酮/丁醇、丁酸、乳酸、葡萄糖酸和乙酸等。

含纤维素的农副产品经水解可以得到己糖 $C_6H_{12}O_6$(主要是葡萄糖)和戊糖 $C_5H_{10}O_5$(主要是木糖)。己糖经发酵可得到乙醇,戊糖经水解可得到糠醛。

从含油的动植物中可以得到各种动物油和植物油。它们也是有用的化工原料。天然油脂经水解可以得到高碳脂肪酸和甘油。

另外,从某些动植物还可以提取药物、香料、食品添加剂以及制备它们的中间体。

1.4 精细有机合成工艺从小试到工业

精细有机合成从实验室开始的分子结构设计、小试到后期的中试乃至工业化生产,涉及多个方面的研究和开发:①精细化学品的结构设计与合成;②精细化学品的合成工艺研究;③精细化工的工程开发。此外,还有精细化学品的应用研究。

1.4.1 精细化学品的结构设计与合成

精细化学品有的是已知结构的物质,主要研究其合成方法;新的精细化学品则利用构效关系进行分子设计,然后再研究其合成方法。也有的精细化学品其结构未知,还要进行剖析以确定其结构。

精细化学品合成的研究与开发首先是在实验室进行。精细化学品的实验室研究(小试)就是以有机合成为基础,验证有机合成的设想,选择合适的起始原料,打通合成路线,寻找适宜的技术路线,为小规模放大(中试)和工业化生产打下基础。

1.4.2 精细化学品的合成工艺研究

从实验室研究(小试)到工业化生产不是呈线性关系,不仅仅是量的变化,而且涉及质的突变。因此,研究开发精细化学品,首先要做好小试研究,探索反应规律,积累反应经验,加快其工业化的开发。在小试阶段主要的研究方向是原料和工业路线的选择,从而研究出更好的工艺路线。

1.4.2.1 原料的选择

精细化学品的成本中原料成本要占70%以上,因此,在实验室研究选择原料和试剂时首先要关注原料的来源,如石油产品、煤化工产品或天然气原料等。否则成本过高或原料来源受到限制,都会造成无法进行工业化生产。其次,要合理地选择原料。建设节约型生态化的社会就是要提高资源的利用率,综合利用可再生资源,同时要利用二次资源,如造纸业中木质素的回收利用等。

此外,秉承绿色化学的理念,寻找对环境和人类无害的原料。生物质是理想的石油替代原料。生物质包括农作物、植物及其他任何通过光合作用生成的物质。由于其含有较多的氧元素,在产品制造中可以避免或减少氧化步骤的污染。同时,用生物质做原料的合成过程较石油作原料的过程危害小得多。

小试的原料通常是化学试剂,这些试剂有时是纯度高的工业品,杂质少,反应使用前要进行预处理,这样可以保证反应不受干扰;有的工业品杂质含量高,要提纯后方可使用。

1.4.2.2 有机反应

有机合成是一门实验性很强的科学,首先对目标分子结构特征有充分的了解,从概念、方法、结构与功能等多个方面入手,发展新的合成反应和新的方法学,使得精细有机合成设计策略得以实现。选择有机反应应当具有以下特点:温和的反应条件、原子经济性反应、高选择性、高效率、高产率、操作简单易行、符合绿色化学的要求。

1.4.2.3 反应溶剂

在进行溶剂选择时,首先应考虑是否适合反应;其次,应考虑到溶剂本身的危害性,由于溶剂在合成过程中被大量的使用,因此其危害性及安全性是溶剂选择的一个必须考虑的因素,包括毒性、易燃、易爆性等;此外,在溶剂选择时应充分考虑其对人类健康及环境的影响。有的反应可以考虑使用绿色溶剂,如水、乙醇和超临界流体等。

1.4.2.4 反应条件

通过实验室的实验,确定工艺条件和工艺路线,如反应的物质的量比、反应温度、反应压力、反应时间、催化剂的选择、催化剂的用量、催化剂的回收、产物的分离提纯等,同时摸索出反应的产量、选择性,这些都可以通过多种实验方法进行研究,最后获得最佳的实验方法。

1.4.2.5 反应的机理

通过小试实验,可以进行反应的机理的研究。如有机合成机理的动力学控制或热力学控制等,如化学反应的工程方面的传质传热等。只有熟悉反应机理,才能更好地控制反应以提高反应效率。

1.4.2.6 分析检测

通过实验室的研究可以建立起精细化工生产的质量控制体系，如原材料、中间体半成品及产品的分析检测方法，同时建立工艺流程中间控制体系。

1.4.2.7 后处理

通过实验室的研究可以初步确定目标产物的分离提纯以及产物的特殊处理，如不同的晶型有不同的结晶方法。

1.4.2.8 复配增效

精细化工的复配增效技术，俗称“1＋1＞2”技术。精细化工产品在多组分混合后，各组分比单独使用时的简单加和效果更好。特别是精细化学品经过相应助剂的处理，可以显著提高使用效果。如染料经过助剂进行商品化加工后其上染率、颜色鲜艳度、染色坚牢度等均可大幅度提高。

1.4.2.9 应用技术

在研究开发精细化学品的同时要研究开发出其应用技术，这样可以更好地发挥出精细化学品的使用功能。

为了使小试方案应用到大生产，一般都要进行中试放大实验，这是过渡到工业化生产的重要阶段，往往放大一级，都伴随着放大效应，因此，一些工艺参数都要进行适当的调整。在小试阶段已取得一定技术资料和经验的基础上，设计和选择较为合理的工艺路线，而工艺路线通常由若干个工序所组成，每个工序又包括若干个单元反应，再将单元反应和单元操作有机组合起来，从而形成了工艺操作流程，中试旨在不断优化工艺，以达到最佳工艺。与此同时，中试阶段还要考虑设备的选型定型，成本估算和投资估算，进行项目的可行性分析，据此进行车间设计乃至厂房设计。

需特别指出的是，当工艺规程确定之后，设备和辅助设备选型和设计也起着相当重要的作用，因为从实验室的玻璃仪器到工业装置，不仅是空间体积的简单放大，实际上涉及化学工程领域的诸多问题，即具有所谓的放大效应。

目前中试放大的方法一般有经验放大法、部分解析法和数学模型放大法等。

经验放大法是根据精细化学品生产的实践经验，模拟类似的装置实现放大的方法，其放大的比例较小。当放大的规模较小时，根据经验可不通过中试直接由小试过渡到生产阶段。

部分解析法是通过模型试验提供设计反应设备和反应装置所需要的数据和数学模型，用以解决放大过程中的系列化学工程技术问题，然后在小型装置中进行实验验证，同时结合生产经验，探索出校正因子，最后确定实验方案。

数学规模放大法是针对精细有机合成过程利用数学模型进行模拟，再用计算机辅助设计，经过从小试到中试实验的多次检验修正，方可达到工程的要求。

1.4.3 精细化工的工程开发

工业化实验是投入工业化生产的最后环节，俗称试生产。生产性实验是验证中试成果，为工业化生产打下扎实的基础。

工业化实验中化工设备和装置的设计愈来愈重要。实验室阶段在小型玻璃仪器中进行，化学反应过程的传热传质都比较简单。对于精细化工的单元反应装置，在工业化生产时，传热传质以及化学反应过程都有很大的变化，不同的反应对设备的要求也不同，而且工艺条件与设备条件之间是相互关联、相互影响的，情况较为复杂，需要经过数学模型进行反应器的设计，以及在反复中试的基础上，方可进行工业化试验。精细化工的工业性试验的难点也在于此。对于精细化工的单元操作和设备经过中试后，比较容易进入工业化设计和工业化试验阶段。此外，对于复配性精细化工产品，其在反应装置内进行简单的化学反应，经过中试后可直接进入工业化生产阶段，技术难度不大。

精细有机合成反应放大都是在釜式反应器中进行，而釜式反应器存在着显著的放大效应。从常规的反应温度和加料方式来看，工业试验的温度控制和加料方式与实验室相同，但是温度效应和浓度效应则不一致。从宏观方面来看，小试和工业化没有区别，而在微观上，在局部两者在温度和浓度上差异很大。因此，工业化试验就是关注且解决工业化和小试的差异。对于放热反应，由于要放出热量，而且所进行的化学反应不是在整个釜内均匀进行，而是往往集中在某一个区域，要解决这一问题，就要采取加强搅拌、改变加料方式(如采用喷雾的方式滴加液体物料)、实现反应温度的低限控制、物料稀释等措施。

工业化试验的注意要点如下：首先，进行充分的工业化前的准备工作，中试可靠性要高，一切可能出现的偏差和事故，在小试和中试阶段发现并解决，从而保证工业化试验的顺利进行；其次，对人员进行培训，设备要进行模拟操作，生产工序配套，从原料投入到商品化包装乃至三废处理等辅助工序都要到位；生产试验完成后，确定操作规程，进行原料的可行性评价、设备和装置的可行性评价、安全的可行性评价，同时进行经济分析，为以后工业化大生产提供技术和经济资料。

第2章　磺化与硫酸化

2.1　概述

磺化是在有机物分子碳原子上引入磺酸基，合成具有碳硫键的磺酸类化合物；在氧原子上引入磺酸基，合成具有碳氧键的硫酸酯类化合物；在氮原子上引入磺酸基，合成具有碳氮键的磺胺类化合物的重要有机合成单元之一。

磺化的任务是使用磺化剂，利用化学反应，在有机化合物分子中引入磺酸基（—SO_3H），制造磺化物的生产过程。

磺化利用的化学反应有取代反应、加成反应、置换反应等。以磺酸基（—SO_3H）或磺酰卤基（—SO_2Cl）取代氢原子的磺化，称为直接磺化；以磺酸基取代芳环上的巯基、重氮基等非氢原子的磺化，称为间接磺化。

被磺化物即磺化原料，主要为芳香烃及其衍生物、脂肪烃及其衍生物。芳香烃及其衍生物、芳杂环化合物，均可以直接磺化；少数脂肪族和脂环化合物，也可直接磺化。饱和脂肪烃的化学性质稳定，难以直接磺化，常用磺氯化、磺氧化等方法。烯烃、环氧化合物、醛类常用加成磺化，卤代烃常用置换磺化。

根据磺化剂在磺化中的聚集状态，磺化分液相磺化法和气相磺化法。

磺化的主要目的如下。

①芳烃通过磺化，可根据合成需要，将磺酸基转变成羟基、氯基、氨基或氰基等，从而制取一系列有机合成中间体或精细化学品。

②通过磺化，增进或赋予有机物以水溶性、酸性、表面活性或对纤维的亲和性。

③芳烃通过磺化，可改变其结构和反应性能，满足合成反应需要，如致钝（活）、利用空间效应定位，暂引入磺酸基，预定反应完成后，再将其水解掉。

Cl / NO_2 —磺化→ Cl, SO_3H / NO_2 —中和→ Cl, SO_3Na / NO_2 —芳胺基化→ NH($C_6H_4OCH_3$), SO_3Na / NO_2 —水解→ NH($C_6H_4OCH_3$) / NO_2

磺化　　中和　　芳胺基化　　水解

由此可见，磺化目的是增强环上氯基的活性、增强反应物的水溶性，使芳胺基化在温和条件下进行。

芳磺酸及其衍生物是合成染料、医药、农药的重要中间体，其中，最重要的是阴离子表面活性剂，如洗涤剂、乳化剂、渗透剂、润湿剂、分散剂、离子交换树脂等。

2.2 芳环上的取代磺化

2.2.1 过量硫酸磺化法

用过量硫酸或发烟硫酸的磺化称过量硫酸磺化法，也称“液相磺化”。过量硫酸磺化法操作灵活，适用范围广；副产大量的酸性废液，生产能力较低。

一般过量硫酸磺化，废酸浓度在70%以上，此浓度的硫酸对钢或铸铁的腐蚀不十分明显，因此，多数情况下采用钢制或铸铁的釜式反应器。

磺化釜配置搅拌器，搅拌器的形式取决于磺化物的黏度。高温磺化，物料的黏度不大，对搅拌要求不高；低温磺化，物料比较黏稠，需要低速大功率的锚式搅拌器，常用锚式或复合式搅拌器。复合式搅拌器是由下部的锚式或涡轮式、上部的桨式或推进搅拌器组合而成。

磺化是放热反应，但磺化后期因反应速率较慢需要加热保温，故可用夹套进行冷却或加热。

过量硫酸磺化可连续操作，也可间歇操作。连续操作，常用多釜串联磺化器。间歇操作，加料次序取决于原料性质、磺化温度及引入磺基的位置和数目。磺化温度下，若被磺化物呈液态，可先将被磺化物加入釜中，然后升温，在反应温度下徐徐加入磺化剂，这样可避免生成较多的二磺化物。如被磺化物在反应温度下呈固态，则先将磺化剂加入釜中，然后在低温下加入固体被磺化物，溶解后再缓慢升温反应。例如，萘、2-萘酚的低温磺化。制备多磺酸常用分段加酸法，分段加酸法是在不同时间、不同温度下，加入不同浓度的磺化剂，其目的是在各个磺化阶段都能用最适宜的磺化剂浓度和磺化温度，使磺酸基进入预定位置。例如，萘用分段加酸磺化制备1，3，6-萘三磺酸：

$$\xrightarrow[145℃]{100\%\ H_2SO_4}\ SO_3H\ (主要)\ \left(+\ SO_3H\right)\ \xrightarrow[60\sim85℃]{65\%发烟硫酸}\ SO_3H,\ HO_3S\ (主要)$$

$$\xrightarrow[155℃]{异构化}\ HO_3S,\ SO_3H\ \xrightarrow[155℃]{65\%发烟硫酸}\ SO_3H,\ HO_3S,\ SO_3H$$

磺化过程按规定温度—时间规程控制，通常加料后需升温并保持一定的时间，直到试样中总酸度降至规定数值。磺化终点根据磺化产物性质判断，例如，试样能否完全溶于碳酸钠溶液、清水或食盐水中。

2.2.2 氯磺酸磺化法

氯磺酸的磺化能力比硫酸强，比三氧化硫温和。在适宜的条件下，氯磺酸和被磺化物几乎是定量反应，副反应少，产品纯度高。副产物氯化氢在负压下排出，用水吸收制成盐酸。但氯磺酸价格较高，使其应用受限制。根据氯磺酸用量不同，用氯磺酸磺化得芳磺酸或芳磺酰氯。

(1)制取芳磺酸

用等物质的量或稍过量的氯磺酸磺化，产物是芳磺酸。

$$ArH + ClSO_3H \longrightarrow ArSO_3H + HCl\uparrow$$

由于芳磺酸为固体，反应需在溶剂中进行。硝基苯、邻硝基乙苯、邻二氯苯、二氯乙烷、四氯乙烷、四氯乙烯等为常用溶剂。例如：

$$\text{2-萘酚(OH)} + ClSO_3H \xrightarrow[\text{邻硝基乙苯}]{-5℃,\ 53.3kPa} \text{2-羟基-1-萘磺酸}(SO_3H,\ OH) + HCl + H_2O$$

醇类硫酸酯化，也常用氯磺酸为磺化剂，以等物质的量配比磺化，产物为表面活性剂，由于不含无机盐，产品质量好。

(2)制取芳磺酰氯

用过量的氯磺酸磺化，产物是芳磺酰氯。

$$ArSO_3H + ClSO_3H \rightleftharpoons ArSO_2Cl + H_2SO_4$$

由于反应是可逆的，因而要用过量的氯磺酸，一般摩尔比为 1∶(4～5)。过量的氯磺酸可使被磺化物保持良好的流动性。有时也加入适量添加剂以除去硫酸。例如，生产苯磺酰氯时加入适量的氯化钠。氯化钠与硫酸生成硫酸氢钠和氯化氢，反应平衡向产物方向移动，收率大大提高。

单独使用氯磺酸不能使磺酸全部转化成磺酰氯，可加入少量氯化亚砜。

芳磺酰氯不溶于水，冷水中分解较慢，温度高易水解。将氯磺化物倾入冰水，芳磺酰氯析出，迅速分出液层或滤出固体产物，用冰水洗去酸性以防水解。芳磺酰氯不易水解，可以用热水洗涤。

芳磺酰氯化学性质活泼，可合成许多有价值的芳磺酸衍生物。

2.2.3 三氧化硫磺化法

(1)气体三氧化硫磺化

主要用于十二烷基苯生产十二烷基苯磺酸钠。磺化采用双膜式反应器，三氧化硫用干燥的空气稀释至 4%～7%。此法生产能力大，工艺流程短，副产物少，产品质量好，得到广泛应用。

(2)液体三氧化硫磺化

主要用于不活泼的液态芳烃磺化，在反应温度下产物磺酸为液态，而且黏度不大。例如，硝基苯在液态三氧化硫中磺化：

$$C_6H_5NO_2 + SO_3 \xrightarrow{95\sim120^\circ C} m\text{-}NO_2C_6H_4SO_3H \xrightarrow{NaOH} m\text{-}NO_2C_6H_4SO_3Na$$

操作是将过量的液态三氧化硫慢慢滴至硝基苯中，温度自动升至70～80℃，然后在95～120℃下保温，直至硝基苯完全消失，再将磺化物稀释、中和，得间硝基苯磺酸钠。此法也可用于对硝基甲苯磺化。

液态三氧化硫的制备，以20%～25%发烟硫酸为原料，将其加热至250℃产生三氧化硫蒸气，三氧化硫蒸气通过填充粒状硼酐的固定床层，再经冷凝，即得稳定的SO_3液体。液体三氧化硫使用方便，但成本较高。

(3)三氧化硫溶剂磺化

适用于被磺化物或磺化产物为固态的情况，将被磺化物溶解于溶剂，磺化反应温和、易于控制。常用溶剂如硫酸、二氧化硫、二氯甲烷、1,2-二氯乙烷、1,1,2,2-四氯乙烷、石油醚、硝基甲烷等。

硫酸可与SO_3混溶，并能破坏有机磺酸的氢键缔合，降低反应物黏度。其操作是先在被磺化物中加入质量分数为10%的硫酸，通入气体或滴加液体SO_3，逐步进行磺化。此法技术简单、通用性强，可代替发烟硫酸磺化。

有机溶剂要求化学性质稳定，易于分离回收，可与被磺化物混溶，对SO_3溶解度在25%以上溶剂的选择，需根据被磺化物的化学活泼性和磺化条件确定。一般有机溶剂不溶解磺酸，故磺化液常常很黏稠。

磺化操作可将被磺化物加到溶剂中；也可先将被磺化物溶于有机溶剂中，再加入SO_3溶剂或通入SO_3气体。例如，萘在二氯甲烷中用SO_3磺化制取1,5-萘二磺酸。

(4)SO_3有机配合物磺化

SO_3可与有机物形成配合物，配合物的稳定次序为：

$$(CH_3)_3N\cdot SO_3 > C_5H_5N\cdot SO_3 > O(CH_2CH_2)_2O\cdot SO_3 > R_2O\cdot SO_3 > H_2SO_4\cdot SO_3 > HCl\cdot SO_3 > SO_3$$

SO_3有机配合物的稳定性比发烟硫酸大，即SO_3有机配合物的反应活性低于发烟硫酸。故用SO_3有机配合物磺化，反应温和，有利于抑制副反应，磺化产品质量较高，适于高活性的被磺化物。SO_3与叔胺和醚的配合物应用最为广泛。

(5)三氧化硫磺化法的问题

①SO_3熔点为16.8℃，沸点为44.8℃，其液相区狭窄，凝固点较低，不利于使用，室温条件下自聚形成二聚体或三聚体。添加适量硼酐、二苯砜和硫酸二甲酯等，可防止SO_3形成聚合体，添加量以SO_3质量计，硼酐为0.02%、二苯砜为0.1%、硫酸二甲酯为0.2%。

②SO_3活性高，反应激烈，副反应多，尤其是纯SO_3磺化。为避免剧烈的反应，工业常用干燥空气稀释SO_3，以降低其浓度。对于容易磺化的苯、甲苯等，可加入磷酸或羧酸抑制砜的生成。

③用 SO_3 磺化，瞬时放热量大，反应热效应显著。

由于被磺化物的转化率高，所得磺酸黏度大。为防止局部过热，抑制副反应，避免物料焦化，必须保持良好的换热条件，及时移除磺化反应热。适当控制转化率或使磺化在溶剂中进行，以免磺化产物黏度过大。

④SO_3 不仅是活泼的磺化剂，也是氧化剂，必须注意使用安全，特别是使用纯净的 SO_3，应严格控制温度和加料顺序，防止发生爆炸事故。

三氧化硫磺化反应迅速，不产生水，磺化剂用量接近于理论用量，"三废"少，经济合理，常用于脂肪醇、烯烃和烷基苯的磺化。随着工业技术的发展，三氧化硫磺化工艺应用将日益增多。

2.2.4 芳伯胺的烘焙磺化法

芳伯胺与等物质的量的硫酸混合，制成固态芳胺硫酸盐，然后在 180～230℃高温烘焙炉内烘焙，故称烘焙磺化，也可采用转鼓式球磨机成盐烘焙。例如，苯胺磺化：

$$C_6H_5NH_2 \xrightarrow[\text{成盐}]{H_2SO_4} C_6H_5\overset{+}{N}H_3\cdot HSO_4^- \xrightarrow[180\sim190℃]{-H_2O} C_6H_5NH\cdot SO_3H \xrightarrow[180\sim190℃\ \text{烘焙}]{\text{分子内重排}} p\text{-}H_2NC_6H_4SO_3H$$

烘焙磺化法硫酸用量虽接近理论量，但易引起苯胺中毒，生产能力低，操作笨重，可采用有机溶剂脱水法，即使用高沸点溶剂，如二氯苯、三氯苯、二苯砜等，芳伯胺与等物质的量的硫酸在溶剂中磺化，不断蒸出生成的水。

苯系芳胺进行烘焙磺化时，其磺酸基主要进入氨基对位，对位被占据则进入邻位。烘焙磺化法制得的氨基芳磺酸如下：

$$\text{4-}NH_2\text{-}C_6H_4\text{-}SO_3H \quad \text{4-}NH_2\text{-3-}CH_3\text{-}C_6H_3\text{-}SO_3H \quad \text{2-}NH_2\text{-5-}CH_3\text{-}C_6H_3\text{-}SO_3H \quad \text{2-}NH_2\text{-5-}Cl\text{-}C_6H_3\text{-}SO_3H \quad \text{4-}NH_2\text{-3-}Cl\text{-}C_6H_3\text{-}SO_3H \quad \text{4-}NH_2\text{-}C_{10}H_6\text{-1-}SO_3H$$

由于烘焙磺化温度较高，含羟基、甲氧基、硝基或多卤基的芳烃，不宜用此法磺化，防止被磺化物氧化、焦化和树脂化。

2.3 亚硫酸盐的置换磺化

脂链上的卤基、芳环上活化的卤基和硝基，以及脂链上的磺氧基(即酸性硫酸酯基—OSO_3H)可以被亚硫酸盐置换成磺酸基，这类反应都是亲核置换反应，反应是在亚硫酸盐的水溶液中加热完成的。

2.3.1 牛磺酸的制备

牛磺酸的化学名称是 2-氨基乙基磺酸，它是动物体生长发育所必需的氨基酸，对促幼龄动物的生长发育有很重要的作用。牛磺酸是重要的药物和保健营养品，大量用于医药工业、食品工业，也用于洗涤剂、荧光增白剂和生化试剂的生产中。

牛磺酸的合成路线很多，其中重要的方法如下。

①1,2-二氯乙烷先用亚硫酸钠置换磺化得 2-氯乙基磺酸钠，后者再用浓氨水氨解。

②环氧乙烷先与亚硫酸氢钠加成得 2-羟基乙基磺酸钠，后者再用浓氨水氨解。

③环氧乙烷先用浓氨水胺化得乙醇胺（氨基乙醇），后者用氯化氢（或溴化氢）氯化（或溴化）得 2-氯（或溴）乙基胺，最后再用亚硫酸氢钠将氯（或溴）置换成磺基。

④乙醇胺先用浓硫酸酯化得 2-氨基乙基酸性硫酸酯，后者再用亚硫酸钠将磺氧基置换成磺基，其反应式如下：

$$H_2NCH_2CH_2OH + H_2SO_4 \xrightarrow[\text{硫酸酯化}]{\text{减压脱水}} H_2NCH_2CH_2OSO_3H + H_2O$$

$$H_2NCH_2CH_2OSO_3H + Na_2SO_3 \xrightarrow[\text{置换磺化}]{\text{回流}} H_2NCH_2CH_2SO_3H + Na_2SO_4$$

其中，氨基乙醇的溴化、置换磺化法收率高，但需回收溴、工艺复杂。氨基乙醇的硫酸酯化、置换磺化法虽然收率一般，但工艺、设备简单。置换磺化后将反应液浓缩，趁热离心过滤分离出硫酸钠，过滤母液冷却结晶得粗品牛磺酸，再经离子膜脱去无机盐，即得精品，结晶母液仍含有牛磺酸，可用于配制亚硫酸钠水溶液循环使用。

另一种新的方法是将乙醇胺在氮气流中雾化，在 $Cs_{0.9}Ba_{0.1}P_{0.8}$ 催化剂存在下高温脱水，发生分子内环合反应生成亚乙基亚胺，然后与亚硫酸氢铵发生开环加成反应成牛磺酸。据报道，此法成本低、投资少、不需分离副产物，国外已在 20 世纪 80 年代末投入工业化生产。

$$H_2NCH_2CH_2OH \xrightarrow[\text{脱水环合}]{\text{催化剂、高温}} \underset{\underset{H}{N}}{CH_2\!-\!CH_2}$$

$$\underset{\underset{H}{N}}{CH_2\!-\!CH_2} + NH_4HSO_3 \xrightarrow{\text{开环加成磺化}} H_2NCH_2CH_2SO_3H$$

值得注意的是，亚乙基亚胺是致癌性剧毒物，沸点 55～56℃，是一级易燃液体，对生产和使用的技术安全要求高。

2.3.2 邻氨基苯磺酸的制备

邻氨基苯磺酸主要用作活性染料的中间体，可以合成活性艳红 K-28、艳红 K-2BP、艳红 K-2G、艳红 M-28、艳红 X-B、艳红 X-108、活性紫 K-3R 等多种活性染料。其传统制法是以邻硝基氯苯为原料，经以下复杂合成路线而完成的。

$$2\,C_6H_4(NO_2)Cl \xrightarrow[\text{80℃, 3h; 氯基置换}]{Na_2S_2/C_2H_5OH} (O_2N\text{-}C_6H_4\text{-}S)_2 \xrightarrow[\text{氧化氯化, 40～60℃}]{NaClO/H_2O} 2\,O_2N\text{-}C_6H_4\text{-}SO_2Cl \xrightarrow[\text{水解，还原}]{Fe/H^+/H_2O} 2\,H_2N\text{-}C_6H_4\text{-}SO_3H$$

邻硝基氯苯分子中的氯不够活泼，与亚硫酸钠按传统方法反应制邻硝基苯磺酸时，反应速率太慢，收率太低。1991 年，陈文友提出邻硝基氯苯和亚硫酸钠在水介质中，在相转移催化剂存在下，在 80～100℃保温 10 h，可得到高收率的邻硝基苯磺酸。

此外磺酸基置换硝基的反应还可用于间二硝基苯的精制和 1-硝基蒽醌的精制。

2.3.3 苯胺-2,5-双磺酸(2-氨基苯-1,4-二磺酸)的制备

苯胺-2,5-双磺酸是重要的染料中间体，目前中国主要采用间氨基苯磺酸用发烟硫酸磺化的方法，此法的优点是工艺简单，收率高；缺点是磺化废液多，难处理。

另一条合成路线是氯苯法，其反应式如下：

$$C_6H_5Cl \xrightarrow[\text{磺化}]{100\%\ H_2SO_4} Cl\text{-}C_6H_4\text{-}SO_3H \xrightarrow[\text{硝化}]{HNO_3} \text{2-Cl-1-}NO_2\text{-}C_6H_3\text{-}SO_3H \xrightarrow[\text{置换磺化}]{Na_2SO_3} (SO_3H)(NO_2)C_6H_3SO_3Na \xrightarrow[\text{还原}]{Fe\text{ 或 }H_2\text{ 等}} (SO_3H)(NH_2)C_6H_3SO_3Na$$

氯苯法如能进一步改进工艺，有可能与间氨基苯磺酸法相竞争。

2.4 用磺化法制备阴离子表面活性剂的反应

用于制备阴离子表面活性剂的磺化和硫酸化反应主要有以下几种：①烯烃与亚硫酸盐的加成磺化；②α-烯烃用三氧化硫取代磺化；③长链烷烃用二氧化硫的磺氧化和磺氯化；④烯烃的硫酸化。

2.4.1 烯烃与亚硫酸盐的加成磺化

烯烃和炔烃与亚硫酸盐的加成磺化一般是通过自由基链反应而完成的，其反应历程可简单表示如下：

引发：

$$HSO_3^- \xrightarrow{\text{引发剂}} \dot{H} + \dot{S}O_3^-$$

$$R{-}CH{=}CH_2 + \dot{S}O_3^- \longrightarrow R{-}\dot{C}H{-}CH_2SO_3^-$$

链增长：

$$R{-}\dot{C}H{-}CH_2SO_3^- + HSO_3^- \longrightarrow R{-}CH_2CH_2SO_3^- + \dot{S}O_3^-$$

最常用的烯烃是高碳 α-烯烃(C_{10}～C_{20})，加成产物是高碳伯烷基磺酸钠，它也是一类阴离子表面活性剂，性能良好，但 α-烯烃供应量少、价格高，产品成本高。

当烯烃的共轭碳原子上连有羰基、氰基、硝基等强吸电子基时，它与亚硫酸盐的反应就不再是自由基加成反应，而是亲核加成反应。例如，顺丁烯二酸异辛酯与亚硫酸氢钠水溶液经常压回流几小时可制得琥珀酸二异辛酯磺酸钠，商品名称渗透剂 T。

$$\begin{array}{l} HC-\overset{O}{\overset{\|}{C}}-OCH_2\overset{C_2H_5}{\overset{|}{C}}HC_4H_9 \\ \| \\ HC-\underset{O}{\underset{\|}{C}}-OCH_2\underset{C_2H_5}{\underset{|}{C}}HC_4H_9 \end{array} + NaHSO_3 \longrightarrow \begin{array}{l} H_2C-\overset{O}{\overset{\|}{C}}-OCH_2\overset{C_2H_5}{\overset{|}{C}}HC_4H_9 \\ \quad | \\ HC-\underset{O}{\underset{\|}{C}}-OCH_2\underset{C_2H_5}{\underset{|}{C}}HC_4H_9 \\ NaO_3S \end{array}$$

在上述反应中不需要外加相转移催化剂，因为单酯的钠盐可起到磺化的相转移催化作用。各种琥珀酸单酯和琥珀酸双酯的磺酸钠是一类重要的阴离子表面活性剂。

2.4.2 α-烯烃用三氧化硫的取代磺化

α-烯烃用三氧化硫-空气混合物进行硫化的主要产物是 α-烯烃磺酸和其他内烯烃磺酸，其盐是一类重要的阴离子表面活性剂。从 α-烯烃与 SO_3 的反应历程看，是亲电加成—氢转移过程(见图 2-1)。

$$\underset{\alpha\text{-烯烃}}{R-CH_2CH_2CH=CH_2} + SO_3 \xrightarrow{\text{亲电加成}}$$

$$\underset{\alpha\text{-烯烃磺酸}}{R-CH_2CH_2CH=CH-SO_3H} \xleftarrow[\text{(老化)}]{\text{脱质子}} \underset{\text{碳正离子中间体(Ⅰ)}}{R-CH_2CH_2\overset{+}{C}HCH_2SO_3^-} \underset{\text{开环}}{\overset{\text{环合}}{\rightleftharpoons}} \underset{\text{1,2-磺酸内酯}}{R-CH_2CH_2CH-CH_2 \ (O-SO_2)}$$

$$\downarrow \text{氢转移}$$

$$\underset{\text{内烯烃磺酸}}{R-CH_2CH=CHCH_2SO_3H} \xleftarrow[\text{(老化)}]{\text{脱质子}} \underset{\text{碳正离子中间体(Ⅱ)}}{R-CH_2\overset{+}{C}HCH_2CH_2SO_3^-} \underset{\text{开环}}{\overset{\text{环合}}{\rightleftharpoons}} \underset{\text{1,3-磺酸内酯}}{R-CH_2CHCH_2CH_2 \ (O-SO_2)}$$

$$\downarrow \text{氢转移}$$

$$\underset{\text{内烯烃磺酸}}{R-CH=CHCH_2CH_2SO_3H} \xleftarrow[\text{(老化)}]{\text{脱质子}} \underset{\text{碳正离子中间体(Ⅲ)}}{R-\overset{+}{C}HCH_2CH_2CH_2SO_3^-} \underset{\text{开环}}{\overset{\text{环合}}{\rightleftharpoons}} \underset{\text{1,4-磺酸内酯}}{R-CHCH_2CH_2CH_2 \ (O-SO_2)}$$

图 2-1 α-烯烃与 SO_3 的反应历程

首先是 α-烯烃与 SO_3 发生亲电加成反应生成碳正离子中间体(Ⅰ)，(Ⅰ)可以脱质子(老化)生成产品 α-烯烃磺酸，或环合生成 1,2-磺酸内酯，也可以发生氢转移反应生成碳正离子中间体(Ⅱ)和(Ⅲ)，(Ⅱ)和(Ⅲ)也可以发生脱质子、环合或氢转移反应。

各种烯烃磺酸可以进一步与 SO_3 反应生成烯烃多磺酸和磺酸内酯磺酸等副产物，另外，烯烃磺酸也可以自身聚合生成低聚酸，如图 2-2 所示。

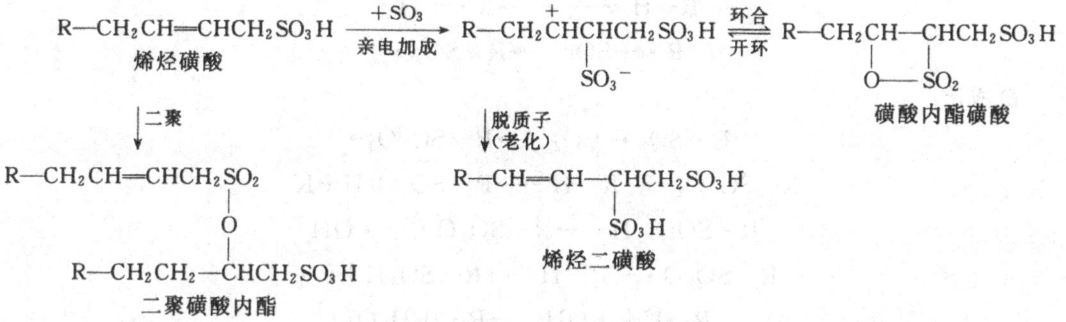

$$\underset{\text{烯烃磺酸}}{R{-}CH_2CH{=}CHCH_2SO_3H} \xrightarrow[\text{亲电加成}]{+SO_3} R{-}CH_2\overset{+}{C}HCH(SO_3^-)CH_2SO_3H \underset{\text{开环}}{\overset{\text{环合}}{\rightleftharpoons}} \underset{\text{磺酸内酯磺酸}}{R{-}CH_2CH(O{-}SO_2{-})CHCH_2SO_3H}$$

烯烃磺酸 —二聚→ $R{-}CH_2CH{=}CHCH_2SO_2{-}O{-}CH(CH_2CH_2{-}R)CH_2SO_3H$（二聚磺酸内酯）

$R{-}CH_2\overset{+}{C}HCH(SO_3^-)CH_2SO_3H$ —脱质子（老化）→ $R{-}CH{=}CH{-}CH(SO_3H)CH_2SO_3H$（烯烃二磺酸）

图 2-2 烯烃磺酸与 SO_3 的反应

由 α-烯烃与 SO_3 反应生成 1,2-磺酸内酯是强烈放热的快速可逆反应，可在瞬间完成，其反应速率是直链烷基苯磺化速率的 100 倍，所以要用低浓度的 SO_3。由 1,2-磺酸内酯转变为烯烃磺酸和 1,3-磺酸内酯等产物的反应都是慢速反应，亦称老化反应。磺化液在 30℃条件下经 3～5 min 老化，1,2-磺酸内酯完全消失。老化时间长，会生成较多难水解的 1,4-磺酸内酯。

老化液要用氢氧化钠水溶液中和，并在约 150℃条件下进行水解，这时各种磺酸内酯都水解成烯烃磺酸和羟基烷基磺酸，并进一步反应生成磺酸钠盐表面活性剂。

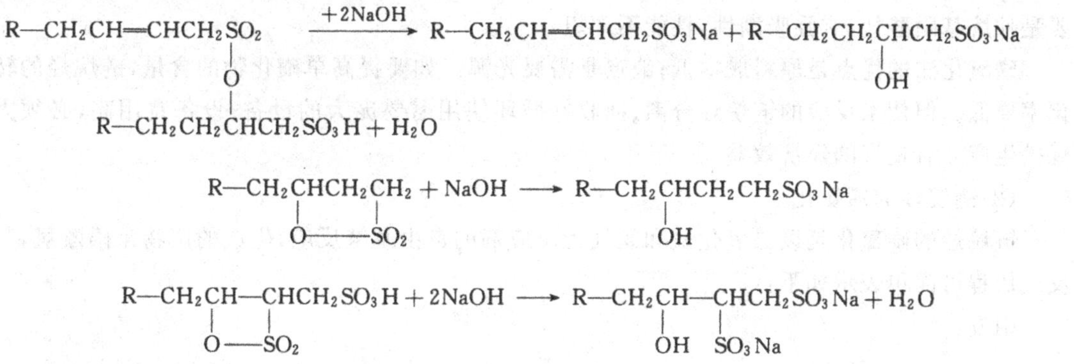

$$R{-}CH_2CH{=}CHCH_2SO_2{-}O{-}CH(CH_2CH_2{-}R)CH_2SO_3H + H_2O \xrightarrow{+2NaOH} R{-}CH_2CH{=}CHCH_2SO_3Na + R{-}CH_2CH_2CH(OH)CH_2SO_3Na$$

$$R{-}CH_2CH(O{-})CH_2CH_2(SO_2{-}) + NaOH \longrightarrow R{-}CH_2CH(OH)CH_2CH_2SO_3Na$$

（左式中 O 与 SO_2 相连成环）

$$R{-}CH_2CH(O{-}SO_2{-})CHCH_2SO_3H + 2NaOH \longrightarrow R{-}CH_2CH(OH){-}CH(SO_3Na)CH_2SO_3Na + H_2O$$

水解后，产物中约含烯烃磺酸钠 55%～60%（质量分数，下同）、羟基烷基磺酸钠 25%～30%和烯烃二磺酸二钠 5%～10%。

2.4.3 长链烷烃用二氧化硫的磺氧化和磺氯化

长碳链烷基磺酸是一类重要的表面活性剂，用量很大。链烷烃相当稳定，不能用硫酸、氯磺酸、氨基磺酸或三氧化硫等亲电试剂进行取代磺化。目前采用的磺化方法是用二氧化硫的磺氧化法和磺氯化法，它们都是自由基链反应。高碳链烷基磺酸也可由烯烃与亚硫酸氢钠进行加成磺化而得。

(1)链烷烃的磺氧化

高碳链烷烃 R—H(C_{14}～C_{18})的磺氧化是以二氧化硫和空气中的氧为反应剂的自由基链反应，其反应历程可简单表示如下。

引发：

$$\text{R—H} \xrightarrow{\text{光或引发剂}} \text{R}\cdot + \text{H}\cdot$$

$$\text{R}\cdot + SO_2 \longrightarrow \text{R—}SO_2\cdot$$

链增长：

$$\text{R—}SO_2\cdot + O_2 \longrightarrow \text{R—}SO_2O_2\cdot$$

$$\text{R—}SO_2O_2\cdot + \text{R—H} \longrightarrow \text{R—}SO_2O_2\text{H} + \text{R}\cdot$$

$$\text{R—}SO_2O_2\text{H} \longrightarrow \text{R—}SO_2O\cdot + \cdot\text{OH}$$

$$\text{R—}SO_2O\cdot + \text{R—H} \longrightarrow \text{R—}SO_3\text{H} + \text{R}\cdot$$

$$\text{R—H} + \cdot\text{OH} \longrightarrow \text{R}\cdot + H_2O$$

副反应：

$$\text{R—}SO_2O_2\text{H} + H_2O + SO_2 \longrightarrow \text{R—}SO_3\text{H} + H_2SO_4$$

上述反应可以用紫外光、γ 射线以及臭氧和过氧化物等自由基引发剂来引发。生成产品烷基磺酸的反应速率控制步骤是过磺酸 R—SO_2O_2H 的生成。过磺酸在 40℃左右的反应温度下相当稳定，但水的存在可促进其分解为磺酸。光照并向反应器中加水的方法称作“水光磺氧化法”，工艺比较成熟。

在磺氧化反应中，磺酸基进入碳链的位置是随机的，大部分磺基和仲碳原子相连，产品主要是仲烷基磺酸盐，有强吸潮性，性能不理想。

磺氧化法的优点是原料成本低；缺点是需要光源。如要提高单磺化物的含量，链烷烃的转化率要低。但使未反应的链烷烃分离、回收并循环使用需要庞大的设备，设备费用高，必须大规模生产才有良好的经济效益。

(2)链烷烃的磺氯化

链烷烃的磺氯化是以二氧化硫和氯气为反应剂的自由基链反应，生成的产物是磺酰氯，其反应历程可简单表示如下：

引发：

$$Cl_2 \xrightarrow{\text{光}} 2\text{Cl}\cdot$$

$$\text{R—H} + \text{Cl}\cdot \longrightarrow \text{R}\cdot + \text{HCl}\uparrow$$

$$\text{R}\cdot + SO_2 \longrightarrow \text{R—}SO_2\cdot$$

链增长：

$$\text{R—}SO_2 + Cl_2 \longrightarrow \text{R—}SO_2\text{Cl} + \text{Cl}\cdot$$

磺氯化反应是在 300～400 nm 紫外线的照射下，在 30～65℃进行的。为了抑制烷烃的氯化副反应，SO_2/Cl_2 的物质的量比为(1.05～1.10)：1。磺氯化产物中伯烷基磺酰氯含量较多，但二磺酰氯含量也高，为了抑制二磺氯化副反应，必须控制链烷烃的转化率。将磺氯化产物用氢氧化钠水溶液水解、中和就得到链烷基磺酸钠水溶液，水层经蒸水、干燥后就得到产品，未反应的链烷烃可回收循环使用。

链烷烃的磺氧化和磺氯化是开发较早的生产阴离子表面活性剂的方法，其缺点是消耗定额高，三废处理难，产品的洗涤性能不理想，因此在阴离子表面活性剂的总产量中只占3%～5%。

2.5　烯烃的硫酸化

烯烃与过量的浓硫酸或发烟硫酸反应时，不是发生取代磺化反应，而是发生硫酸化反应，得到的产品主要是一仲烷基酸性硫酸酯和二仲烷基硫酸酯。

2.5.1　高碳 α-烯烃的硫酸化

烯烃的硫酸化是亲电加成反应，其反应历程和主要产物可简单表示如图 2-3 所示。

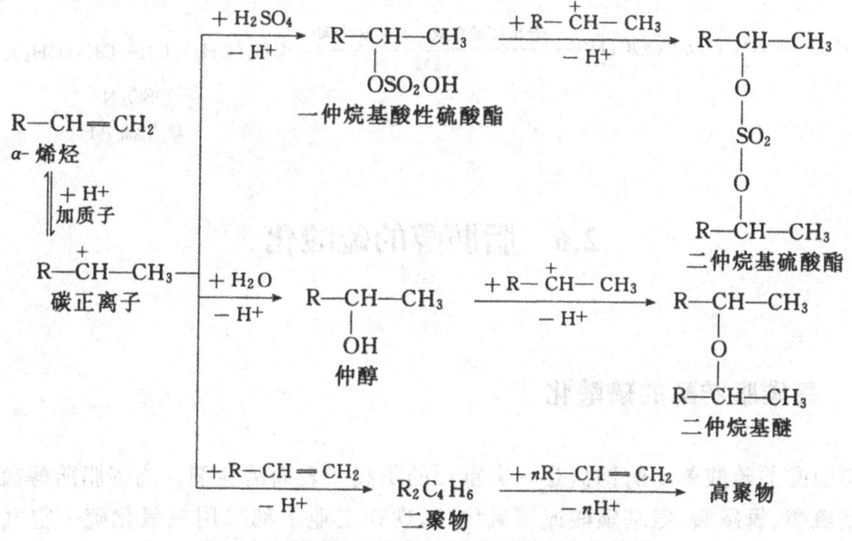

图 2-3　烯烃的硫酸化的反应历程和主要产物

其主反应是烯烃首先加质子生成碳正离子中间体，它是反应速率最慢的控制步骤，它服从 Markovnikov 规则，即质子加至含氢多的碳原子上。然后碳正离子中间体与硫酸反应生成一仲烷基酸性硫酸酯和二仲烷基硫酸酯。因为碳正离子中间体可以通过氢转移，快速地发生异构化反应，所以高碳烯烃的硫酸化产物是硫酸酯基处于不同碳原子上的各种仲烷基硫酸酯的混合物。另外，碳正离子中间体还可以发生生成仲醇、二仲烷基醚和聚合物等的副反应。

直链 α-烯烃(C_{12}～C_{18})的硫酸化可在带冷却装置的槽式反应器中进行，反应温度保持 10～20℃，以抑制副反应。产品高碳直链仲烷基酸性硫酸酯的钠盐是性能良好的阴离子表面蠡性剂。商品名称 Teepol，但易吸潮，一般用于制液体或浆状洗涤剂。

2.5.2　低碳烯烃的硫酸化

将纯度为 35%～95%(体积分数)的乙烯(气体)与质量分数为 94%～98%的硫酸，于 88～80℃和 0.101～0.355 MPa(1～3.5 atm)在多个吸收塔中反应，可得到硫酸单乙酯、硫酸二乙酯和过量硫酸的混合物，经脱硫酸处理后，与无水硫酸钠共热，减压蒸馏，可得到纯度为 99%（质量分数）的硫酸二乙酯，收率 85%以上。小规模生产时也可以用乙醇与硫酸反应先制得硫酸单乙酯，再将后者制成硫酸二乙酯。

另外，将上述硫酸化反应物在 70～100℃加水水解可得到乙醇，这是工业上从乙烯制乙醇的主要方法之一，工业上也可以用乙烯直接水合法生产乙醇。

2.5.3　不饱和脂肪酸酯的硫酸化

不含羟基的不饱和脂肪酸酯与过量硫酸的硫酸化反应用于制备阴离子表面活性剂。例如，将油酸丁酯在 0～5℃与过量的发烟硫酸（SO_3 质量分数为 20%）反应，然后加水稀释，破乳、分出油层、用氢氧化钠水溶液中和，即得到磺化油 AH，它是合成纤维的上油剂。

$$CH_3(CH_2)_7CH{=}CH(CH_2)_7COOC_4H_9 \xrightarrow[0\sim5℃]{+H_2SO_4\ \text{硫酸化},\ NaOH\ \text{中和}} CH_3(CH_2)_7\underset{\displaystyle \underset{|}{} OSO_3Na}{CH}{-}CH_2(CH_2)_7COOC_4H_9$$

磺化油 AH

2.6　脂肪醇的硫酸化

2.6.1　高碳脂肪醇的硫酸化

高碳脂肪醇的硫酸单酯的钠盐是一类重要的阴离子表面活性剂。高碳脂肪醇硫酸化的反应剂可以是硫酸、氯磺酸、氨基磺酸或三氧化硫，现在工业上都采用三氧化硫—空气混合物作反应剂，其反应历程包括两个步骤：

$$R{-}OH+2SO_3 \xrightarrow[\text{硫酸化}]{\text{极快}} R{-}O{-}SO_2{-}O{-}SO_3H$$

$$R{-}O{-}SO_2{-}O{-}SO_3H+R{-}OH \xrightarrow[\text{老化}]{\text{稍慢}} 2R{-}OSO_3H$$

第一步硫酸化是快速的剧烈放热反应，考虑到硫酸单酯对热不稳定，温度高时会分解为原料醇以及生成二烷基硫酸酯（R—O—SO_2—O—R）、二烷基醚（R—O—R）、异构醇和烯烃（R′—CH—CH_2）等副产物，硫酸化和老化的反应温度都不能太高。用降膜反应器时，其主要反应条件是：

SO_3－空气混合物中 SO_3 体积分数	4%～7%
SO_3/醇（摩尔比）	（1.02～1.03）：1
Cl_2 醇的进料温度/℃	约 30（略高于醇的熔点）
硫酸化温度/℃	
C_{12}～C_{14}醇	35～40
C_{16}～C_{18}醇	45～55

老化时间只需 1 min，所以实际上并不需要单独的老化器，从降膜反应器流出的反应液经过一定长度的管道后，即可直接进行中和。

不饱和高碳脂肪醇用 SO_3—空气混合物在降膜反应器中进行硫酸化时，硫酸化收率约 92%，双键保留率约 95%。

2.6.2 低碳脂肪醇的硫酸化

向甲醇中滴入氯磺酸可得到硫酸单甲酯。

$$CH_3OH + HSO_3Cl \longrightarrow CH_3-O-SO_3H + HCl\uparrow$$

将甲醇与过量硫酸反应，然后脱硫酸钙，可得到硫酸单甲酯钠盐的水溶液。

$$CH_3OH + H_2SO_4 \longrightarrow CH_3-O-SO_3H + H_2O$$

硫酸二甲酯的制备是先将甲醇脱水生成二甲醚，后者再与溶于硫酸二甲酯中的三氧化硫反应，收率 85%～90%。

$$2CH_3OH + SO_3 \xrightarrow[\text{120～145℃，脱水}]{CH_3-O-SO_3H\text{，催化}} CH_3-O-CH_3 + H_2SO_4$$

$$CH_3-O-CH_3 + SO_3 \xrightarrow[\text{硫酸化}]{\text{60～80℃}} CH_3-O-SO_2-O-CH_3$$

2.6.3 羟基不饱和脂肪酸酯的硫酸化

蓖麻油与 SO_3－空气混合物反应时可制得土耳其红油，它是纤维素染色的匀染剂。

$$CH_3(CH_2)_5-\underset{\displaystyle OH}{\underset{|}{CH}}-CH_2-CH{=}CH(CH_2)_7-\overset{\displaystyle O}{\overset{\|}{C}}-O-G \xrightarrow[\text{硫酸化}]{H_2SO_4\text{ 或 }SO_3}$$

蓖麻油(G 代表甘油基)(三蓖麻油酸甘油酯)

$$CH_3(CH_2)_5-\underset{\displaystyle O-SO_3H}{\underset{|}{CH}}-CH_2-CH{=}CH(CH_2)_7-\overset{\displaystyle O}{\overset{\|}{C}}-O-G$$

土耳其红油

小批量生产时一般用质量分数 98%的硫酸在 40℃左右进行硫酸化。实际上，蓖麻油分子只有一部分羟基被硫酸化，可能有一部分不饱和键也被硫酸化。用 SO_3－空气混合物进行硫酸化，不仅可大大缩短反应时间，而且产品中无机盐含量和游离脂肪酸含量较少。

2.7 聚氧乙烯醚的硫酸化

高碳脂肪醇和高碳烷基酚的聚氧乙烯醚的酸性硫酸单酯是一类性能良好的阴离子表面活

性剂。所用聚氧乙烯醚是由高碳醇或高碳烷基酚与环氧乙烷的 D 烷化制得的，它们都含有伯醇基，它们的硫酸化的化学反应和工艺过程与高碳脂肪醇的硫酸化基本相似。

$$R—O\leftarrow CH_2CH_2O\rightarrow_n CH_2CH_2O—H + 2SO_3 \xrightarrow[\text{快速}]{\text{硫酸化}} R—\overset{+}{O}(SO_3^-)\leftarrow CH_2CH_2O\rightarrow_n CH_2CH_2—O—SO_3H$$

$$R—\overset{+}{O}(SO_3^-)\leftarrow CH_2CH_2O\rightarrow_n CH_2CH_2—O—SO_3H + R—O\leftarrow CH_2CH_2O\rightarrow_n CH_2CH_2OH$$

$$\xrightarrow[\text{稍慢}]{\text{老化}} 2R—O\leftarrow CH_2CH_2O\rightarrow_n CH_2CH_2—O—SO_3H$$

R 代表高碳烷基或高碳烷基芳基；n 一般为 1～3

醇醚(n=3)用降膜反应器进行硫酸化的主要反应条件是：

SO_3/醇醚(摩尔比)	(1.01～1.04)∶1
SO_3－空气混合物中 SO_3 体积分数	3%～4%
进气温度/℃	42±2
露点/℃	<－50
醇醚进料温度/℃	30±3
循环冷却水温度/℃	28～30
硫酸化温度/℃	35～50
中和温度/℃	60

对于降膜反应器要严格控制上段和下段冷却水的最佳温度。由于所得硫酸单酯在酸性介质中不稳定，应立即中和成钠盐。

第3章 硝化与亚硝化

3.1 概述

向有机化合物分子的碳原子上引入硝基($-NO_2$)的反应称硝化，引入亚硝基的反应称作亚硝化。在精细有机合成工业中，最重要的硝化反应是用硝酸作硝化剂向芳环或芳杂环中引入硝基：

$$C_6H_6 + HNO_3 \xrightarrow{H_2SO_4} C_6H_5NO_2 + H_2O$$

芳香族硝化反应像磺化反应一样是非常重要的一类化学过程，其应用十分广泛。引入硝基的目的主要有以下三个方面。

①硝基可以转化为其他取代基，尤其是制取氨基化合物的一条重要途径。

②利用硝基的强吸电性，使芳环上的其他取代基活化，易于发生亲核置换反应。

③利用硝基的强极性，赋予精细化工产品某种特性。

$$\text{苯酚} \xrightarrow[\triangle]{H_2SO_4} \text{邻羟基苯磺酸}(SO_3H) \left(+\ \text{对羟基苯磺酸}(SO_3H)\right) \xrightarrow{HNO_3} \text{2,4,6-三硝基苯酚}(O_2N,\ NO_2,\ NO_2)$$

3.2 硝化反应历程

3.2.1 硝化剂的活性质点

工业上常见的硝化剂有硝酸、混酸、硝酸与醋酸或醋酸酐的混合物。最重要的硝化反应是用硝酸作硝化剂向芳环或芳杂环中引入硝基的反应。

$$\text{C}_6\text{H}_6 + HNO_3 \xrightarrow[98\%]{H_2SO_4,\ 50\sim55℃} \text{C}_6\text{H}_5NO_2 + H_2O$$

硝基苯

在硝化反应中，硝基阳离子 NO_2^+ 被认为是参加反应的活泼质点，因此，若把少量硝酸溶于硫酸中，将发生如下反应：

$$HNO_3 + 2H_2SO_4 \cdot NO_2^+ + H_3O^+ + 2HSO_4^-$$

实验表明，在混酸中硫酸浓度增高，有利于 NO_2^+ 的离解。硫酸浓度在 75%～85%时，NO_2^+ 离子浓度很低，当硫酸浓度增高至 89%或更高时，硝酸全部离解为 NO_2^+ 离子，从而硝化能力增强。见表 3-1。

表 3-1　由硝酸和硫酸配制混酸时 NO_2^+ 的含量

混酸中的 HNO_3 含量/%	5	10	15	20	40	60	80	90	100
转化成 NO_2^+ 的 HNO_3/%	100	100	80	62.5	28.8	16.7	9.8	5.9	1

硝酸、硫酸和水的三元体系作硝化剂时，其 NO_2^+ 含量可用一个三角坐标图来表示。如图 3-1 所示。

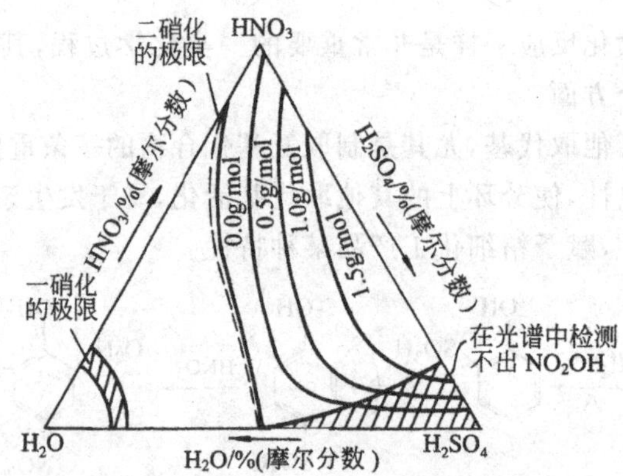

图 3-1　$H_2SO_4-HNO_3-H_2O$ 三元系统中 NO_2^+ 的浓度($mol \cdot Kg^{-1}$)

3.2.2　硝化反应机理

芳烃的硝化反应符合芳环上亲电取代反应的一般规律。以苯为例：首先是亲电质点 NO_2^+ 向芳环进攻生成 π-络合物，然后转变成 σ-络合物，最后脱除质子得到硝化产物。在浓硝酸或混酸硝化反应过程中，其中转变成 σ-络合物这一步的速度最慢，因而是整个反应的控制步骤。

$$\text{C}_6\text{H}_6 + NO_2^+ \rightleftharpoons \underset{\pi\text{-络合物}}{\text{C}_6\text{H}_6\cdot NO_2^+} \xrightleftharpoons{慢} \underset{\sigma\text{-络合物}}{[\text{C}_6\text{H}_6NO_2]^+} \xrightarrow{快} \text{C}_6\text{H}_5-NO_2 + H^+$$

（σ-络合物 → $\text{C}_6\text{H}_5-NO_2\cdot H^+$ → $\text{C}_6\text{H}_5-NO_2 + H^+$）

在稀硝酸中不存在 NO_2^+ 阳离子，所以稀硝酸硝化的反应历程有多种解释，但有一点是明确的，即若向反应体系中加入尿素，它会使硝酸中所含的微量亚硝酸分解，使反应难以引发。

$$2HNO_2+CO(NH_2)_2 \xrightarrow{H^+} 3H_2O+CO_2+2N_2$$

反之，如果向反应液中不断加入少量的亚硝酸钠或亚硫酸氢钠，则有利于反应的顺利进行。

$$NaNO_2+HNO_3 \rightarrow Na^+ + NO_3^- + HNO_2$$

$$NaHSO_3+HNO_3 \rightarrow Na^+ + HSO_4^- + HNO_2$$

稀硝酸硝化的动力学研究指出：硝化反应速率与被硝化物的浓度和亚硝酸的浓度成正比，因此提出了亚硝化—氧化历程。

$$Ar-H+HNO_2 \xrightarrow{\text{亚硝化}} Ar-NO+H_2O$$

$$Ar-NO+HNO_3 \xrightarrow{\text{氧化}} Ar-NO_2+HNO_2$$

在氧化时硝酸被还原成亚硝酸，因此在反应体系中只要有少量的亚硝酸，反应就能顺利进行，而且亚硝化是控制步骤。

3.3 混酸硝化

混酸硝化法主要用于芳烃的硝化，其特点主要有：

①硝化能力强，反应速率快，生产能力大；

②硝酸用量接近理论量，其利用率高；

③硫酸的热容量大，硝化反应平稳；

④浓硫酸可溶解多数有机化合物，有利于被硝化物与硝酸接触；

⑤混酸对铁腐蚀性小，可用碳钢或铸铁材质的硝化器。

一般的混酸硝化工艺流程可以用图 3-2 表示。

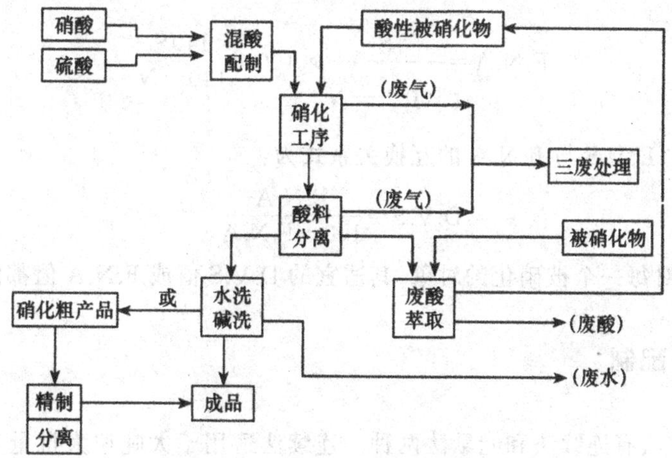

图 3-2 混酸硝化流程示意图

3.3.1 混酸的硝化能力

硝化能力太强，虽然反应快，但容易产生多硝化副反应；硝化能力太弱，反应缓慢，甚至硝化不完全。工业上通常利用硫酸脱水值(D.V.S)和废酸计算浓度(F.N.A)来表示混酸的硝化能力，并常常以此作为配制混酸的依据。

(1)硫酸的脱水值(D.V.S)

D.V.S是指硝化结束时废酸中硫酸和水的计算质量比。

$$\text{D.V.S}=\frac{\text{废酸中硫酸的质量}}{\text{废酸中水的质量}}=\frac{\text{废酸中硫酸的质量}}{\text{混酸中水的质量}+\text{硝化后生成水的质量}}$$

混酸的D.V.S越大，表示其中的水分越少，硫酸的含量越高，它的硝化能力越强。

对于大多数芳香烃而言，D.V.S介于2～12，具有给电子基团的活泼芳烃宜用D.V.S小的混酸，如苯的一硝化时，使用D.V.S为2.4的混酸；对于难硝化的化合物或引入一个以上的硝基时，需用D.V.S大的混酸。

假定反应完全进行，无副反应和硝酸的用量不低于理论用量。以100份混酸作为计算基准，D.V.S可按下式计算求得

$$\text{D.V.S}=\frac{S}{(100-S-N)+\frac{2}{7}\times\frac{N}{\varphi}}$$

式中，S为混酸中硫酸的质量百分比浓度；N为混酸中硝酸的质量百分比浓度；φ为硝酸比。

(2)废酸计算浓度(F.N.A)

F.N.A是指硝化结束时废酸中的硫酸浓度。当硝酸比φ接近于1时，以100份混酸为计算基准，其反应生成的水为：

$$\text{水}=\frac{18}{63}\times N=\frac{2}{7}N$$

$$\text{废酸量}=100-N+\frac{2}{7}N=100-\frac{5}{7}N$$

$$\text{F.N.A}=\frac{S}{100-\frac{5}{7}N}\times 100=\frac{140S}{140-N}$$

当$\varphi=1$时，可得出D.V.S与F.N.A的互换关系式为：

$$\text{D.V.S}=\frac{\text{F.N.A}}{100-\text{F.N.A}}$$

实际生产中，对每一个被硝化的对象，其适宜的D.V.S值或F.N.A值都由实验得出。

3.3.2 混酸配制

配制混酸的方法有连续法和间歇法两种。连续法适用于大吨位大批量生产，间歇法适用于小批量多品种的生产。

配制混酸时应注意以下几点。

①配制设备要有足够的移热冷却，有效的搅拌和防腐蚀措施。

②配酸过程中，要对废酸进行分析测定。

③补加相应成分，调整其组成，配制好的混酸经分析合格后才能使用。

④用几种不同的原料配制混酸时，要根据各组分的酸在配制后总量不变，建立物料衡算方程式即可求出各原料酸的用量。

3.3.3　硝化操作

硝化过程有连续与间歇两种方式。连续法的优点是小设备、大生产、效率高、便于实现自动控制。间歇法具有较大的灵活性和适应性，适用于小批量、多品种的生产。

由于被硝化物的性质和生产方式的不同，一般有正加法、反加法和并加法。正加法是将混酸逐渐加到被硝化物中。该反应比较温和，可避免多硝化，但其反应速度较慢，常用于被硝化物容易硝化的间歇过程。反加法是将硝化物逐渐加到混酸中。其优点是在反应过程中始终保持有过量的混酸与不足量的被硝化物，反应速度快，适用于制备多硝基化合物，或硝化产物难以进一步硝化的间歇过程。并加法是将混酸和被硝化物按一定比例同时加到硝化器中。这种加料方式常用于连续硝化过程。

3.3.4　硝化产物的分离

硝化产物的分离，主要是利用硝化产物与废酸密度相差大和可分层的原理进行的。让硝化产物沿切线方向进入连续分离器。

多数硝化产物在浓硫酸中有一定的溶解度，而且硫酸浓度越高其溶解度越大。为减少溶解度，可在分离前加入少量水稀释，以减少硝基物的损失。

硝化产物与废酸分离后，还含有少量无机酸和酚类等氧化副产物，必须通过水洗、碱洗法使其变成易溶于水的酚盐等而被除去。但这些方法消耗大量碱，并产生大量含酚盐及硝基物的废水，需进行净化处理。另外，废水中溶解和夹带的硝基物一般可用被硝化物萃取的办法回收。该法尽管投资大，但不需要消耗化学试剂，总体衡算仍很经济合理。

3.3.5　废酸处理

硝化后的废酸主要组成是：73％～75％的硫酸，0.2％的硝酸，0.3％亚硝酰硫酸，0.2％以下的硝基物。

针对不同的硝化产品和硝化方法，处理废酸的方法不同，其主要方法有以下几种。

①闭路循环法。将硝化后的废酸直接用于下一批的单硝化生产中。

②蒸发浓缩法。一定温度下用原料芳烃萃取废酸中的杂质，再蒸发浓缩废酸至 92.5％～95％，并用于配酸。

③浸没燃烧浓缩法。当废酸浓度较低时，通过浸没燃烧，提浓到 60％～70％，再进行

浓缩。

④分解吸收法。废酸液中的硝酸和亚硝酰硫酸等无机物在硫酸浓度不超过75%时，加热易分解，释放出的氧化氮气体用碱液进行吸收处理。工业上也有将废酸液中的有机杂质萃取、吸附或用过热蒸气吹扫除去，然后用氨水制成化肥。

3.3.6 硝化异构产物分离

硝化产物常常是异构体混合物，其分离提纯方法有物理法和化学法两种。

(1)物理法

当硝化异构产物的沸点和凝固点有明显差别时，常采用精馏和结晶相结合的方法将其分离。随着精馏技术和设备的不断改进，可采用连续或半连续全精馏法直接完成混合硝基甲苯或混合硝基氯苯等异构体的分离。但由于一硝基氯苯异构体之间的沸点差较小，全精馏的能耗很大，因而非常不经济。因此，近年来多采用经济的结晶、精馏、再结晶的方法进行异构体的分离。

(2)化学法

化学法是利用不同异构体在某一反应中的不同化学性质而达到分离的目的。例如，用硝基苯硝化制备间二硝基苯时，会产生少量邻位和对位异构体的副产物。因间二硝基苯与亚硫酸钠不发生化学反应，而其邻位和对位异构体会发生亲核置换反应，且其产物可溶于水，因此可利用此反应除去邻位和对位异构体。

3.4 硫酸介质中的硝化

当被硝化物和硝化产物是固态而且不溶或微溶于中等浓度硫酸时，常常将被硝化物完全或大部分溶解于浓度较高的硫酸中，然后加入混酸或硝酸进行硝化。在这里硫酸用量多，硝化反应前后硫酸的浓度变化不大，因此不计算D.V.S.或F.N.A.。

各种不同结构的芳香族化合物在浓硫酸中进行硝化时，发现都是当硫酸浓度在90%左右时反应速率常数有最大值。对于这个问题过去曾有不同的解释，最近根据^{14}N和^{17}O的核磁共振谱的研究，指出这是因为当H_2SO_4浓度高于90%时，NO^+逐步被H_2SO_4分子包围，形成“溶剂壳”，从而削弱了NO_2^+的活性的缘故。

选择硫酸浓度的原则：对被硝化物有较好的溶解度，用量少，又不致引起磺化等副反应。另外，硫酸浓度和反应温度还会影响硝基进入芳环的位置。

3.4.1 2-硝基-4-乙酰氨基苯甲醚

将4-乙酰氨基苯甲醚溶于浓硫酸中，在5～10℃滴加混酸进行硝化。

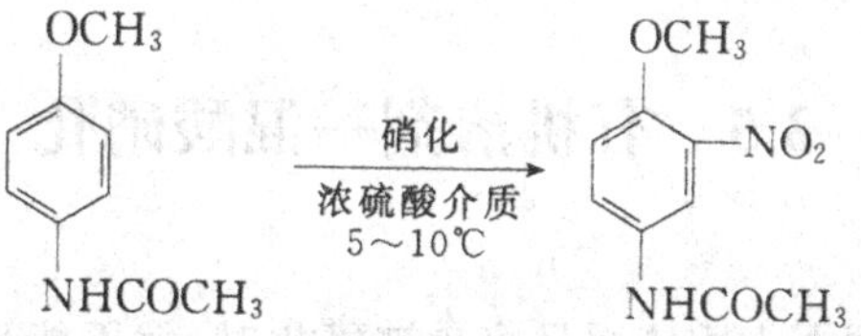

在反应液中加入尿素可抑制氧化副反应，收率可达96%。2-硝基-4-乙酰氨基苯甲醚经还原可制得2-氨基-4-乙酰氨基苯甲醚，此产品的另一主要合成路线是将2,4-二硝基苯甲醚完全还原得2,4-二氨基苯甲醚，后者再选择性单乙酰化。

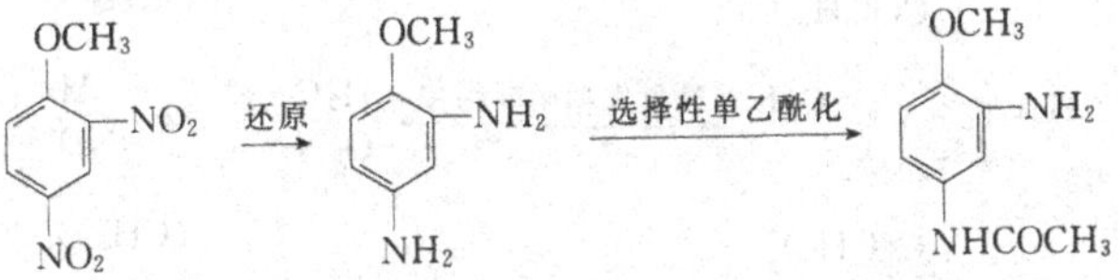

应该指出，4-乙酰氨基苯甲醚在水介质中用稀硝酸硝化，则生成3-硝基-4-乙酰氨基苯甲醚。

3.4.2　1-硝基蒽醌

最初采用发烟硝酸硝化法，缺点是收率低(73%)、副产大量废硝酸，难以回收利用，而且有爆炸危险。现在国内均采用蒽醌在硫酸介质中的非均相硝化法。

此法的优点是：硝酸比可降低至1.37∶1，可用邻苯甲酰基苯甲酸为原料，先在浓硫酸中脱水环合生成蒽醌，然后将反应物加水稀释至硫酸质量分数为80.5%，再滴加混酸或硝酸，在(40±2)℃下硝化8h，然后稀释、过滤得粗品1-硝基蒽醌，其中含有2-硝基蒽醌和各种二硝基蒽醌，将粗品硝基蒽醌用亚硫酸钠水溶液处理，可使大部分2-硝基蒽醌转变为水溶性的蒽醌-2-磺酸钠而除去，使1-硝基蒽醌的纯度提高到85%～90%(质量分数)，供制备1-氨基蒽醌之用。

3.4.3　硝基芳磺酸

芳香族化合物先在适当浓度的硫酸中磺化，接着加入硝酸或混酸进行硝化，可制得一系列硝基芳磺酸。例如，萘先在发烟硫酸中低温二磺化生成萘-1,5-磺酸，接着在发烟硫酸中硝化，主要生成3-硝基萘-1,5-二磺酸，将反应物稀释后，加入氧化镁，3-硝基萘-1,5-二磺酸就以镁盐形式析出，而少量副产的4-硝基萘-1,5-磺酸则保留在盐析母液中。应该指出，萘-1,5-二磺酸如果在浓硫酸中硝化，则主要生成4-硝基萘-1,5-二磺酸。3-硝基萘-1,5-二磺酸经还原得3-氨基萘-1,5-二磺酸，商品名氨基C酸。

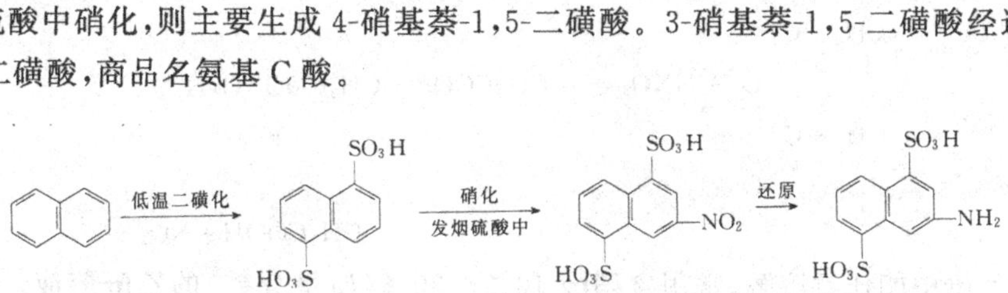

3.5 有机溶剂—混酸硝化

当被硝化物在反应温度下为固体而且容易被磺化时，就不能采用一般的混酸硝化法或硫酸介质中的硝化法。例如，2,6-二甲基-4-叔丁基苯乙酮（熔点 48℃）的硝酸硝化制酮麝香就是如此。

$$\text{2,6-}(CH_3)_2\text{-4-}C(CH_3)_3C_6H_2COCH_3 \xrightarrow[-7\sim-5^\circ C]{\text{过量发烟硝酸硝化}} \text{3,5-}(NO_2)_2\text{-2,6-}(CH_3)_2\text{-4-}C(CH_3)_3C_6COCH_3$$

酮麝香

上述反应最初采用在过量发烟硝酸中的硝化法，硝化完毕用水稀释、过滤、洗涤、中和，在乙醇中多次重结晶，得到香料级的酮麝香。此法的优点是操作简单，不用有机溶剂；缺点是收率只有 35%。1987 年有专利提出在二氯甲烷的饱和溶液中硝化，被硝化物 : HNO_3 : H_2SO_4（摩尔比）为 1 : 6.4，收率提高到 56%。1993 年又提出两步硝化法，第一步在二氯甲烷中用发烟硝酸在无水三氯化铝存在下硝化，第二步用混酸硝化，收率可提高到 67%～72%。

溶剂二氯甲烷的优点是稳定、毒性小，缺点是沸点低（39.75℃），回收损失大。其他的惰性有机溶剂还有 1,2-二氯乙烷、三氯乙烷和 1,2,3-三氯丙烷等。

应该指出，在中国有机溶剂价格贵，溶剂的回收使用工艺复杂，因此只有在可取得良好经济效益时，才可能采用有机溶剂—混酸硝化法。例如，1-硝基蒽醌的制备曾开发过有机溶剂—混酸硝化法，中国在工业上尚未采用。

3.6 在乙酐或乙酸中的硝化

当不宜采用前述硝化方法时，可以采用在乙酐中或乙酸中硝化的方法。

在乙酐中的硝化反应比较复杂，目前认为最有可能的硝化活泼质点是 NO_2^+ 和 $CH_3COONO_2H^+$。

$$(CH_3CO)_2O + HNO_3 \rightleftharpoons CH_3COO^- + CH_3COONO_2H^+$$

$$CH_3COONO_2H^+ \rightleftharpoons CH_3COOH + NO_2^+$$

硝酸在乙酐中能任意溶解，常用含硝酸 10%～30%（质量分数）的乙酐溶液。应该指出，硝酸的乙酐溶液如放置过久，温度升高，会生成四硝基甲烷而有爆炸危险，故应在使用前临时配制。为了减少乙酐的用量,也可向被硝化物的乙酐溶液中直接滴加发烟硝酸,必要时也可以使用氯代烷烃类惰性溶剂。在乙酐中硝化时为了避免爆炸危险,要求在很低的温度下进行反应。

在乙酐中硝化时,反应生成的水与乙酐反应转变为乙酸,反应液并未被水稀释,故硝化能力很强,在低温下只要用过量很少的硝酸即可完成硝化反应。

由于乙酐价格上和安全上的考虑,在乙酐中硝化方法的应用受到很大的限制。

3.6.1 葵子麝香

CH$_3$ OCH$_3$ C(CH$_3$)$_3$ —乙酐-乙酸中硝化 5～30℃→ O$_2$N NO$_2$ CH$_3$ OCH$_3$ C(CH$_3$)$_3$

葵子麝香

在这里不采用发烟硝酸硝化法是为了避免氧化和置换硝化副反应,不采用在硫酸介质中的硝化法是为了避免磺化副反应。

粗品中含有以下副产物,需反复精制才能得到香料级产品。近年来,又对硝化方法和精制方法做了改进。

CH$_3$ O$_2$N OCH$_3$ C(CH$_3$)$_3$　　CH$_3$ O$_2$N OCH$_3$ NO$_2$

3.6.2 5-硝基呋喃-2-丙烯酸

在乙酐中硝化是因为呋喃环和烯双键对强酸不稳定。1983 年捷克专利提出了将呋喃丙烯酸、乙酐、硝酸和硫酸按 1∶7.2∶1.27∶0.02 摩尔比在－12～－5℃下连续硝化法。

CH═CHCOOH —乙酐-三氯乙烷中硝化 －18～－10℃→ O$_2$N CH═CHCOOH

3.6.3 2-羟基-3-氰基-4-甲氧甲基-5-硝基-6-甲基吡啶

吡啶类在强酸中可被质子化,增加了硝化的难度,可在乙酐中加入尿素抑制氧化副反应。

$$\text{CH}_2\text{OCH}_3\text{-CN-}H_3C\text{-吡啶-OH} \xrightarrow[57\sim58℃]{\text{乙酐中硝化}} O_2N\text{-}(\text{CH}_2\text{OCH}_3)\text{-CN-}H_3C\text{-吡啶-OH}$$

VB₆ 的中间体

3.6.4 5-硝基苊

苊很活泼,在硫酸中可磺化,在过量硝酸中又可多硝化,所以采用乙酸作介质,在硝化完成后,向反应液中加入重铬酸钠进行氧化,即得到5-硝基萘-1,8-二甲酸,它是分散染料中间体。

$$\text{苊} \xrightarrow[\text{乙酸介质},\ 20\sim70℃]{65\%\text{硝酸硝化}} \text{5-硝基苊} \xrightarrow[\text{氧化},\ 60\sim100℃]{\text{补加 } Na_2Cr_2O_7} \text{5-硝基萘-1,8-二甲酸 (HOOC, COOH, } NO_2)$$

3.7 稀硝酸硝化

酚类、酚醚和某些N-酰基芳胺容易与亲电试剂发生反应,可以用稀硝酸硝化。

在稀硝酸中不存在NO_2^+,稀硝酸硝化的反应历程有多种解释,但有一点是明确的,即若向反应体系中加入尿素,它会使硝酸中所含的微量亚硝酸分解,使反应难以引发。

$$2HNO_2+CO(NH_2)_2 \xrightarrow{H^+} 3H_2O+CO_2\uparrow+2N_2\uparrow$$

反之,如果向反应液中不断加入少量的亚硝酸钠或亚硫酸氢钠,则有利于反应的顺利进行。

$$NaNO_2+HNO_3 \longrightarrow Na^+ + NO_3^- + HNO_2$$

$$NaHSO_3+HNO_3 \longrightarrow Na^+ + HSO_4^- + HNO_2$$

稀硝酸硝化的动力学研究指出:硝化反应速率与被硝化物的浓度和亚硝酸的浓度成正比。因此提出了亚硝化-氧化历程。

$$r=kc(\text{ArH})c(\text{HN0}_2)$$

$$\text{Ar—H}+HNO_2 \xrightarrow{\text{亚硝化}} \text{Ar—NO}+H_2O$$

$$\text{Ar—NO}+HNO_3 \xrightarrow{\text{氧化}} \text{Ar—N0}_2+HNO_2$$

在氧化时硝酸被还原成亚硝酸,因此在反应体系中只要有少量的亚硝酸,反应就能顺利进行,而且亚硝化是控制步骤。其他反应历程从略。

根据反应历程,上式也可以不用硝酸作氧化剂,例如可以用超过理论量的亚硝酸,它既是亚硝酸剂又是氧化剂。

所谓稀硝酸硝化,指的是反应在水介质中进行,硝酸的浓度比较低,而加入的硝酸既可以是质量分数10%~69%硝酸,也可以是98%硝酸。硝酸的用量约为理论量的110%~150%,

同时不断加入少量的亚硝酸钠或亚硫酸氢钠。硝化温度一般在 20～75℃。考虑到被硝化物和硝化产物都不溶于稀硝酸而且常常是固体，为了反应的顺利进行，常常加入氯苯、四氯化碳、二氯乙烷等惰性有机溶剂，使反应物全部或部分溶解。

稀硝酸硝化时，硝基主要进入羟基、烷氧基或酰氨基的对位，如果对位被占据则进入邻位。芳环上只有乙酰氨基时一般不能被稀硝酸硝化，但如果同时有烷氧基，则硝基主要进入乙酰氨基的对位或邻位。芳环上只有碳酰氨基或芳磺酰氨基时，则可以用稀硝酸硝化。

酚类和酚醚的硝化可以举出以下重要实例。

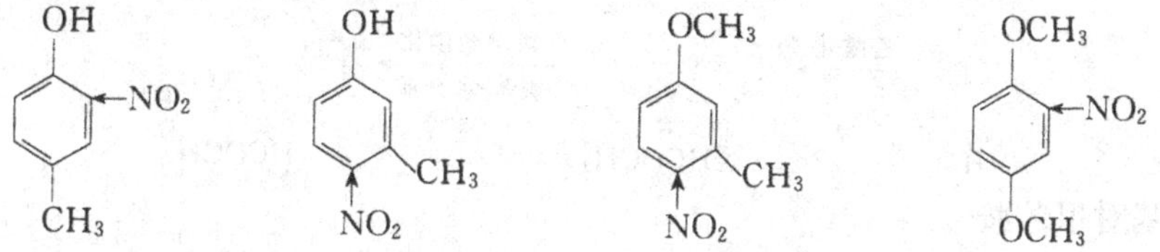

苯酚的硝化制对硝基苯酚和邻硝基苯酚，工业上并不采用。但最近又有苯酚的硝化和亚硝化—氧化制对硝基苯酚的研究报道。

应该指出，许多邻位或对位硝基酚或硝基酚醚并不采用上述稀硝酸硝化的合成路线，而采用将硝基氯苯类分子中的氯基置换为羟基或烷氧基的合成路线，例如，用此法可以制得以下酚类或酚醚。

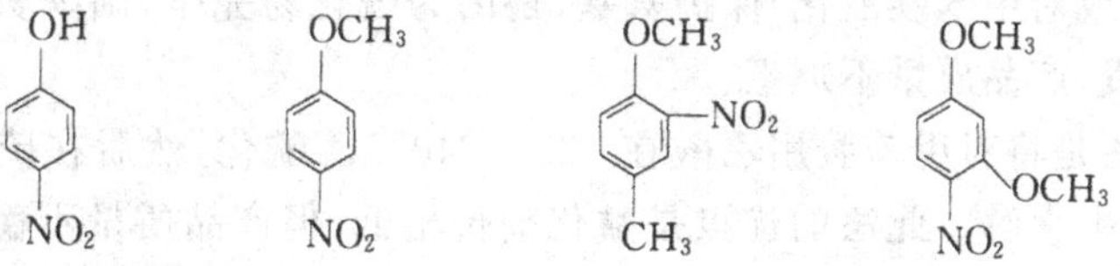

(1)4,6-二硝基-1,3-苯二酚

传统的制法是由间二氯苯在混酸中二硝化得 4,6-二硝基-1,3-二氯苯，然后碱性水解而得。但此法间二氯苯价格贵、合成路线长。

有专利报道将间苯二酚用浓硝酸硝化，收率可达 60%。

最近又有研究报道，间苯二酚先用亚硝酸亚硝化、再用亚硝酸将亚硝基氧化成硝基，收率可达 85%。

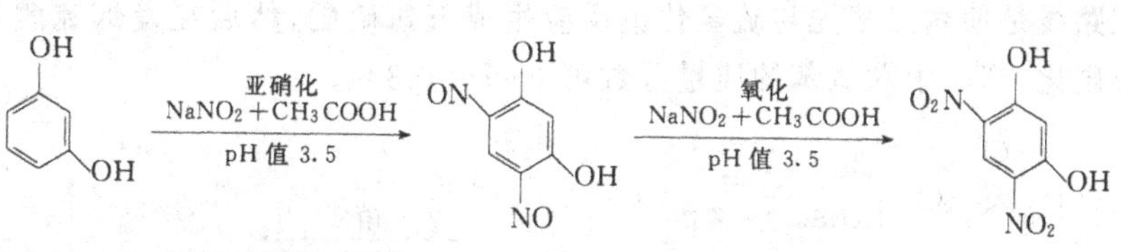

在氧化时 HNO_2 被还原成 NO。

$$2HNO_2 \longrightarrow H_2O + 2NO\uparrow + [O]$$

所以每引入一个硝基要用 3 mol 亚硝酸钠。

$$Ar—H + 3HNO_2 \xrightarrow{\text{亚硝化-氧化}} Ar—NO_2 + 2H_2O + 2NO$$

(2)3-硝基-4-乙酰氨基苯甲醚

最初对氨基苯甲醚用乙酸酰化，分离出乙酰化物后再进行硝化，后来改为用乙酐在氯苯、乙酸、四氯化碳或二氯乙烷介质中乙酰化，不分离，用水稀释后直接用稀硝酸硝化。

应该指出，4-乙酰氨基苯甲醚如果在浓硫酸中硝化，则硝基将进入甲氧基的邻位。

OCH_3 / NH_2 —乙酰化→ OCH_3 / $NHCOCH_3$ —稀硝酸硝化，氯苯-水介质→ OCH_3 / NO_2 / $NHCOCH_3$

(3)邻硝基对甲苯胺

商品名为红色基 GL，它的需要量很大，传统生产方法如下：

CH_3 / NH_2 —苯磺酰化（$C_6H_5SO_2Cl$），水介质，Na_2CO_3→ CH_3 / $C_6H_5SO_2—NH$ —稀硝酸硝化，氯苯-水介质，40～50℃→ CH_3 / NO_2 / $C_6H_5SO_2—NH$ —水解；脱磺酰基，浓硫酸介质，55～60℃→ CH_3 / NO_2 / NH_2

采用苯磺酰化(或对甲苯磺酰化)保护氨基，是因为酰化易完全，磺酰氨基定位能力强，缺点是苯磺酰氯价格贵，产品质量不理想。

最早的生产方法是将对甲苯胺用乙酸在 125～240℃乙酰化，然后在硫酸介质中硝化，最后在 NaOH 水溶液中水解。此法的优点是酰化剂价格低，但产品质量不稳定，国内改为增加乙酸用量在 115～118℃乙酰化，并改在二氯乙烷介质中用稀硝酸硝化，解决了产品质量问题。最近又提出将对甲基苯胺在乙酐介质中低温乙酰化，接着加入浓硫酸、发烟硝酸进行硝化、然后水解脱乙酰基的方法。此外还有将对甲苯胺用尿素或光气碳酰化，得 4,4′-二甲基二苯脲，然后在氯苯介质中用稀硝酸硝化，最后在稀氨水中高压水解脱碳酰基的方法。

3.8 置换硝化法

当用取代硝化法不能取得良好结果时，可考虑采用置换硝化法。例如，五氯硝基苯的传统生产方法是采用二氯苯或三氯苯的硝化、氯化的合成路线，此法的缺点是副产 1%～3%六氯苯。新的合成路线是使六氯苯先与硫氢化钠反应生成五氯硫酚，然后在发烟硫酸介质中加入硝酸进行置换硝化，产品中六氯苯的质量分数可下降至 0.3%。

C_6Cl_6 —NaHS；氯基置换，乙二醇-环已酮混合溶剂→ C_6Cl_5SH —硝化，发烟硫酸介质→ $C_6Cl_5NO_2$

另外还有磺酸基置换为硝基、重氮基置换为硝基的方法，这里不再叙述。

3.9 亚硝化

向芳环或杂环的碳原子上引入亚硝基的反应称作亚硝化。亚硝化的对象主要是酚类、芳仲胺和芳叔胺。亚硝化的反应剂是亚硝酸，它是由亚硝酸钠在水介质中与硫酸或盐酸相反应而生成的。亚硝化反应通常是在水介质中、在 0℃左右条件下进行的。亚硝化也是亲电取代反应，亚硝基主要进入芳环上羟基和叔氨基的对位，对位被占据时则进入邻位。仲胺在亚硝化时，亚硝基优先进入氮原子。

3.9.1 酚类的亚硝化

将苯酚－NaOH－$NaNO_2$ 混合水溶液在 5～7℃滴加到稀硫酸中可制得对亚硝基苯酚，它是苯醌肟的互变异构体。

$$C_6H_5ONa + NaNO_2 + H_2SO_4 \xrightarrow{\text{亚硝化}} HO\text{-}C_6H_4\text{-}NO + Na_2SO_4 + H_2O$$

$$HO\text{-}C_6H_4\text{-}NO \rightleftharpoons O{=}C_6H_4{=}N\text{-}OH$$

对亚硝基苯酚不稳定，干品有爆炸性，湿滤并必须立即用于下一步反应。对亚硝基苯酚是制备硫化蓝、药物和橡胶交联剂的中间体。

在 4～8℃以下，向 2-萘酚钠和亚硝酸钠的水悬浮液中（向液面下）滴加稀硫酸，直到 pH 值 2～3，即得到 1-亚硝基-2-萘酚。

$$C_{10}H_7ONa + NaNO_2 + H_2SO_4 \xrightarrow{\text{亚硝化}} \text{1-NO-2-OH-}C_{10}H_6 + Na_2SO_4 + H_2O$$

1-亚硝基-2-萘酚的铁盐配合物是绿色有机颜料，商品名“颜料绿”。

1-亚硝基-2-萘酚用亚硫酸氢钠还原-磺化可制得 1-氨基-2-萘酚-4-磺酸。

$$\text{1-NO-2-OH-}C_{10}H_6 + 2NaHSO_3 + H_2SO_4 \xrightarrow[\text{水介质}]{15\sim45℃} \text{1-}NH_2\text{-2-OH-4-}SO_3H\text{-}C_{10}H_5 + 2NaHSO_4$$

为了避免将 2-萘酚用氢氧化钠水溶液溶解成钠盐，以减少亚硝化时硫酸的用量和废液中的无机盐的含量，又提出了将 2-萘酚先溶于水—异丙醇中，然后在 10℃加入亚硝酸钠，再滴加硫酸进行亚硝化，然后加入亚硫酸氢钠进行还原磺化的方法。水—异丙醇溶剂可以多次重复使用。

3.9.2 芳仲胺的亚硝化

二苯胺在稀盐酸中与亚硝酸钠反应得 N-亚硝基二苯胺。

$$(C_6H_5)_2NH \xrightarrow[\text{约 }26℃]{\text{亚硝化}\ NaNO_2+2HCl} (C_6H_5)_2N{-}NO$$

中国专利又提出了在乙醇盐酸介质中用亚硝酸钠进行亚硝化的方法。日本专利提出了在甲苯/2-乙基己醇介质中用 NO 和 NO_2 进行 N-亚硝化的方法。

N-亚硝基二苯胺在盐酸-甲醇-氯仿介质中可以重排成 4-亚硝基二苯胺，后者用多硫化钠还原得 4-氨基二苯胺。

$$(C_6H_5)_2N{-}NO \xrightarrow{\text{盐酸-甲醇-氯仿溶液}} C_6H_5{-}NH{-}C_6H_4{-}NO \xrightarrow[\text{还原}]{Na_2S_x} C_6H_5{-}NH{-}C_6H_4{-}NH_2$$

但二苯胺价格贵，工业上在制备 4-氨基二苯胺时用对硝基氯苯和甲酰苯胺的芳氨基化—还原法，现在正在开发对硝基苯胺和苯胺的芳氨基化—还原法。而最新的生产方法是硝基苯和苯胺混合物的液相催化氢化法。

3.9.3 芳叔胺的亚硝化

N,N-二甲基苯胺在稀盐酸中、0℃左右与亚硝酸钠反应得 4-亚硝基-N,N-二甲基苯胺。

$$C_6H_5N(CH_3)_2 \xrightarrow[\text{约 }0℃]{\text{亚硝化}\ NaNO_2+2HCl} ON{-}C_6H_4{-}N(CH_3)_2$$

同法可以制得 4-亚硝基-N,N-二乙基苯胺等 C-亚硝基芳叔胺。

第 4 章　氧化还原

4.1　概述

4.1.1　氧化反应

有机化学中常把加氧或脱氢反应称为氧化反应。氧化反应是一类最普通、最常用的有机化学反应，借助氧化反应可以合成种类繁多的有机化合物。醇、醛、酮、酸、酚等含氧化合物都是由氧化反应制备的。除此之外，利用氧化反应还可以制备某些脱氢产物，如环己二烯脱氢生成苯。氧化反应不涉及形成新的碳卤、碳氢、碳硫键。

增加氧原子：

$$CH_2=CH_2 \xrightarrow{[O]} HOCH_2CH_2OH$$

$$\text{环己烯} \xrightarrow{[O]} \text{环氧环己烷}$$

减少氢原子：

$$CH_3CH_2OH \longrightarrow CH_3CHO$$

既增加氧原子，又减少氢原子：

$$C_6H_5\text{—}CH_3 \longrightarrow C_6H_5\text{—}COOH$$

从反应时的物态来分，可以将氧化反应分成气相氧化和液相氧化。在操作方式上可以分成化学氧化、电解氧化、生物氧化和催化氧化等。

氧化过程是一个复杂的反应系统：①一种氧化剂可以对多种不同的基团发生氧化反应；②同一种基团也可以因所用的氧化剂和反应条件不同，给出不同的氧化产物。通常，氧化产物是多种产物构成的混合物。为了提高目标产物的选择性和收率，要选择合适的催化剂和氧化方法，严格控制氧化条件。

氧化反应的机制研究已有很悠久的历史，但是许多氧化反应的机理迄今还不太清楚。因氧化剂、被氧化物结构的不同，而导致不同的反应机理；也因具体反应条件的不同。机理不同而产物也不同。因此，氧化剂的选择与反应条件的控制是氧化反应能否顺利进行的关键。

工业上应用最广的是价廉易得的空气，用空气作氧化剂的催化氧化，反应可以在气相中进行，也可以在液相中进行。在精细化工生产中，常用化学氧化剂，如高锰酸钾、六价铬的衍生物、高价金属氧化物、硝酸、双氧水和有机过氧化物等。电解氧化和生物氧化法由于条件温和、“三废”少、选择性高等，得以广泛应用。

4.1.2 还原反应

还原反应在精细有机合成中占有重要的地位。广义地讲，在还原剂的作用下，能使某原子得到电子或电子云密度增加的反应称为还原反应。狭义地讲，能使有机物分子中增加氢原子或减少氧原子的反应，或者两者兼而有之的反应称为还原反应。

还原反应内容丰富，其范围广泛，几乎所有复杂化合物的合成都涉及还原反应。

$$PhOH \longrightarrow PhH$$

$$CH_3(CH_2)_7=CH(CH_2)_7COOH \longrightarrow CH_3(CH_2)_{16}COOH$$

$$PhNO_2 \longrightarrow PhNH_2$$

按照还原反应使用的还原剂和操作方法的不同，还原方法可分为催化加氢法、化学还原法和电解还原法。

(1)催化加氢法

催化加氢法是指在催化剂存在下，有机化合物与氢发生的还原反应。

(2)化学还原法

化学还原法是指使用化学物质作为还原剂的还原方法。化学还原剂包括无机还原剂和有机还原剂。目前使用较多的是无机还原剂。常用的无机还原剂有：

①活泼金属及其合金，如 Fe、Zn、Na、Zn－Hg(锌汞齐)、Na－Hg(钠汞齐)等。

②低价元素的化合物，它们多数是较温和的还原剂，如 Na_2S、$Na_2S_2O_3$、Na_2S_x、$FeCl_2$、$FeSO_4$、$SnCl_2$ 等。

③金属氢化物，它们的还原作用都很强，如 $NaBH_4$、$LiAlH_4$、$LiBH_4$ 等。常用的有机还原剂有烷基铝、有机硼烷、甲醛、乙醇、葡萄糖等。

(3)电解还原法

电解还原法是指有机物从电解槽的阴极上获得电子而完成的还原反应。电解还原法的收率高、产物纯度高。

通过还原反应可制得一系列产物。例如，由硝基还原得到的各种芳胺可以大量用于合成染料、农药、塑料等化工产品；将醛、酮、酸还原制得相应的醇或烃类化合物；由醌类化合物还可得到相应的酚；含硫化合物还原是制取硫酚或亚硫酸的重要途径。

4.2 催化氧化

在实际生产科研中，常选用适当催化剂来提高氧化反应的选择性，并加快反应速度。在催化剂存在下进行的氧化反应称为催化反应。催化氧化反应根据反应的温度和反应物的聚集状态，分为气相催化氧化和液相催化氧化。

4.2.1 气相催化氧化

气相空气氧化即气—固相催化氧化反应，气态相混合物在高温（300～500℃）下，通过固体催化剂，在催化剂表面进行选择性氧化反应。气相是气态被氧化物或其蒸气、空气或纯氧，固相是固体催化剂。常用于制备丙烯醛、甲醛、环氧乙烷、顺丁烯二酸酐、邻苯二甲酸酐及腈类。

气相催化氧化的催化剂，一般为两种以上金属氧化物构成的复合催化剂，活性成分是可变价的过渡金属的氧化物，如 MoO_3、BiO_3、Co_2O_3、V_2O_5、TiO_2、P_2O_5、CoO、WO_3 等；载体多为硅胶、氧化铝、活性炭、氧化钛等；也有可吸附氧的金属，用于环氧化和醇氧化的金属银；新型分子筛催化剂、杂多酸的应用研究，目前备受关注。

气相空气氧化反应的特点如下。

①由于固体催化剂的活性温度较高，通常在较高温度下进行反应，这有利于热能的回收与利用，但是要求有机原料和氧化产物在反应条件下足够稳定。

②反应速度快，生产效率高，有利于大规模连续化生产。

③由于气相催化氧化过程涉及扩散、吸附、脱附、表面反应等多方面因素，对氧化工艺条件要求高。

④由于氧化原料和空气或纯氧混合，构成爆炸性混合物，需要严格控制工艺条件。

4.2.1.1 气相空气氧化的过程

气相催化反应属非均相催化反应过程，可分为以下步骤。

①扩散，反应物由气相扩散到催化剂外表面，从催化剂外表面向其内表面扩散。

②表面吸附，反应物被吸附在催化剂表面。

③反应，吸附物在催化剂表面反应、放热、产物吸附于催化剂表面。

④脱附，氧化产物在催化剂表面脱附。

⑤反扩散，脱附产物从催化剂内表面向其外表面扩散，产物从催化剂外表面扩散到气流主体。

上述步骤中，①和⑤是物理传递过程，②③和④为表面化学过程。物理过程的主要影响因素有反应物或产物的性质、浓度和流动速度，催化剂的结构、尺寸、形状、比表面积，反应温度和压力等。表面化学过程的主要影响因素有催化剂的表面活性，反应物浓度及其停留时间，反应温度和压力等。为防止深度氧化，应及时移走反应热，控制反应温度。

在工业生产中，通过开发高效能的催化剂，选择合适的反应器，改善流体流动形式，提高气流速度，选择适宜的温度、压力以及停留时间，以提高过程的传质、传热效率，避免对催化剂表面积累造成的深度氧化，提高氧化反应的选择性和生产效率。

4.2.1.2 气相空气氧化的应用

气固相催化氧化法适用于制备热稳定性好，而且抗氧化性好的羧酸和酸酐。例如，萘或邻苯二甲苯制邻苯二甲酸酐、丁烷氧化制顺丁烯二酸酐、乙烯氧化制环氧乙烷以及3-甲基吡啶氧化制3-吡啶甲酸等。

(1)芳烃催化氧化制邻苯二甲酸酐

邻苯二甲酸酐(简称苯酐)是重要的有机合成中间体,广泛用于涂料,增塑剂、染料、医药等精细化学品的生产。邻苯二甲酸酐的沸点为 284.5℃,凝固点(干燥空气中)131.11℃,具有刺激性的固体片状物。

苯酐的生产路线有两条,一条是邻二甲苯气相催化氧化法,另一条是萘催化氧化法。

①邻二甲苯气相催化氧化法。此法是将冷的二甲苯预热后喷入净化的热空气使之气化,然后让混合气体通过装有 V-Ti-O 体系催化剂的多管反应器,氧化产物经冷凝、分离、脱水、减压蒸而得到产品苯酐。

$$C_6H_4(CH_3)_2 + 3O_2 \xrightarrow{V_2O_5} C_6H_4(CO)_2O + 3H_2O$$

邻二甲苯催化氧化反应体系很复杂,主反应和副反应均为不可逆放热反应。

主反应为:

$$C_6H_4(CH_3)_2 + 3O_2 \longrightarrow C_6H_4(CO)_2O + 3H_2O$$

副反应产生的无副产物有很多,为减少反应脱羧副反应,必须使用表面型催化剂。固定床氧化器,催化剂活性组分是五氧化二钒—二氧化钛,载体选用低比表面的三氧化二铝或带釉瓷球等。催化剂可制成耐磨的环形或球形。此工艺优点为空气与原料配比小,可节省动力消耗,收率高,催化剂使用寿命长。

②萘气相催化氧化法:

$$C_{10}H_8 + 4.5O_2 \longrightarrow C_6H_4(CO)_2O + 2CO_2 + 2H_2O$$

萘法是降解氧化反应,两个碳原子被氧化为二氧化碳,碳原子损失,常温下萘为固体,不易加工处理。而邻二甲苯氧化无碳原子损失,原子利用率高,邻二甲苯为液体,易于加工处理,来源丰富,价格比较便宜。目前苯酐工业生产以邻二甲苯气相催化氧化法为主。

(2)氨氧化制腈类

氨氧化法指在催化剂作用下,带甲基的有机物与氨和空气的混合物进行高温氧化反应,生成腈或含氮有机物的反应过程。例如:

$$2C_6H_5CH_3 + 3O_2 + 2NH_3 \xrightarrow[350℃]{Cr-V} 2C_6H_5CN + 6H_2O$$

$$CH_2 = CHCH_3 + 1.5O_2 + NH_3 \longrightarrow CH_2 = CHCN + 3H_2O$$

氨氧化反应工业应用的典型实例是丙烯氨氧化生产丙烯腈。丙烯腈具有不饱和双键和氰基，化学性质活泼，是优良的氰乙基化剂。丙烯腈大量用于合成纤维、合成橡胶、塑料以及涂料等产品的生产，是重要的有机化工中间产品。

丙烯腈沸点为77.3℃，呈无色液体，味甜，微臭，有毒，室内允许浓度0.002 mg/L，在空气中的爆炸极限为3.05%～17.5%。丙烯腈可与水、甲醇、异丙醇、四氯化碳、苯等形成二元恒沸物。

丙烯氨氧化生产丙烯腈的化学反应是一个复杂的化学反应体系，伴随着许多副反应，反应除获得主产物丙烯腈之外，还有副产物乙腈、氢氰酸、羧酸、醛和酮类、一氧化碳和二氧化碳等。

丙烯氨氧化的催化剂常用V_2O_5，此外，还要加入各种助催化剂以改善其选择性。载体一般是粗孔硅胶，常使用流化床反应器。

(3)乙烯环氧化制环氧乙烷

环氧乙烷是重要的化工原料，被广泛应用于洗涤、制药、印染等工业，如为非离子表面活性剂脂肪醇聚氧乙烯醚(AEO-9)原料。反应的催化剂活性成分为银，常在反应气体中掺入少量二氯乙烷以控制副反应，采用固定床催化剂。以前用空气氧化法，催化剂寿命短，工艺流程复杂，尾气需要净化，乙烯消耗定额高。现在常采用氧气氧化法，催化剂寿命长，工艺流程简单，尾气排放少，乙烯消耗定额低。可循环利用反应生成的二氧化碳来调整反应气体中乙烯和二氧化碳的浓度以防止爆炸。

4.2.2 液相催化氧化

液相空气氧化即液相催化氧化，是液态有机物在催化剂作用下，与空气或氧气进行的氧化反应，反应温度一般为100～250℃。反应在气液两相间进行，通常采用鼓泡型反应器。烃类的液相空气氧化在工业上可直接制得有机过氧化物、醛、醇、酮、羧酸等一系列产品。有机过氧化物的进一步反应可以制得酚类和环氧化合物，因而应用广泛。

4.2.2.1 液相空气氧化的过程

液相空气氧化是一个气液相反应过程，其包括空气从气相扩散并溶解于液相和液相中的氧化反应历程。液相中的氧化属于自由基反应，其反应历程包括链引发、链传递和链终止三个步骤，其中决定性步骤为链引发。被氧化物在光照或热条件下生成自由基，再经链传递结合为过氧化氢物，烃类自动氧化产物可生产醇、酮、羧酸等。

(1)空气或纯氧的扩散过程

空气氧或纯氧的扩散及其溶解是液相催化氧化的前提，其过程可为以下几点。

①空气氧或纯氧从气相向气液相界面扩散，并在界面处溶解。

②界面处溶解的氧向液相内部扩散。

③溶解氧与液相中被氧化物反应，生产氧化产物。

④氧化产物向其浓度下降方向扩散。

空气氧或纯氧的扩散、溶解是物理过程，可用双模模型解释，如图 4-1 所示。

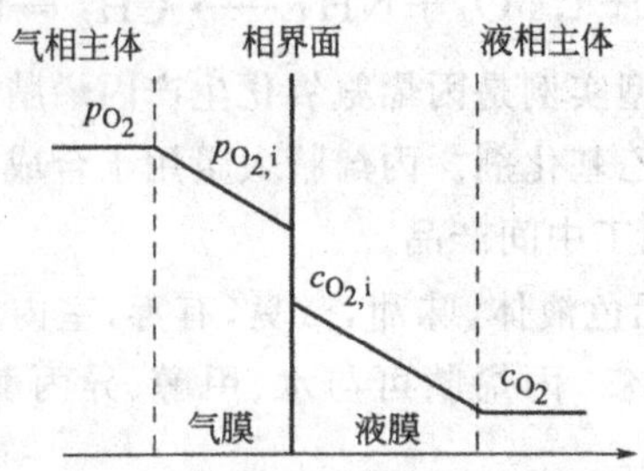

图 4-1 氧气扩散传递模型示意

图 4-1 中，P_{O_2} 为气相主体中氧分压；$P_{O_2,i}$ 为相界面处氧分压；c_{O_2} 为液相主体中氧浓度；$c_{O_2,i}$ 为气液相界面氧浓度。

在相界面，气液相达到平衡：

$$P_{O_2,i}=H_{O_2}c_{O_2,i}$$

式中，H_{O_2} 为亨利系数。

影响空气氧或纯氧扩散的因素有氧气分压、温度和压力气膜厚度；影响空气氧或纯氧溶解的因素有液相反应物对氧的溶解性、氧气分压、温度和压力等。为使空气氧或纯氧均匀分散并溶解在液相，便于其在液相中反应，一般采取提高气流速度，增强液相湍动程度，增加液相接触面积，以提高氧的扩散和溶解速度。

(2)氧化反应的历程

液相中的氧化属于自由基反应，其反应历程包括链引发、链传递的链终止三个步骤。

①链引发。在能量(热能、光辐射和放射线辐射)、可变价金属盐或游离基 X· 的作用下，被氧化物 R—H 发生 C—H 键的均裂而生成游离基 R· 的过程(R 为各种类型的烃基)。例如，

$$R-H\xrightarrow{能量}R\cdot+H\cdot$$

$$R-H+Co^{3+}\longrightarrow R\cdot+H^{+}+Co^{2+}$$

$$R-H+X\cdot\longrightarrow R\cdot+HX$$

式中，X 是 Cl 或 Br；游离基 R· 的生成给自动氧化反应提供了链传递物。

若无引发剂或催化剂，氧化初期 R—H 键的均裂反应速率缓慢，R· 需要很长时间才能积累一定的量，氧化反应方能以较快速率进行。自由基 R· 的积累时间，称作诱导期。诱导期之后，氧化反应加速，此现象称自动氧化反应。链引发是氧化反应的决速步骤，加入引发剂或催化剂，可缩短氧化反应的诱导期。

②链传递。自由基 R· 与空气中的氧相互作用生成有机过氧化氢物，再生成自由基 R· 的过程。

$$R\cdot+O_2\longrightarrow R-H-O\cdot$$

$$R-O-O\cdot+R-H\longrightarrow R-O-OH+R\cdot$$

③链终止。自由基 R· 和 R—O—O· 在一定条件下会结合成稳定的产物，从而使自由基

消失。也可以加入自由基捕获剂终止反应。例如，

$$R\cdot + R\cdot \longrightarrow R-R$$

$$R\cdot + R-O-O\cdot \longrightarrow R-O-O-R$$

在反应条件下，如果有机过氧化氢物稳定，则为最终产物；若不稳定，则分解产生醇、醛、酮、羧酸等产物。

当被氧化烃为 $R-CH_3$（伯碳原子）时，在可变价金属作用下，生成醇、醛、羧酸的反应为：

有机过氧化氢物分解为醇：

$$R-CH_2-O-O-H + R-CH_2-H \longrightarrow R-CH_2-OH + HO\cdot + \cdot CH_2-R$$

有机过氧化氢物分解为醛：

$$R-CH_2-O-O\cdot + Co^{2+} \longrightarrow R(H)C=O + OH^- + Co^{3+}$$

有机过氧化氢物分解为羧酸：

$$R-C(=O)-O-OH \xrightarrow{Co^{2+}} R-C(=O)-\dot{O} + OH^- + Co^{3+} \quad R-C(=O)-\dot{O} \xrightarrow{RMe} R-C(=O)-OH + R-\dot{C}H_2$$

当被氧化烃为 R_2CH_2-（仲碳原子）或当被氧化烃为 R_3CH-（伯碳原子）时，则分解产物为酮。实际上，烃基在氧化成醛、醇、酮、羧酸的反应，十分复杂。

4.2.2.2 液相空气氧化的应用

液相空气氧化，可以生产多种化工产品，如脂肪醇、醛或酮、羧酸和有机过氧化物等。

(1)甲苯液相空气氧化制苯甲酸

苯甲酸是一种非常重要的化工产品，主要用作食品和医药的防腐剂，用苯甲酸作原料还可以合成染料中间体间硝基苯甲酸、农药中间体苯甲酰氯、塑料增塑剂二苯甲酸二甘醇酯等精细化工产品。在150～170℃、1 MPa下，以甲苯为原料，醋酸钴为催化剂，空气为氧化剂，进行液相空气催化氧化生产苯甲酸。

$$C_6H_5CH_3 + \frac{3}{2}O_2 \xrightarrow{\text{醋酸钴}} C_6H_5COOH + H_2O$$

反应所用催化剂醋酸钴的用量为0.005%～0.01%，反应器为鼓泡式氧化塔，物料混合借助空气鼓泡及塔外冷却循环，生产工艺流程如图4-2所示。

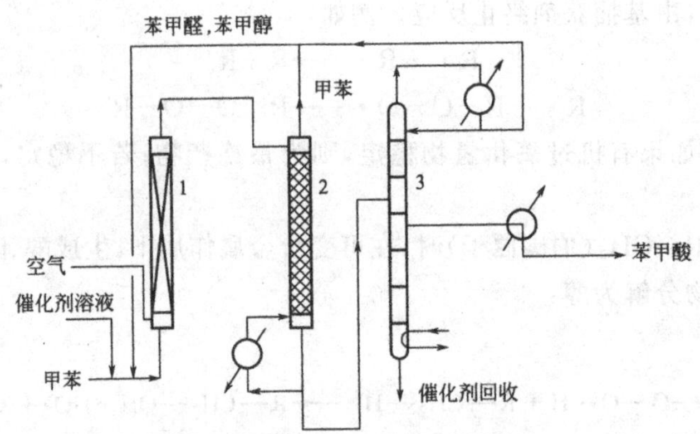

图 4-2　甲苯液相氧化制苯甲酸流程

1—氧化反应塔;2—气提塔;3—精馏塔

在鼓泡式反应塔中,原料液甲苯、2%醋酸钴溶液和空气从氧化塔底部连续通入,反应物料借助空气鼓泡和反应液外循环混合及冷却,氧化液由氧化塔顶部溢流采出,其中苯甲酸含量约35%。未能反应的甲苯由气提塔回收,氧化的中间产物苯甲醇和苯甲醛在气提塔及精馏塔由塔顶采出后与未反应甲苯一起返回氧化塔循环使用。产品苯甲酸由精馏塔侧线出料,塔釜中主要成分为苯甲酸苄酯和焦油状物、催化剂钴盐等,醋酸钴可以回收重复使用。氧化塔尾气夹带的甲苯经冷却后再用活性炭吸附,吸附的甲苯可用水蒸气吹出回收,活性炭同时得到再生。苯甲酸收率按消耗的甲苯计算,收率可达 97%～98%,产品纯度可达 99%以上。

(2)环己烷催化氧化制己二酸

己二酸是一种重要的有机二元酸,主要用于制造尼龙 66,聚氨酯泡沫塑料,增塑剂、涂料等。在有机合成工业中,为己二腈、己二胺的基础原料。己二酸生产以环己烷为原料,环己酮为引发剂,醋酸钴为催化剂,醋酸为溶剂,在 90～95℃、1.96～2.45 MPa 与空气中的氧反应。

$$\text{(环己烷)} + O_2 \xrightarrow[90\sim95^\circ C,\ 1.96\sim2.45MPa]{\text{醋酸钴}} HOOC(CH_2)_4COOH$$

氧化液经回收未反应的环己烷、醋酸及醋酸钴后,经冷却、结晶、离心分离、重结晶、分离、干燥后得到产品己二酸。

(3)异丙苯氧化制过氧化氢异丙苯

过氧化氢异丙苯(CHP)是制苯酚和丙酮的主要原料。过氧化氢异丙苯的生产,以异丙苯为原料,空气氧化剂,经液相催化氧化而得。

$$C_6H_5-C(CH_3)_2-H + O_2 \longrightarrow C_6H_5-C(CH_3)_2-O-O-H - \Delta H_{298}^{\ominus}$$

$$\Delta H_{298}^{\ominus}=116kJ/mol$$

过氧化氢异丙苯在反应条件下比较稳定,可作为液相空气氧化的最终产物。过氧化氢异丙苯受热易分解,氧化温度要求控制在 110～120℃,否则容易引起事故。过氧化氢异丙苯作为引发剂,其保持一定浓度,反应可连续进行,不必再加引发剂。

异丙苯氧化使用鼓泡塔反应器,为了增强气液相接触,塔内由筛板分成数段,塔外设循环冷却器及时移出反应热，采用多塔串联流程，如图 4-3 所示。

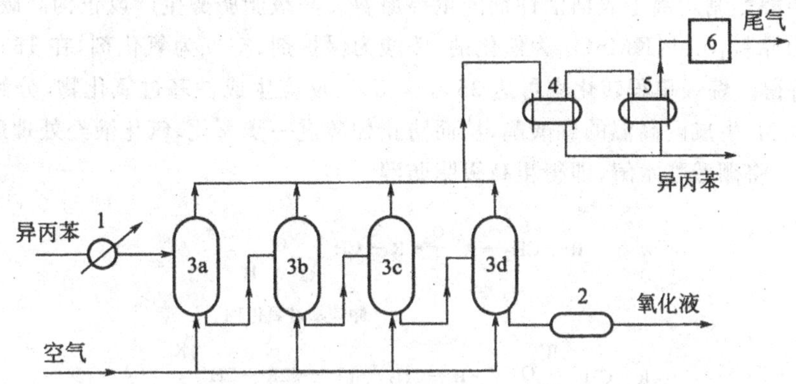

图 4-3 异丙苯液相氧化制过氧化氢异丙苯的工艺流程

1—预热器；2—过滤器；3a～3d—氧化反应器；4，5—冷却器；6—尾气处理装置

异丙苯液相氧化的工艺过程如下。

①原料液异丙苯和循环回收的异丙苯及助剂碳酸钠，由第一反应器 3a 加入，依次通过各台反应器；

②每台氧化反应器均由底部鼓入空气；

③氧化产生的尾气由顶部排出，经冷却器 4、5 回收夹带的异丙苯后放空；

④含有过氧化氢异丙苯的氧化液，由最后一台氧化塔 3d 排出，经过滤器送下一工序。

由于过氧化氢异丙苯受热易分解，氧化反应温度要严格控制，逐台依次降低，由第一台的 115 ℃至第 4 台的 90 ℃，以控制各台的转化率；氧化液过氧化氢异丙苯的浓度（质量分数）控制，逐台增加依次为：9%～12%，15%～20%，24%～29%，32%～39%，反应总停留时间为 6h，过氧化氢异丙苯的选择性为 92%～95%。

在酸性催化剂条件下，过氧化氢异丙苯通过重排分解为苯酚和丙酮。如下：

$$C_6H_5C(CH_3)_2-O-O-H \xrightarrow[\text{质子化}]{H^+} C_6H_5C(CH_3)_2-O-\overset{+}{O}H_2 \xrightarrow{-H_2O} C_6H_5C(CH_3)_2-O^+ \xrightarrow[\text{转位}]{}$$

$$C_6H_5-O-\overset{+}{C}(CH_3)_2 \xrightarrow{H_2O} C_6H_5-O-C(CH_3)_2-\overset{+}{O}H_2 \xrightarrow[\text{分解}]{} C_6H_5OH + CH_3COCH_3 + H^+$$

异丙苯氧化—酸解是工业生产苯酚和丙酮的重要方法，其合成路线为：

$$C_6H_6 \xrightarrow[\text{烷基化}]{CH_2=CHCH_3} C_6H_5CH(CH_3)_2 \xrightarrow[\text{氧化}]{O_2} C_6H_5C(CH_3)_2-O-O-H \xrightarrow[\text{酸性分解}]{H^+} C_6H_5OH + CH_3COCH_3$$

(4)直链烷烃氧化制高级脂肪醇

高级脂肪醇是制阴离子表面活性剂的重要原料。高级脂肪醇生产以正构高碳烷烃混合物(液体石蜡)为原料,0.1%$KMnO_4$为催化剂,硼酸为保护剂,空气为氧化剂,在165~170℃、常压反应3 h所得。烷烃单程转化率可达35%~45%,反应生成仲基过氧化物,分解为仲醇后,立即与硼酸作用,生成耐高温的硼酸酯,从而防止仲醇进一步氧化,氧化液经处理后,减压蒸馏出未反应烷烃,将硼酸酯水解,即得粗高级脂肪醇。

$$R-CH_2-R' \xrightarrow{O_2} R-CH(R')-O-O-H$$

仲烷基过氧化物

$$R-CH(R')-O-O-H + R-CH_2-R' \longrightarrow 2R-CH(R')-OH$$

仲醇

$$3R-CH(R')-OH + H_3BO_3 \underset{水解}{\overset{酯化}{\rightleftharpoons}} \left(R-CH(R')-O\right)_3 B + 3H_2O$$

4.3 化学试剂氧化

化学氧化法由于选择性高,工艺简单,条件温和,易操作,所以是日常应用的常规氧化反应方法。化学氧化是除空气或氧气以外的化学物质作氧化剂的氧化方法。

4.3.1 常见化学氧化反应

4.3.1.1 高锰酸钾氧化

高锰酸的钠盐易潮解,钾盐具有稳定结晶状态,故用高锰酸钾作氧化剂。高锰酸钾是强氧化剂,无论在酸性、中性或碱性介质中,都能发挥氧化作用。在强酸性介质中的氧化能力最强,Mn^{7+}还原为Mn^{2+};在中性或碱性介质中,氧化能力弱一些,Mn^{7+}还原为Mn^{4+}。

$$2KMnO_4+3H_2SO_4 \longrightarrow 2MnSO_4+K_2SO_4+3H_2O+5[O]$$

$$2KMnO_4+2H_2O \longrightarrow 2MnO_2+2KOH+3[O]$$

在酸性介质中,高锰酸钾的氧化性太强,选择性差,不易控制,而锰盐难以回收,工业上很少用酸性氧化法。在中性或碱性条件下,反应容易控制,MnO_2可以回收,不需要耐酸设备;反应介质可以是水、吡啶、丙酮、乙酸等。

高锰酸钾是强氧化剂,能使许多官能团或α-碳氧化。当芳环上有氨基或羟基时,芳环也被氧化。如:

$$\text{1-萘胺} \xrightarrow[H_2O]{KMnO_4,\ OH^{\ominus}} \text{邻苯二甲酸 (COOH, COOH)}$$

因此，当使用高锰酸钾作氧化剂时，对于芳环上含有氨基或羟基的化合物，要首先进行官能团的保护。

高锰酸钾氧化含有 α-氢原子的芳环侧链，无论侧链长短均被氧化成羧基。无 α-氢原子的烷基苯如叔丁基苯很难氧化，在激烈氧化时，苯环被破坏性氧化。当芳环侧链的邻位或对位含有吸电子基团时，很难氧化，但使用高锰酸钾作氧化剂反应能顺利进行。

$$CH_2CH_2CH_3\text{-}C_6H_4\text{-}CH_3 \xrightarrow[OH^-]{KMnO_4} HOOC\text{-}C_6H_4\text{-}CH_3 \xrightarrow[OH^-]{KMnO_4} HOOC\text{-}C_6H_4\text{-}COOH$$

$$\text{2-Cl-C}_6H_4\text{-Me} \xrightarrow{KMnO_4/H^+} \text{2-Cl-C}_6H_4\text{-COOH}$$

$$\text{Me, NHCOMe, NO}_2\text{-苯} \xrightarrow[87\%]{KMnO_4,MgSO_4} \text{CO}_2\text{H, NHC, NO}_2\text{-苯}$$

在酸性介质中，高锰酸钾氧化烯键，双键断裂生成羧酸或酮。如：

$$\text{(蒎烯, }CH_3\text{)} \xrightarrow[\substack{18\text{-冠-6} \\ C_6H_6}]{KMnO_4} H_3C\text{-}C(=O)\text{-}CH_2\text{-(2,2-二甲基环丁基)-}C(=O)\text{-OH} \quad (80\%)$$

在碱性介质中，高锰酸钾和赤血盐一起氧化。3,4,5-三甲氧基苯甲酰肼得到磺胺增效剂TMP的中间体3,4,5-三甲氧基苯甲醛。

$$(MeO)_3C_6H_2\text{-CONHNH}_2 \xrightarrow[(2)KMnO_4]{(1)K_3[Fe(CN)_6]} (MeO)_3C_6H_2\text{-CHO}$$

在碱性条件下异丙苯很容易被空气氧化生成过氧化氢异丙苯，后者在稀酸作用下，分解为苯酚和丙酮。这是生成苯酚和丙酮的重要工业方法。

$$C_6H_5\text{-}CH(CH_3)_2 + O_2 \xrightarrow[105\sim110℃,\text{碱性}]{\text{过氧化物}} C_6H_5\text{-}C(CH_3)_2\text{-COOH}$$

$$C_6H_5\text{-}C(CH_3)_2\text{-OOH} \xrightarrow[35\sim37℃]{10\%H_2SO_4} C_6H_5\text{-OH} + (H_3C)_2C{=}O$$

二氧化锰是较温和的氧化剂，可用于芳醛、酮类或在芳环上引入羟基等。二氧化锰特别适合于烯丙醇和苄醇羟基的氧化，反应在室温下，中性溶液(水、苯、石油醚和氯仿)中进行。在浓硫酸中氧化时，二氧化锰的用量可接近理论值，在稀硫酸中氧化时，二氧化锰需过量。

$$HC\equiv C-CH=C(CH_3)-CH_2OH \xrightarrow[CH_3COCH_3]{MnO_2} HC\equiv C-CH=C(CH_3)-CHO$$

$\xrightarrow[\text{室温}]{MnO_2,CHCl_3}$

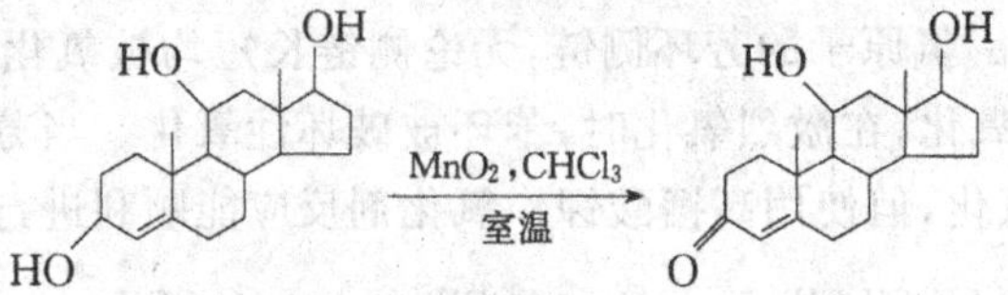

在脂肪醇存在下，二氧化锰能实现烯丙醇和苄醇的选择性氧化。例如合成生物碱雪花胺的过程。

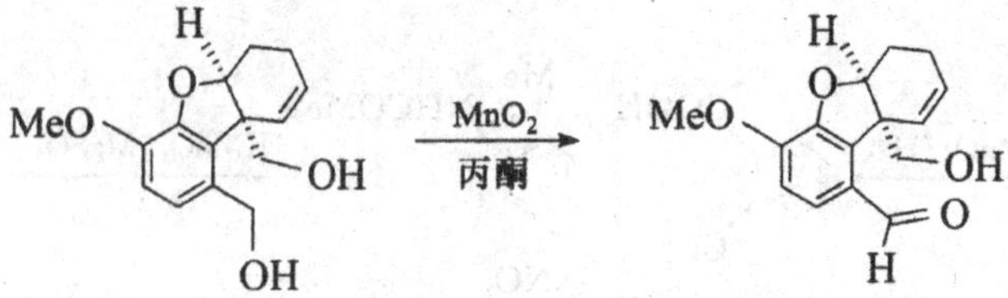

$\xrightarrow[\text{丙酮}]{MnO_2}$ 97%

三价硫酸锰也是温和的氧化剂，可将芳环侧链的甲基氧化成醛基。如：

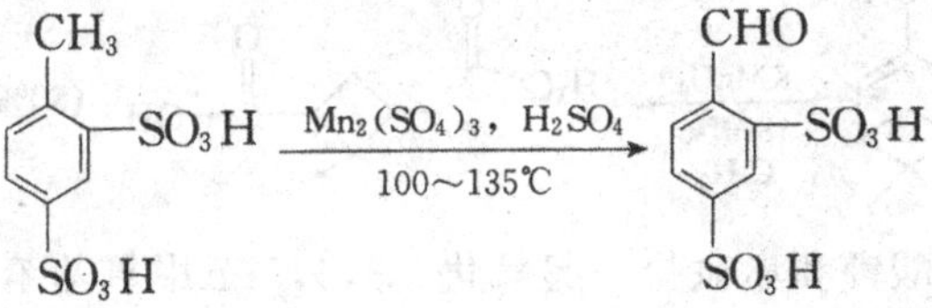

$\xrightarrow[100\sim135℃]{Mn_2(SO_4)_3,\ H_2SO_4}$

4.3.1.2 过氧化氢的氧化

过氧化氢是温和的氧化剂，通常使用30%～42%的过氧化氢水溶液。过氧化氢氧化后生成水，无有害残留物。但是双氧水不够稳定，只能在低温下使用，工业上主要用于有机过氧化物和环氧化合物的制备。

(1)制备有机过氧化物

过氧化氢与羧酸、酸酐或酰氯反应生成有机过氧化物。如在硫酸存在下，甲酸或乙酸用过氧化氢氧化，中和得过甲酸或过乙酸水溶液。

$$CH_3\overset{O}{\overset{\|}{C}}-OH + H_2O_2 \xrightarrow{H_2SO_4} CH_3\overset{O}{\overset{\|}{C}}-O-OH + H_2O$$

酸酐与过氧化氢作用，可直接制得过氧二酸。

$$CH_2-C(=O)-O-C(=O)-CH_2 \text{(环状琥珀酸酐)} + 2H_2O_2 \xrightarrow{t<10℃} CH_2C(=O)OOH-CH_2C(=O)OOH + 2H_2O$$

在碱性溶液中，苯甲酰氯用过氧化氢氧化，可得过氧化苯甲酰。

$$2\,C_6H_5COCl + H_2O_2 + 2NaOH \longrightarrow C_6H_5-C(=O)-O-O-C(=O)-C_6H_5 + 2NaCl + 2H_2O$$

氯代甲酸酯与过氧化氢的碱性溶液作用，得多种过氧化二碳酸酯，其中重要的酯有二异丙酯、二环己酯、双-2-苯氧乙基酯等。

$$2RO-C(=O)-Cl + H_2O_2 + 2NaOH \longrightarrow R-O-C(=O)-O-O-C(=O)-R + 2NaCl + 2H_2O$$

(2)制备环氧化物

用过氧化氢氧化不饱和酸或不饱和酯，可制得环氧化物。例如，精制大豆与在硫酸和甲酸或乙酸存在下与双氧水作用可制取环氧大豆油。

$$HCOOH + H_2O_2 \longrightarrow HCOOOH + H_2O$$

$$\begin{matrix} RCH{=}CHR'-COO-CH_2 \\ RCH{=}CHR'-COO-CH \\ RCH{=}CHR'-COO-CH_2 \end{matrix} + 3HCOOOH \longrightarrow \begin{matrix} RCH(-O-)CHR'-COO-CH_2 \\ RCH(-O-)CHR'-COO-CH \\ RCH(-O-)CHR'-COO-CH_2 \end{matrix} + 3HCOOH$$

4.3.1.3 铬化合物的氧化

最常用的铬氧化物为[Cr(Ⅵ)]，存在形式有 $CrO_3 + OH^-$、$HCrO^{4-}$、$Cr_2O_7^{2-} + H_2O$。Cr(Ⅵ)氧化剂常用的有重铬酸钾(钠)的稀硫酸溶液($K_2Cr_2O_7$-H_2SO_4)；三氧化铬溶于稀硫酸的溶液(Jones 试剂，CrO_3—H_2SO_4)；三氧化铬加入吡啶形成红色晶体(Collins 试剂，CrO_3-2 吡啶；Sarett 试剂，CrO_3/吡啶)；三氧化铬加入吡啶盐酸中形成橙黄色晶体(PCC，CrO_3-Pyr-HCl)；重铬酸吡啶盐亮橙色晶体(PDC，$H_2Cr_2O_7$-2Pyr)。

Sarett 试剂、Collins 试剂、PCC 和 PDC 试剂都是温和的选择性氧化剂，可溶于二氯甲烷、氯仿、乙腈、DMF 等有机溶剂，能将伯醇氧化成为醛，仲醇氧化成酮，碳碳双键不受影响。

$$\text{(香叶醇)}-CH_2OH \xrightarrow[CH_2Cl_2]{\text{Collins试剂}} \text{(香叶醛)}-CHO\ (83\%)$$

PDC / CH_2Cl_2 → CHO (92%)

溶剂的极性对氧化剂的氧化能力有很大的影响。如 PDC 氧化剂，在不同极性的溶剂中可得到不同的产物。

COOH ← PDC / DMF, 83% — CH_2OH — PDC / CH_2Cl_2, 92% → CHO

4.3.1.4 臭氧分解

烯烃与臭氧反应形成的臭氧化物裂解是断裂碳—碳双键的一种非常方便的方法。臭氧分子作为亲电试剂与碳—碳双键反应首先形成臭氧化物，该臭氧化物能发生氧化断裂或还原断裂，形成羧酸、酮或醛。烯烃的臭氧化通常是在室温或低于室温条件下，将烯烃溶于适当溶剂（如二氯甲烷或甲醇）或悬浮在溶剂中，通入含 2%～10%臭氧的氧气来完成的。臭氧化反应的粗产物不经分离，用过氧化氢或其他试剂氧化，一般形成羧酸或/和酮。例如：

油酸 COOH —H_2O_2 / O_2→ 壬酸 COOH + HOOC—COOH 壬二酸

粗臭氧化物经还原生成醛和酮，可以用催化氢化、锌和酸或亚磷酸三乙酯来还原，醛的收率通常不高。而在中性条件下，用二甲硫醚还原，则可高收率地得到醛，分子中的硝基和羰基通常不受影响。这是因为烯烃在甲醇溶液中被臭氧化后，生成的氢过氧化物被二甲硫醚还原为半缩醛。采用无味的硫脲同样能得到较好的结果。

烯烃的臭氧化首先形成一种臭氧环化物，其分解生成两性离子和羰基化合物。在惰性溶剂中，羰基化合物可以与两性离子反应而形成臭氧化物，两性离子也可能二聚形成过氧化物或形成聚合物。在质子型溶剂中则形成氢过氧化物。

在惰性溶剂中，四甲基乙烯的臭氧氧化分解得到环状过氧化物和丙酮，但在反应混合物中加入甲醛时，分离出异丁烯的臭氧化物。显然，在惰性溶剂中，两性离子中间体发生了二聚；而在甲醛中，两性离子优先与活泼的羰基化合物反应，虽然烯烃的臭氧化机理还不是十分清楚，但得到实验的证实。

O—O ← O_3, C_5H_{12} / CH_2O — O_3, C_5H_{12} / 惰性溶剂 → O—O, O—O

α,β-不饱和酮或酸臭氧化生成的产物，碳原子数有时会减少。例如，三环 α,β-不饱和酮臭氧化生成少一个碳原子的酮酸。

4.3.2 化学氧化的环境问题

化学氧化过程需要使用多种化学氧化剂，如高价金属化合物，卤素，含氮或硫的化合物、过氧化物等，氧化过程产生锰盐、氧化锰、铬盐、氧化铬等副产物，氧化原子经济性很差，不仅增加产物分离提纯难度，而且还带来污染环境的问题。有些化学氧化需在酸性或碱性介质中进行，如重铬酸钠氧化需要酸介质，高锰酸钾常用中性或碱介质。化学氧化过程产生大量含酸或含碱、含重金属盐的化学废水。一些化学氧化过程还产生废气，如硝酸氧化产生氧化氮气体。因此，选择和实施化学氧化，不仅要考虑氧化剂的选择、氧化选择性和收率等问题，更要考虑化学氧化过程对环境的污染问题，考虑并解决“三废”处理问题，避免造成环境污染。

4.4 催化还原

在催化剂存在的情况下，有机化合物与氢的反应称为催化反应，其中催化剂以固体状态存在于反应体系中的称为非均相催化还原，而催化剂溶解于反应介质的称为均相催化还原。

催化氢化可只是简单地将氢原子加到一个或多个不饱和基团上，有时也会伴随键的断裂，此时称为氢解。有机化学中绝大多数不饱和基团都可在适当的条件下被催化还原，然而难易程度不尽相同。催化氢化法具有操作简单、反应快、产物纯、产率高等优点，其应用范围很广。

4.4.1 多相催化氢化反应

多相催化氢化反应通常指在不溶于反应体系中的固体催化剂的作用下，氢气还原液相中的底物的反应，主要包括碳—碳、碳—氧、碳—氮等不饱和重键的加氢和某些单键发生的裂解反应。

4.4.1.1 催化加氢反应

(1)烯烃和炔烃的氢化

碳—碳双键的氢化很容易进行，大部分情况下条件也很温和。只有少数位阻大的烯烃不易被氢还原，但依然可以在更剧烈的条件下被还原。

钯和铂都是最常用的催化剂，二者都很活泼。一般来说，铂通常会导致更彻底的还原。在某些情况下也可以使用 Raney 镍。例如，在 20 ℃的乙醇溶剂中，用 Raney 镍可以将肉桂醇还原成 3-苯基-1-丙醇。

$$C_6H_5\text{—}CH\text{=}CH\text{—}CH_2OH \xrightarrow[\text{常温常压}]{\text{Raney-Ni},\ H_2} C_6H_5\text{—}CH_2CH_2CH_2OH$$

烯烃结构对双键的氢化有显著影响，当取代基的数目增多或者取代基的支链增加时，都会阻碍双键在催化剂表面的吸收，从而造成反应速率上的差别。我们可以利用这种差别来选择合适的催化剂以分离位置不同的双键烯烃，同时也可以在同一分子中进行选择性氢化。

$$\xrightarrow{H_2/PtO}$$

在含有其他不饱和基团的化合物中，碳—碳双键也可以选择性还原，但含有三键、芳香硝基和酰卤的除外。钯通常是最好的催化剂。例如，以钯为催化剂，2-亚苄基环戊酮在甲醇中与氢气反应，得到2-苄基环戊酮。

$$\xrightarrow[MeOH]{H_2, Pd/C}$$

碳—碳三键是最易还原的官能团之一，同时炔烃的催化氢化是一个分步过程，烯烃和烷烃都可以分离得到。用铂、钯或Raney镍可以很容易地完成炔烃的彻底还原，得到饱和化合物。从合成的角度来说，更有用的是炔烃部分氢化得到Z-烯烃。该反应所用的催化剂是钯、喹啉和硫酸钡催化剂(Lindlar催化剂)，反应的产率较高。这个还原反应的一个重要的特点就是它们具有高度的立体选择性。

$$CH_3(CH_2)_7—C\equiv C—(CH_2)_7COOH \xrightarrow[\text{Lindlar 催化剂}]{H_2} \begin{matrix} CH_3(CH_2)_7 & & (CH_2)_7COOH \\ & C=C & \\ H & & H \end{matrix}$$

利用Lindlar催化剂部分还原炔烃，在含有Z-二取代双键的天然产物合成中有重要价值。

(2)芳香环系的加氢反应

芳香族化合物也可进行催化氢化，转变成饱和的脂肪族环系，然而这要比脂肪族化合物中的烯键氢化困难很多。例如，异丙烯基苯在常温、常压下，其侧链上的烯键可被氢化，其反应式如下：

$$\xrightarrow{H_2}$$

这种催化氢化的差别不仅能用于合成，也可用于定量分析测定非芳环的不饱和键。

1,1-二苯基-2-(2′-吡啶基)乙烯是一个共轭体系很大的化合物其乙醇溶液用钯—碳催化，在10 MPa氢气压力下，于200℃反应2 h后即吸收10 mol氢，生成完全饱和的1,1-二环已基-2-(2′-哌啶基)乙烷，反应式如下：

$$\xrightarrow[10\ H_2(10\ MPa)]{Pd\text{-}C/200\ ℃}\ CH—CH_2$$

芳香杂环体系在比较温和的条件下就能实现氢化。

苄基位上带有含氧或含氮官能团的苯衍生物还原时，这些基团容易发生氢解，特别是用钯作催化剂时更是这样。

苯环上烃基取代基的数目和位置对催化氢化反应同样存在影响。

在多核芳烃中，催化氢化可控制在中间阶段。例如，联苯可氢化为环己基苯，在更强烈的条件下才能完全氢化，成为环己基环己烷，这表明环己基苯比联苯更难氢化，反应式如下：

$$\text{联苯} \xrightarrow{3H_2} \text{环己基苯} \xrightarrow{3H_2} \text{环己基环己烷}$$

在稠环化合物中也有类似的情况。起始化合物比中间产物更容易氢化，从而可以达到合成中间产物的目的。例如：

$$\text{菲} \xrightarrow{4H_2} \text{八氢菲} \xrightarrow{3H_2} \text{全氢菲}$$

$$\text{蒽} \xrightarrow{4H_2} \text{八氢蒽} \xrightarrow{3H_2} \text{全氢蒽}$$

(3)醛、酮的加氢反应

几乎所有的催化氢化催化剂都能顺利地催化氢化醛成为醇。例如，工业上生产维生素C的原料葡萄糖醇就是用催化氢化方法合成的，产率达95%，反应式如下：

$$\text{葡萄糖（CHO, OH, HO, OH, OH, }CH_2OH\text{）} \xrightarrow{H_2/CuCrO_2 \text{ 或 Raney Ni}} \text{葡萄糖醇（}CH_2OH\text{, OH, HO, OH, OH, }CH_2OH\text{）}$$

醛分子中含有烯烃双键可以选择性地氢化成不饱和醇。例如，柠檬醛在氯化亚铁或硫化亚铁、乙酸锌的存在下以氧化铂为催化剂氢化成牻牛儿醇，反应式如下：

$$\text{柠檬醛（CHO）} \xrightarrow[PtO_2(FeCl_2)]{H_2(0.35\text{ MPa})\text{，室温}} \text{牻牛儿醇（}CH_2OH\text{）}$$

巴豆醛可氢化为巴豆醇，反应式如下：

$$CH_3CH{=\!=}CHCHO \xrightarrow{H_2\text{，}5\%Os-C\text{，}100℃\text{，}7MPa} \underset{90\%}{CH_3CH{=\!=}CHCH_2OH}$$

不饱和芳香醛的典型例子为肉桂醛，采用钯催化剂只催化其中的烯键，不催化氢化醛基，然而Raney镍则同时催化氢化烯键和醛基。应用锇催化剂或乙酸锌活化的铂催化剂仅氢化醛基。例如：

$$PhCH{=\!=}CHCHO \xrightarrow{H_2\text{，}5\%Os-C\text{，}100℃\text{，}6\ \ MPa} \underset{95\%}{PhCH{=\!=}CHCH_2OH}$$

通过低温液相还原法制备的Pt/Al_2O_3从而显著提高生成肉桂醇的选择性。例如：

$$PhCH{=\!=}CHCHO \xrightarrow[Pt/Al_2O_3\text{，}EtOH]{35℃\text{，}5h\text{，}H_2} \underset{100\%}{PhCH{=\!=}CHCH_2OH}$$

芳香醛的氢化有三种不同的产物：甲基脂环化合物、甲基芳烃和苯甲醇型化合物。在反应条件下，可使苯甲醛接近定量地转化为苯甲醇型化合物。例如：

$$PhCHO \xrightarrow[EtOH,20\ ^\circ C]{H_2/Pt,0.2\ MPa} PhCH_2OH$$
约100%

酮羰基的氢化相比醛羰基的氢化缓慢得多,故分子中既含有酮羰基也含有醛羰基时,选择氢化醛羰基是可能的。通常在室温和大气压下就能进行,产率几乎是定量的。在相当的反应条件下 Raney 镍催化氢化也能得到很好的结果。例如:

$$CH_3COCH_3 \xrightarrow[H_2/Raney\ Ni,0.1\sim0.3\ MPa]{25\sim30^\circ C,38min} CH_3CH(OH)CH_3$$
100%

采用贵金属催化剂能将芳香酮氢化为仲醇,然而因为该醇为苄醇系,易发生氢解反应,而各种镍催化剂和氧化铜不会发生氢解反应。例如:

$$PhCOCH_3 \xrightarrow[H_2/Ni-NaH,EtOH,0.1MPa]{25^\circ C,2.5h} PhCH(OH)CH_3$$
92%

(4)腈和硝基化合物的加氢反应

合成纤维所用的多次甲基二胺均可用催化氢化的方法制备。例如:

$$NC(CH_2)_8CN \xrightarrow[Ni,100\ ^\circ C,2.5\ MPa]{KOH,NH_3,乙醇} H_2N(CH_2)_{10}NH_2$$
95%

含有碳—碳双键的腈选择性地只氢化腈基比较困难,然而用 Raney 钴能有效地催化氢化 β,γ-不饱和腈成为相应的不饱和胺,反应式如下:

$$\text{环己烯基}-CH_2CN \xrightarrow[60\ ^\circ C,9.5\ MPa]{H_2/Raney\ Co} \text{环己烯基}-CH_2CH_2NH_2$$
90%

硝基化合物为极易被催化氢化的一类化合物。氢化还原硝基化合物最后产物是一级胺。Raney 镍或任何一种铂族金属都能作催化剂,选择哪种催化剂取决于分子中其他官能团的性质。

4.4.1.2 催化氢解反应

催化氢解反应即在催化氢化的反应条件下,底物分子被还原裂解为两个或两个以上的小分子的反应。

在卤化物分子中,卤素受到不饱和键的活化,或直接与芳环或芳杂环相连比较容易被氢解。利用碳-卤键的氢解反应,通常可合成难以直接合成的化合物。例如,邻叔丁基酚的合成可利用溴原子占据易发生反应的对位,待烷基化后,用氢解的方法除去溴,达到合成的目的,反应式如下:

$$Br-C_6H_4-OH \longrightarrow Br-C_6H_3(C(CH_3)_3)-OH \xrightarrow{H_2/Pd} C_6H_4(C(CH_3)_3)-OH$$

催化氢解对维生素 B_6 的合成起到了十分重要的作用,反应式如下:

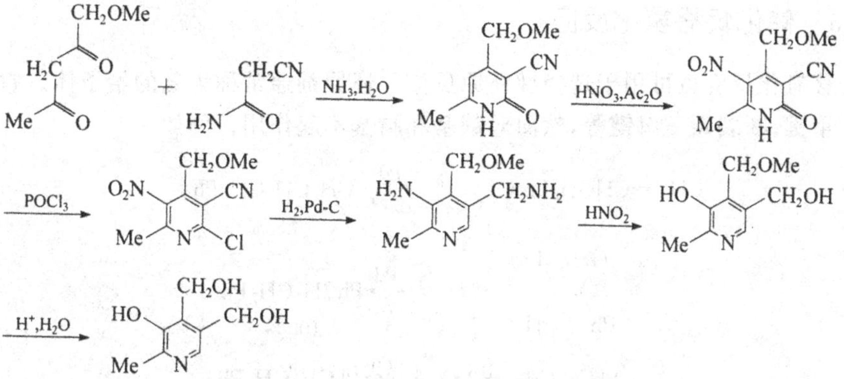

其中，第四步反应一步催化氢化就实现了三个基团的转化，即硝基还原成氨基，腈基还原成氨甲基，而氯则被氢解。

卤素在催化氢解反应中的稳定性次序为：

$$F > Cl > Br > I$$

脂肪族卤化物中的氯、溴对于铂、钯催化剂是稳定的，但是碘易氢解。

与杂原子相连的苄基型化合物在铂或钯催化剂的作用下易发生氢解，一般式为：

$$RNHCH_2Ar \longrightarrow RNH_2 + ArCH_3$$
$$ROCH_2Ar \longrightarrow ROH + ArCH_3$$
$$RSCH_2Ar \longrightarrow RSH + ArCH_3$$

反应在室温和常压下进行。如果采用镍催化剂则需要在100～125 ℃才能进行。例如，在多肽合成中，应用苯甲氧酰基保护氨基，在完成保护作用之后，可用化氢解法除去，其反应式如下：

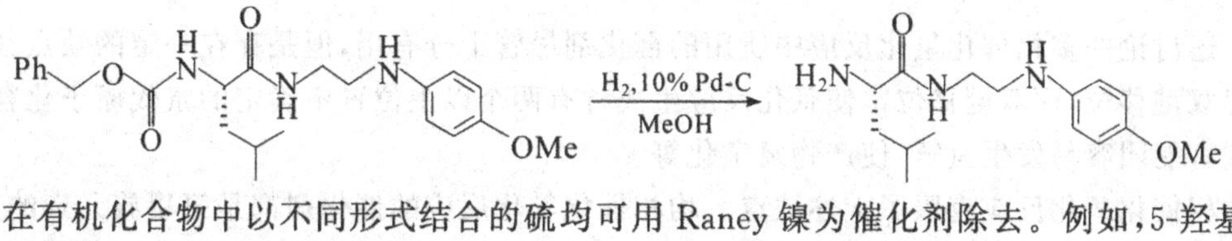

在有机化合物中以不同形式结合的硫均可用Raney镍为催化剂除去。例如，5-羟基嘧啶的合成用Raney镍氢解巯基，再用钯催化剂氢解苯甲基，从而得到定量的4,5-二羟基嘧啶，其反应式如下：

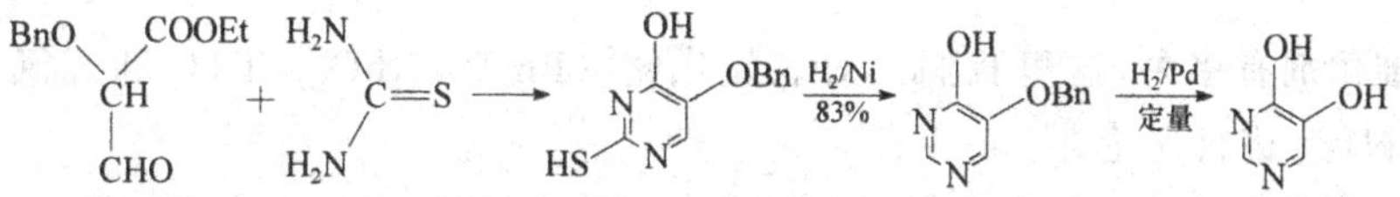

维生素H的脱硫过程也是氢解反应，反应式如下：

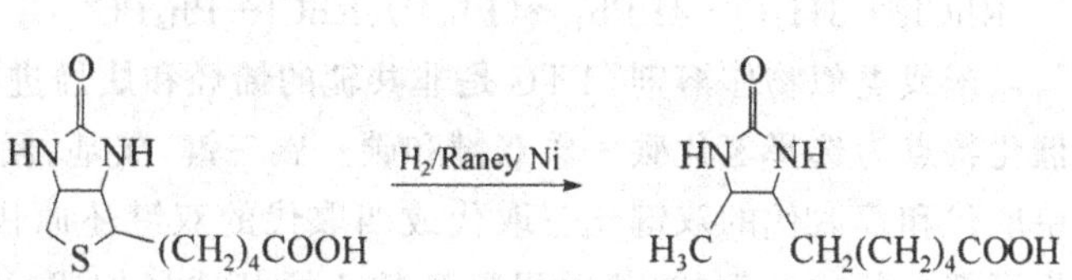

4.4.1.3 催化转移氢化反应

催化转移氢化反应也可用于选择性还原反应。还原剂通常称为氢的给予体。它能选择性还原碳—碳重键、断裂碳—卤键等，然而对羰基和腈基不起作用。例如：

$$CH_2{=}CHCH_2Ph + 2\ (\text{环己烯}) \xrightarrow[120\ h]{Pd} CH_3CH_2CH_2Ph \quad 85\%$$

$$(H)(Ph)C{=}C(H)(Ph) + 2\ (\text{环己烯}) \xrightarrow[17\ h]{Pd} PhCH_2CH_2Ph \quad 100\%$$

$$PhC{\equiv}CPh + 2\ (\text{环己烯}) \xrightarrow[23\ h]{Pd} PhCH_2CH_2Ph \quad 100\%$$

$$PhCH{=}CHCOOH + 2\ (\text{环己烯}) \xrightarrow[64\ h]{Pd} PhCH_2CH_2COOH \quad 90\%$$

$$\begin{matrix} CH{-}COOH \\ \| \\ CH{-}COOH \end{matrix} + 2\ (\text{环己烯}) \xrightarrow[15\ h]{Pd} \begin{matrix} H_2C{-}COOH \\ | \\ H_2C{-}COOH \end{matrix}$$

还能氢解苄醇类化合物：

$$Ar{-}\overset{R'}{\underset{R''}{C}}{-}OH \xrightarrow{(\text{环己烯})/Pd\text{-}C/Al_2O_3} Ar{-}\overset{R'}{\underset{R''}{C}}{-}H$$

4.4.2 均相催化氢化反应

上述讨论的多相催化氢化反应中所用的催化剂尽管十分有用，但是存在一定的缺点：①可能引起双键移位，而双键移位常使氘化反应生成含有两个以上位置不确定的氘代原子化合物；②一些官能团容易发生氢解，使产物复杂化等。

均相催化氢化反应克服了上述缺点。均相催化氢化反应的催化剂都是第Ⅷ族元素的金属络合物，它们带有多种有机配体。这些配体能促进络合物在有机溶剂中的溶解度，使反应体系成为均相，从而提高了催化效率。反应可以在较低温度、较低氢气压力下进行，并具有很高的选择性。

可溶性催化剂有多种，这里我们只对三氯化铑[$(Ph_3P)_3RhCl$]，TTC 和五氰基氢化钴络合物 $HCo(CN)_5^{3-}$ 进行讨论。

三氯化铑催化剂可由三氯化铑与三苯基磷在乙醇中加热制得，反应式如下：

$$RhCl_3 \cdot 3H_2O + 4PPh_3 \rightarrow (Ph_3P)_3RhCl + Ph_3PCl_2$$

在常温、常压下，以苯或类似物作溶剂，TTC 是非共轭的烯烃和炔烃进行均相氢化的非常有效的催化剂。其催化特点为选择氢化碳—碳双键和碳—碳三键，羰基、氰基、硝基、氯等官能团都不发生还原。单取代和双取代的双键比三取代或四取代的双键还原快得多，因而含有不同类型双键的化合物可部分氢化。例如，氢对里哪醇的乙烯基选择加成，可得到产率为 90%

的二氢化物；同样，香芹酮转化为香芹鞣酮，反应式如下：

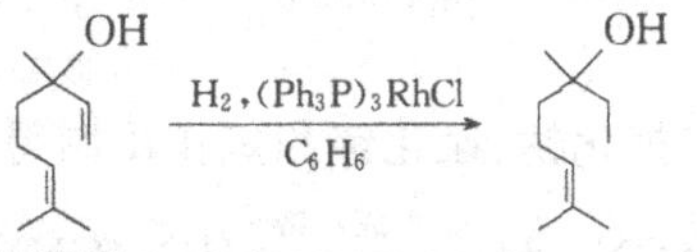

$$\xrightarrow[C_6H_6]{H_2,(Ph_3P)_3RhCl}$$

里哪醇

$$\xrightarrow[C_6H_6]{H_2,(Ph_3P)_3RhCl}$$

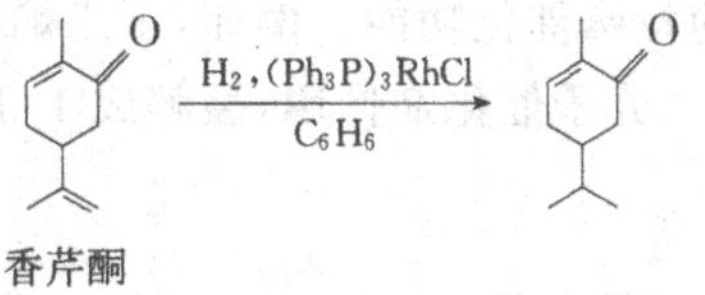

香芹酮

根据 ω-硝基苯乙烯还原为苯基硝基乙烷的该奇特反应可进一步显示出催化剂的选择性。例如：

$$PhCH{=}CHNO_2 \xrightarrow[C_6H_6]{H_2,(Ph_3P)_3RhCl} PhCH_2CH_2NO_2$$

对马来酸的催化氘化生成内消旋二氘代琥珀酸，而富马酸的催化氘化则生成外消旋化合物的反应研究可证明：在均相催化反应中氢是以顺式对双键加成的。该试剂的另一个突出优点是氘化反应很规则地进行，即每个双键上只引入两个氘原子，而且是在原来双键的位置上。

这种催化剂另外一个非常有价值的特点，就是不发生氢解反应。所以，烯键可选择性地氢化，而分子中其他敏感基团并不发生氢解。

三氯化铑能使醛脱去羰基，因而含有醛基的烯烃化合物在通常的条件下不能用该种催化剂进行氢化。例如：

$$PhCH{=}CHCHO \xrightarrow{H_2,(Ph_3P)_3RhCl} \underset{65\%}{PhCH{=}CH_2} + CO$$

$$PhCOCl \xrightarrow{H_2,(Ph_3P)_3RhCl} \underset{90\%}{PhCl} + CO$$

这是因为三氯化铑对 CO 具有很强的亲和性。

关于三氯化铑对烯烃化合物进行催化氢化的机理，一般情况下认为是 $(Ph_3P)_3RhCl$ 在溶剂(S)中离解生成溶剂化的 $(Ph_3P)_2Rh(S)\text{-}Cl$。该溶剂的络合物在氢存在下与二氢络合物 $(Ph_3P)_2Rh(S)ClH_2$ 建立平衡，在二氢络合物中氢原子是与金属直接相连的。在还原反应中，首先是烯烃取代络合物中的溶剂，并与金属发生配位，然后络合物中的两个氢原子经过一个含有碳—金属键的中间体，立体选择性地从金属上顺式转移到配位松弛的烯键上。被氢化后的饱和化合物从络合物上离去，络合物再与溶解的氢结合，继续进行还原反应。该反应过程表示如下：

$$(Ph_3P)_2Rh(S)Cl \xrightleftharpoons{H_2} (Ph_3P)_2Rh(S)ClH_2 \xrightleftharpoons{RCH{=}CHR'} (Ph_3P)_2Rh(Cl)(RCH{=}CHR')H_2$$

$$\longrightarrow RCH_2CH_2R' + (Ph_3P)_2Rh(S)Cl$$

研究人员采用羰基铑络合物与 α,β-不饱和醛在一定条件下反应，不是脱去羰基，而是高区域选择性还原醛基为醇。例如：

$$\text{Ph}\text{-CH=CH-CH=CH-CHO} \xrightarrow[\text{H}_2/\text{CO},30\ ^\circ\text{C}]{\text{Rh}_6(\text{CO})_{16},\text{苯}} \text{Ph-CH=CH-CH=CH-CH}_2\text{OH}\quad 88\%$$

五氰基氢化钴络合物可用三氯化钴、氰化钾和氢作用制得，反应式如下：

$$CoCl_3 + KCN + H_2 \xrightarrow{\text{水或乙醇}} HCo(CN)_5^{3-} + KCl$$

它具有部分氢化共轭双键的特殊催化功能。例如，丁二烯的部分氢化，首先与催化剂加成生成丁烯基钴中间体，然后与第二分子催化剂作用，裂解成1-丁烯，反应式如下：

$$CH_2{=}CH{-}CH{=}CH_2 + HCo(CN)_5^{3-} \longrightarrow CH_2{=}CH{-}\underset{H}{\overset{CH_3}{C}}{-}Co(CN)_5^{3-}$$

$$\xrightarrow{HCo(CN)_5^{3-}} CH_2{=}CH{-}\overset{CH_3}{CH_2} + 2Co(CN)_5^{3-}$$

$$2Co(CN)_5^{3-} + H_2 \longrightarrow 2HCo(CN)_5^{3-}$$

均相催化剂效率高、选择性好、反应方向容易控制，但均相催化剂与溶剂、反应物等呈均相，难以分离。近年来，结合多相催化剂和均相催化剂的优点，出现了均相催化剂固相化。使均相催化剂沉积在多孔载体上，或者结合到无机、有机高分子上成为固体均相催化剂，这样既保留了均相催化剂的性能，又具有多相催化剂容易分离的长处。

4.5 化学还原

当分子中有多个可被还原的基团时，如果需要氢化还原的是较易还原的基团，而保留较难还原的基团，则选用催化氢化的方法为佳；反之，若需还原的是较难还原的基团，而保留较易还原的基团，则要选用反应选择性较高的化学试剂还原法为好。有的化学还原剂还具有立体选择性。

4.5.1 金属单质的还原反应

许多有机化合物能被金属还原。这些还原反应有的是在供质子溶剂存在下进行的，有的是反应后用供质子溶剂处理而完成的。常用的活泼金属有：锂、钠、钾、钙、锌、镁、锡、铁等。有时采用金属与汞的合金，以调节金属的反应活性和流动性。

当金属与不同的供质子剂配合时，与同一被还原物质作用，往往能得到不同的产物。

4.5.1.1 钠和钠汞齐

(1)钠—醇

以醇为供质子剂，钠或钠汞齐可将羧酸酯还原成相应的伯醇，酮还原成仲醇，即所谓的Bouvealt－Blanc还原反应。主要用于高级脂肪酸酯的还原。例如十二烷醇的制备：

$$C_{11}H_{23}COOC_2H_5 \xrightarrow{Na, C_2H_5OH} C_{11}H_{23}CH_2OH$$

用同样的方法可以制得十一烷醇(产率70%)、十四烷醇(产率70%~80%)、十六烷醇(产率70%~80%)。

金属钠—醇的还原及催化氢解两个方法都可用来将油脂还原为长链的醇,如果要得到不饱和醇,必须使用金属钠—醇的方法。

(2)钠—液氨—醇

在液氨—醇溶液中,钠可使芳核得到不同程度的氢化还原,称为Birch还原。反应过程为

$$\text{苯} \xrightarrow[(C_2H_5)_2O]{Na/C_2H_5OH/NH_3(液)} \text{负离子自由基} \xrightarrow{C_2H_5OH} \text{自由基} \xrightarrow{Na} \text{负离子} \xrightarrow{C_2H_5OH} \text{1,4-环己二烯}$$

芳核上的取代基性质对反应有很大影响,一般拉电子取代基使芳核容易接受电子,形成负离子自由基,因而使还原反应加速,生成1,4-二氢化合物;而推电子取代基则不利于形成负离子自由基,反应缓慢,生成的产物为2,5-二氢化合物。

当芳环上有$-X$、$-NO_2$、$-C=O$等基团时不能进行Birch还原。液氨在使用上不方便,改进方法是采用低分子量的甲胺、乙胺等代替液氨使用比较安全方便。

4.5.1.2 锌与锌汞齐

锌的还原性能力依介质而异。它在中性、酸性与碱性条件下均具有还原能力,可还原羰基、硝基、亚硝基、氰基、烯键、炔键等生成相应的还原产物。若将有机化合物与Zn粉共蒸馏,亦可起还原作用。

$$PhOH \xrightarrow[100℃]{Zn粉} PhH$$

(1)中性及微碱性介质中的还原

通常Zn可单独使用,也可在醇液,或NH_4Cl、$MgCl_2$、$CaCl_2$、水溶液中进行。硝基化合物在低温时用Zn进行中性或微碱性还原,可使还原停止在羟胺阶段。

(2)酸性介质中的还原

Zn的酸性还原可在HCl、H_2SO_4、HAc中进行,锌汞齐与盐酸是特种还原剂,可将醛、酮中的羰基还原为亚甲基,该方法为Clemmensen还原法。

锌汞齐由锌粒与$HgCl_2$在稀盐酸溶液中反应制得。锌将Hg^{2+}还原为Hg,继而在锌表面形成锌汞齐。此法对于还原酮,尤其还原芳酮与芳脂混酮等效果较佳,从而是合成纯粹的侧链芳烃的良好方法。但对于醛、脂肪酮、脂环酮还原,可发生双分子还原,甚至生成聚合物而使产品不纯。本法对酮酸与酮酯进行还原时,仅还原酮基为亚甲基而不影响$-COOH$与$-COOR$。

本法宜用于对酸稳定的羰基化合物的还原,若被还原物为对酸敏感的羰基化合物,可改用Wolff—Kishner—黄鸣龙法进行还原。

$$PhCoMe \xrightarrow{Zn-Hg-HCl} PhEt$$

$$\mathrm{MeCOCOOEt}\xrightarrow{\mathrm{Zn-Hg-HCl}}\mathrm{MeCHOHCOOEt}$$

(3)碱性介质中的还原

Zn 在 NaOH 介质中可使芳香族硝基化合物发生还原生成氧化偶氮化合物、偶氮化合物与氢化偶氮化合物等还原产物。

氧化偶氮化合物可能是由还原的中间体亚硝基化合物脱水缩合而成的。

$$2\,\mathrm{C_6H_5{-}NO_2}\xrightarrow[\mathrm{NaOH}]{\mathrm{Zn(适量)}}\mathrm{C_6H_5{-}N{=}N{-}C_6H_5}$$

$$2\,\mathrm{C_6H_5{-}NO_2}\xrightarrow[\mathrm{NaOH}]{\mathrm{Zn(过量)}}\mathrm{C_6H_5{-}NH{-}NH{-}C_6H_5}$$

4.5.1.3 铁屑

铁屑还原法虽然会产生大量的铁泥和废水，但是铁屑价格低廉，对反应设备要求低，生产较易控制，产品质量好，副反应少，可以将硝基还原为氨基，而卤基、烯基、羰基等存在对其无影响，选择性高，曾得到广泛应用。

铁屑在金属盐如氯化亚铁、氯化铵等存在下，在水介质中使硝基物还原，通过下列两个基本反应来完成。

$$\mathrm{ArNO_2+3Fe+4H_2O\xrightarrow{FeCl_3}ArNH_2+3Fe(OH)_2}$$

$$\mathrm{ArNO_2+6Fe(OH)_2+4H_2O\longrightarrow ArNH_2+6Fe(OH)_3}$$

生成的二价铁和三价铁按下式转变为黑色的磁性氧化铁(Fe_3O_4)。

$$\mathrm{Fe(OH)_2+2Fe(OH)_3\longrightarrow Fe_3O_4+4H_2O}$$

$$\mathrm{Fe+8Fe(OH)_3\longrightarrow 3Fe_3O_4+12H_2O}$$

总方程式为

$$\mathrm{ArNO_2+9Fe+4H_2O\longrightarrow 4ArNH_2+3Fe_3O_4}$$

其中 Fe_3O_4 俗称铁泥，为 FeO 与 Fe_2O_3 的混合物，其比例与还原条件及所用电解质有关。

铁屑还原法的适用范围较广，凡能用各种方法使与铁泥分离的芳胺均可采用铁屑还原法生产。因此，该方法的适用范围在很大程度上取决于还原产物的分离。

还原产物的分离可按胺类性质不同而采用不同的分离方法。

①对于容易随水蒸气蒸出的芳胺，可在还原反应结束后用水蒸气蒸馏法将其从反应混合物中蒸出。

②对于易溶于水且可以蒸馏的芳胺，可用过滤法使产物与铁泥分开，再浓缩母液，进行真空蒸馏得到芳胺。

③对于能溶于热水的芳胺，可用热过滤法使产物与铁泥分开，冷却滤液，使产物结晶析出。

④对于含有磺酸基或羧酸基等水溶性基团的芳胺，可将还原产物中和至碱性，使氨基磺酸溶解，滤去铁泥，再用酸化或盐析出产品。

⑤对于难溶于水而挥发性又很小的芳胺，可在还原后用溶剂将芳胺从铁泥中萃取出来。

4.5.1.4　锡和氯化亚锡

锡与乙酸或稀盐酸的混合物也可以用于硝基、氰基的还原，产物为胺，是实验室常用的方法。工业上不用锡而用廉价的铁粉。

使用计算量的氯化亚锡可选择性还原多硝基化合物中的一个硝基，且对羰基等无影响。

$$\text{m-}OHC\text{-}C_6H_4\text{-}NO_2 \xrightarrow{SnCl_2/HCl} \text{m-}OHC\text{-}C_6H_4\text{-}NH_2$$

4.5.2　金属复氢化物的还原反应

金属复氢化物是能传递负氢离子的物质。例如，氢化铝锂($LiAlH_4$)、硼氢化钠($NaBH_4$)、硼氢化钾(KBH_4)等，应用最多的是 $LiAlH_4$、$NaBH_4$。这类还原剂选择性好、副反应少、还原速率快、条件较缓和、产品产率高，可将羧酸及其衍生物还原成醇，羰基还原为羟基，也可还原氰基、硝基、卤甲基、环氧基等，能还原碳杂不饱和键，而不能还原碳—碳不饱和键。

4.5.2.1　氢化铝锂($LiAlH_4$)

$LiAlH_4$ 是还原性很强的金属复氢化物，用 $LiAlH_4$ 还原可获得较高收率。氢化铝锂的制备是在无水乙醚中，由 LiH_4 粉末与无水 $AlCl_3$ 反应制得。

在水、酸、醇、硫醇等含活泼氢的化合物中，$LiAlH_4$ 易分解。因此用氢化铝锂还原，要求使用非质子溶剂，在无水、无氧和无二氧化碳条件下进行。无水乙醚、四氢呋喃是常用的溶剂。

四氢铝锂虽然还原能力较强，但价格比四氢硼钠和四氢硼钾贵，限制了它的使用范围。其应用实例列举如下。

(1)酰胺羰基还原成氨亚甲基或氨甲基

$$C_6H_5CH_2CH(CH_3)NH_2 \xrightarrow[\text{回流}\ \text{N-甲酰化}]{HCOOH} C_6H_5CH_2CH(CH_3)NHCHO \xrightarrow[(C_2H_5)_2O]{LiAlH_4} C_6H_5CH_2CH(CH_3)NHCH_3$$

(2)羧基还原成醇羟基

$$\text{2-噻吩基-}CH_2COOH \xrightarrow[\text{室温，回流}]{LiAlH_4/(C_2H_5)_2O} \text{2-噻吩基-}CH_2CH_2OH$$

医药中间体

4.5.2.2　硼氢化钠和四氢硼钾

硼氢化钠是由氢化钠和硼酸甲酯反应制得。

四氢硼钠和四氢硼钾不溶于乙醚，在常温下可溶于水、甲醇和乙醇而不分解，可以用无水甲醇、异丙醇或乙二醇二甲醚、二甲基甲酰胺等溶剂。四氢硼钠比四氢硼钾价廉，但较易潮解。其应用实例如下：

(1)环羰基还原成环羟基

$$\text{(O=环-N(CH}_2\text{COOC}_2\text{H}_5\text{)-C=O)} \xrightarrow[0℃]{KBH_4/(CH_2OCH_3)_2} \text{(HO-环-N(CH}_2\text{COOC}_2\text{H}_5\text{)-C=O)}$$

此例中,只选择性地还原了一个环羰基,而不影响另一个环羰基和羧酯基。

(2)醛羰基还原成醇羟基

$$(CH_3O)_2C_6H_3CHO \xrightarrow[\text{室温至回流}]{NaBH_4/(CH_3)_2CHOH} (CH_3O)_2C_6H_3CH_2OH$$

(3)亚氨基还原成氨基

$$(CH_3)_2CH-N\langle\rangle=N-C_6H_4-Cl \xrightarrow[\text{回流}]{NaBH_4/CH_3OH} (CH_3)_2CH-N\langle\rangle\text{(H)}-NH-C_6H_4-Cl$$

4.5.2.3 用异丙醇铝—异丙醇还原

醛、酮化合物的专用还原剂,可将羰基还原为羟基,而不影响被还原物分子中的官能团,反应选择性好。异丙醇铝是催化剂,异丙醇是还原剂和溶剂。此类还原剂还有乙醇铝—乙醇、丁醇铝—丁醇等。

用异丙醇铝—异丙醇的还原操作:将异丙醇铝、异丙醇与羰基化合物共热回流,若羰基化合物难以还原,则加入共溶剂甲苯或二甲苯,以提高其回流温度。由于反应是可逆的,因而异丙醇铝和异丙醇需要大大过量。另外,加入适量氯化铝,可提高反应速率和收率。还原反应生成丙酮,需要不断蒸出,直至无丙酮蒸出即为终点。

异丙醇铝极易吸潮,遇水分解,反应要求无水条件。

由于β-二酮及β-二酮酯易烯醇化,含酚羟基或羧基的羰基化合物,其羟基容易与异丙醇铝生成铝盐,故不宜用此法还原;含氨基的羰基化合物与异丙醇铝能形成复盐,故用异丙醇钠;对热敏感的醛类还原,可改用乙醇铝—乙醇,在室温下,用氮气置换乙醛气体,使还原反应顺利进行。

4.5.3 含硫化合物的还原

含硫化合物一般为较缓和的还原剂,按其所含元素可以分为两类:一类是硫化物、硫氢化物以及多硫化物即含硫化合物;另一类是亚硫酸盐、亚硫酸氢盐和保险粉等含氧硫化物。

4.5.3.1 硫化物的还原

使用硫化物的还原反应比较温和,常用的硫化物有:硫化钠(Na_2S)、硫氢化钠($NaHS$)、硫化铵[$(NH_4)_2S$]、多硫化物(Na_2S_x,x为硫指数,等于1~5)。工业生产上主要用于硝基化合物的还原,可以使多硝基化合物中的硝基选择性地部分还原,或者还原硝基偶氮化合物中的硝基而不影响偶氮基，可从硝基化合物得到不溶于水的胺类。采用硫化物还原时，产物的分离比较方便，但收率较低，废水的处理比较麻烦。这种方法目前在工业上仍有一定的应用。

(1)反应历程

硫化物作为还原剂时，还原反应过程是电子得失的过程。其中硫化物是供电子者，水或者醇是供质子者。还原反应后硫化物被氧化成硫代硫酸盐。

硫化钠在水—乙醇介质中还原硝基物时，反应中生成的活泼硫原子将快速与 S^{2-} 生成更活泼的 S_2^{2-}，使反应大大加速，因此这是一个自动催化反应，其反应历程为：

$$ArNO_2 + 3S^{2-} + 4H_2O \longrightarrow ArNH_2 + 3S + 6OH^-$$

$$S + S^{2-} \longrightarrow S_2^{2-}$$

$$4S + 6OH^- \longrightarrow S_2O_3^{2-} + 2S^{2-} + 3H_2O$$

还原总反应式为：

$$4ArNO_2 + 6S^{2-} + 7H_2O \longrightarrow 4ArNH_2 + 3S_2O_3^{2-} + 6OH^-$$

用 NaHS 溶液还原硝基苯是一个双分子反应，最先得到的还原产物是苯基羟胺，进一步再被 HS_2^- 和 HS^- 还原成苯胺。

(2)影响因素

①被还原物的性质。芳环上的取代基对硝基还原反应速率有很大的影响。芳环上含有吸电子基团，有利于还原反应的进行；芳环上含有供电子基团，将阻碍还原反应的进行。如间二硝基苯还原时，第一个硝基比第二个硝基的反应快 1000 倍。因此可选择适当的条件实现多硝基化合物的部分还原。

②反应介质的碱性。使用不同的硫化物，反应体系中介质的碱性差别很大。使用硫化钠、硫氢化钠和多硫化物为还原剂使硝基物还原的反应式分别为：

$$4ArNO_2 + 6Na_2S + 7H_2O \longrightarrow 4ArNH_2 + 3Na_2S_2O_3 + 6NaOH$$

$$4ArNO_2 + 6NaHS + H_2O \longrightarrow 4ArNH_2 + 3Na_2S_2O_3$$

$$ArNO_2 + Na_2S_2 + H_2O \longrightarrow ArNH_2 + Na_2S_2O_3$$

$$ArNO_2 + Na_2S_x + H_2O \longrightarrow ArNH_2 + Na_2S_2O_3 + (x-2)S$$

Na_2S 作还原剂时，随着还原反应的进行不断有氢氧化钠生成，使反应介质的 pH 值不断升高，将发生双分子还原生成氧化偶氮化合物、偶氮化合物、氢化偶氮化合物等副产物。为了减少副反应的发生，在反应体系中加入氯化铵、硫酸镁、氯化镁等来降低介质的碱性。

使用 Na_2S_2 或 Na_2S 时，反应过程中无氢氧化钠生成，可避免双分子还原副产的生成。但是多硫化钠作为还原剂时，反应过程中有硫生成，使反应产物难以分离，实用价值不大。因此对于需要控制碱性的还原反应，常用 Na_2S_2 为还原剂。

4.5.3.2 常用含氧硫化物的还原

常用的含氧硫化物还原剂是亚硫酸盐、亚硫酸氢盐和连二亚硫酸盐。亚硫酸盐和亚硫酸氢盐可以将硝基、亚硝基、羟氨基和偶氮基还原成氨基，而将重氮盐还原成肼，此法可以在硝基、亚硝基等基团被还原成氨基的同时在环上引入磺酸基。连二亚硫酸钠在稀碱性介质中是一种强还原剂，反应条件较为温和、反应速率快、收率较高，可以把硝基还原成氨基，但是保险粉价格高且不易保存，主要用于蒽醌及还原染料的还原。

亚硫酸盐和亚硫酸氢盐为还原剂主要用于对硝基、亚硝基、羟氨基和偶氮基中的不饱和键进行的加成反应，反应后生成的加成还原产物N-氨基磺酸，经酸性水解得到氨基化合物或肼。

其中亚硫酸钠将重氮盐还原成肼的反应历程如下：

$$Ar-\overset{+}{N}\equiv N+:\overset{O^-}{\underset{O}{S}}-O^- \longrightarrow Ar-N=N-SO_3^- \xrightarrow{SO_3^{2-}} Ar-\underset{SO_3^-}{N}-N-SO_3^- \xrightarrow[H_2O]{H^+} ArNHNH_2+2H_2SO_4$$

亚硫酸盐与芳香族硝基物反应，可以得到氨基磺酸化合物。在硝基还原的同时，还会发生环上磺化反应，这种还原磺化的方法在工业生产中具有一定的重要性。而亚硫酸氢钠与硝基物的摩尔比为(4.5～6)∶1，为了加快反应速率常加入溶剂乙醇或吡啶。

间二硝基苯与亚硫酸钠溶液共热，然后酸化煮沸，得到3-硝基苯胺-4-磺酸。

$$C_6H_4(NO_2)_2+3Na_2SO_3+H_2O\longrightarrow C_6H_3(NH_2)(NO_2)(SO_3Na)+2Na_2SO_4+NaOH$$

4.5.4 水合肼还原反应

肼的水溶液呈弱碱性，它与水组成的水合肼是较强的还原剂。

$$N_2H_4+4OH^-\longrightarrow N_2\uparrow+4H_2O+4e$$

水合肼作为还原剂在还原过程中自身被氧化成氮气而逸出反应体系，于是不会给反应产物带来杂质。同时水合肼能使羰基还原成亚甲基，在催化剂作用下，可发生催化还原。

4.5.4.1 W-K-黄鸣龙还原

水合肼对羰基化合物的还原称为Wolff-Kishner还原。

$$>C=O \xrightarrow{NH_2NH_2} >C=N-NH_2 \xrightarrow{OH^-} >CH_2+N_2\uparrow$$

此反应是在高温下在管式反应器或高压釜内进行的，这使其应用范围受到限制。我国有机化学家黄鸣龙对该过程进行了改进，采用高沸点的溶剂如乙二醇替代乙醇，使该还原反应可以在常压下进行。此方法简便、经济、安全、收率高，在工业上的应用十分广泛，因而称为Wolff-Kishner-黄鸣龙还原法，它是直链烷基芳烃的一种合成方法。例如：

$$C_6H_5-C(CH_3)=O \xrightarrow[KOH]{NH_2-NH_2} C_6H_5-CH_2CH_3$$

4.5.4.2 水合肼催化还原

水合肼在Pd-C、Pt-C或骨架镍等催化剂的作用下能使硝基和亚硝基化合物还原成相应的氨基化合物，而对硝基化合物中所含羰基、氰基、非活化碳—碳双键不具备还原能力。该方法只需将硝基化合物与过量水合肼溶于甲醇或乙醇中，再在催化剂存在下加热，还原反应即可进行，无须加压，操作方便，反应速率快且温和，选择性好。

水合肼在不同贵金属催化剂上的分解过程，取决于介质的 pH 值，1 mol 肼所产生的氢随着介质 pH 值的升高而增加，在弱碱性或中性条件下可以产生 1 mol 氢。

$$3N_2H_4 \xrightarrow{Pt、Pd、Ni} 2NH_3 + 2N_2 + 3H_2$$

在碱性条件下如果加入氢氧化钡或碳酸钙则可以产生 2 mol 氢。

芳香族硝基化合物用水合肼还原时，可以用 Fe^{3+} 盐和活性炭作为催化剂，反应条件较为温和。间硝基苯甲腈在 $FeCl_3$ 和活性炭催化作用下，用水合肼还原制得间氨基苯甲腈。

4.5.5 其他化学还原反应

4.5.5.1 醇铝还原

醇铝也称为烷氧基铝，这是一类重要的有机还原剂，工业上常用的还原剂是异丙醇铝[$Al(OCHMe_2)_3$]和乙基铝[$Al(OEt)_3$]。醇铝的选择性高、反应速率快、作用缓和、副反应少、收率高。它是将羰基化合物还原成为相应醇的专一性很高的试剂。只能够使羰基被还原成羟基，对于硝基、氯基、碳—碳双键、三键等均没有还原能力。

4.5.5.2 硼烷还原

有机硼烷的还原作用在近年来得到很快的发展。乙硼烷(B_2H_6)是一种还原能力相当强的还原剂，具有很高的选择性。一般溶于四氢呋喃中使用。它可在很温和的反应条件下，迅速还原羧酸、醛、酮和酰胺并得到相应的醇和胺，而对于硝基、酯基、腈基和酰氯基则没有还原能力。同时，硼烷还原羧酸的速率比还原其他基团的速率快，因而硼烷是选择性的还原羧酸为醇的优良试剂。

第5章 卤化与氨解

5.1 概述

在有机化合物分子中引入卤原子,形成碳—卤键,得到含卤化合物的反应被称为卤化反应。根据引入卤原子的不同,卤化反应可分为氯化、溴化、碘化和氟化。其中以氯化和溴化更为常用,氯化反应的应用也最为广泛。卤化已广泛用于医药、农药、染料、香料、增塑剂、阻燃剂等及其中间体等行业,制取各种重要的原料、精细化学品的中间体以及工业溶剂等,是有机合成的重要岗位之一。

通过向有机化合物分子中引入卤素,主要有以下两个目的。

①赋予有机化合物一些新的性能,如含氟氯嘧啶活性基的活性染料,具有优异的染色性能。

②在制成卤素衍生物以后,通过卤基的进一步转化,制备一系列含有其他基团的中间体,例如,由对硝基氯苯与氨水反应可制得染料中间体对硝基苯胺,由 2,4-二硝基氯苯水解可制得中间体 2,4-二硝基苯酚等。

由于被卤化脂肪烃、芳香烃及其衍生物的化学性质各异,卤化要求不同,卤化反应类型也不同。卤化方法分为:

①加成卤化,如不饱和烃类及其衍生物的卤化;

②取代卤化,如烷烃和芳香烃及其衍生物的卤化;

③置换卤化,如有机化合物上已有官能团转化为卤基。

卤化的实施方法有液相、气液相、气固相催化、电解等卤化过程。

由于卤化涉及的原料、中间体以及产品多属于易燃、易爆、有毒性和腐蚀性的化学危险品,环境友好性较差,尤其是卤族元素及其化合物。因此,卤化操作须严格执行工艺规程,按照危险化学品安全技术说明书进行工作。

卤化生产常用设备,由不锈钢或衬搪瓷等耐腐蚀的反应釜(罐)、塔器、计量罐、贮存容器、液氯钢瓶、输送泵等构成的卤化装置,卤化氢回收处理系统、供电、供热、压缩空气、真空系统、氮气保护系统,事故以及检修设施,还有防火、防爆、防静电、通风防毒等设施,个人操作劳动防护用品等组成。

在分子中引入卤素,可以增加分子的极性或通过卤素的转换,制取含有其他官能团的中间体或产品。

氯甲烷、四氯化碳、二溴乙烷、四溴乙烷、氟里昂、氯乙烯、氯苯、氯丙醇、氟氯甲烷、氟乙烯、氟氯乙烷、四氟乙烯，以及医药、农药、染料中间体、阻燃剂均是卤化产品。某些化学品通过引入卤素，可显著改善其性能，使其具备某种特定功能。在天然蔗糖中引入氯原子，生产的三氯蔗糖是目前人类开发的最完美的非营养型、高甜度的甜味剂。

5.2 取代卤化

用卤化剂中的卤素原子去取代药物原料分子中的氢原子或其他原子团，从而使药物原料分子被卤化。

取代反应可用下列通式表示：

$$-\overset{|}{\underset{|}{C}}-H + E-X \longrightarrow -\overset{|}{\underset{|}{C}}-X + H-E$$

E—X 表示卤化剂。

取代反应中的卤化试剂通常有卤素、次卤酸、次卤酸酯、次氯酸叔丁酯（t-BuOCl）酰基次溴酸酐（AcOBr）、N-卤代酰胺（NCS，NBS，NBA，NCA）、硫酰氯（SO_2Cl_2）等。

5.2.1 芳环上的取代卤化

5.2.1.1 芳环上的取代卤化过程

芳环上的取代卤化是亲电取代反应，其反应通式为：

$$C_6H_5-H + X_2 \longrightarrow C_6H_5-X + HX$$

这是精细有机合成中的一类重要的反应，可以制取一系列重要的芳烃卤化衍生物。例如，

$$C_6H_5OH \xrightarrow[65\sim75℃]{Cl_2,\ Fe} 2,4\text{-}Cl_2C_6H_3OH$$

$$2\text{-}NH_2\text{-}3\text{-}NO_2\text{-}5\text{-}NO_2C_6H_2 + Br_2 \longrightarrow 1\text{-}Br\text{-}2\text{-}NH_2\text{-}3,5\text{-}(NO_2)_2C_6H_2$$

$$C_6H_5-OCH_2CO_2H \xrightarrow[70\sim75℃]{ICl/HCl} I-C_6H_4-OCH_2CO_2H$$

这类反应常用三氯化铝、三氯化铁、三溴化铁、四氯化锡、氯化锌等 Lewis 酸作为催化剂，其作用是促使卤素分子的极化离解。

芳环上的取代卤化一般属于离子型亲电取代反应。首先，由极化了的卤素分子或卤正离子向芳环做亲电进攻，形成旷络合物，然后很快失去一个质子而得卤代芳烃。即

$$\text{C}_6\text{H}_6 \xrightarrow[\text{或其他卤化剂}]{X^{\delta+}-X^{\delta-}} \left[\text{C}_6\text{H}_6\text{X}^+ \right] \xrightarrow{-H^+} \text{C}_6\text{H}_5\text{X}$$

（σ-络合物）

例如，在无水状态下，用氯气进行氯化时，最常用的催化剂是各种金属氯化物，例如，$FeCl_3$、$AlCl_3$、$SbCl_3$ 等 Lewis 酸。无水 $FeCl_3$ 的催化作用可简单表示如下：

$$FeCl_3 + Cl_2 \rightleftharpoons \left[FeCl_3 - \overset{\delta-}{Cl} - \overset{\delta+}{Cl} \right] \rightleftharpoons FeCl_4^- + Cl^+$$

$$C_6H_6 + Cl^+ \rightleftharpoons C_6H_6 \rightarrow Cl^+ \rightleftharpoons [C_6H_6Cl]^+ \longrightarrow C_6H_5Cl + H^+$$

$$FeCl_4^- + H^+ \longrightarrow FeCl_3 + HCl\uparrow$$

在氯化过程中，催化剂 $FeCl_3$ 并不消耗，因此用量极少。

5.2.1.2 芳环上的取代卤化反应的影响因素

影响反应的主要因素主要有以下几种。

(1)反应温度

一般情况下，反应温度越高，则反应速度越快，也容易发生多卤代及其他副反应。故选择适宜的反应温度亦是成功的关键。对于取代卤化反应而言，反应温度还影响卤素取代的定位和数目。

(2)介质

常用的介质有水、盐酸、硫酸、醋酸、氯仿及其他卤代烃类化合物。反应介质的选取是根据被卤化物的性质而定的。对于卤化反应容易进行的芳烃，可用稀盐酸或稀硫酸作介质，不需加其他催化剂；对于卤代反应较难进行的芳烃，可用浓硫酸作介质，并加入适量的催化剂。

另外，反应若需用有机溶剂，则该溶剂必须在反应条件下显示惰性。溶剂的更换常常影响到卤代反应的速度，甚至影响到产物的结构及异构体的比例。一般来讲，采用极性溶剂的反应速度要比用非极性溶剂快。

(3)卤化试剂

直接用氟与芳烃作用制取氟代芳烃，因反应十分激烈，需在氩气或氮气稀释下于－78℃进行，故无实用意义。

合成其他卤代芳烃用的卤化试剂有卤素、N-溴(氯)代丁二酰亚胺(NBS)、次氯酸、硫酰氯($SOCl_2$)等。若用碘进行碘代反应，因生成的碘化氢具有还原性，可使碘代芳烃还原成原料芳烃，所以需同时加氧化剂，或加碱，或加入能与碘化氢形成难溶于水的碘化物的金属氧化物将其除去，方可使碘代反应顺利进行。若采用强碘化剂 ICl 进行芳烃的碘代，则可获得良好的效果。

$$\text{4-}NO_2C_6H_4NH_2 \xrightarrow[100℃,\ 2h]{ICl/AcOH} \text{2,6-}I_2\text{-1,4-}(NO_2)_2C_6H_2$$

在芳烃的卤代反应中，应注意选择合适的卤化试剂，因这往往会影响反应的速度、卤原子取代的位置、数目及异构体的比例等。

$$Cl_2 > BrCl > Br_2 > ICl > I_2$$

一般来说，比较由不同卤素所构成的卤化剂的反应能力时有如下顺序。

(4)芳烃取代基

芳环上取代基的电子效应对芳环上的取代卤化的难易及卤代的位置均有很大的影响。芳环上连有给电子基，卤代反应容易进行，且常发生多卤代现象，需适当地选择和控制反应条件，或采用保护、清除等手段，使反应停留在单、双卤代阶段。

芳环上若存在吸电子基团，反应则较困难，需用 Lewis 酸催化剂在较高温度下进行卤代，或采用活性较大的卤化试剂，使反应得以顺利进行。例如，硝基苯的溴化：

$$C_6H_5NO_2 \xrightarrow[135\sim145℃]{Br_2,\ FeBr_3} m\text{-}BrC_6H_4NO_2$$

若芳环上除吸电子基团外还有给电子基团，卤化反应就顺利多了。例如，对硝基苯胺的取代氯化，氯基的定位取决于给电子基团。

$$p\text{-}O_2NC_6H_4NH_2 \xrightarrow[0℃]{NaOCl/HCl} \text{2-Cl-4-}O_2NC_6H_3NH_2$$

萘的卤化比苯容易，可以在溶剂或熔融态下进行。萘的氯化是一个平行—连串反应，一氯化产物有 α-氯萘和 β-氯萘两种异构体，而二氯化的异构体最多可达 10 种。

5.2.2 芳烃的侧链取代卤化

芳环的侧链取代卤化主要是侧链上的氯化，重要的是甲苯的侧链氯化。芳环侧链氢的取代卤化是典型的自由基链反应，其反应历程包括链引发、链增长和链终止三个阶段。

链引发：氯分子在高温、光照或引发剂的作用下，均裂为氯自由基。

$$Cl_2 \xrightarrow{\text{均裂}} 2Cl\cdot$$

链增长：氯自由基与甲苯按以下历程发生氯化反应。

$$C_6H_5CH_3 + Cl\cdot \longrightarrow C_6H_5CH_2\cdot + HCl\uparrow$$

$$C_6H_5CH_2\cdot + Cl_2 \longrightarrow C_6H_5CH_2Cl + Cl\cdot$$

$$C_6H_5CH_3 + Cl\cdot \longrightarrow C_6H_5CH_2Cl + H\cdot$$

$$H\cdot + Cl_2 \longrightarrow Cl\cdot + HCl$$

应该指出，在上述条件下，芳环侧链的非 α 氢一般不发生卤基取代反应。

链终止：自由基互相碰撞将能量转移给反应器壁，或自由基与杂质结合，可造成链终止。例如，

$$Cl\cdot + Cl\cdot \longrightarrow Cl_2$$

$$Cl\cdot + H\cdot \longrightarrow HCl$$

$$Cl\cdot + O_2 \longrightarrow ClOO\cdot \xrightarrow{Cl\cdot} O_2 + Cl_2$$

芳烃的侧链取代卤化的主要影响因素为以下几种。

(1)光源

甲苯在沸腾温度下,其侧链一氯化已具有明显的反应速度,可以不用光照和引发剂,但是甲苯的侧链二氯化和三氯化,在黑暗下反应速度很慢,需要光的照射。一般可用富有紫外线的日光灯,研究发现高压汞灯对于甲苯的侧链二氯化有良好效果,但光照深度有限,安装光源,反应器结构复杂。为了简化设备结构,现在趋向于选用高效引发剂。

(2)温度

为了使氯分子或引发剂热离解生成自由基,需要较高的反应温度,但温度太高容易引起副反应。现在趋向于在光照和复合引发剂的作用下适当降低氯化温度。

(3)引发剂

最常用的自由基引发剂是有机过氧化物和偶氮化合物,它们的引发作用是在受热时分解产生自由基。这些引发剂的效率高,但在引发过程中逐渐消耗,需要不断补充。

复合引发剂的效果比较好,其添加剂可以加速自由基反应,添加剂主要有吡啶、苯基吡啶、烯化多胺、六亚甲基四胺、磷酰胺、烷基酰胺、二烷基磷酰胺、脲、膦、磷酸三烷基酯、硫脲、环内酰胺和氨基乙醇等,添加剂的用量一般是被氯化物质量的0.1%～2%。

(4)杂质

凡能使氯分子极化的物质都有利于芳环上的亲电氯基取代反应,因此甲苯和氯气中都不应含有这类杂质。有微量铁离子时,加入三氯化磷等可以使铁离子配合掩蔽,使铁离子不致影响侧链氯化。

氯气中如果含有氧,它会与氯自由基结合成稳定的自由基 ClOO· 导致链终止,所以侧链氯化时要用经过液化后,再蒸发的高纯度氯气。但是当加有被氯化物 PCl_3 时,即使氯气中含有5%的氧,也可以使用。

5.2.3 脂肪烃的取代卤化

脂肪烃的取代卤化反应,大多属于自由基取代历程,与芳环侧链卤化的反应历程相似。就烷烃氢原子的活性而言,若无立体因素的影响,叔C—H>仲C—H>伯C—H,这与反应过程中形成的碳自由基的稳定性是一致的。

卤化试剂有氯、溴、硫酰氯、N-溴代丁二酰亚胺(NBS)等。它们在高温、光照或自由基引发剂存在下产生卤自由基。就卤素的反应选择性而言,Br·>Cl·。N-溴代丁二酰亚胺等的选择性均好于卤素。

5.3 加成卤化

利用药物原料分子中的不饱和键与亲电型卤化剂加成是药物合成中卤化的常用方法

之一。

一般不饱和键与卤化剂的加成可用下列通式表示：

$$\gt C=C\lt \;+\; E-X \longrightarrow -\underset{|}{\overset{E}{\overset{|}{C}}}-\underset{|}{\overset{X}{\overset{|}{C}}}-$$

$$-C\equiv C- \;+\; E-X \longrightarrow -\underset{E}{\underset{|}{C}}=\underset{X}{\underset{|}{C}}-$$

E—X 代表卤化剂，X 表示卤素，E 表示卤化剂中与卤素相连的原子或原子团。在卤代加成反应中常用的卤化试剂有卤素、卤化氢、次卤酸和 N-卤代酰胺等。

5.3.1 用卤素加成

氟的加成反应剧烈难以控制，很少应用；碘的加成反应是可逆的，二碘化物性质不稳定、收率也低，也很少应用；应用较多的是氯化和溴化。卤素与烯烃的加成，分为亲电加成和自由基加成。

5.3.1.1 亲电加成过程

烯烃的结构特征是碳—碳双键，双键中的 π 电子容易与亲电试剂作用，发生亲电加成反应。由于氯或溴作用，烯烃 π 键断裂，形成碳—卤 σ 键，得到含两个卤原子的烷烃化合物。

$$CH_2=CH_2 \xrightleftharpoons{Cl_2} \underset{\underset{\underset{Cl}{\downarrow}}{Cl}}{CH_2 \cdots CH_2} \xrightarrow{FeCl_3} \underset{Cl}{\underset{|}{CH_2}}-\overset{+}{C}H_2 + FeCl_4^- \longrightarrow \underset{Cl}{\underset{|}{CH_2}}-\underset{Cl}{\underset{|}{CH_2}} + FeCl_3$$

极化后的卤素进攻烯烃双键，形成过渡态 π-配合物，进而在 $FeCl_3$ 作用下生成卤代烃。$FeCl_3$ 的作用是促使 Cl_2 形成 Cl-Cl:$FeCl_3$ 配合物、π-配合物转化成 σ-配合物。

烯烃的反应能力取决于中间体正离子的稳定性，烯烃双键邻侧的吸电子基使双键电子云密度下降，而使反应活泼性降低；烯烃双键邻侧的给电子基，则使反应活泼性增加。烯烃加成卤化的反应活泼次序为：

$$RCH=CH_2 > CH_2=CH_2 > CH_2=CH-Cl$$

烯烃卤化加成的溶剂，常用四氯化碳、氯仿、二硫化碳、醋酸和醋酸乙酯等。醇和水不宜作溶剂，否则将导致卤代醇或卤代醚生成。

$$ArCH=CHAr \xrightarrow[0℃]{Br_2/CH_3OH} \underset{\underset{Br}{|}}{\overset{\overset{Br}{|}}{ArCH}}-CHAr \text{（下 Br）} + ArCH(Br)-CH(OCH_3)Ar$$

卤化加成的温度不宜太高。否则，可能发生脱卤化氢的消除反应，或者发生取代反应。

5.3.1.2 自由基加成过程

在光、热或引发剂存在下，卤素生成卤自由基，与不饱和烃加成，反应服从自由基历程。

$$Cl_2 \xrightarrow{h\nu} 2Cl_2 \cdot$$

链引发：

$$CH_2=CH_2 \xrightarrow{Cl\cdot} CH_2Cl-\dot{C}H_2$$

$$CH_2Cl-\dot{C}H_2 \xrightarrow{Cl_2} CH_2Cl-CH_2Cl+Cl\cdot$$

链终止：

$$CH_2Cl-\dot{C}H_2+\dot{C}l \rightarrow CH_2Cl-CH_2Cl$$

$$2CH_2Cl-\dot{C}H_2 \rightarrow CH_2Cl-CH_2-CH_2-CH_2Cl$$

$$2Cl\cdot \rightarrow Cl_2$$

当烯烃含吸电子取代基时，适于光催化加成卤化。三氯乙烯进一步加成氯化很困难，光催化氯化可制取五氯乙烷。

5.3.2 用卤化氢加成

卤化氢与烯烃、炔烃加成可生产多种卤代烃。例如，氯化氢和乙炔加成生产氯乙烯，氯化氢或溴化氢与乙烯加成生成氯乙烷或溴乙烷。

$$RCH_2=CH_2+HX \rightarrow RCHX-CH_3+Q$$

反应是可逆、放热的，低温利于反应，50℃以下反应几乎是不可逆的。

卤化氢与不饱和烃的加成，分亲电加成和自由基加成。亲电加成分两步：

$$\gt C=C\lt + H^+ \longrightarrow \gt CH-\overset{+}{C}\lt \xrightarrow{X^-} \gt CH-\underset{X}{\underset{|}{C}}\lt$$

反应符合马尔科夫尼柯夫规则，氢加在含氢较多的碳原子上；若烯烃含—COOH、—CN、—CF_3、—$N^+(CH_3)_3$ 等吸电子取代基，加成是反马尔科夫尼柯夫规则的。

$$\overset{\delta^+}{C}H_2=\underset{\delta^-}{\overset{H}{\overset{|}{C}}}\rightarrow Y + H^+X^- \longrightarrow \underset{X}{\underset{|}{C}H_2}-CH_2-Y$$

卤化氢加成的活泼性次序为：HCl＞HBr＞HI。

反应速率不仅取决于卤化氢的活泼性，也与烯烃性质有关。带有给电子取代基的烯烃易于反应。$AlCl_3$ 或 $FeCl_3$ 等金属卤化物可加快反应速率。使用卤化氢的加成反应，可用有机溶剂或浓卤化氢的水溶剂。

在光或引发剂作用下，溴化氢与烯烃加成属自由基加成反应，卤化氢定位规则属反马尔科夫尼柯夫规则。

5.3.3 用卤代烷加成

叔卤代烷在路易斯酸催化下，对不饱和烃的烯烃进行亲电加成反应。如氯代叔丁烷与乙烯在氯化铝催化作用下加成，生成 1-氯-3,3-二甲基丁烷。

$$(CH_3)_3CCl + CH_2{=}CH_2 \xrightarrow{AlCl_3} (CH_3)C{-}CH_2CH_2Cl$$

多卤代甲烷衍生物与烯烃双键发生自由基加成反应，在双键上形成碳卤键，使双键碳原子上增加一个碳原子。丙烯和四氯化碳在引发剂过氧化苯甲酰作用下，生成1,1,1-三氯-3-氯丁烷，收率为8%。1,1,1-三氯-3-氯丁烷水解得到β-氯丁酸。

$$CH_3CH{=}CH_2 + CCl_4 \xrightarrow{(PhCOO)_2} CCl_3CH_2CH(Cl)CH_3$$

$$CCl_3CH_2CHCH_3(Cl) + 2H_2O \xrightarrow{OH^-} CH_3CH(Cl)CH_2COOH + 3HCl$$

多氯甲烷，如氯仿、四氯化碳、一溴三氯甲烷、溴仿和一碘三氟甲烷等。多卤代甲烷衍生物被取代卤原子活泼性次序为I>Br>Cl。

5.3.4 次氯酸对双键的加成

次氯酸与双键的加成属于亲电加成反应，因此在质子酸、Lewis酸的催化下能使反应加速。次氯酸水溶液与乙烯加成生成的β-氯乙醇以及与丙烯加成生成的氯丙醇都是十分重要的有机化工原料，可用以制取环氧乙烷和环氧丙烷。虽然制取环氧乙烷的工艺现今已被乙烯的直接氧化所取代，但用次氯酸与丙烯加成的工艺来生产环氧丙烷，还是有十分重要意义的。其反应过程为：

$$Cl_2 + H_2O \longrightarrow HClO$$

$$2CH_3CH{=}CH_2 + HClO \longrightarrow CH_3CH(OH)CH_2Cl + CH_3CH(Cl)CH_2OH$$

$$CH_3CH(OH)CH_2Cl + CH_3CH(Cl)CH_2OH \xrightarrow{Ca(OH)_2} 2CH_3\overset{O}{CH{-}CH_2} + CaCl_2 + H_2O$$

工业上，环氧丙烷的生产是在反应塔内，丙烯与含氯水溶液在35～50℃反应。反应生成的4%～6%α-和β-氯丙醇混合物(9∶1)可以不经分离，用过量的碱在25℃下脱HCl。反应后用直接蒸汽迅速将环氧丙烷蒸出，以避免进一步发生水合反应。产率可达87%～90%，副产少量的1,2-二氯丙烷和二氯二异丙基醚。

5.4 置换卤化

用卤化剂中的卤素原子去置换药物原料分子中的羟基或其他原子团，从而使药物原料分子被卤化。

卤素原子能够置换有机物分子中的醇羟基、羧羟基、酚羟基、烷氧基、羧基、磺酸基等多种官能团而使其卤化，这些置换反应是药物合成的重要方法。

$$-\overset{|}{\underset{|}{C}}-Z + E-X \longrightarrow -\overset{|}{\underset{|}{C}}-X + E-Z$$

Z 表示药物原料分子中将被置换的基团，E—X 表示置换中的卤化试剂。

在置换反应中，常用的卤化试剂有卤化氢、含硫卤化物、含磷卤化物等。

5.4.1 置换羟基

醇或酚羟基、羧酸羟基均可被卤基置换，卤化剂常用氢卤酸、含磷及含硫卤化物等。

5.4.1.1 置换醇羟基

氢卤酸置换醇羟基的反应是可逆的：

$$ROH+HX \rightleftharpoons RX+H_2O$$

反应的难易程度取决于醇和氢卤酸的活性，醇羟基活性大小次序为：

叔醇羟基＞仲醇羟基＞伯醇羟基

$$(CH_3)_3COH \xrightarrow[\text{室温}]{\text{HCl 气体}} (CH_3)_3CCl$$

$$n\text{-}C_4H_9OH \xrightarrow[\text{回流}]{NaBr/H_2O/H_2SO_4} n\text{-}C_4H_9Br$$

$$C_2H_5OH+HCl \underset{\triangle}{\overset{ZnCl_2}{\rightleftharpoons}} C_2H_5Cl+H_2O$$

增加反应物醇的浓度、移出卤化产物和水，有利于提高平衡收率和反应速率。

亚硫酰氯（氯化亚砜）或卤化磷也可用于置换羟基。亚硫酰氯置换醇的羟基，生成的氯化氢和二氧化硫气体易于挥发而无残留物，所得产品可直接蒸馏提纯。例如：

$$(C_2H_5)_2NC_2H_4OH+SOCl \xrightarrow[\text{苯}]{\text{室温}} (C_2H_5)_2NC_2H_4Cl+HCl\uparrow+SO_2\uparrow$$

5.4.1.2 置换羧羟基

氯置换羧羟基可制备酰氯衍生物：

$$p\text{-}(CH_3)_2N\text{-}C_6H_4\text{-}COOH \xrightarrow[\text{室温}]{PCl_3/CS_2} p\text{-}(CH_3)_2N\text{-}C_6H_4\text{-}COCl$$

$$p\text{-}NO_2\text{-}C_6H_4\text{-}COOH \xrightarrow[90\sim95^{\circ}C]{SOCl_2,\ DMF} p\text{-}NO_2\text{-}C_6H_4\text{-}COCl$$

$$CH_3CH=CHCOONa \xrightarrow[POCl/CCl]{\text{室温}} CH_3CH=CHOCl$$

$$\text{1-苯基环戊烷甲酸(COOH)} \xrightarrow[\text{74～84℃, 回流4h}]{PCl_3\text{, 苯}} \text{1-苯基环戊烷甲酰氯(COCl)}$$

羧羟基置换卤化，须根据羧酸及其衍生物的化学结构选择卤化剂。含羟基、醛基、酮基或烷氧基的羧酸，不宜用五氯化磷。三氯化磷活性比五氯化磷小，用于脂肪酸羧羟基的置换。三氯氧磷与羧酸盐生成相应酰氯，由于无氯化氢生成，适于不饱和羧酸盐的羟基置换。

用氯化亚砜进行卤置换，生成易挥发的氯化氢、二氧化硫，产物中无残留物，易于分离，但要注意保护羧酸分子所含羟基。氯化亚砜的氯化活性不大，加入少量 N,N-二甲基甲酰胺(DMF)、路易斯酸等可增强其活性。

5.4.1.3 置换酚羟基

卤素置换酚羟基比较困难，需要五氯化磷和三氯氧磷等高活性卤化剂。

$$\text{1,4-二羟基酞嗪} \xrightarrow[\text{120～185℃/4h}]{POCl_3/PCl_5\text{或}POCl_3/PCl_3/Cl_2} \text{1,4-二氯酞嗪}\quad 85\%$$

$$\text{2,4,6-三羟基嘧啶} + 3PCl_3 + 4Cl_2 \xrightarrow[POCl_3]{\text{吡啶}} \text{2,4,6-三氯嘧啶} + POCl_3 + 4HCl$$

五卤化磷受热易离解生成三卤化磷和卤素，置换能力降低，卤素还将引起芳环上取代或双键加成等副反应，所以五卤化磷置换酚羟基温度不宜过高。

$POCl_3$ 中的氯原子的置换能力不同，第一个最大，第二个、第三个依次逐渐递减。因此，氧氯化磷作卤化剂，其配比应大于理论配比。

在较高温度下，用三苯基膦置换酚羟基，收率较好。

$$\text{4-氯苯酚} \xrightarrow[\text{200℃, 无溶剂}]{Ph_3P,\ Br_2} \text{4-溴氯苯}$$

5.4.2 芳环上硝基、磺酸基和重氮基的置换卤化

5.4.2.1 置换硝基

氯置换硝基是自由基反应：

$$Cl_2 \rightarrow 2Cl\cdot$$

$$Cl\cdot + ArNO_2 \rightarrow ArCl + NO_2\cdot$$

$$NO_2\cdot + Cl_2 \rightarrow NO_2Cl + Cl\cdot$$

在 222℃下，间二硝基苯与氯气反应制得间二氯苯。1,5-二硝基蒽醌在邻苯二甲酸酐存在下，于 170～260℃通氯气，硝基被氯基置换得 1,5-二氯蒽醌。以适量 1-氯蒽醌为助熔剂，在 230℃下在熔融的 1-硝基蒽醌通氯气制得 1-氯蒽醌；改用 1,5-或 1,8-二硝基蒽醌时，可制得 1,5-或 1,8-二氯蒽醌。

由于氯与金属易形成极性催化剂，在置换硝基的同时，也会导致芳环上的取代氯化。因此，氯置换硝基的反应设备应用搪瓷或搪玻璃反应釜。

5.4.2.2 置换磺酸基

在酸性介质中，氯基置换蒽醌环上磺酸基的反应也是一个自由基反应。采用氯酸盐与蒽醌磺酸的稀盐酸溶液作用，可将蒽醌环上的磺酸基置换成氯基。

$$3\,\text{(1-}SO_3K\text{-蒽醌)} + NaClO_3 + 3HCl \longrightarrow 3\,\text{(1-Cl-蒽醌)} + 3KHSO_4 + NaCl$$

工业上常常采用这一方法生产 1-氯蒽醌以及由相应的蒽醌磺酸制备 1,5-二氯蒽醌和 1,8-二氯蒽醌。方法是在 96～98℃下将氯酸钠溶液加到蒽醌磺酸的稀盐酸溶液中，并保温一段时间，反应即可完成，收率为 97%～98%。

5.4.2.3 置换重氮基

用卤原子置换重氮基是制取芳香卤化物的方法之一。先由芳胺制成重氮盐，再在催化剂（亚铜型）作用下得到卤化物。它被称作桑德迈尔（Sandmeyer）反应，即：

$$ArNH_2 \xrightarrow{NaNO_2} ArN_2^+X^- \xrightarrow{CuX} ArX + N_2\ (X=Cl、Br)$$

在反应过程中同时生成的副产物有偶氮化合物和联芳基化合物。芳香氯化物的生成速度与重氮盐及一价铜的浓度成正比。增加氯离子浓度可以减少副产物的生成。

重氮基被氯原子置换的反应速率，受对位取代基的影响。通常，当芳环上有其他吸电子基存在时有利于反应。取代基对反应速率的影响如下列顺序减小：$NO_2 > Cl > H > CH_3 > OCH_3$。

置换重氮基的反应温度一般为 40～80℃，催化剂的用量为重氮盐的 1/10～1/5（化学计算量）。例如：

$$\text{间硝基苯甲醛} \xrightarrow[\text{②}NaNO_2/HCl]{\text{①}Zn/HCl} \text{间-}CHO\text{-}C_6H_4N_2^+Cl^- \xrightarrow{CuCl/HCl} \text{间氯苯甲醛}$$

$$\text{8-氨基-1-萘磺酸}\ (HO_3S,\ NH_2) \xrightarrow[HCl]{HNO_2} (^-O_3S,\ N_2^+) \xrightarrow[HCl]{CuCl} (HO_3S,\ Cl)$$

（1-氯-8-萘磺酸）

1-氯-8-萘磺酸是合成硫靛黑的中间体。

用铜粉代替亚铜盐催化剂加入重氮盐的盐酸或氢溴酸溶液中也可进行卤基置换重氮基的

反应,此时称为盖特曼(Gatterman)反应,如

$$\text{邻甲苯胺} \xrightarrow{NaNO_2/HBr} \text{邻甲基重氮苯溴盐}(N_2^+Br^-) \xrightarrow[\text{温热}]{\text{Cu 粉}} \text{邻溴甲苯}$$

生成的邻溴甲苯是合成医药的中间体。

5.4.3 卤交换反应

卤交换是有机卤化物与无机氯化物之间进行卤原子交换的化学反应。反应由卤化烃或溴化烃制备相应的碘化烃和氟化烃。如:

$$2CHClF_2 \xrightarrow{600\sim900℃} CF_2{=}CF_2 + 2HCl$$

$$CHCl_3 + 2HF \xrightarrow{SbCl_5} CHClF_2 + 2HCl$$

$$\text{1-氯-2,4-二硝基苯} \xrightarrow{NaI/DMF} \text{1-碘-2,4-二硝基苯} \quad 71\%$$

$$\text{1-氯-2,4-二硝基苯} \xrightarrow[200℃]{KF} \text{1-氟-2,4-二硝基苯} \quad 92\%$$

卤交换的溶剂,要求对卤化物有较大的溶解度,对生成的无机卤化物溶解度很小或不溶解。常用N,N-二甲基甲酰胺、丙酮、四氯化碳等溶剂。

氟原子交换试剂,有氟化钾、氟化银、氟化锑、氟化氢等。氟化钠不溶于一般溶剂,很少使用。而三氟化锑、五氟化锑可选择性作用同一碳原子的多卤原子,不与单卤原子交换。例如:

$$CCl_3CH_2CH_2Cl \xrightarrow[SbF_3/SbF_5]{165℃,2h} CF_3CH_2CH_2Cl + CF_2ClCH_2CH_2Cl$$

$$C_6H_5CCl_3 \xrightarrow[190℃]{SbF_3} C_6H_5CF_3$$

5.5 氨解反应基本原理

氨解反应是指含有各种不同官能团的有机化合物在胺化剂的作用下生成胺类化合物的过程。氨解有时也叫作胺化或氨基化,但是氨与双键加成生成胺的反应则只能叫作胺化不能叫作氨解。

氨解反应也指用伯胺或仲胺与有机化合物中的不同官能团作用,形成各种胺类的反应。

按被置换基团的不同，氨解反应包括卤素的氨解、羟基的氨解、磺酸基的氨解、硝基的氨解、羰基化合物的氨解和芳环上的直接氨解等，通过氨解可以合成得到伯、仲、叔胺。氨解反应的通式可简单表示如下：

$$R-Y+NH_3 \longrightarrow R-NH_2+HY$$

式中，R 可以是脂肪烃基或芳基，Y 可以是羟基、卤基、磺酸基或硝基等。

胺类化合物可分芳香胺和脂肪胺。脂肪胺中，又分为低级脂肪胺和高级脂肪胺。制备脂肪族伯胺的主要方法包括醇羟基的氨解、卤基的氨解以及脂肪酰胺的加氢等，其中以醇羟基的氨解最为重要。芳香胺的制备，一般采用硝化还原法，当此方法的效果不佳时，可采用芳环取代基的氨解的方法。这些取代基可以是卤基、酚羟基、磺酸基以及硝基等。其中，以芳环上的卤基的氨解最为重要，酚羟基次之。

脂肪胺和芳香胺是重要的化工原料及中间体，可广泛用于合成农药、医药、表面活性剂、染料及颜料、合成树脂、橡胶、纺织助剂以及感光材料等。例如，胺与环氧乙烷反应可得到非离子表面活性剂，胺与脂肪酸作用形成铵盐可以作缓蚀剂、矿石浮选剂，季铵盐可用作阳离子表面活性剂或相转移催化剂等。

5.5.1 氨解剂

氨解剂所用的反应剂主要是用氨水和液氨。有时也用到氨气或含氨基的化合物，例如，尿素、碳酸氢铵和羟胺等。作氨解剂，其中氨最为重要。氨气一般用于气固相催化氨解，而含氨基的化合物仅用于个别场合的氨解反应。

氨水和液氨是应用最广的氨解剂。使用氨水的优点是原料易得，操作方便，普遍适用，过量的氨经吸收后可重复使用。如能溶解铜催化剂，在高温时对被氨解物有一定的溶解性。不足之处是对有机氯化物的溶解度较小，而且由于水存在，易引起水解副反应。工业用氨水浓度一般是 25%，为得到更高浓度的氨水，可直接通入部分液氨或在加压下通入氨气。但是，随着温度的升高，氨在水中的溶解度将下降，并可能使副产物增多。为适当地降低反应温度，生产上一般用较浓的氨水作氨解剂。

液氨是氨气的液化产物，临界温度为 132.9℃。在一定的压力下。液氨可溶解于许多液态的有机化合物中，这时氨解反应温度即使超过 132.9℃，氨仍可保持液态。液氨特别适用于需要避免水解副反应的氨解过程，但相应的反应压力比相同温度下 25% 的氨水的反应压力高得多。

5.5.2 氨解反应机理

5.5.2.1 脂肪族化合物的氨解反应机理

当进行酯的氨解时，几乎仅得到酰胺一种产物。而将脂肪醇或卤化物进行氨解时，将生成伯、仲、叔胺的平衡混合物，反应机理比较复杂。因而对酯类的氨解动力学研究的较多。其氨解反应式如下：

$$R-COOR'+NH_3 \longrightarrow RCONH_2+R'OH$$

以醇作催化剂时，酯氨解的反应机理可表示如下：

$$\underset{\displaystyle H}{\overset{}{R-\underset{|}{O}}} + NH_3 \rightleftharpoons \underset{\displaystyle H}{R-\underset{|}{O}} \cdots H^+ \cdots {}^-NH_2$$

$$\underset{\displaystyle H}{R-\underset{|}{O}} \cdots H^+ \cdots {}^-NH_2 + R_1COOR_2 \rightleftharpoons \left[\underset{\displaystyle H}{R-\underset{|}{O}} \cdots H \cdots NH_2 \cdots \overset{R_1}{\underset{OR_2}{C^+}} \cdots O^- \right]$$

$$\longrightarrow R_1CONH_2+R_2OH+ROH$$

式中，ROH表示醇类催化剂，R_1和R_2表示酯中的脂肪烃基和芳烃基。

在氨解反应中，氨总是采用过量的配比，反应前后氨的浓度变化较小，因此常常可按一级反应处理，而实际上是一个二级反应，即

$$v=k'[\text{脂肪烃化合物}]\cdot[NH_3]$$

5.5.2.2　芳香族化合物的氨解反应机理

芳香族化合物的氨解包含芳环上卤基的氨解、芳环上羟基的氨解、磺酸基及硝基的氨解等。在此重点讨论芳环上卤基的氨解的反应原理。

芳环上卤基的氨解是一种亲核取代过程。当芳环上有强吸电子基团(例如，硝基、磺酸基、氰基)时，卤基比较活泼，反应比较容易进行。通常以氨水处理时，可使卤素被氨基置换。当芳环上没有这类强吸电子基团时，卤基不够活泼，它的氨解需要很强的反应条件，并且要用铜盐或亚铜盐作催化剂进行反应。

(1)卤基的非催化氨解

卤基的非催化氨解是一般的双分子的亲核取代反应(S_N2)。其反应速度与卤代芳香化合物和氨的浓度成正比。决定反应速度步骤是氨对卤代芳香化合物的加成。

$$v_{\text{非催化}}=k_1[\text{卤代芳香化合物}]\cdot[NH_3]$$

例如，邻或对硝基氯苯的非催化氨解：

$$\text{对硝基氯苯} + NH_3 \underset{}{\overset{\text{慢}}{\rightleftharpoons}} \text{中间体}(Cl, \overset{+}{N}H_3; =N^+(O^-)_2) \underset{-Cl^-}{\overset{\text{快}}{\rightleftharpoons}} \overset{+}{N}H_3\text{-}C_6H_4\text{-}NO_2 \xrightarrow[+NH_3,\ -NH_4^+]{\text{快}} NH_2\text{-}C_6H_4\text{-}NO_2$$

(2)卤基的催化氨解

卤基的催化氨解不同于非催化氨解，根据动力学研究，其反应速度与卤化物的浓度和铜离子的浓度成正比，而与氨的浓度无关。

$$v_{\text{催化}}=k_2[\text{卤代芳香化合物}]\cdot[Cu^+]$$

催化氨解的反应机理如下：

$$Cu^+ +2NH_3 \xrightarrow{\text{快}} [Cu(NH_3)_2]^+$$

$$Ar-+[Cu(NH_3)_2]^+ \xrightarrow{慢} [At\cdots X\cdots Cu(NH_3)_2]^+ \quad (a)$$

$$[Ar\cdots X\cdots Cu(NH_3)_2]^+ + 2NH_3 \xrightarrow{快} ArNH_2 + NH_4X + [Cu(NH_3)_2]^+ \quad (b)$$

铜离子首先与氨形成铜氨络离子，然后铜氨络合离子作为催化剂起催化作用。式(a)是速度控制步骤，芳环上的卤基受到铜氨络离子的直接进攻而变得活泼，使式(b)的反应过程容易进行。

但是也有副反应发生：

$$[Ar\cdots X\cdots Cu(NH_3)_2]^+ + ArNH_2 \longrightarrow Ar-NH-Ar + X^- + [Cu(NH_3)_2]^+$$

$$[Ar\cdots X\cdots Cu(NH_3)_2]^+ + OH^- \longrightarrow Ar-OH + X^- + [Cu(NH_3)_2]^+$$

提高氨的浓度可减少酚的生成，增加氨水的用量可以抑制二芳胺的产生。由此可见，虽然催化氨解的反应速度与氨的浓度无关，但生成的主、副产物的量却与氨、产物芳胺以及 OH^- 的浓度有关。

一价铜或二价铜都可以作为卤基催化氨解时的催化剂，选择何者则要根据具体条件而定。当低于210℃时，使用一价铜盐的反应速度较快；高于210℃时，则使用二价铜盐的反应速度较快。

5.6 氨解方法

以氨解来制取胺类化合物是工业上经常采用的方法，有时也采用水解、加成和重排的方法制胺，但前者的重要性和应用范围都比后者的大。这是因为氨解工艺最为简单，有利于生产成本的降低，也有利于产品质量的提高以及三废的减少。

5.6.1 卤代烃氨解

5.6.1.1 卤烷的氨解

卤烷氨解是制取脂肪胺的一种重要方法，但一般只适用于相应的卤素衍生成物价廉易得的时候。脂肪链上的卤原子一般都具有较高的亲核反应活性，氨解反应比较容易进行。由于反应生成的胺还能与卤烷进一步反应，反应产物常是伯胺、仲胺和叔胺的混合物。如果要得到脂肪族伯胺，可以使用过量较多的氨水作氨解剂。

$$RX + NH_3 \longrightarrow RNH_2\cdot HX \xrightleftharpoons{HH_3} \underset{伯胺}{RNH_2} + NH_4X$$

$$RX + RNH_2 \longrightarrow R_2NH\cdot HX \xrightleftharpoons{HH_3} \underset{仲胺}{R_2NH} + NH_4X$$

$$RX + R_2NH \longrightarrow R_3N\cdot HX \xrightleftharpoons{HH_3} \underset{叔胺}{R_3N} + NH_4X$$

卤烷的反应活性顺序如下：

$$RI > RBr > RCl > RF$$

一般伯卤烷比仲卤烷容易发生氨解，叔卤烷最难氨解。叔卤烷氨解时，易发生消除副反应，不易采用叔卤烷氨解制叔胺。

5.6.1.2 卤代芳烃的氨解

卤代芳烃上的卤原子不活泼，相应的氨解反应要比卤烷的困难得多，常常要在高温、强氨解剂和催化剂存在的条件下，才发生反应，铜盐是常用的催化剂。但是当芳环上有强吸电子基团（如硝基、磺酸基或氰基等）时，反应条件可以缓和一些，甚至可不用催化剂。芳环上的卤原子活泼性与脂肪链上的不同，即

$$F > Cl \sim Br > I$$

表 5-1 所示是 2,4-二硝基-1-卤萘和 2,4-二硝基卤苯与苯胺的反应速度比较情况。一般情况下，以氯代芳烃作反应原料进行氨解反应，只有在个别场合才使用溴代芳烃。

表 5-1　2,4-二硝基-1-卤萘和 2,4-二硝基卤苯与苯胺的反应速度比较*

卤原子	反应速度 k×100/(L/mol·s)		$\frac{k_{萘}}{k_{苯}}$
	2,4-二硝基-1-卤萘	2,4-二硝基卤苯	
1	224	1.31	171
Br	479	4.05	118
Cl	437	2.69	162
F	1 910	168	11.3

注：* 在乙醇中 50℃下。

5.6.2 羟基化合物的氨解

羟基化合物在这里主要是指醇类和酚类物质。由于羟基的离去倾向相当小，在大多数情况下，氨解反应需要在比较强烈的反应条件下进行，反应类型可以是气—固相催化，也可以是液相催化。

5.6.2.1 醇类的氨解

醇类的氨解是制备 $C_1 \sim C_6$ 低级脂肪醇的重要方法，这是因为低级脂肪醇来源丰富，价格低廉。例如，工业上的甲胺几乎完全是由甲醇氨解得到，一部分乙胺和异丙胺也是由相应的醇氨解而制得。反应多在温度为 250～500℃，压力为 0.5～5.0 MPa 以及固体催化剂（如 Al_2O_3 等）的作用下，以气－固相反应形式进行。对于 $C_6 \sim C_8$ 醇类的氨解，考虑到原料的热稳定性，反应的选择性以及氨解产物的沸点较高，一般不宜采用气－固相接触催化氨解，而多采用液相氨解法。

低级醇的气－固相催化氨解，所用的催化剂包括氧化铝、氧化硅、二氧化钛、白土、氧化铬

或它们的混合物等，一般主要采用氧化铝作催化剂。通常氨与醇作用时，首先生成伯胺，伯胺可以与醇进一步作用生成仲胺，仲胺还可以与醇作用生成叔胺。所以氨与醇的氨解反应总是生成伯、仲、叔三种胺类的混合物。

$$NH_3 \xrightarrow[-H_2O]{+ROH} \underset{伯胺}{RNH_2} \xrightarrow[-H_2O]{+ROH} \underset{仲胺}{R_2NH} \xrightarrow[-H_2O]{+ROH} \underset{叔胺}{R_3N}$$

上述氨解反应是可逆的，通过调整氨和醇的配比和其他反应条件，可以控制伯、仲、叔三种胺类产物的产量。当醇过量时，有利于叔胺的生成；当氨过量时，则有利于伯胺的生成。除甲醇外，用其他的 $C_2 \sim C_5$ 醇制备胺类多在临氢的条件下进行，这时多采用金属负载型催化剂（如镍、钴、铁、铜等）。例如，

$$CH_3 + CH_3CH_2OH \xrightarrow[H_2(临氢)]{Cu-Ni/Al_2O_3} CH_3CH_2NH_2 + H_2O$$

实际氨解过程中，可能包括脱氢、加成、脱水和加氢等步骤。

$$CH_3CH_2OH \xrightarrow[脱氢]{-H_2} CH_3-\overset{\overset{O}{\|}}{C}-H \xrightarrow[加成]{+NH_3} CH_3-\underset{\underset{H}{|}}{\overset{\overset{OH}{|}}{C}}-NH_2 \xrightarrow[脱水]{-H_2O} CH_3-\overset{\overset{H}{|}}{C}=NH$$

$$\xrightarrow[加氢]{+H_2} CH_3CH_2NH_2 \xrightarrow{+CH_3CHO} (CH_3CH_2)_2NH \xrightarrow{+CH_3CHO} (CH_3CH_2)_3N$$

催化剂中金属组分主要起到加氢、脱氢作用，载体 Al_2O_3 还能起到脱水作用。

5.6.2.2 酚类的氨解

酚类的氨解包括苯系酚类和萘系酚类的氨解，氨解反应的难易与它们的结构密切相关。含有活泼取代基的酚类，其氨解可在相对温和的条件下进行，但一般仍要使用催化剂。

(1)苯系酚类的氨解

苯系一元酚的羟基不够活泼，它的氨解需要很强的反应条件。苯系多元酚的羟基比较活泼，可在较温和的条件下氨解，但是没有工业应用价值。苯系酚类的氨解主要在于苯酚的氨解制苯胺和间甲酚的氨解制间甲苯胺。其氨解过程采用气—固相催化反应形式，而且未反应的酚类要用共沸精馏法分离回收。如苯酚气相氨解法制苯胺的氨解过程为

$$C_6H_5OH + NH_3 \xrightarrow[385℃,\ 1.5MPa]{Al_2O_3\text{-}SiO_2} C_6H_5NH_2 + H_2O$$

与硝基苯氢化还原制苯胺相比，这个方法不消耗硫酸，“三废”量少，当苯酚的价格相对较低时，具有工业生产的实际意义。

(2)萘系酚类的氨解

萘系酚类的氨解包括 α-萘酚、β-萘酚和 α,γ-萘二酚或它们的衍生物的氨解。这些物质在亚硫酸氢铵的存在下，在高温(150～200℃)下与氨作用，可得到相应的胺，而且产率较高，这类反应叫作 Bucherer 反应。萘环上 β 位的氨基一般难以通过硝化—还原、氯化—氨解或磺化—氨解的方法引入，但可通过磺化—碱熔法先制成 β-萘酚，然后利用 Bucherer 反应再将羟基转变为氨基。所以，Bucherer 反应对于将萘环上 β 位氨解具有实际的意义，是制备 β-萘胺的主

要方法。但应注意的是β-萘胺是强致癌物质。

萘系酚类物质在氯化锌、三氯化铝、氯化铵等催化剂的作用下，与氨或胺反应，也可制取胺类物质。

$$\text{2-羟基-3-萘甲酸} \xrightarrow[190^\circ C,\ 3.0\ MPa]{28\%NH_3,\ ZnCl_2} \text{3-氨基-2-萘甲酸}\quad 66\%\sim70\%$$

$$\text{2-萘酚} + \text{苯胺} \xrightarrow[200\sim260^\circ C]{HCl} \text{N-苯基-2-萘胺}$$

蒽醌上羟基的氨解比较特殊。例如，1，4-二羟基蒽醌(醌茜)在保险粉或锌粉和硼酸的存在下，先还原成隐色体，后与氨作用，形成1，4-二氨基蒽醌的隐色体，再对该隐色体氧化可以得到1，4-二氨基蒽醌。

$$\text{1,4-二羟基蒽醌} \xrightarrow[\text{还原}]{Na_2S_2O_4\ \text{或}Zn} \text{1,4-二羟基蒽醌隐色体} \xrightarrow{H_3BO_3} [\text{硼酸酯络合物}] \xrightarrow{NH_3} \text{1,4-二氨基蒽醌隐色体} \xrightarrow{[o]} \text{1,4-二氨基蒽醌}$$

1,4-二羟基蒽醌隐色体

1,4-二氨基蒽醌隐色体　　1,4-二氨基蒽醌

5.6.3 磺酸基和硝基的氨解

5.6.3.1 磺酸基的氨解

磺酸基的氨解也是亲核取代反应。苯环和萘环上的磺酸基的氨解相当困难，但是蒽醌环上的磺酸基，由于9，10位两个羰基对其的活化作用，比较容易被氨解。此法现在主要用于从蒽醌-2，6-二磺酸的氨解制备2，6-二氨基蒽醌以及从α-蒽醌磺酸、蒽醌-1，5-二磺酸和蒽醌-1，8-二磺酸制成相应的氨基蒽醌。例如，

$$3\ \text{(蒽醌-2,6-二磺酸铵:}\ H_4NO_3S,\ SO_3NH_4) + 12NH_3 + 2\ \text{(间硝基苯磺酸钠:}\ NO_2,\ SO_3Na) + 2H_2O \xrightarrow[180\sim184℃,\ 4MPa,\ 24h]{NH_3,\ 氨比=17} 3\ \text{(2,6-二氨基蒽醌:}\ H_2N,\ NH_2) + 2\ \text{(间氨基苯磺酸钠:}\ NH_2,\ SO_3Na) + 6(NH_4)_2SO_4$$

式中,加入间硝基苯磺酸钠是作为温和的氧化剂,其作用是将反应生成的亚硫酸铵氧化为硫酸铵,以防止亚硫酸铵与蒽醌环上的羰基发生还原反应。

磺酸基的氨解工艺简单,产品质量较高。但制取 α 位蒽醌磺酸时必须用汞作定位剂,而汞对操作人员及周围环境造成危害,这大大地限制了此种方法在工业上的应用。20 世纪 70 年代后,几乎不采用从 α-蒽醌磺酸氨解制相应的氨基蒽醌的方法,而改用硝化—还原或硝化—氨解法制相应的氨基蒽醌。

5.6.3.2 硝基的氨解

关于硝基的氨解,这里主要介绍硝基蒽醌氨解为氨基蒽醌。由 1-硝基蒽醌氨解制 1-氨基蒽醌的反应式为

$$\text{1-硝基蒽醌}\ (NO_2) + 2NH_3 \longrightarrow \text{1-氨基蒽醌}\ (NH_2) + NH_4NO_2$$

硝基的氨解反应中,不同的溶剂对反应有不同的影响。当用氯苯作溶剂时,在 150℃、1.7 MPa 的条件下,1-氨基蒽醌的收率为 99.5%,纯度 99%。但用一元醇或二元醇的水溶液作溶剂时,在 110～150℃下反应,氨基蒽醌的收率和纯度要低一些。

反应生成的亚硝酸胺在干燥时有爆炸的危险,在出料后,应将反应器冲洗干净。

5.6.4 其他氨解(胺化)方法

5.6.4.1 加成胺化

加成胺化包括不饱和化合物的加成胺化、醇类化合物的临氢胺化、羟基化合物的临氢胺化、环氧或环氮化合物的加成胺化以及含活泼氢化合物与甲醛和胺的缩合胺化等。

环氧乙烷分子中的环氧结构以及环亚乙胺中的环氮结构的化学活性较高,易与氨或胺发生开环加成反应,生成氨基乙醇或二胺。

$$\underset{\diagdown O \diagup}{CH_2-CH_2} + NH_3 \longrightarrow \underset{OH}{CH_2}-\underset{NH_2}{CH_2}$$

$$\underset{\diagdown \underset{H}{N} \diagup}{CH_2-CH_2} + RNH_2 \longrightarrow \underset{NH_2}{CH_2}-\underset{NHR}{CH_2}$$

所得的乙醇胺还能与环氧乙烷继续反应，得到二乙醇胺和三乙醇胺，控制原料配比以及操作条件。可以提高某一产物的生产量，见表 5-2。

表 5-2　乙烷物质的量之比与各种乙醇胺生成量的关系

氨/环氧乙烷物质的量之比	各种乙醇胺的相对生成量(质量分数)/%		
	一乙醇胺	二乙醇胺	三乙醇胺
10	61～75	21～27	4～12
2	25～31	38～52	23～26
1	4～12	32～37	65～69
0.5	5～8	7～15	75～78

环氧乙烷在异丙胺在水和浓盐酸中可以生成 β-异丙氨基乙醇。

$$\underset{\diagdown O \diagup}{CH_2—CH_2} + (CH_3)_2CHNH_2 \xrightarrow{H_2O,\ HCl} (CH_3)_2CHNHCH_2CH_2OH$$

但是，环亚乙胺与胺反应较难进行，通常需加入三氯化铝作催化剂。

5.6.4.2　直接氨解

直接氨解是指用氨基直接取代芳环上的氢，制取芳胺的过程。显然，用这种方法制芳胺可以减少许多中间步骤，从而大大简化工艺过程，有其显著的经济效益。多年来，这方面的研究开发工作不断地深化和发展。例如，苯与氨在高温和压力下，并在催化剂的作用下，可直接反应生成苯胺：

$$C_6H_6 + NH_3 \xrightarrow[150\sim500℃,\ 1\sim10\,MPa]{Ni\text{-}Zr\text{-}稀土元素} C_6H_5NH_2 + H_2$$

但是，这类反应的转化率低，尚未具备工业应用的价值。

用羟胺作为胺化剂是最重要的直接氨解法。根据反应条件，又可分为酸式法和碱式法两种。

酸式法是亲电取代过程。芳香族原料在浓硫酸介质中(有时加入钒盐或钼盐作催化剂)与羟胺反应，在 100～160℃下，可在芳环上直接引入氨基。

$$ArH + NH_2OH \longrightarrow Ar-NH_2 + H_2O$$

引入一个氨基后，反应容易继续进行下去，并可引入多个氨基。在浓硫酸介质中，进攻的质点可能是 NH_2^+ 或 NH_2^+ 的络合物。

用卤苯做原料与羟胺在浓硫酸中反应，可以在芳环上同时引入氨基和磺酸基，此时介质浓硫酸也参与反应。例如氯苯与羟胺的反应：

$$C_6H_5Cl + NH_2OH \xrightarrow[浓硫酸]{V_2O_5,\ 120℃} \text{2-Cl-1-NH}_2\text{-}C_6H_3\text{(4-}SO_3H)$$

碱式法是亲核取代过程。在碱性介质中,当芳环上有强吸电子基团时,反应可以在比较温和的条件下进行,氨基进入吸电子基团的邻、对位。

NO_2-萘 $+ NH_2OH \xrightarrow{碱性水介质}$ 4-NH_2-1-NO_2-萘

在碱性介质中,进攻的质点可能是 NH_2H 或—NHOH。

5.7 氨解反应的制备实例

5.7.1 苯胺的生产

苯胺是最简单的芳伯胺。据粗略统计,目前有 300 多种化工产品和中间体是经由苯胺制得的,合成聚酯和橡胶化学品是它的最大的两种用途。

苯胺是一种有强烈刺激性气味的无色液体,微溶于水,易溶于醇、醚及丙酮、苯和四氯化碳中。它是一种重要的芳香胺,主要用作聚氨酯原料,市场需求量大。目前世界上生产苯胺主要有两种方法,即硝基苯加氢还原法和苯酚的氨解法。氨解法的优点是不需将原料氨氧化成硝酸,也不消耗硫酸,"三废"少,设备投资也少(仅为硝基还原法的 25%)。但是,反应产物的分离精制比较复杂。氨解法中又可分为气相氨解法和液相氨解法,但前者更重要。

方法:气固相催化氨解法。

反应式:

$$C_6H_5OH + NH_3 \longrightarrow C_6H_5NH_2 + H_2O$$

工艺过程:苯酚氨解制苯胺的生产流程如图 5-1 所示。

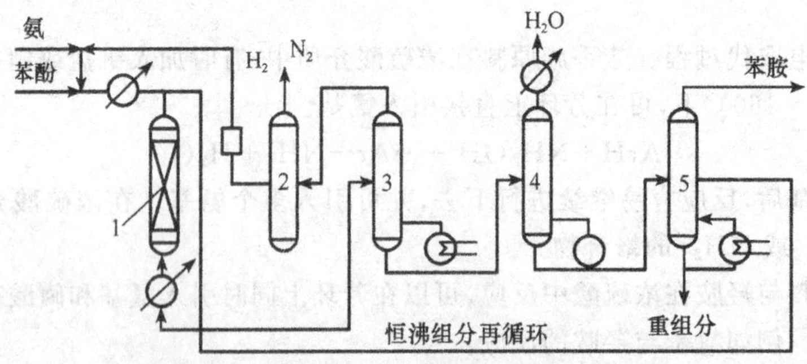

图 5-1 苯酚氨解制苯胺的生产流程示意图

1—反应器;2—分离器;3—氨回收塔;4—干燥器;5—提纯蒸馏塔

苯酚气体与氨的气体(包括循环回用氨)经混和加热至 385℃后,在 1.5 MPa 下进入绝热固定床反应器。通过硅酸铜催化剂进行氨解反应,生成的苯胺和水经冷凝进入氨回收蒸馏塔,自塔顶出来的氨气经分离器除去氢、氮，氨可循环使用。脱氨后的物料先进入干燥器中脱水，再进入提纯蒸馏塔，塔顶得到产物苯胺，塔底为含二苯胺的重馏分，塔中分出的苯酚－苯胺共沸物，可返回反应器继续反应。苯酚的转化率为95%，苯胺的收率为93%。

苯酚氨解法生产苯胺的设备投资仅为硝基苯还原法的1/4，且催化剂的活性高、寿命长，"三废"量少。如有廉价的苯酚供应，此法是有发展前途的路线。

5.7.2 邻硝基苯胺的生产

邻硝基苯胺为橙黄色片状或针状结晶，易溶于醇、氯仿，微溶于冷水。它是制作橡胶防老剂以及农药多菌灵和托布津的重要原料，也是冰染染料的色基(橙色基GC)，可用于棉麻织物的染色。邻硝基苯胺可通过邻硝基氯苯的氨解直得，其生产过程可以是间歇的，也可以是连续的。

方法：高压管道连续氨解法。

反应式为：

$$C_6H_4(Cl)(NO_2) + 2NH_3 \longrightarrow C_6H_4(NH_2)(NO_2) + NH_4Cl$$

工艺过程：合成工艺有间歇和连续两种。表5-3列出这两种合成方法的主要工艺参数。

表5-3　两种生产邻硝基苯胺方法的工艺参数对比

反应条件	高压管道法	高压釜法
氨水浓度/(g/L)	300～320	290
邻硝基氯苯二氨/物质的量之比	1∶15	1∶8
反应温度/℃	230	170～175
压力/MPa	15	305
时间/min	15～20	420
收率/%	98	98
成品熔点/℃	69～70	69～69.5
设备生产能力/[kg/(L·h)]	0.6	0.012

由表5-3可见采用高压管道法可以大幅度提高生产能力，而且采用连续法生产便于进行自动控制。图5-2是采用高压管道法生产邻硝基苯胺的工艺流程。用高压计量泵分别将已配好的浓氨水及熔融的邻硝基氯苯15∶1的物质的量之比连续送入反应管道中，反应管道可采用短路电流(以管道本身作为导体，利用电流通过金属材料将电能转化为热能。国内已有工厂采用这种电加热方式并取得成功)或道生油加热。反应物料在管道中呈湍流状态，控制温度在225～230℃，物料在管道中的停留时间约20 min。通过减压阀后已降为常压的反应物料，经

脱氨装置回收过量的氨，再经冷却结晶和离心过滤，即得到成品邻硝基苯胺。

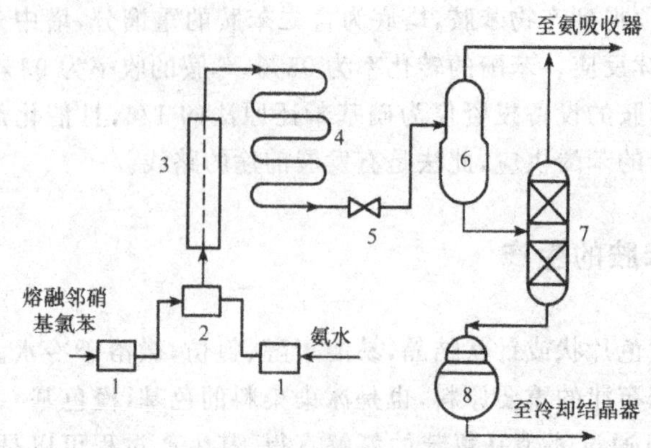

图 5-2　邻硝基苯胺的生产流程示意图

1—高压计量泵；2—混合器；3—预热器；4—高压管式反应器；
5—减压阀；6—氨蒸发器；7—脱氨塔；8—脱氨塔釜

专利报道，在高压釜中进行邻硝基氯苯氨解时，加入适量氯化四乙基铵相转移催化剂，在150℃反应10h，邻硝基苯胺的收率可达98.2%，如果不加上述催化剂，则收率仅有33%。

必须指出，邻硝基苯胺能使血液严重中毒。在生产过程中必须十分注意劳动保护。

5.7.3　环胺的制备

吗啉与哌嗪是工业上最重要的两个环胺，其结构式如下：

吗啉　　　　哌嗪

吗啉是一种重要的工业产品，它大量用于生产橡胶化学品。由于它的蒸气压与水的蒸气压相似，被广泛用作蒸汽锅炉的缓蚀剂。哌嗪的一个主要用途是制造驱虫药。

由二甘醇与氨在氢和加氢催化剂的存在下在3～40MPa下反应，即可制得吗啉。然后通过汽提操作从粗品中除去过量的氨，最后分馏即可得到合格产物。

$$(HOCH_2CH_2)_2O \xrightarrow[\text{催化剂}]{NH_3,\ H_2} O\langle\ \rangle NH + (H_2NCH_2CH_2)_2O$$

制取吗啉的另一条路线是在强酸（发烟硫酸、浓硫酸或浓盐酸）的存在下使二乙醇胺脱水，保持酸过量，反应温度在150℃以上。加碱中和酸性反应物，得到吗啉的水溶液，采用有机溶剂萃取，然后蒸馏得到精制吗啉，其化学反应式如下：

$$(HOCH_2CH_2)_2NH \xrightarrow{-H_2O} O\langle\ \rangle NH$$

由于反应过程中产生大量的无机废液，降低了这一路线的实际生产意义。

哌嗪的生产通常与联产其他含氮衍生物有关。例如，生产方法之一是使氨和一乙醇胺以3.5∶1的摩尔比在195℃和13MPa反应条件下连续通过骨架镍催化剂，得到的产品是哌嗪、乙二胺和二乙烯三氨三者的混合物。

$$HOCH_2CH_2NH_2 \xrightarrow[\text{催化剂}]{NH_3，H_2} HN\langle\;\rangle NH + H_2NCH_2CH_2NH_2 + (H_2NCH_2CH_2)_2NH$$

第6章 烷基化

6.1 概述

有机物分子碳、氮、氧等原子上引入烷基，合成有机化学品的过程称为烷基化。被烷基化物主要有烷烃及其衍生物、芳香烃及其衍生物。烷烃及其衍生物，包括脂肪醇、脂肪胺、羧酸及其衍生物等。通过烷基化，可在被烷基化物分子中引入甲基、乙基、异丙基、叔丁基、长碳链烷基等烷基，也可引入氯甲基、羧甲基、羟乙基、腈乙基等烷基的衍生物，还可引入不饱和烃基、芳基等。芳香烃及其衍生物，包括芳香烃及硝基芳烃、卤代芳烃、芳磺酸、芳香胺类、酚类、芳羧酸及其酯类等。

通过烷基化，可形成新的碳碳、碳杂等共价键，从而延长了有机化合物分子骨架，改变了被烷基化物的化学结构，赋予了其新的性能，制造出许多具有特定用途的有机化学品。有些是专用精细化学品，如非离子表面活性剂壬基酚聚氧乙烯醚、邻苯二甲酸酯类增塑剂、相转移催化剂季铵盐类等。

烷基化在石油炼制中占有重要地位。大部分原油中可直接用于汽油的烃类仅含10%～40%。现代炼油通过裂解、聚合和烷基化等加工过程，将原油的70%转变为汽油。将大分子量烃类，变成小分子量易挥发烃类称为裂解加工；将小分子气态烃类，变成用于汽油的液态烃类称为聚合加工；烷基化是将小分子烯烃和侧链烷烃变成高辛烷值的侧链烷烃。烷基化加工是在磺酸或氢氟酸催化作用下，丙烯和丁烯等低分子量烯烃与异丁烯反应，生成主要由高级辛烷和侧链烷烃组成的烷基化物。该种烷基化物是一种汽油添加剂，具有抗爆震作用。

现代炼油过程通过烷基化，按需要将分子重组，增加汽油产量，将原油完全转变为燃料型产物。

实现烷基化反应，需要应用取代、加成、置换、消除等有机化学反应。

实施烷基化过程，使用的烷基化剂、被烷基化物等物料，均为易燃、易爆、有毒害性和有腐蚀性的危险化学品，必须严格执行安全操作规程。

烷基化过程包括气相烷基化与液相烷基化，烷基化条件有常压和高压烷基化，烷基化操作伴有物料混配、烷基化液分离、产物重结晶、脱色等化工操作；执行烷基化任务，要注意操作安全，认真执行生产工艺规程。

6.2　烷基化反应的基本原理

6.2.1　C-烷基化反应

6.2.1.1　C-烷基化的反应特点

C-烷基化即在芳烃及其衍生物芳环上，引入烷基或取代烷基，合成烷基芳烃或烷基芳烃衍生物的过程。常用 C-烷化剂为烯烃、卤烷、醇及醛和酮等。

(1)芳烃 C-烷基化解释

在催化剂作用下，烷化剂形成亲电质点——烷基正离子，烷基正离子进攻芳环，发生烷基化反应。

烯烃类烷化剂，使用能够提供质子的催化剂，使烯烃形成烷基正离子：

$$R—CH═CH_2+H^+ \rightleftharpoons R—\overset{+}{C}H—CH_3$$

烷基正离子进攻芳环，发生亲电取代反应，生成烷基芳烃并释放质子：

$$C_6H_6 + R—\overset{+}{C}H—CH_3 \underset{}{\overset{慢}{\rightleftharpoons}} [C_6H_6(H)(CH(R)CH_3)]^+ \overset{快}{\rightleftharpoons} C_6H_5—CH(R)CH_3 + H^+$$

质子与烯烃加成遵循的规则为马尔科夫尼柯夫规则，质子加在含氢较多的碳上，所以除乙烯外，采用烯烃的 C-烷基化生成支链烷基芳烃。

卤烷类烷化剂，氯化铝可使其变成烷基正离子：

$$R—Cl+AlCl_3 \rightleftharpoons \underset{分子配合物}{R\rightarrow Cl:AlCl_3} \rightleftharpoons \underset{离子对或离子配合物}{R^+\cdots AlCl_4^-} \rightleftharpoons R^++AlCl_4^-$$

卤烷的烷基为叔烷基或仲烷基时，易生成离子对或 R^+；伯烷基以分子配合物形式参加反应。离子对形式的反应历程为：

$$C_6H_6 + R^+\cdots AlCl_4^- \overset{慢}{\rightleftharpoons} [C_6H_6(H)(R\cdot AlCl_4^-)]^+ \overset{快}{\rightleftharpoons} C_6H_5R + HCl + AlCl_3$$

理论上不消耗 $AlCl_3$。1 mol 卤烷实际需要 0.1 mol $AlCl_3$。

醇类烷化剂先形成质子化醇，再离解为水与烷基正离子：

$$R—OH+H^+ \rightleftharpoons R—\overset{+}{O}H_2 \rightleftharpoons R^++H_2O$$

在质子存在下，醛类烷化剂形成亲电质点：

$$RCHO+H^+ \rightleftharpoons R—\overset{+}{C}H(OH)$$

芳环上C-烷基化的难易程度主要取决于芳环上的取代基。芳环上的给电子取代基,促使烷基化容易进行。烷基给电子性取代基,不易停留在烷基化一取代阶段;如果烷基存在较大的空间效应,如异丙基、叔丁基,只能取代到一定程度。氨基、烷氧基、羟基虽属给电子取代基,由于其与催化剂配合而不利于烷基化反应。芳环上含有卤素、羧基等吸电子取代基时,烷基化不易进行,此时需要较高温度、较强催化剂。硝基芳烃难以烷基化,如果邻位有烷氧基,采用合适的催化剂,烷基化效果较好。例如:

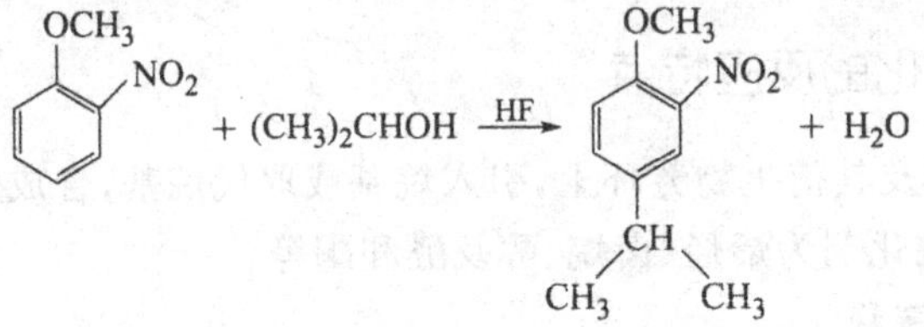

$$\text{邻硝基苯甲醚}(OCH_3, NO_2) + (CH_3)_2CHOH \xrightarrow{HF} \text{4-异丙基-2-硝基苯甲醚}(OCH_3, NO_2, CH(CH_3)_2) + H_2O$$

硝基苯不能进行烷基化,然而其可溶解氯化铝和芳烃,因此可作烷基化溶剂。

稠环芳烃如萘、芘等极易进行C-烷基化反应,呋喃系、吡咯系等杂环化合物对酸较敏感,在合适条件下可进行烷基化反应。

低浓度、低温、短时间及弱催化剂条件下,烷基进入芳环位置遵循定位规律;否则烷基进入位置缺乏规律性。

(2)C-烷基化的特点

①连串反应。芳环上引入烷基,反应活性增强,乙苯或异丙苯烷基化速率比苯快1.5～3.0倍,苯一烷基化物易进一步烷基化,生成二烷基苯和多烷基苯。伴随着芳环上烷基数目增多,空间效应逐渐增大,烷基化反应速率降低,三烷或四烷基苯的生成量很少。芳烃过量可控制和减少二烷基或多烷基芳烃生成,过量芳烃可回收循环使用。

②可逆反应。因为烷基的影响,与烷基相连的碳原子电子云密度比芳环其他碳原子增加得更多。在强酸作用下,烷基芳烃返回σ-配合物,进一步脱烷基转变为原料。根据C-烷基化反应的可逆性,实现烷基转移和歧化,在强酸下苯环上的烷基易位,或转移至其他苯分子上。苯用量不足,利于二烷基苯或多烷基苯生成;苯过量,利于多烷基苯向单烷基苯转化。例如:

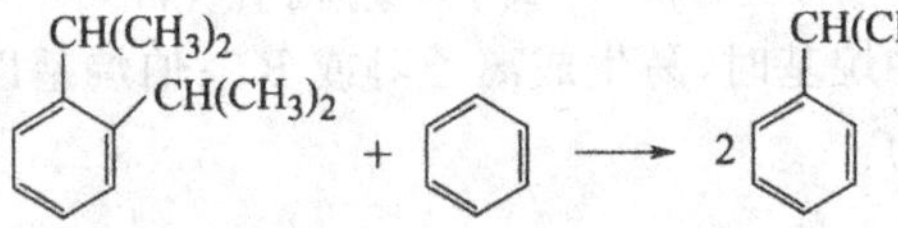

$$C_6H_4[CH(CH_3)_2]_2 + C_6H_6 \longrightarrow 2\,C_6H_5CH(CH_3)_2$$

③烷基重排。烷基正离子重排,趋于稳定结构。通常情况下,伯重排为仲,仲重排为叔。例如,苯用1-氯丙烷的烷基化,异丙苯和正丙苯的混合物为其产物,这是因为烷基正离子发生了重排:

$$CH_3CH_2\overset{+}{C}H_2 \rightleftharpoons CH_3-\overset{+}{C}H-CH_3$$

高碳数的卤烷或长链烯烃作烷化剂,烷基正离子的重排现象更突出,烷基化产物异构体种类更多,苯用α-十二烯烷基化产物组成见表6-1。

表 6-1　α-十二烯与苯制十二烷基苯的异构体组成

催化剂	反应条件	异构体组成/%			
		2 位	3 位	4 位	5 和 6 位
HF	55℃	25	17	17	41
HF	55℃,己烷稀释	14	15	17	54
$AlCl_3$	0℃,30 s 35～37℃	44	22	14	10
$AlCl_3$		32	19～21	17	30～32

6.2.1.2　C-烷基化催化剂

C-烷基化的烷化剂需在催化剂作用下转变成烷基正离子。催化剂主要有酸性卤化物、质子酸、酸性氧化物和烷基铝等物质。不同催化剂,催化活性相差较大。

(1)酸性卤化物

酸性卤化物是烷基化常用的催化剂,其催化活性次序为:

$AlBr_3 > AlCl_3 > GaCl_3 > FeCl_3 > SbCl_5 > ZnCl_4 > SnCl_4 > BF_3 > TiCl_4 > ZnCl_2$

其中最常用的为 $AlCl_3$、$ZnCl_2$、BF_3。

①无水氯化铝。催化活性好、技术成熟、价廉易得、应用广泛。

无水氯化铝可溶于液态氯烷、液态酰氯,具有良好的催化作用;可溶于 SO_2、$COCl_2$、CS_2、HCN 等溶剂,形成的 $AlCl_3$ 溶剂配合物具有催化作用;然而溶于醚、醇或酮所形成的配合物,催化作用很弱或无催化作用。

升华无水氯化铝几乎不溶于烃类,对烯烃无催化作用。少量水或氯化氢存在,使其有催化活性。

红油即无水氯化铝、多烷基苯及少量水形成的配合物。红油不溶于烷基化物,易于分离,便于循环使用,只要补充少量 $AlCl_3$ 即可保持稳定的催化活性,且副反应少,是烷基苯生产的催化剂。

因为烷基化产生的氯化氢与金属铝生成具有催化作用的氯化铝配合物,因此用氯烷的烷基化、酰基化,可直接使用金属铝。

无水 $AlCl_3$ 与氯化钠等可形成复盐,如 $AlCl_3$-NaCl,其熔点为 185℃,141℃开始流化。

如果需较高温度,并且没有合适溶剂时,此时 $AlCl_3$-NaCl 既为催化剂,又作反应介质。

无水氯化铝为白色晶体,熔点为 190℃,180℃升华,吸水性很强,遇水分解,生成氯化氢并释放大量的热,甚至导致事故。与空气接触吸潮水解,逐渐结块,氯化铝潮结,从而失去催化性能。所以,无水氯化铝贮存应隔绝空气,保持干燥;使用要求原料、溶剂及设备干燥无水;硫化物降低无水氯化铝活性,含硫原料应先脱硫。

无水氯化铝有两种状态即:粒状和粉状。粒状氯化铝不易吸潮变质,粒度适宜的便于加料，烷基化温度易于控制，工业常用粒状氯化铝。

②三氟化硼。用于酚类烷基化。与醇、醚和酚等形成具有催化活性的配合物，催化活性好，副反应少。烯烃或醇作烷化剂时，三氟化硼可作硫酸、磷酸和氢氟酸催化剂的促进剂。

③其他酸性卤化物。$FeCl_3$、$ZnCl_2$、CuCl 等性能温和，活泼的被烷化物可选用氯化锌等温和型催化剂。

(2)质子酸

质子酸是能够电离出质子 H^+ 的无机酸或羧酸及其衍生物。硫酸、磷酸和氢氟酸是重要的质子酸，活性顺序为：

$$HF > H_2SO_4 > H_3PO_4$$

①硫酸。硫酸使用方便、价廉易得，烯烃、醇、醛和酮为烷基化剂时，常用作催化剂。硫酸为催化剂，必须选择适宜浓度，避免副反应，否则将导致芳烃的磺化和烷基化剂聚合、酯化、脱水及氧化等副反应。用异丁烯为烷化剂进行 C-烷基化，采用 85%～90%硫酸，除烷基化反应外，还有一些酯化反应；使用 80%硫酸时，主要是聚合反应，同时伴随有一些酯化反应，但并不发生烷基化反应；如使用 70%硫酸，则主要是酯化反应，而不发生烷基化和聚合反应。若乙烯为烷化剂，98%硫酸足以引起苯和烷基苯磺化。故乙烯与苯的烷基化不用硫酸催化剂。

②氢氟酸。熔点为－83℃，沸点为 19.5℃，在空气中发烟，其蒸气具有强烈的腐蚀性和毒性，溶于水。液态氢氟酸对含氧、氮和硫的有机物溶解度较高，对烃类有一定的溶解度，可兼作溶剂。氢氟酸的低熔点性质，可使其在低温环境下使用。氢氟酸沸点较低，易于分离回收，温度高于沸点时加压操作。氢氟酸与三氟化硼的配合物，也是良好的催化剂。氢氟酸不易引起副反应，对于不宜使用氯化铝或硫酸的烷基化，可使用氢氟酸。氢氟酸的腐蚀性强、价格较高。

③磷酸和多磷酸。100%磷酸室温下呈固体，常用 85%～89%含水磷酸或多磷酸。多磷酸为液态，也是多种有机物的良好溶剂。负载于硅藻土、二氧化硅或氧化铝等载体的固体磷酸，是气相催化烷基化的催化剂。磷酸和多磷酸不存在氧化性，不会导致芳环上的取代反应，特别是含羟基等敏感性基团的芳烃，催化效果比氯化铝或硫酸好。

磷酸和多磷酸，主要用作烯烃烷基化、烯烃聚合和闭环的催化剂。与氯化铝或硫酸相比，磷酸和多磷酸的价格较高，故其应用受到限制。

阳离子交换树脂催化剂，如苯乙烯—二苯乙烯磺化物，其优点为副反应少、易回收，然而其受使用温度限制，失效后不能再生。苯酚用烯烃、卤烷或醇烷基化常用阳离子交换树脂催化剂。

(3)酸性氧化物及烷基铝

重要的有 SiO_2-Al_2O_3，其催化活性良好，用于脱烷基化、酮的合成和脱水闭环等过程，常用于气相催化烷基化。

烷基铝，主要有烷基铝、苯酚铝、苯胺铝等。烯烃烷化剂选择性催化剂，可使烷基选择性地进入芳环上氨基或羟基的邻位。苯酚铝是苯酚邻位烷基化催化剂；苯胺铝是苯胺邻位烷基化催化剂。脂肪族烷基铝或烷基氯化铝，要求烷基与导入烷基相同。

6.2.1.3 C-烷基化方法

卤烷、烯烃、醇、醛和酮等为 C-烷基化常用的烷化剂，烷化剂不同，C-烷基化方法亦不同。

(1)用烯烃 C-烷基化

烯烃是价格便宜的烷化剂,用于烷基酚、烷基苯、烷基苯胺生产,常用乙烯、丙烯、异丁烯及长链 α-烯烃等,常用催化剂为三氟化硼、氯化铝、氢氟酸。

烯烃比较活泼,易发异构化、生聚合以及酯化等反应。所以,用烯烃 C-烷基化应严格控制条件,避免副反应。

工业用烯烃 C-烷基化,如下两种方法。

①气相法。采用固定床反应器,气相芳烃和烯烃在一定温度和压力下,催化 C-烷基化,催化剂为固体酸。

②液相法。液态芳烃、气(液)态烯烃通过液相催化剂进行的 C-烷基化。一般情况下反应器为鼓泡塔、多级串联反应釜或釜式反应器。

(2)用卤烷 C-烷基化

卤代烷活泼,不同结构的卤代烷其活性不同,烷基相同卤代烷的活性次序为:

$$RCl > RBr > RI$$

卤代烷的卤素相同,烷基不同时的卤代烷的活泼性次序为:

$$C_6H_5CH_2 > R_3CX > RCH_2X > CH_3X$$

氯化苄的活性最强,少量温和催化剂,便可与芳烃 C-烷基化。氯甲烷活性较小,氯化铝用量较多,在加热条件下,与芳烃发生 C-烷基化反应。卤代芳烃因其活性较低,通常情况下不作烷化剂。

卤代烷中常用氯代烷,其反应在液相中进行。因为烷基化过程产生氯化氢,所以用氯烷 C-烷基化应注意以下几点。

①管道和设备作防腐处理,以防烷基化液腐蚀设备、管道。

②不使用无水氯化铝,而用铝锭或铝丝。

③须在微负压下操作,以导出氯化氢气体。

④具备吸收装置,以回收尾气中的氯化氢。

C-烷基化物料必须干燥脱水,以避免氯化铝水解、破坏催化剂配合物,这不仅消耗铝锭,而且导致管道堵塞,影响生产。

氯烷比烯烃价高,芳烃 C-烷基化较少使用氯烷,具有活泼甲基或亚甲基化合物的 C-烷基化常用卤烷。

(3)用醇 C-烷基化

醇类属弱烷化剂,适用于酚、芳胺、萘等活泼芳烃的 C-烷基化,烷基化过程中有烷基化芳烃和水生成。

例如,苯胺用正丁醇烷基化合成染料中间体正丁基苯胺,氯化锌为催化剂。温度太高时,烷基取代氨基上的氢发生 C-烷基化反应:

$$C_6H_5NH_2 + C_4H_9OH \xrightarrow[210℃,0.8MPa]{ZnCl_2} C_6H_5NHC_4H_9 + H_2O$$

温度为 240～300℃时,烷基从氨基转移至芳环碳原子上,主要生成对烷基苯胺:

$$C_6H_5NHC_4H_9 \xrightarrow[240℃,2.2MPa]{ZnCl_2} p\text{-}C_4H_9C_6H_4NH_2$$

工业用压热釜，苯胺、正丁醇按 1∶1.055(摩尔比)配比，无水氯化锌加入高压釜，升温、升压于 210℃，0.8 MPa 保温 6 h，然后在 240℃、2.2 MPa 保温 10 h，再在碱液中回流 5 h，分离得正丁基苯胺，以苯胺计收率 40%～45%。未反应的苯胺、正丁醇及副产物 C-正丁基苯胺，分离后回收套用。

发烟硫酸存在下，萘用正丁醇同时进行 C-烷基化和磺化，生成 4,5-二丁基萘磺酸，中和后为渗透剂 BX。

渗透剂 BX 有如下两种生产方法：

①萘与正丁醇搅拌混合后，加浓硫酸，继续搅拌至试样溶解于水为透明溶液为止，静止分层，上层溶液用烧碱中和，过滤、干燥即为成品。

②用同等质量的硫酸磺化，生成的 2-萘磺酸冷却后，在剧烈搅拌下加入浓硫酸和正丁醇，搅拌数小时至烷基化终点，静置分层，上层溶液用烧碱中和、蒸发、盐析后过滤、干燥得成品。

(4)氯甲基化

在无水氯化锌存在下，在芳烃和甲醛混合物中通入氯化氢可在芳环上导入氯甲基：

$$C_6H_6 + HCHO + HCl \xrightarrow{无水ZnCl_2} C_6H_5CH_2Cl + H_2O$$

氯甲基化为亲电取代反应，芳环上的给电子取代基有利于反应。甲醛、聚甲醛及氯化氢为常用的氯甲基化剂，催化剂有氯化锌及盐酸、硫酸、磷酸等。

为避免多氯甲基化反应发生，氯甲基化使用过量芳烃。反应催化剂用量过大、温度过高时，易发生副反应，生成二芳基甲烷。

芳烃氯甲基化是合成 α-氯代烷基芳烃的一个重要方法。例如，在乙酸及 85%磷酸存在下，将萘与甲醛、浓盐酸加热至 85℃，产物是 1-氯甲基萘：

$$C_{10}H_8 + HCHO + HCl \xrightarrow{无水ZnCl_2} 1\text{-}C_{10}H_7CH_2Cl + H_2O$$

间二甲苯活泼性较高，氯甲基化在水介质中进行而无须催化剂：

$$m\text{-}C_6H_4(CH_3)_2 + 2HCHO + 2HCl \xrightarrow{乳化剂} (ClH_2C)_2C_6H_2(CH_3)_2 + 2H_2O$$

(5)用醛或酮 C-烷基化

醛或酮活性较弱，主要用于酚、萘等活泼芳烃的 C-烷基化，催化剂常用质子酸。例如，在稀硫酸作用下，2-萘磺酸与甲醛的 C-烷基化：

$$2\ C_{10}H_7SO_3H + HCHO \xrightarrow[130^\circ C]{H_2SO_4} HO_3S-C_{10}H_6-CH_2-C_{10}H_6-SO_3H + H_2O$$

产物亚甲基二萘磺酸，经 NaOH 中和后得扩散剂 N，扩散剂 N 是纺织印染助剂。反应可在水溶液、中性或弱酸性无水介质中进行，不仅生成两个萘环的亚甲基化合物，还可生成多个萘环的亚甲基化合物。

在质子酸作用下，烷基酚用甲醛 C-烷基化，合成一系列抗氧剂。例如：

$$2\ H_3C-C(CH_3)_2-C_6H_2(OH)(CH_3) + HCHO \xrightarrow{H^+} H_3C-C(CH_3)_2-C_6H_2(OH)(CH_3)-CH_2-C_6H_2(OH)(CH_3)-C(CH_3)_2-CH_3 + H_2O$$

在无机酸存在下，甲醛与过量苯酚 C-烷基化，合成双酚 F：

$$2\ C_6H_5OH + HCHO \xrightarrow{H^+} HO-C_6H_4-CH_2-C_6H_4-OH + H_2O$$

以碱为催化剂，甲醛与酚类作用，可在芳环上引入羟甲基：

$$C_6H_5OH + HCHO \xrightarrow{OH^-} C_6H_4(OH)CH_2OH$$

如果酚不是大大过量，无论酸或碱催化，都将生成酚醛树脂。

$$2\ C_6H_5NH_2 + HCHO \xrightarrow[100^\circ C]{HCl} H_2N-C_6H_4-CH_2-C_6H_4-NH_2 + H_2O$$

醛类与芳胺的 C-烷化产物，用于合成染料中间体。盐酸存在条件下，甲醛与过量苯胺烷基化，合成 4,4′-二氨基二苯甲烷。

$$2\ C_6H_5NH_2 + C_6H_5CHO \xrightarrow{HCl} H_2N-C_6H_4-CH(C_6H_5)-C_6H_4-NH_2 + H_2O$$

在 30%盐酸作用下，苯甲醛与苯胺在 145℃下减压脱水，产物 4,4′-二氨基三苯甲烷。在无机酸作用下，丙酮与过量苯酚烷基化，合成 2,2′-双丙烷，即双酚 A。

$$2\ C_6H_5OH + CH_3COCH_3 \xrightarrow{H^+} HO-C_6H_4-C(CH_3)_2-C_6H_4-OH + H_2O$$

在盐酸或硫酸作用下，环己酮与过量苯胺 C-烷基化合成 4,4′-二苯氨基环己烷。

$$2\,C_6H_5NH_2 + C_6H_{10}O \xrightarrow[130^\circ C,0.13MPa]{H_2SO_4} (H_2NC_6H_4)_2C_6H_{10} + H_2O$$

将无机酸作为催化剂，设备腐蚀严重，产生大量含酸、含酚废水；若使用强酸性阳离子交换树脂，从而上述问题可避免，并可循环使用。

6.2.1.4 C-烷基化工业过程

(1)异丙苯的生产

异丙苯的生产为典型的烷基苯生产过程，异丙苯主要用于苯酚、丙酮生产，也可用作汽油添加剂，提高油品的抗爆震性能。异丙苯是以丙烯、苯为原料合成的，工业生产有如下两种方法。

①液相法。使用鼓泡式反应器生产异丙苯，如图 6-1 所示。催化剂为无水氯化铝、多烷基苯与少量水配制成的溶液，烷基化温度为 80～100℃，如果温度高于 120℃，催化剂溶液树脂化而失去催化活性，因此必须严格温度控制不超过 120℃。丙烯与苯配料摩尔比为 1∶(6～7)。

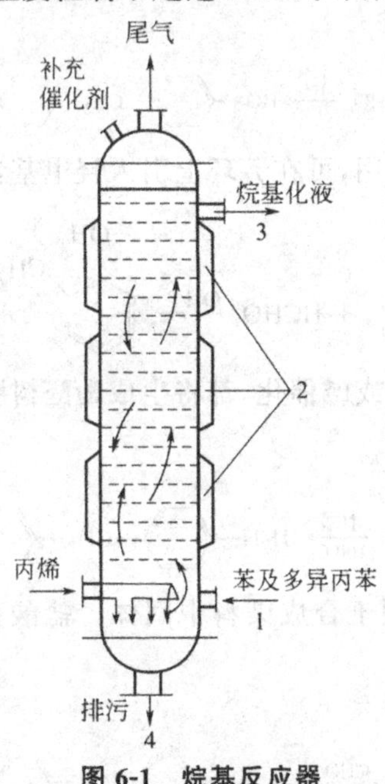

图 6-1　烷基反应器

1—入口；2—加热或者冷却夹套；3—出口；4—排污口

丙烯与苯的混合物从烷基化反应器底部连续通入，烷基化液由塔上部连续溢出，所夹带的催化剂大部分经沉降分离返回烷基化反应器，少量的经水分解、中和后除去。同时补加少量无水氯化铝，保持催化剂溶液具有稳定的催化活性。

烷基化液中，含异丙苯 30%～32%、多异丙苯 10%～12%及未反应的苯。烷基化液经精馏分离出苯、乙苯、异丙苯和多异丙苯。苯循环套用，多异丙苯用于配制催化剂或返回烷基化反应器。异丙苯的选择性，以苯计为 94%～96%，以丙烯计为 96%～97%。

液相法生产工艺，如图 6-2 所示，该方法反应温和，多烷基苯可循环使用，催化剂对烷基转移有较好的催化活性；然而烷基化过程中产生氯化氢，中和、洗涤过程中产生的 $Al(OH)_3$ 絮状物不易处理。

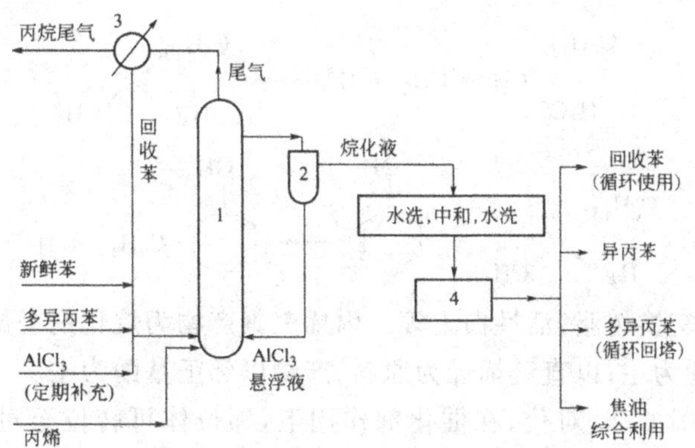

图 6-2 液相法异丙苯生产工艺流程

1—烷化塔;2—沉降器;3—回流冷凝器;4—精馏塔

②气相法。生产流程如图 6-3 所示。烷基化为气固相催化反应过程,催化剂为固体磷酸,烷基化温度为 200~250℃、压力为 0.3~1.0 MPa,丙烯与苯的配料比(摩尔比)为 1∶(7~8),原料气中添加适量水蒸气,以保持催化剂高温催化活性。

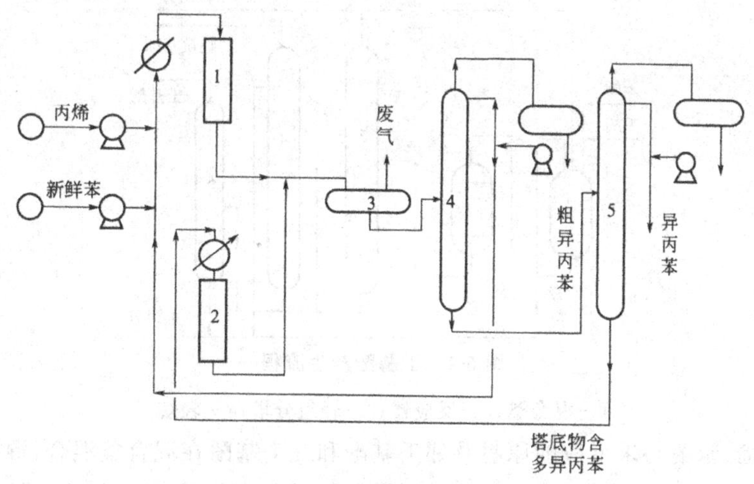

图 6-3 气相法异丙苯产生工艺流程

1—烷化反应器;2—转移烷化反应器;3—闪蒸罐;4—苯塔;5—产品塔

气相烷基化的副产物主要是二异丙苯、三异丙苯及正丙苯等,烷基化反应的选择性,以丙烯计为 91%~92%,以苯计为 96%~97%。

气相法的优点为:对原料纯度及含水量要求不高,异丙苯易回收精制;选择性高;催化剂用量少;无氯化氢气体产生;"三废"较少;设备腐蚀轻。

其缺点为:此法需要耐高温高压设备,且多异丙苯不易循环。

(2)壬基酚的生产

壬基酚聚氧乙烯醚是多用途的非离子表面活性剂。壬基酚是重要的化工原料,用于合成防腐剂、着色剂、矿物浮选剂、壬基酚甲醛树脂等。

壬烯与苯酚 C-烷基化合成壬基酚,催化剂 H^+ 使壬烯形成叔碳正离子,与苯酚烷基化生成壬基酚，释放出 H^+ 与壬烯烃继续作用。

$$\underset{H_3C}{\overset{C_6H_{13}}{\Big\rangle}}CH=CH_2 + H^+ \longrightarrow \underset{H_3C}{\overset{C_6H_{13}}{\Big\rangle}}C^+\!-CH_3$$

$$\underset{H_3C}{\overset{C_6H_{13}}{\Big\rangle}}C^+\!-CH_3 + C_6H_5OH \longrightarrow HO-C_6H_4-C_9H_{19} + H^+$$

催化剂是阳离子交换树脂、活性白土等。丙烯三聚产物为烷化剂壬烯，如果以支链烯烃为原料，产物以对壬基酚为主；以直链烯烃为原料，产物以邻壬基酚为主。

壬基主要进入苯酚的邻、对位，在催化剂作用下，邻位体可转位至对位，主产物为对壬基酚，副产物为二取代壬基酚。提高酚烯比，可达到降低二壬基酚的生成量，减少二壬基酚循环，提高壬烯的转化率的目的；然而增加酚烯配比，会导致酚转化率下降，酚回收能耗增加，设备利用率下降。

壬基酚的生产工艺包括原料混合、反应和精馏部分，如图 6-4 所示。

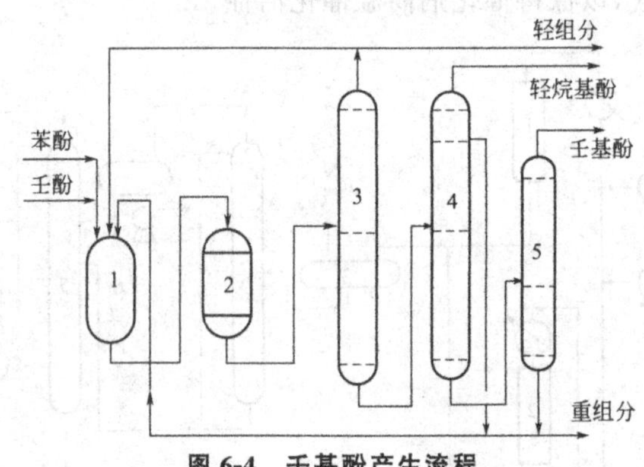

图 6-4　壬基酚产生流程

1—混合釜；2—反应器；3—轻组分塔；4—轻烷

新鲜的壬烯、苯酚与未反应的原料及邻壬基酚和二壬基酚在混合釜混合，混合物进入固定床反应器，在 196～980.7 kPa、50%～100%下进行烷基化。烷基化物由反应器底部采出进入轻馏分塔，塔顶馏分为未反应的原料、烃类与水，大部分返回混合釜循环使用；塔底馏分进入轻烷基酚塔，轻烷基酚塔顶馏分做燃料或石化原料，侧线采出的邻壬基酚返回混合釜，塔釜馏分进入成品塔。成品塔塔顶馏分即壬基酚，塔釜为二壬基酚和高聚物，部分循环至混合釜，部分送出装置以避免重组分积累，以苯酚计为 93.1%，以壬烯计壬基酚收率为 94.5%。

(3)双酚 A 的合成

苯酚和丙酮的重要衍生物为双酚 A[2,2-二(4-羟基苯基)丙烷]，其主要用于生产聚碳酸酯、不饱和聚酯树脂等高分子材料，也用于增塑剂、阻燃剂、橡胶防老剂、农药、涂料等精细化工产品的生产。

我国开发的杂多酸法聚合级双酚 A 的生产工艺，苯酚和丙酮以磷钨酸为主催化剂、巯基乙酸为助催化剂，合成双酚 A。丙酮转化率高于 95%，双酚 A 的选择性大于 98%，催化剂循环利用率在80%以上，套用次数达16次以上，此工艺采用含酚无离子水闭路循环，无含酚废水排放，双酚A质量达到聚合级标准。

按照催化剂不同，双酚A生产分为三种：硫酸法、盐酸法和阳离子交换树脂法。硫酸法的催化剂为73%～74%硫酸，助催化剂为巯基乙酸，苯酚：丙酮：酸(摩尔比)为2：1：6，温度为37～40.5℃。阳离子交换树脂法为催化剂以强酸性阳离子交换树脂，以巯基化合物为助催化剂，苯酚和丙酮的摩尔比10：1，在75℃下合成双酚A，产物经蒸馏分离低沸点组分后送结晶器，用冷却结晶法分离提纯。

合成双酚A有两种方法：间歇法和连续法。连续法优点为生产能力大，缺点为消耗较高。间歇法使用间歇式反应釜，烷基化在常压下进行，将丙酮和苯酚按1：8的配比(摩尔比)与被氯化氢饱和的循环液加入反应釜，在50～60℃下搅拌8～9 h，分离回收氯化氢及未反应的丙酮和苯酚，精制后得双酚A。每吨产品消耗苯酚855 kg、丙酮269 kg、氯化氢16 kg。

连续法以改性阳离子交换树脂作催化剂，使用绝热式固定床反应器，单台或多台串联操作，丙酮和苯酚配比(摩尔比)1：(8～14)，反应温度尽可能低，停留时间为1 h，丙酮转化率约为50%。烷基化液经分离、精制得双酚A。每吨产品消耗苯酚888 kg、丙酮288 kg、阳离子交换树脂139 kg。

离子交换树脂法具有无腐蚀；污染极少；催化剂易于分离；产品质量高；操作简单的优点，但是其化剂昂贵且一次性填充大；原料苯酚要求高；丙酮单程转化率低。

6.2.2 N-烷基化反应

6.2.2.1 N-烷基化过程和反应类型

(1)N-烷基化过程

N-烷基化是在胺类化合物的氨基上引入烷基的化学过程，胺类指氨、脂肪胺或芳香胺及其衍生物，N-烷基化反应的通式为：

$$NH_3 + R—Z \longrightarrow RNH_2 + HZ$$

$$R'NH_2 + R—Z \longrightarrow R'NHR + HZ$$

$$R'NHR + R—Z \longrightarrow R'NR_2 + HZ$$

式中，R-Z表示烷化剂，R代表烷基，Z代表—OH、—SO_3H等。烷化剂可是醇、酯、卤烷、环氧化合物、烯烃、醛和酮类。

N-烷基化可导入甲基、乙基、羟乙基、氯乙基、氰乙基、苄基、C_8～C_{18}烷基等。伯胺、仲胺、叔胺、季铵盐等N-烷基化产物，在染料、医药、表面活性剂方面有着重要用途。

胺类的反应活性与氨基的活性成正比，脂肪胺的活性比芳香胺高；在胺的衍生物中，给电子基增强氨基的活性，吸电子基削弱氨基的活性；烷基是氨基的致活基团，当导入一个烷基后，还可导入第二个、第三个，N-烷基化是连串反应。

(2)N-烷化反应类型

①加成型。烷基化剂直接加成在氨基上，生成N-烷化衍生物。

$$RNH_2 \xrightarrow{CH_2=CHCN} RNHC_2H_4CN \xrightarrow{CH_2=CHCN} RN\begin{matrix} C_2H_4CN \\ C_2H_4CN \end{matrix}$$

$$RNH_2 \xrightarrow{\overset{CH_2-CH_2}{\diagdown O \diagup}} RNHCH_2CH_2OH \xrightarrow{\overset{CH_2-CH_2}{\diagdown O \diagup}} RN\begin{matrix} CH_2CH_2OH \\ CH_2CH_2OH \end{matrix}$$

烯烃衍生物和环氧化合物是加成型烷化剂。

②取代型。烷化剂与胺类反应,烷基取代氨基上的氢原子。

$$RNH_2 \xrightarrow{R'Z} R'NHR \xrightarrow{R''Z} RNR'R'' \xrightarrow{R'''Z} RR'R''R'''N^+ Z^-$$

取代型烷化剂有醚、醇、酯等,烷基化活性取决于与烷基相连的离去基团,强酸中性酯的活性最强,其次是卤烷,醇较弱。

③缩合—还原型。醛或酮为烷化剂,与胺类的羰基加成,再脱水缩合生成缩醛胺,然后还原为胺,因此称还原N-烷基化。

$$RNH_2 \xrightarrow{R'CHO} RN=CHR' \xrightarrow{[H]} RNHCH_2R' \xrightarrow{R'CHO} RN\begin{matrix} CH_2R' \\ CHR' \\ | \\ OH \end{matrix} \xrightarrow{[H]} RN\begin{matrix} CH_2R' \\ CH_2R' \end{matrix}$$

6.2.2.2 N-烷基化方法

(1)用醇和醚N-烷基化

醇的烷基化能力很弱,需要催化剂和较强烈条件。如果使用液相N-烷基化反应,需要加压条件;使用气相N-烷基化反应,需要高温条件。甲醇、乙醇等低级醇类价廉易得,多用作活泼胺类的烷化剂。

用醇N-烷基化常用强酸作催化剂。硫酸使醇转变成烷基正离子,烷基正离子与氨或氨基作用形成中间配合物,脱去质子生成伯胺或仲胺:

$$Ar-\overset{H}{\underset{H}{N}}: + R^+ \rightleftharpoons \left[Ar-\overset{H}{\underset{H}{N^+}}-R\right] \rightleftharpoons Ar-\overset{H}{\underset{R}{N}}: + H^+$$

同理,仲胺与烷基正离子生成叔胺:

$$Ar-\overset{H}{\underset{R}{N}}: + R^+ \rightleftharpoons \left[Ar-\overset{H}{\underset{R}{N^+}}-R\right] \rightleftharpoons Ar-\overset{R}{\underset{R}{N}}: + H^+$$

叔胺与烷基正离子生成季铵正离子:

$$Ar-\overset{R}{\underset{R}{N}}: + R^+ \rightleftharpoons Ar-N^+R_3$$

生成的伯胺、仲胺和叔胺质子解离后可继续使用;如果生成季铵正离子,质子不能解离,季铵正离子的生成量按化学计量不大于加入酸量。

胺类的碱性越强，N-烷基化越容易，芳环上的给电子基致活，芳环上的吸电子基致钝。

用醇的N-烷基化是一个连串可逆反应：

$$ArNH_2+ROH \xrightleftharpoons{K_1} ArNHR+H_2O$$

$$ArNHR+ROH \xrightleftharpoons{K_2} ArNR_2+H_2O$$

一烷化物与二烷化物的相对生成量，与一烷化和二烷化的平衡常数 K_1 和 K_2 有关。

$$K_1=\frac{[ArNHR][H_2O]}{[ArNH_2][ROH]}$$

$$K_2=\frac{[ArNR_2][H_2O]}{[ArNHR][ROH]}$$

K_1 和 K_2 数值的大小与醇的性质有关。

N-烷基化产物为季铵盐和伯、仲、叔胺的混合物，烷基化程度不同的胺存在烷基移。例如，在甲基苯磺酸存在下，N-甲基苯胺转化为苯胺和N,N-二甲基苯胺：

$$2C_6H_5NHCH_3 \xrightarrow{H^+} C_6H_5N(CH_3)_2+C_6H_5+NH_2$$

苯胺的甲基化或乙基化，如制备仲胺，醇用量需稍大于其理论量；若制取叔胺则过量较多，一般为40%～60%。

硫酸催化剂用量，一般1 mol芳胺用0.05～0.3 mol硫酸。芳胺与醇N-烷基化的温度不宜过高，否则有利于C-烷基化。用醇N-烷基化有液相法和气相法，液相法操作一般用压热釜，醇与氨或伯胺，在酸催化下高温加压脱水。例如，N,N-二甲基苯胺的生产：

$$C_6H_5NH_2 + 2CH_3OH \xrightarrow{H_2SO_4} C_6H_5N(CH_3)_2 + 2H_2O$$

将苯胺、甲醇与硫酸按1：3：0.1的摩尔比混合均匀，加入不搅拌器的高压釜中，密闭加热，在温度205～215℃及3 MPa下保温4～6 h，然后泄压回收过量的甲醇及副产物二甲醚，再将物料放至分离器，用碳酸钠中和游离酸，静置分层。有机层主要是粗N,N-二甲基苯胺，水层含有硫酸钠、季铵盐等，在分离水层加入30%氢氧化钠溶液，在温度160～170℃和0.7～0.9 MPa下密闭保温3 h，季铵盐水解为甲醇，N,N-二甲基苯胺等。

$$C_6H_5\overset{+}{N}(CH_3)_3\cdot HSO_4^-+2NaOH \longrightarrow C_6H_5N(CH_3)_2+Na_2SO_4+CH_3OH+H_2O$$

N,N-二甲基苯胺与水层分离，与有机层合并，水洗、真空蒸馏得N,N-二甲基苯胺，收率为96%。

N,N-二甲基苯胺主要用于合成染料、医药、硫化促进剂及炸药等。

气相法使用固定床反应器，醇和胺或氨的混合气体在一定温度和压力下通过固体催化剂进行N-烷基化，反应后混合气经冷凝脱水，得到N-烷基化粗品。

烷基化产物是一甲胺、二甲胺和三甲胺的混合物。因为二甲胺用途最广，一般氨过量并加适量水和循环三甲胺，使烷基转移以减少三甲胺。

高级脂肪仲胺或叔胺的合成，可将 C_8～C_{18} 高级醇作为烷化剂，被烷基化物为二甲胺等低级脂肪胺，例如：

$$(CH_3)_2NH+C_{18}H_{37}OH \xrightarrow[180\sim220^{\circ}C]{CuO-Cr_2O_3} C_{18}H_{37}N(CH_3)_2+H_2O$$

另外，二甲醚和二乙醚也可用于气相 N-烷基化，反应温度较醇类低。

(2)用卤烷 N-烷基化

卤烷比醇活泼，烷基相同的卤烷活性顺序为：

$$RI>RBr>RCl>RF$$

卤烷主要用于引入长链烷基、难烷化的胺类。

氯或溴烷为常用卤烷，卤素相同的卤烷，伯卤烷最好，仲卤烷次之，叔卤烷易发生消除反应。卤代芳烃反应活性低于卤烷，其 N-烷基化条件较高，如需催化剂和高温等；芳卤的邻，对位的强吸电子取代基，可增强其反应活性。

用卤烷 N-烷基化的反应通式为：

$$ArNH_2+RX \longrightarrow ArNHR+HX$$

$$ArNHR+RX \longrightarrow ArNR_2+HX$$

$$ArNR_2+RX \longrightarrow ArNR_3 \cdot X^-$$

反应是不可逆的，卤化氢与芳胺形成铵盐不利于 N-烷基化，缚酸剂可中和卤化氢。

采用卤烷 N-烷基化的条件比醇类温和，反应可在水介质中进行，通常温度不超过 100℃，用氯甲烷、氯乙烷等低沸点卤烷，需高压釜操作。

N-烷基化产物多为仲胺和叔胺的混合物。例如，苯胺与溴烷的摩尔比为(2.5～4)：1，共热 2～6 h，得相应的 N-丙基苯胺、N-异丙基苯胺或 N-异丁基苯胺。

长碳链卤烷与胺类可合成仲胺或叔胺，胺类常用二甲胺。

$$(CH_3)_2NH+RCl \xrightarrow[NaOH]{130\sim140^{\circ}C} RN(CH_3)_2+HCl$$

例如，N,N-二甲基十八胺、N,N-二甲基十二胺苄基化物，将 N,N-二甲基十八胺，在 80～85℃加至接近等物质的量的氯化苄中，在 100～105℃反应到达 pH 值为 6.5 左右，收率近 95%。

采用类似方法，可合成十二烷的季铵盐。

$$C_{18}H_{37}N(CH_3)_2 + C_6H_5CH_2Cl \longrightarrow C_{18}H_{37}-\overset{CH_3}{\underset{CH_3}{\overset{|}{\underset{|}{N^+}}}}-CH_2C_6H_5 \cdot Cl^-$$

(3)用环氧乙烷 N-烷基化

环氧乙烷有毒、易燃、易爆，沸点为 10.7℃，其爆炸极限为 3%～80%，一般采用钢瓶贮运，反应需要耐压设备，通入环氧乙烷前，务必用氮气置换，将设备抽真空后通入氮气，为保证安全需要多次置换；使用环氧乙烷注意通风，加强安全防范。

环氧乙烷性质活泼，可与水、氨、醇、羧酸、胺和酚等含活泼氢的化合物加成，催化剂可为碱或酸，碱常用氢氧化钾、氢氧化钠、醇钠与醇钾；酸性催化剂常用三氟化硼、酸性白土及酸性离子交换树脂等。环氧乙烷与氨或胺加成烷基化，产物是 N-羟乙基化合物：

$$CH_2\underset{O}{—}CH_2 + RNH_2 \longrightarrow RNHC_2H_4OH$$

在碱存在下，N-羟乙基化胺与环氧乙烷齐聚生成聚醚：

$$RNHC_2H_4OH + n\, CH_2\underset{O}{—}CH_2 \longrightarrow RNHC_2H_4O(C_2H_4O)_nH$$

制取羟乙基化物需要酸性催化剂，齐聚多用碱作催化剂。芳胺 N-羟乙基化不使用碱催化剂，可在水存在下进行。

$$C_6H_5NH_2 \xrightarrow{H_2C\underset{O}{—}CH_2} C_6H_5NHC_2H_4OH \xrightarrow{H_2C\underset{O}{—}CH_2} C_6H_5N(C_2H_4OH)_2$$

合成 N-二羟乙基化物，苯胺过量很多；如果合成 N,N-二羟乙基化物，环氧乙烷稍过量。

例如，N-羟乙基苯胺的合成，苯胺与环氧乙烷按 2.4∶1（摩尔比）配比，苯胺与水混合后加热温度达到 60℃，在冷却条件下环氧乙烷分批加入，60～70℃保温 3 h；真空蒸馏，收集 150～160℃/800 Pa 馏分，N-羟乙基苯胺收率为 83%～86%。

N,N-二羟乙基苯胺的合成，苯胺与环氧乙烷的摩尔比为 1∶2.02，在 105～110℃、0.2 MPa 条件下，在苯胺中分批加入环氧乙烷，加毕在 95℃保温 5 h，真空蒸馏，收集 190～200℃/600～800 Pa 馏分，N,N-二羟乙基苯胺收率在 88%左右。

高级脂肪胺与环氧乙烷的反应如下：

$$RNH_2 + CH_2\underset{O}{—}CH_2 \longrightarrow \begin{cases} RNH(C_2H_4O)_nH \\ RN\begin{matrix}(C_2H_4O)_nH \\ (C_2H_4O)_nH\end{matrix} \end{cases}$$

环氧乙烷与叔胺作用制得的硝酸季铵盐：

$$C_{18}H_{37}N(CH_3)_2 + CH_2\underset{O}{—}CH_2 + HNO_3 \longrightarrow \left[C_{18}H_{37}—\overset{CH_3}{\underset{CH_3}{N^+}}—C_2H_4OH \right] \cdot NO_3^-$$

其操作是将 N,N-二甲基十八胺溶解在异丙醇中，加入硝酸，氮气置换后，于 90℃通环氧乙烷，在 90～110℃反应，之后冷却至 60℃，加入双氧水漂白即可，其产品可用作抗静电剂。

环氧乙烷与氨加成合成乙醇胺：

$$NH_3 + CH_2\underset{O}{—}CH_2 \longrightarrow H_2NC_2H_4OH + HN(C_2H_4OH)_2 + N(C_2H_4OH)_3$$

产物为一乙醇胺、二乙醇胺和三乙醇胺的混合物。氨与环氧乙烷反应的条件和产物组成，如表 6-2 所示。

表 6-2 氨和环氧乙烷反应的条件和产物组成

氨环∶氧乙烷（摩尔）	N-烷基化产物组成/%		
	一乙醇胺	二乙醇胺	三乙醇胺
10∶1	67～75	21～27	4～12

续表

氨环：氧乙烷(摩尔)	N-烷基化产物组成/%		
	一乙醇胺	二乙醇胺	三乙醇胺
2：1	25～31	38～52	23～26
1：1	4～12	20～26	65～69

(4)用酯类 N-烷基化

强酸的烷基酯，反应活性高于卤烷，用量无须过量很多，副反应较少。强酸烷基酯的沸点较高，可在常压及不太高的温度下进行 N-烷基化，价格比相应醇或卤烷高，用于不活泼胺类的烷基化，制备价格高、产量少的 N-烷基化产品。

应用最多的为硫酸二酯、芳磺酸酯，其次为磷酸酯类。在硫酸酯中，最常用的为硫酸二甲酯或硫酸二乙酯，硫酸氢酯烷基化能力较弱，所以硫酸二酯只有一个烷基参加反应。

$$ArNH_2 + CH_3OSO_2OCH_3 \xrightarrow{易} ArNHCH_3 + CH_3OSO_3H$$

$$ArNH_2 + CH_3OSO_3Na \xrightarrow{难} ArNHCH_3 + NaHSO_4$$

硫酸二甲酯活性高，芳环上同时存在氨基和羟基，控制介质 pH 值或选择适当溶剂，可只发生 N-烷基化而不影响羟基。例如：

$$HO-C_6H_4-NH_2 \xrightarrow[pH=6\sim7]{(CH_3)_2SO_4,20\%NaOH} HO-C_6H_4-NHCH_3$$

如被烷基化物分子中有多个氮原子，根据氮原子活性差异，有选择地进行 N-烷基化，例如：

$$\text{2-氨基-6-甲氧基苯并噻唑}(H_3CO, -NH_2) \xrightarrow[60\sim64℃]{(CH_3)_2SO_4,CHCl_3} \text{3-甲基-2-氨基-6-甲氧基苯并噻唑鎓}(N^+-CH_3)\cdot CH_3SO_4^-$$

使用硫酸二甲酯制备仲胺、叔胺和季铵盐时，此时需要有机溶剂或者碱性水溶液。

芳磺酸酯多用于引入摩尔质量较大的烷基，其活性比硫酸酯低、比卤烷高。芳磺酸的烷基可是含取代基的烷基，苯磺酸甲酯的毒性比硫酸二甲酯小，可代替硫酸二甲酯。

芳磺酸酯 N-烷基化需用游离胺，否则得卤烷和芳磺酸铵盐：

$$R'NH_2 \cdot HX + C_6H_5SO_2OR \longrightarrow RX + R'NH_3 \cdot C_6H_5SO_3^-$$

芳磺酸酯 N-烷基化的温度，脂肪胺较低，芳香胺较高。芳磺酸高碳烷基酯与芳香胺 N-烷基化，芳磺酸酯与芳胺的摩尔比为 1：2，温度为 110～125℃，N-烷基芳胺收率良好，过量芳胺与芳磺酸生成芳胺芳磺酸盐；用与芳磺酸酯等摩尔比的缚酸剂高温共热生成 N,N-二烷基芳胺。

芳磺酸酯的制备需在 N-烷基化之前，芳磺酰氯与相应的醇在氢氧化钠存在下，低温酯化得芳磺酸酯。

使用磷酸酯N-烷基化，产品纯度高、收率好，如N,N-二烷基芳胺的合成：

$$3ArNH_2 + 2(RO)_3PO \longrightarrow 3ArNR_2 + 2H_3PO_4$$

对于可脱水的环合胺类，多聚磷酸酯可兼脱水环合剂：

$$\text{(邻-NH}_2\text{苯基)}CH_2CH_2OH + \left[-\overset{O}{\underset{OCH_3}{P}}-O-\right]_n \xrightarrow{130℃,5h} \text{N-}CH_3\text{吲哚啉} + H_2O$$

多聚磷酸酯可由五氧化二磷与相应醇酯化获得。

(5)用烯烃N-烷基化

烯烃通过双键加成实现N-烷基化，常用含α-羰基、羧基、氰基、酯基的烯烃衍生物。如果无活性基团，那么难以进行N-烷基化；含吸电子基的烯烃衍生物，反应容易进行。

$$RNH_2 + CH_2{=}CH{-}CN \longrightarrow RNH{-}C_2H_4CN$$

$$RNH{-}C_2H_4CN + CH_2{=}CH{-}CN \longrightarrow RN(C_2H_4CN)_2$$

$$RNH_2 + CH_2{=}CH{-}COOR' \longrightarrow RNH{-}C_2H_4COOR'$$

$$RNH{-}C_2H_4COOR' + CH_2{=}CH{-}COOR' \longrightarrow RN(C_2H_4COOR')_2$$

与环氧乙烷、卤烷、硫酸二酯相比，烯烃衍生物的烷基化能力较弱，需要催化剂，乙酸、硫酸酸等，常用催化剂为三甲胺、三乙胺、吡啶等。

丙烯酸衍生物易聚合，超过140℃聚合反应加剧，所以用丙烯酸衍生物N-烷基化，温度通常不超过130℃。反应需少量阻聚剂如对苯二酚，以防烯烃衍生物聚合。

烯烃衍生物N-烷基化产物，多用于合成染料、表面活性剂和医药中间体。

(6)用醛或酮N-烷基化

在还原剂存在下，氨与醛或酮还原N-烷基化，经羰基加成、脱水消除、再还原得相应的伯胺，伯胺可与醛或酮继续反应，生成仲胺，仲胺与醛或酮进一步反应，最终生成叔胺。

$$NH_3 + RCHO \xrightarrow{-H_2O} RCH{=}NH \xrightarrow{还原剂} RCH_2NH_2$$

$$NH_3 + RCOR' \xrightarrow{-H_2O} RR'C{=}NH \xrightarrow{还原剂} RR'CHNH_2$$

$$RCH_2NH_2 + RCHO \xrightarrow{-H_2O} RCH{=}NCH_2R \xrightarrow{还原剂} (RCH_2)_2NH$$

氨或胺类与醛或酮还原烷基化，脱水缩合和加氢还原同时进行。在硫酸或盐酸等酸介质中用锌粉还原，常用还原剂为甲酸。在$RhCl_3$存在下，一氧化碳为还原剂，可制备仲胺和叔胺。

$$RNH_2 + R'CHO + CO \xrightarrow[180℃,7MPa]{RhCl_3,C_2H_5OH} RNHCH_2R' + CO_2$$

橡胶防老剂 40101NA 的合成，是催化加氢缩合还原烷基化的一例。

$$C_6H_5NH-C_6H_4-NH_2 + CH_3COCH_3 + H_2 \xrightarrow[5.07\sim6.08MPa,\ 150℃]{Cu-Cr} C_6H_5NH-C_6H_4-NH-CH(CH_3)_2 + H_2O$$

N,N-二甲基十八胺是表面活性剂及纺织助剂的重要品种，其合成是伯胺与甲醛水溶液及甲酸共热：

$$CH_3(CH_2)_{17}NH_2+2HCHO+2HCOOH \rightarrow CH_3(CH_2)_7N(CH_3)_2+2CO_2+2H_2O$$

反应在常压液相条件下进行，胺与甲醛、甲酸的摩尔比为 1∶(5.9～6.4)∶(2.6～2.9)。将乙醇、十八烷基胺分别加入反应釜，搅拌均匀，加入甲酸，加热，至 50～60℃缓慢加入甲醛水溶液，升温，至 80～83℃回流 2 h，液碱中和至 pH 值大于 10，静置分层，除去水的粗胺减压蒸馏，产品为 N,N-二甲基十八胺。

6.2.2.3 N-烷基化产物的分离

N-烷基化产物通常为伯、仲、叔胺的混合物。分离胺类混合物的方法有两种：物理法和化学法。

物理分离法是根据 N-烷基化产物沸点不同，如表 6-3 所示，多采用精馏方法分离。若 N-烷基化产物沸点差很小，若 N-甲基苯胺与 N,N-二甲基苯胺沸点差仅 2℃，普通精馏难以分离，那么此时则需用化学分离法。

表 6-3 苯胺 N-基化产物组成及其沸点

组成	沸点/℃
苯胺	184
N,N-二乙基苯胺	216.3
N-乙基苯胺	204.7

化学分离法是根据 N-烷基芳胺的化学性质差异分离的。例如，用光气处理烷基芳胺混合物。在碱性试剂存在下，光气与伯胺、仲胺低温酰化生成不溶性酰化物：

$$ArNH_2 + COCl_2 \longrightarrow ArNH-CO-NHAr + 2HCl$$

$$ArNHR + COCl_2 \longrightarrow Ar-N(R)-CO-Cl + HCl$$

叔胺不与光气反应，稀盐酸可使之溶解，滤出不溶性酰化物，用稀酸在 100℃下水解，此时只有仲胺酰化物水解：

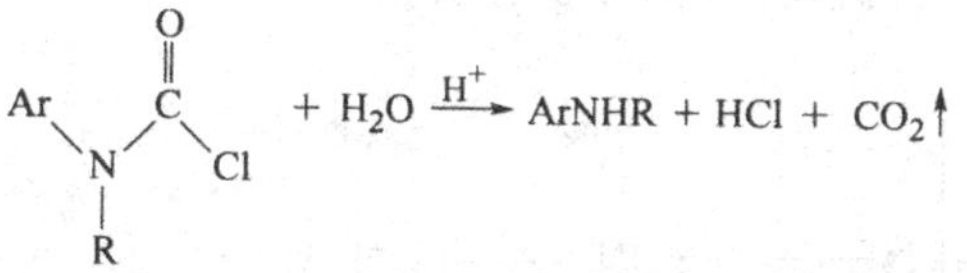

$$\text{Ar(R)N-C(=O)Cl} + H_2O \xrightarrow{H^+} ArNHR + HCl + CO_2\uparrow$$

滤出伯胺生成的二芳基脲，二芳基脲在碱性介质中用过热蒸汽水解，从而可得伯胺。化学分离法产品的优点：纯度较高，几乎为纯品。化学分离法产品的缺点：消耗化学原料多，成本较高。

6.2.2.4　N-烷基化过程

橡胶加工助剂对苯二胺类化合物，对橡胶氧化、屈服疲劳、臭氧老化、热老化等具有良好的防护作用，是重要的橡胶防老剂。

对苯二胺类防老剂的结构通式如下：

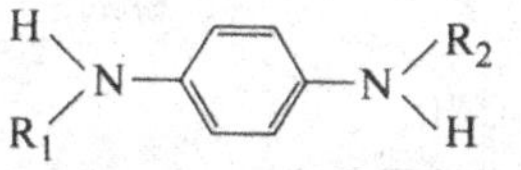

$$R_1(H)N-C_6H_4-N(H)R_2$$

（R_1，R_2可以是烷基，也可以是芳基）

对苯二胺类防老剂的合成，通常使用 4-氨基二苯胺及其衍生物为被烷化物，酮类化合物为烷化剂，应用缩合—还原型 N-烷基化法生产，防老剂 4010、防老剂 4010NA、防老剂 4020 等为其主要品种。

防老剂 4010 是高效防老剂，用于天然橡胶和丁苯、氯丁、丁腈、顺丁等合成橡胶，也可用于燃料油，纯品为白色粉末，熔点为 115℃，密度为 1.29 g/cm³，易溶于苯，难溶于油，不溶于水。

防老剂 4010 是以 4-氨基二苯胺为被烷基化物，环己酮为烷化剂，经高温脱水生成亚胺，然后用甲酸还原，得产物 N-环己基-N′-苯基对苯二胺。

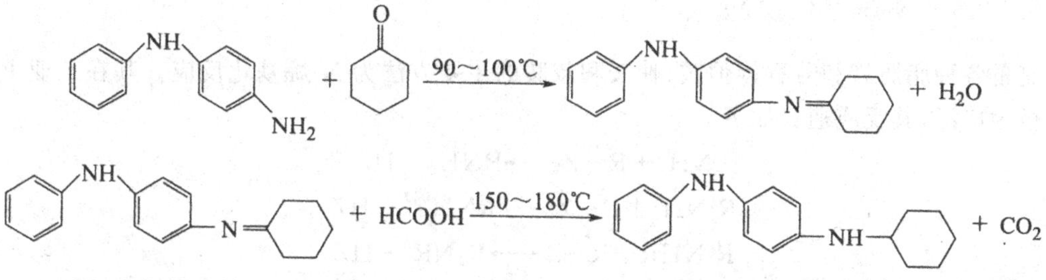

$$C_6H_5NH-C_6H_4-NH_2 + \text{环己酮} \xrightarrow{90\sim100℃} C_6H_5NH-C_6H_4-N=C_6H_{10} + H_2O$$

$$C_6H_5NH-C_6H_4-N=C_6H_{10} + HCOOH \xrightarrow{150\sim180℃} C_6H_5NH-C_6H_4-NH-C_6H_{11} + CO_2$$

还原烷基化的产物采用溶剂汽油结晶，再经过滤、洗涤、干燥、粉碎等操作，即得防老剂 4010。主要原材料规格及其消耗定额，如表 6-4 所示。

表 6-4　防老剂 4010 生产材料的规格及其消耗定额

原材料名称	规格		消耗定额		原材料名称	规格		消耗定额	
4-氨基二苯胺	凝固点/℃	68	t/t 产品	0.93	溶剂汽油	标号	120	t/t 产品	0.45
环己酮	纯度/%	97.5	t/t 产品	0.62	甲酸	纯度/%	85	t/t 产品	0.274

防老剂4010的生产工艺流程，如图6-5所示。

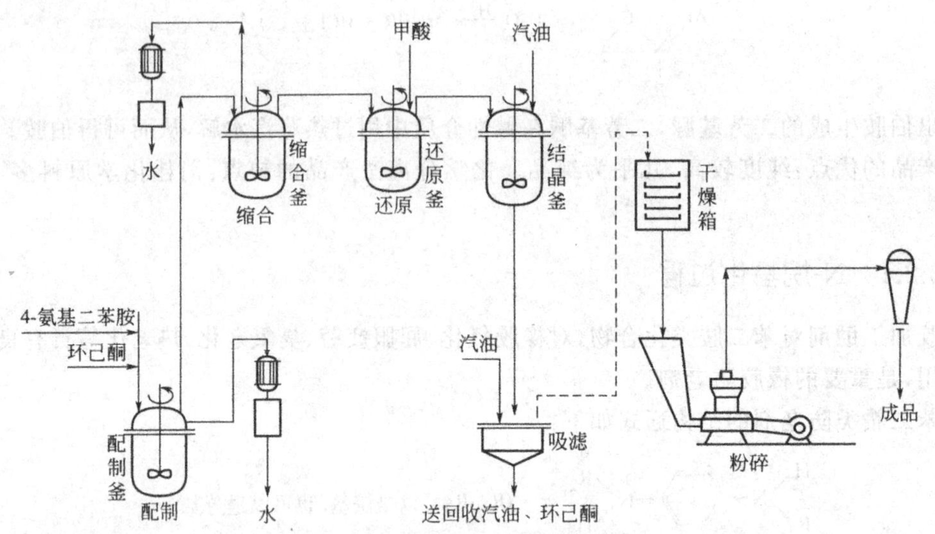

图6-5 防老剂4010生产工艺流程示意

将定量的4-氨基二苯胺和环己酮加入配制釜，启动搅拌、升温，在110℃时开始脱去部分水，然后将混合物料打入缩合反应釜，此时进一步升温，在150～180℃继续脱水缩合，至缩合反应结束，待缩合物料冷却，送至还原反应釜。当还原反应釜温度降至90℃时，滴加甲酸进行还原反应，待还原反应结束时，用真空泵将还原物料抽至盛有120号溶剂汽油的结晶釜，冷却结晶，将结晶物料放至抽滤罐，吸滤、洗涤，滤饼送干燥器干燥，干燥后的物料经粉碎、过筛，得成品防老剂4010。

6.2.2.5 N-烷基化反应

制备各种脂肪族和芳香族伯胺、仲胺和叔胺的主要方法为N-烷基化反应。其在工业上的应用极为广泛，其反应通式如下：

$$NH_3 + R{-}Z \longrightarrow RNH_2 + HZ$$

$$R'NH_2 + R{-}Z \longrightarrow RNHR' + HZ$$

$$R'NHR + R{-}Z \longrightarrow R_2NR' + HZ$$

$$R_2NR' + R{-}Z \longrightarrow R_3\overset{+}{N}R' + Z^-$$

式中，R—Z代表烷基化剂；R代表烷基；Z则代表离去基团，依据烷基化剂的种类不同，Z也不尽相同。如烷基化剂为卤烷、醇、酯等化合物时，离去基团Z分别为—OH、—X、—OSO_3H基团。另外环氧化合物、烯烃、醛和酮也可作为N-烷化剂，其与胺发生加成反应，因此无离去基团。

N-烷基化产物是制造医药、表面活性剂及纺织印染助剂时的重要中间体。氨基是合成染料分子中重要的助色基团，烷基的引入可加深染料颜色，故N-烷基化反应在染料工业中有着极为重要的意义。

(1)N-烷化剂

N-烷化剂是完成N-烷基化反应必需的物质，其种类和结构决定着N-烷基化产物的结构。

N-烷化剂的种类很多,通常使用的有以下六类:

①醇和醚类。例如,甲醇、乙醇、甲醚、乙醚、异丙醇、丁醇等。

②醛和酮类。例如,各种脂肪族和芳香族的醛、酮。

③酯类。例如,硫酸二甲酯、硫酸二乙酯、对甲苯磺酸酯等。

④环氧类。例如,环氧乙烷、环氧氯丙烷等。

⑤卤烷类。例如,氯甲烷、氯乙烷、苄氯、溴乙烷、氯乙醇、氯乙酸等。

⑥烯烃衍生物类。例如,丙烯腈、丙烯酸甲酯、丙烯酸等。

在上述 N-烷化剂中,前三类反应活性最强的是硫酸的中性酯,例如硫酸二甲酯;其次是卤烷;醇、醚类烷化剂的活性较弱,须用强酸催化或在高温下才可发生反应。后三类的反应活性次序大致为:

环氧类>烯烃衍生物>醛和酮类

(2)N-烷化反应类型

N-烷基化反应依据所使用的烷化剂种类不同,可分为如下三种类型。

①取代型。所用 N-烷化剂为醇、卤烷、醚、酯类。其反应可看作是烷化剂对胺的亲电取代反应。

$$NH_3 \xrightarrow[-HZ]{R^1-Z} R^1NH_2 \xrightarrow[-HZ]{R^2-Z} R^1NHR_2 \xrightarrow[-HZ]{R^3-Z} R^1-\underset{R^3}{\overset{R^2}{N}} \xrightarrow{R^4-Z} \left[R^1-\underset{R^4}{\overset{R^2}{N^+}}-R^3 \right] Z^-$$

②加成型。所用 N-烷化剂为环氧化合物和烯烃衍生物。其反应可看作是烷化剂对胺的亲电加成反应。

$$RNH_2 \xrightarrow{\overset{CH_2-CH_2}{\diagdown O \diagup}} RNHCH_2CH_2OH \xrightarrow{\overset{CH_2-CH_2}{\diagdown O \diagup}} RN(CH_2CH_2OH)_2$$

$$RNH_2 \xrightarrow{CH_2=CH-CN} RNHCH_2CH_2CN \xrightarrow{CH_2=CH-CN} RN(CH_2CH_2CN)_2$$

③缩合—还原型。所用 N-烷化剂为醛和酮类。其反应可看作是胺对烷化剂的亲核加成、再消除、最后还原。

$$RNH_2 \xrightarrow[\text{缩合}]{R'CHO} RN=CHR' \xrightarrow[\text{还原}]{[H]} RNHCH_2R' \xrightarrow{R'CHO} R-\underset{HO-CHR'}{\overset{CH_2R'}{N}} \xrightarrow{[H]} RN(CH_2R')_2$$

需要指出,无论哪种反应类型,都是利用胺结构中氮原子上孤对电子的活性来完成的。

(3)N-烷基化方法

①用卤烷作烷化剂的 N-烷基化法。卤烷作 N-烷化剂时,反应活性较醇要强。当需要引入长碳链的烷基时,因为醇类的反应活性随碳链的增长而减弱,此时则需使用卤烷作为烷化剂。另外,对于活泼性较低的胺类,如芳胺的磺酸或硝基衍生物,为提高反应活性,也要求采用卤烷作为烷化剂。卤烷活性次序为:

RI>RBr>RCl

脂肪族>芳香族

短链>长链

用卤烷进行的N-烷基化反应是不可逆的，因为反应中有卤化氢气体放出。此外，反应放出的卤化氢会与胺反应生成盐，胺盐失去了氮原子上的孤对电子，N-烷基化反应则难以进行。工业上为使反应顺利进行，通常向反应系统中加入一定的碱作为缚酸剂，以中和卤化氢。

卤烷的烷基化反应可在水介质中进行，如果卤烷的沸点较低，反应要在高压釜中进行。烷基化反应生成的大多是仲胺与叔胺的混合物，为了制备仲胺，则必须使用大过量的伯胺，以抑制叔胺的生成。有时还需要用特殊的方法来抑制二烷化副反应，例如：由苯胺与氯乙酸制苯基氨基乙酸时，除了要使用不足量的氯乙酸外，在水介质中还要加入氢氧化亚铁，使苯基氨基乙酸以亚铁盐的形式析出，以避免进一步二烷化。

$2C_6H_5NH_2 + 2ClCH_2COOH + Fe(OH)_2 + 2NaOH \rightarrow (C_6H_5NH_2COO)_2Fe + 2NaCl + 4H_2O$，然后将亚铁盐滤饼用氢氧化钠水溶液处理，使其转变成可溶性钠盐。

制备N,N-二烷基芳胺可使用定量的苯胺和氯乙烷，加入装有氢氧化钠溶液的高压釜中，升温至120℃，当压力为1.2 MPa时，靠反应热可自行升温至210～230℃，压力4.5～5.5 MPa，反应3 h，即可完成烷基化反应。

$$C_6H_5\text{—}NH_2 + 2C_2H_5Cl \xrightarrow[120\sim220^\circ C]{NaOH} C_6H_5\text{—}N(C_2H_5)_2 + 2HCl$$

长碳链卤烷与胺类反应也能制取仲胺和叔胺。如用长碳链氯烷可使二甲胺烷基化，制得叔胺。

$$RCl + NH(CH_3)_2 \xrightarrow[130\sim140^\circ C]{NaOH} RN(CH_3)_2 + HCl$$

反应生成的氯化氢用氢氧化钠中和。

②用烯烃衍生物作烷化剂的N-烷基化法。烯烃衍生物与胺类也可发生N-烷基化反应，此反应是通过烯烃衍生物中的碳—碳双键与氨基中的氢加成来而完成的。丙烯腈和丙烯酸酯为常用的烯烃衍生物，其分别向胺类氮原子上引入氰乙基和羧酸酯基。其产物均为生产染料、表面活性剂和医药的重要中间体。

$$RNH_2 + CH_2=CHCN \longrightarrow RNHCH_2CH_2CN \xrightarrow{CH_2=CHCN} RN(CH_2CH_2CN)_2$$

$$RNH_2 + CH_2=CHCOOR' \longrightarrow RNHCH_2CH_2COOR' \xrightarrow{CH_2=CHCOOR'} RN(CH_2CH_2COOR')_2$$

丙烯腈与胺类反应时，通常加入少量酸性催化剂。因为丙烯腈易发生聚合反应，还需要加入少量阻聚剂。例如：苯胺与丙烯腈反应时，其摩尔比为1∶1.6时，在少量盐酸催化下，水介质中回流温度进行N-烷基化，主要生成N-(β-氰乙基)苯胺；取其摩尔比为1∶2.4，反应温度为130～150℃，那么主要生成N,N-(β-氰乙基)苯胺。

丙烯腈和丙烯酸酯分子中含有较强吸电子基团—CN、—COOR，使其分子中β-碳原子上带部分正电荷，从而有利于与胺类发生亲电加成，生成N-烷基取代产物。

$$R\ddot{N}H_2 + \overset{\delta^+}{C}H_2=\overset{\delta^-}{C}H\text{—}CN \longrightarrow RNHCH_2CH_2CN$$

$$R\ddot{N}H_2 + \overset{\delta^+}{C}H_2=\overset{\delta^-}{C}H\text{—}\underset{\delta^+}{\overset{O^{\delta^-}}{\overset{\|}{C}}}\text{—}OR' \longrightarrow RNH(CH_2CH_2COOR')$$

与卤烷、环氧乙烷和硫酸酯相比，烯烃衍生物的烷化能力较弱，为提高反应活性，常需加入酸性或碱性催化剂。需要指出，丙烯酸酯类的烷基化能力较丙烯腈弱，因此其反应时需要更剧烈的反应条件。胺类与烯烃衍生物的加成反应是一个连串反应。

③用醇和醚作烷化剂的N-烷基化法。用醇和醚作烷化剂时，它们烷化能力较弱，因此反应需在较强烈的条件下才能进行，然而某些低级醇由于价廉易得，供应量大，工业上常用其作为活泼胺类的烷化剂。

醇烷基化常用强酸作催化剂，其催化作用是将醇质子化，进而脱水得到活泼的烷基正离子R^+。R^+与胺氮原子上的孤对电子形成中间络合物，其脱去质子得到产物。

$$\mathrm{H{-}NH_2{:}} + R^+ \rightleftharpoons \left[\mathrm{H{-}N^+H_2{-}R}\right] \rightleftharpoons \mathrm{R{-}NH_2{:}} + H^+$$

$$\mathrm{R{-}NH_2{:}} + R^+ \rightleftharpoons \left[\mathrm{R{-}N^+H_2{-}R}\right] \rightleftharpoons \mathrm{R{-}N(R)H{:}} + H^+$$

$$\mathrm{R{-}N(R)H{:}} + R^+ \rightleftharpoons \left[\mathrm{R{-}N^+(R)(R){-}H}\right] \rightleftharpoons \mathrm{R{-}N(R)R{:}} + H^+$$

$$\mathrm{R{-}N(R)R{:}} + R^+ \rightleftharpoons \left[\mathrm{R{-}N^+(R)(R){-}R}\right]$$

胺类用醇烷化为一个亲电取代反应。胺的碱性越强，则反应越易进行。由于烷基是供电子基，其引入会使胺的活性提高，因此N-烷基化反应是连串反应，同时又是可逆反应。对于芳胺，环上带有供电子基时，芳胺易发生烷基化；而环上带有吸电子基时，烷基化反应则较难进行。

N-烷基化产物是伯胺、仲胺和叔胺的混合物。可见要得到目的产物必须采用适宜的N-烷化方法。

苯胺进行甲基化时，如果目的产物是一烷基化的仲胺，那么醇的用量仅稍大于理论量；如果目的产物是二烷基化的叔胺，那么此时醇用量为理论量140%～160%。虽然这样，在制备仲胺时，得到的产物依然是伯胺、仲胺和叔胺的混合物。用醇烷化时，1 mol胺用强酸催化剂0.05～0.3 mol，反应温度为200℃左右，温度不宜过高，否则有利于芳环上的C-烷化反应。苯胺甲基化反应完毕后，物料用氢氧化钠中和，分出N,N-二甲基苯胺油层。再从剩余水层中蒸出过量的甲醇，然后再在170～180℃、压力0.8～1.0 MPa下使季铵盐水解转化为叔胺。

胺类用醇进行烷基化除了上述液相方法外，对易于气化的醇和胺，反应还可采用气相方法。通常是使胺和醇的蒸气在280～500℃的高温下，通过氧化物催化剂。例如，工业上大规模生产的甲胺就是由氨和甲醇气相烷基化反应生成的。

$$NH_3 + CH_3OH \xrightarrow[350\sim500^\circ C,\ 1\sim3\ MPa]{Al_2O_3\cdot SiO_2} CH_3NH_2 + H_2O \quad \Delta H = -21\ kJ/mol$$

烷基化反应并不停留在一甲胺阶段，还同时得到二甲胺、三甲胺混合物。其中用途最广的为二甲胺，需求量一甲胺次之。为减少三甲胺的生成，烷基化反应时，一般取氨与甲醇的摩尔比大于1，使氨过量，再加适量水和循环三甲胺，使烷基化反应向一烷基化和二烷基化转移。工业上三种甲胺的产品是浓度为40%的水溶液。一甲胺和二甲胺为制造医药、炸药、农药、染料、表面活性剂、橡胶硫化促进剂和溶剂等的原料。三甲胺用于制造离子交换树脂、饲料添加剂及植物激素等。

甲醚是合成甲醇时的副产物，也可用作烷化剂，其反应式如下。

$$C_6H_5\text{—}NH_2 + (CH_3)_2O \xrightarrow[230℃]{Al_2O_3} C_6H_5\text{—}NHCH_3 + CH_3OH$$

$$C_6H_5\text{—}NHCH_3 + (CH_3)_2O \longrightarrow C_6H_5\text{—}N(CH_3)_2 + CH_3OH$$

此烷基化反应可在气相进行。使用醚类烷化剂的优点是反应温度可以较使用醇类的低。

④用环氧乙烷作烷化剂的N-烷基化法。环氧乙烷是一种活性很强的烷基化剂，其分子具有三元环结构，环张力较大，容易开环，与胺类发生加成反应得到含羟乙基的产物。例如：芳胺与环氧乙烷发生加成反应，生成N-(β-羟乙基)芳胺，如果再与另一分子环氧乙烷作用，可进一步得到叔胺：

$$ArNH_2 + \underset{\diagdown O \diagup}{CH_2\text{—}CH_2} \longrightarrow ArNHCH_2CH_2OH \xrightarrow{\underset{\diagdown O \diagup}{CH_2\text{—}CH_2}} ArN(CH_2CH_2OH)_2$$

当环氧乙烷与苯胺的摩尔比为0.5∶1，反应温度为65～70℃，并加入少量水时，此时主要产物为N-(β-羟乙基)苯胺。若使用稍大于2 mol的环氧乙烷，并在120～140℃和0.5～0.6 MPa压力下进行反应，则得到的产物主要是N,N-(β-羟乙基)苯胺。

环氧乙烷活性较高，易与含活泼氢的化合物发生加成反应，碱性和酸性催化剂均能加速此类反应。例如N,N-二(β-羟乙基)苯胺与过量环氧乙烷反应，将生成N,N-二(β-羟乙基)芳胺衍生物。

$$ArN(CH_2CH_2OH)_2 + 2m\ \underset{\diagdown O \diagup}{CH_2\text{—}CH_2} \longrightarrow ArN[(CH_2CH_2O)_mCH_2CH_2OH]_2$$

氨或脂肪胺和环氧乙烷也能发生加成烷基化反应，例如，制备乙醇胺类化合物。

$$NH_3 + \underset{\diagdown O \diagup}{CH_2\text{—}CH_2} \longrightarrow H_2NCH_2CH_2OH + HN(CH_2CH_2OH)_2 + N(CH_2CH_2OH)_3$$

产物为三种乙醇胺的混合物。反应时首先将25%的氨水送入烷基化反应器，然后缓通气化的环氧乙烷；反应温度为35～45℃，到反应后期，升温至110℃以蒸除过量的氨；后经脱水，减压蒸馏，收集不同沸程的三种乙醇胺产品。乙醇胺是重要的精细化工原料，它们的脂肪酸酯可制成合成洗净剂。乙醇胺可用于净化许多工业气体，脱除气体中的酸性杂质。

环氧乙烷沸点较低，其蒸气与空气的爆炸极限很宽，因此在通环氧乙烷前，务必用惰性气体置换反应器内的空气，从而确保生产安全。

⑤用醛或酮作烷化剂的N-烷基化法。醛或酮可与胺类发生缩合—还原型N-烷基化反应，其反应通式如下。

$$R-\overset{H}{\overset{|}{C}}=O + NH_3 \xrightarrow{-H_2O} \left[R-\overset{H}{\overset{|}{C}}=NH \right] \xrightarrow{[H]} RCH_2NH_2$$

$$R-\overset{R'}{\overset{|}{C}}=O + NH_3 \xrightarrow{-H_2O} \left[R-\overset{R'}{\overset{|}{C}}=NH \right] \xrightarrow{[H]} R-\overset{R'}{\overset{|}{C}}HNH_2$$

反应最初产物为伯胺，若醛、酮过量，则可相继得到仲胺、叔胺。在缩合—还原型 N-烷基化中应用最多的是甲醛水溶液，如脂族十八胺用甲醛和甲酸反应可以生成 N，N-二甲基十八烷胺：

$$CH_3(CH_2)_{17}NH_2 + 2CH_2O + 2HCOOH \rightarrow CH_3(CH_2)_{17}N(CH_3)_2 + 2CO_2 + 2H_2O$$

反应在常压液相条件下进行。脂肪胺先溶于乙醇中，再加入甲酸水溶液，升温至 50～60℃，缓慢加入甲醛水溶液，温度加热至 80℃，反应完毕。产物液经中和至强碱性，静置分层，分出粗胺层，经减压蒸馏得叔胺。该方法优点为：反应条件温和，易操作控制。其缺点为：消耗大量甲酸，对设备有腐蚀性。

在骨架镍存在下，可用氢代替甲酸，但这种加氢还原需要采用耐压设备。此法合成的含有长碳链的脂肪族叔胺是表面活性剂、纺织助剂等的重要中间体。

⑥用酯作烷化剂的 N-烷基化法。硫酸酯、磷酸酯和芳磺酸酯都是活性很强的烷基化剂，其沸点较高，反应可在常压下进行。因酯类价格比醇和卤烷都高，因此其实际应用受到限制。硫酸酯与胺类烷基化反应通式如下：

$$R'NH_2 + ROSO_2OR \longrightarrow R'NHR + ROSO_2H$$

$$R'NH_2 + ROSO_2ONa \longrightarrow R'NHR + NaHSO_4$$

硫酸中性酯易给出其所含的第一个烷基，而给出第二烷基则较困难。常用的是硫酸二甲酯，然而其毒性极大，可通过呼吸道及皮肤进入人体，因此在使用时应当十分小心。用硫酸酯烷化时，常需要加碱中和生成的酸，以便提高其给出烷基正离子的能力。若对甲苯胺与硫酸二甲酯于 50～60℃时，在碳酸钠、硫酸钠和少量水存在下，可生成 N，N-二甲基对甲苯胺，收率可达 95%。此外，用磷酸酯与芳胺反应也可高收率、高纯度地制得 N，N-二烷基芳胺，反应式如下：

$$3ArNH_2 + 2(RO)_3PO \longrightarrow 3ArNR_2 + 2H_3PO_4$$

芳磺酸酯作为强烷基化剂也可发生如上类的反应。

$$3ArNH_2 + ROSO_2Ar' \rightarrow ArNHR + Ar'SO_3H$$

6.2.2.6 相转移催化 N-烷基化

吲哚和溴苄在季铵盐的催化下，可高收率得到 N-苄基化产物。

$$\text{吲哚(N-H)} \xrightarrow[33℃，18h]{PhCH_2Br/50\%NaOH/TBAHS/C_6H_6} \text{N-}CH_2Ph\text{吲哚}$$

(93%)

此反应在无相转移催化剂时将无法进行。

抗精神病药物氯丙嗪的合成也采用了相转移催化反应。

$$\text{吩噻嗪(N-H)} \xrightarrow[C_6H_6/TBAB]{Cl(CH_2)_3N(CH_3)_2/NaOH} \text{N-}CH_2(CH_2)_2N(CH_3)_2\text{吩噻嗪}$$

1,5-萘内酰亚胺,因分子中羰基的吸电子效应,使氮原子上的氢具有一定的酸性,因此很难N-烷基化,即使在非质子极性溶剂中或是在含吡啶的碱性溶液中,反应速率也很慢,且收率低。然而1,5-萘内酰亚胺易与氢氧化钠或碳酸钠形成钠盐。

$$\text{(O=C—N—H 萘内酰亚胺)} + NaOH \rightleftharpoons \text{(O=C—}N^- Na^+\text{)} + H_2O$$

它易被相转移催化剂萃取到有机相,而在温和的条件下与溴乙烷或氯苄反应。若用氯丙腈为烷基化剂,为避免其水解,需使用无水碳酸钠,并选择使用能使钠离子溶剂化的溶剂,以利于1,5-萘内酰亚胺负离子被季铵正离子带入有机相而发生固—液相转移催化反应。

$$\text{(O=C—N—H)} + ClCH{=}CHCN \xrightarrow[\text{无水 }Na_2CO_3]{PTC/\text{溶剂}} \text{(O=C—N—CH=CHCN)}$$

6.2.3 O-烷基化反应

6.2.3.1.卤代烃的O-烷基化

这类反应容易进行,一般只要将所用的醇或酚与氢氧化钠,氢氧化钾或金属钠作用形成醇钠盐或酚钠盐,然后在不太高的温度下加入适量卤烷,即可得到良好的结果。当使用沸点较低的卤烷时,则需要在压热釜中进行反应。

$$HO{-}C_6H_4{-}OH + 2NaOH \xrightarrow[\text{水介质}]{35℃} NaO{-}C_6H_4{-}ONa + 2H_2O$$

$$NaO{-}C_6H_4{-}ONa + 2CH_3Cl \xrightarrow[NaOH]{70\sim120℃,1.5MPa} CH_3O{-}C_6H_4{-}OCH_3 + 2NaCl$$

通常醇钠易溶于水而难溶于有机溶剂,而卤代烷则易溶于有机溶剂而难溶于水,因此加入相转移催化剂,可使反应产率大为提高,同时也使反应在更温和的条件下进行。例如,在相转移催化剂聚乙二醇(PEG)2000作用下,2-辛醇与丁基溴在室温下反应生成醚。

$$\text{2-octanol} + \text{n-BuBr} \xrightarrow[\text{KOH, rt}]{\text{PEG2000}} \text{2-butoxyoctane}$$

在合适的条件下，酚与卤代烃或醇与活泼芳卤在非质子性强极性溶、剂中可直接反应。当反应体系中有相转移催化剂存在，微波加热可使芳醚烷基醚的产率大为提高。例如，在微波促进下，间甲苯酚在相转移催化剂存在下与苄氯反应。

$$\text{间甲苯酚} + PhCH_2Cl \xrightarrow[\text{微波(300W), 50s}]{n\text{-}Bu_4NBr/K_2CO_3/KOH} \text{3-}CH_3C_6H_4OCH_2Ph$$

6.2.3.2 脂的 O-烷基化

硫酸酯及磺酸酯均是良好的烷基化试剂。在碱性催化剂存在下，硫酸酯与酚、醇在室温下即能顺利反应，生成较高产率的醚类。

$$C_6H_5OH + (CH_3)_2SO_4 \xrightarrow[10℃]{NaOH} C_6H_5OCH_3 \ (72\% \sim 75\%) + CH_3OSO_3Na$$

$$C_6H_5CH_2CH_2OH + (CH_3)_2SO_4 \xrightarrow[NaOH]{(n\text{-}C_4H_9)_4\overset{+}{N}I^-} C_6H_5CH_2CH_2OCH_3 \ (90\%)$$

若用硫酸二乙酯作烷基化试剂时，可不需碱性催化剂；而且醇、酚分子中存在有其他羰基、氰基、羧基及硝基时，对反应亦均无影响。

除上述硫酸酯、磺酸酯外，还有原甲酸酯、草酸二烷酯、羧酸酯、二甲基甲酰胺缩醛、亚磷酸酯等也可用作 O-烷基化试剂。

$$o\text{-}NO_2C_6H_4OK + (COOC_2H_5)_2 \xrightarrow[120℃]{DMF} o\text{-}NO_2C_6H_4OC_2H_5 \ (85\%)$$

在对甲苯磺酸催化下，醇与亚磷酸二苯酯反应，以良好产率生成用其他方法难以得到的苯基醚。

$$\text{胆甾醇(HO-, } C_8H_{17}) \xrightarrow[HOP(OC_6H_5)_2]{TsOH} \text{胆甾醇苯基醚 } (C_6H_5O\text{-}, C_8H_{17})$$

6.2.3.3 醇、酚脱水成醚

醇或酚的脱水是合成对称醚的通用方法。醇的脱水反应通常在酸性催化剂存在下进行。常用的酸性催化剂有浓硫酸、浓盐酸、磷酸、对甲苯磺酸等。

$$(CH_3)_2CHCH_2CH_2OH \xrightarrow[\text{加热}]{CH_3-C_6H_4-SO_3H} [(CH_3)_2CHCH_2CH_2]_2O + H_2O$$

在浓硫酸催化下，三苯甲醇与异戊醇之间发生脱水生成三苯甲基异戊基醚。此法特别适用于合成叔烷基、伯烷基混合醚。因为叔醇在酸性催化剂存在下极易生成碳正离子，继而伯醇可对此碳正离子进行亲核进攻，形成混合醚。

$$(C_6H_5)_3COH + (CH_3)_2CHCH_2CH_2OH \xrightarrow[H_2SO_4]{\Delta} (C_6H_5)_3COCH_2CH_2CH(CH_3)_2$$

用弱酸或质子化的固相催化剂也可催化醇或酚的分子间或分子内脱水形成醚。例如，在弱酸 $KHSO_4$ 催化下，对乙酰氧基苄醇在减压条件下可发生分子间脱水。

$$2AcO-C_6H_4-CH_2OH \xrightarrow[100℃,33Pa]{KHSO_4} AcO-C_6H_4-CH_2OCH_2-C_6H_4-OAc$$

阳离子交换树脂也是二元醇进行分子内脱水的有效催化剂。

$$HO(CH_2)_5OH \xrightarrow{\text{阳离子交换树脂}} \text{四氢吡喃}$$

对于某些活泼的酚类，也可以用醇类作烷基化剂生成相应的醚，该方法是生成混合醚的重要方法。例如，在温和条件下，对甲氧基苯酚可与甲醇生成对甲氧基苯甲醚。

$$CH_3O-C_6H_4-OH + CH_3OH \xrightarrow{DEAD, Ph_3P} CH_3O-C_6H_4-OCH_3$$

6.2.3.4 环氧乙烷的 O-烷基化

环氧化合物易与醇、酚类发生开环反应，生成羟基醚。开环反应可用酸或碱催化，但往往生成不同的产品，酸与碱催化开环的反应过程并不相同。

$$\underset{\backslash O/}{RCH-CH_2} \xrightarrow{H^+} [R\overset{+}{C}HCH_2OH] \xrightarrow{R'OH} \underset{OR'}{RCHCH_2OH} + H^+$$

$$\underset{\backslash O/}{RCH-CH_2} \xrightarrow{R'O^-} \left[\underset{O^-}{RCHCH_2OR'}\right] \xrightarrow{R'OH} \underset{OH}{RCHCH_2OR'} + R'O^-$$

此种反应在工业上的应用之一是由醇类与环氧乙烷反应生成各种乙二醇醚。

低级脂肪醇如甲醇、乙醇和丁醇用环氧乙烷烷基化可生成相应的乙二醇单甲醚、单乙醚和单丁醚。

$$ROH + \underset{\backslash O/}{CH_2-CH_2} \longrightarrow ROCH_2CH_2OH$$

当 R 为甲基、乙基或丁基时，可相应制取乙二醇单甲醚、单乙醚及单丁醚等，这些产品都是重要的溶剂。

苯酚与萘酚也能与环氧乙烷反应，其中重要的是烷基酚与环氧乙烷的反应。例如，辛基苯酚与环氧乙烷在碱存在下，生成聚氧化乙烯辛基苯酚醚。

$$C_8H_{17}-C_6H_4-OH + n\,CH_2-CH_2(O) \xrightarrow{NaOH} C_8H_{17}-C_6H_4-O(CH_2CH_2O)_nH$$

反应中环氧乙烷的量对产品性质的影响极大,可按需要加以控制。环氧乙烷量小的产品在水中难于溶解;环氧乙烷量大的在水中容易溶解。

6.3 相转移烷基化反应

凡是能与相转移催化剂形成可溶于有机相的离子对的各类化合物,均可用相转移催化方法进行反应,并已经成功地应用于烷基化反应。下面对相转移催化烷基化技术进行概述。

6.3.1 相转移催化 C-烷基化

碳负离子的烷基化,由于其在合成中的重要性,是相转移催化反应中研究最早和最多的反应之一。例如,乙腈在季铵盐催化下进行烷基化反应。

$$PhCH_2CN \xrightarrow[28\sim35^\circ C,\ 3\sim5h]{EtBr/浓NaOH/TEBAC(1\%,摩尔分数)} PhCH(Et)CN \quad (78\%\sim84\%)$$

合成抗癫痫药物丙戊酸钠时,可采用 TBAB 催化进行 C-烷基化反应。

$$H_2C(COO)_2C(CH_3)_2 \xrightarrow[K_2CO_3/TBAB]{n\text{-}C_3H_7Br} (n\text{-}C_3H_7)_2C(COO)_2C(CH_3)_2 \xrightarrow{NaOH/H_2O} (n\text{-}C_3H_7)_2CH-COONa$$

6.3.2 相转移催化 N-烷基化

吲哚和溴苄在季铵盐的催化下,可高收率得到 N-苄基化产物。

$$\text{吩噻嗪(N-H)} \xrightarrow[C_6H_6/TBAB]{Cl(CH_2)_3N(CH_3)_2/NaOH} \text{N-}CH_2(CH_2)_2N(CH_3)_2\text{吩噻嗪}$$

此反应在无相转移催化剂时将无法进行。抗精神病药物氯丙嗪的合成也采用了相转移催化反应。

$$\text{吩噻嗪(N-H)} \xrightarrow[C_6H_6/TBAB]{Cl(CH_2)_3N(CH_3)_2/NaOH} \text{N-}CH_2(CH_2)_2N(CH_3)_2\text{吩噻嗪}$$

1,8-萘内酰亚胺,因分子中羰基的吸电子效应,使氮原子上的氢具有一定的酸性,很难N-烷基化,即使在非质子极性溶剂中或是在含吡啶的碱性溶液中,反应速率也很慢,且收率低。但1,8-萘内酰亚胺易与氢氧化钠或碳酸钠形成钠盐。

$$\text{1,8-萘内酰亚胺 (O=C—N—H)} + NaOH \rightleftharpoons \text{(O=C—N}^{-}\ Na^{+}) + H_2O$$

它易被相转移催化剂萃取到有机相,而在温和的条件下与溴乙烷或氯苄反应。若用氯丙腈为烷基化剂,为避免其水解,需使用无水碳酸钠,并选择使用能使钠离子溶剂化的溶剂,以利于1,8-萘内酰亚胺负离子被季铵正离子带入有机相而发生固—液相转移催化反应。

$$\text{(O=C—N—H)} + ClCH{=}CHCN \xrightarrow[\text{无水 } Na_2CO_3]{\text{PTC/溶剂}} \text{O=C—N—CH=CHCN}$$

6.3.3 相转移催化 O-烷基化

在碱性溶液中正丁醇用氯化苄 O-烷基化,相转移催化剂的使用与否,反应收率相差较大。

$$n\text{-BuOH} \xrightarrow[45℃,\ 6h]{PhCH_2Cl/50\%NaOH} n\text{-BuOCH}_2Ph \quad (4\%)$$

$$n\text{-BuOH} \xrightarrow[35℃,\ 1.5h]{PhCH_2Cl/50\%NaOH/TBAHS/C_6H_6} n\text{-BuOCH}_2Ph \quad (92\%)$$

活性较低的醇不能直接与硫酸二甲酯反应得到醚,使用醇钠也较困难,加入相转移催化剂则可顺利反应。

$$Ph—C(CH_3)(OH)—CH_3 \xrightarrow[33℃,\ 18h]{Me_2SO_4/50\%NaOH/TBAI/PE} Ph—C(CH_3)(OMe)—CH_3 \quad (85\%)$$

6.4 烷基化生产实例

6.4.1 长链烷基苯的制备

长链烷基苯主要用于生产表面活性剂、涤剂等,原料路线有烯烃和卤氯烷两种,到目前为止都使用。

氟化氢法即以烯烃为烷化剂,氟化氢为催化剂的制造方法。

$$R-CH_2CH=CH-R' + C_6H_6 \xrightarrow[30\sim40℃]{FH} R-CH_2CH(C_6H_5)-CH_2R'$$

三氯化铝法即以氯代烷为烷化剂，三氯化铝为催化剂的制造方法。

$$R-CHCl-R' + C_6H_6 \xrightarrow[70℃]{AlCl_3} R-CH(C_6H_5)-R' + HCl$$

式中，R 和 R′为烷基或氢。

6.4.1.1　$AlCl_3$ 法

$AlCl_3$ 法采用的长链氯代烷是由煤油经分子筛或尿素抽提得到的直链烷烃经氯化制得的。在与苯反应时，除烷基化主反应外，其副反应及后处理与上述以烯烃为烷化剂的情况类似，不同点在于烷化器的结构、材质及催化剂不同。

长链氯代烷与苯烷基化的工艺过程随烷基化反应器的类型不同而不同，通常使用的烷基化反应器有釜式和塔式两种。单釜间歇烷基化已很少使用，连续操作的烷基化设备有多釜串联式和塔式两种，前者主要用于以三氯化铝为催化剂的烷基化过程。

目前，国内广泛采用的都是以金属铝作催化剂，在三个按阶梯形串联的搪瓷塔组中进行，工艺流程如图 6-6 所示。

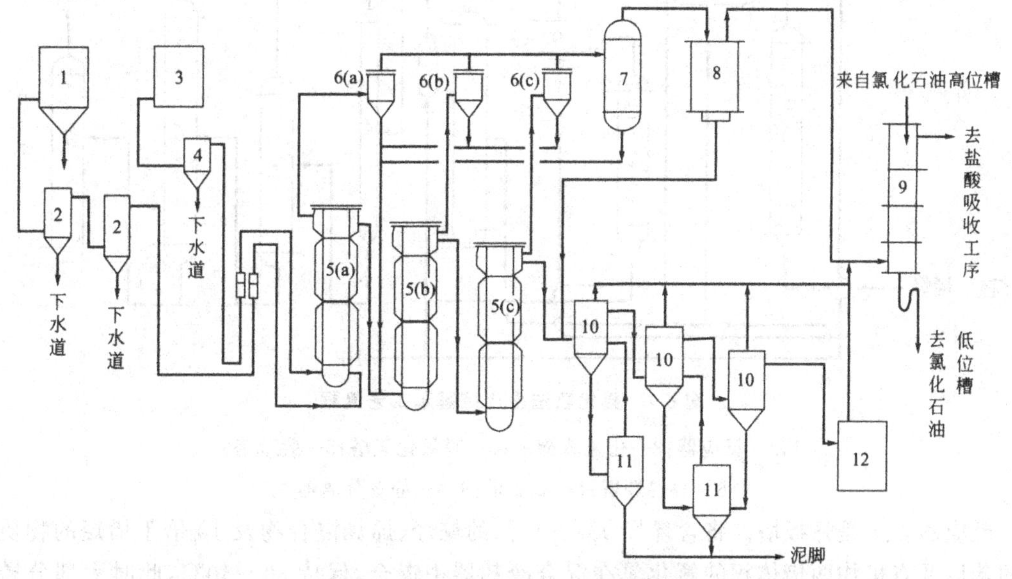

图 6-6　金属铝催化缩合工艺流程图

1—苯高位槽；2—苯干燥器；3—氯化石油高位槽；4—氯化石油干燥器；5—缩合塔；6—分离器；7—气液分离器；8—石墨冷凝器；9—洗气塔；10—静置缸；11—泥脚缸；12—缩合—液贮缸

反应器为带冷却夹套的搪瓷塔，塔内放有小铝块，苯和氯代烷由下口进入，反应温度在70℃左右，总的停留时间约为0.5 h，实际上5 min时转化率即可达90%左右。为了降低物料的黏度和抑制多烃化，苯与氯代烷的摩尔比为(5～10)：1。由反应器出来的液体物料中有未反应的烷基苯、苯、正构烷烃、少量HCl及$AlCl_3$络合物，后者静置分离出红油。其一部分可循环使用，余下部分使用硫酸处理转变为$Al_2(SO_4)_3$沉淀下来。上层有机物用氨或氢氧化钠中和，水洗，然后进行蒸馏分离，得到产品。

6.4.1.2 氟化氢法

苯与长链正构烯烃的烷基化反应通常情况下采用液相法，有时也在气相中进行。凡能提供质子的酸类均可作为烷基化的催化剂，因为HF性质稳定，副反应少，且易与目的产物分离，产品成本低及无水HF对设备几乎没腐蚀性等优点，使它在长链烯烃烷基化中应用最为广泛。

苯与长链烯烃的烷基化反应较复杂，按照原料来源不同主要有以下几个方面。

①烷烃、烯烯中的少量杂质。

②因长链单烯烃双键位置不同，形成许多烷基苯的同分异构体。

③在烷基化反应中可能发生异构化、聚合、分子重排和环化等副反应。

上述副反应的程度随操作条件、原料纯度和组成的变化而变化，其总量往往只占烷基苯的千分之几甚至万分之几，但它们对烷基苯的质量影响却很大，主要表现为烷基苯的色泽偏深等。

氟化氢法长链烷基苯生产工艺流程，如图6-7所示。

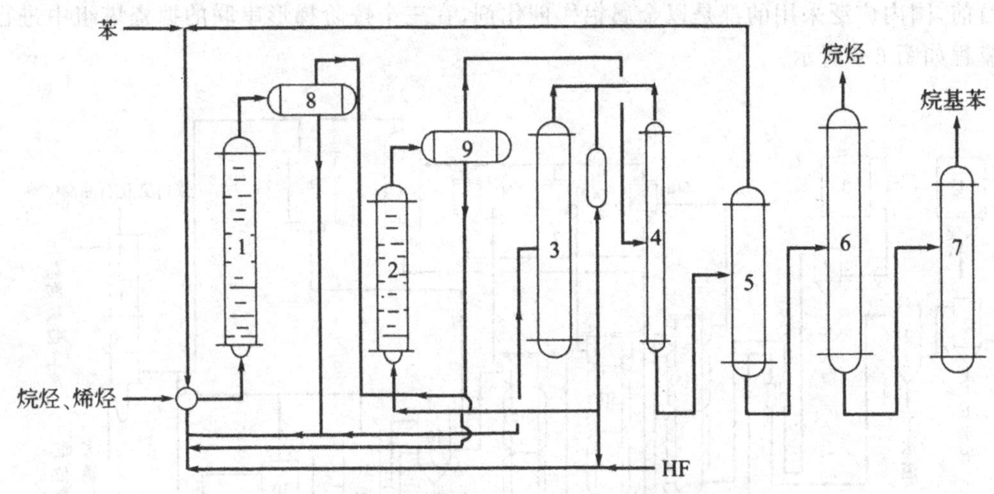

图6-7 氟化氢法生产烷基苯工艺流程

1，2—反应器；3—化氢蒸馏塔；4—脱氟化氢塔；5—脱苯塔；

6—脱烷烃塔；7—成品塔；8，9—静置分离器

反应器1、2是筛板塔。将含烯烃9%～10%的烷烃、烯烃混合物及10倍于烯烃的物质的量的苯以及有机物两倍体积的氟化氢在混合冷却器中混合，保持30～40℃，此时大部分烯烃已经反应。将混合物塔底送入反应器1。为保持氯化氢为液态，反应在0.5～1 MPa下进行。物料由顶部排出至静置分离器8，上层的有机物和静置分离器9下部排出的循环氟化氢及蒸馏提纯的新鲜氟化氢进入反应器2，使烯烃反应完全。反应产物进入静置分离器9，上层的物

料经脱氟化氢塔4及脱苯塔5，蒸出氟化氢和苯；然后至脱烷烃塔6进行减压蒸馏，蒸出烷烃；最后至成品塔7，在96～99 kPa真空度、170～200℃蒸出烷基苯成品。静置分离器8下部排出的氟化氢溶解了一些重要的芳烃，该氟化氢一部分去反应器1循环使用，另一部分在蒸馏塔3中进行蒸馏提纯，然后送至反应器2循环使用。

6.4.2 异丙苯的制备

异丙苯的主要用途是经过氧化和分解，制备丙酮与苯酚，其产量非常巨大。异丙苯法合成苯酚联产丙酮是比较合理的先进生产方法，工业上该法的第一步为苯与丙烯的烷基化。目前广泛使用的催化剂为三氯化铝和固体磷酸，新建投产的工厂几乎均采用固体磷酸法。三氯化硼也是可用的催化剂，以沸石为代表的复合氧化物催化剂是近年较活跃的开发领域。

工业上丙烯和苯的连续烷基化用液相法和气相法均可生产。丙烯来自石油加工过程，允许有丙烷类饱和烃，可视为惰性组分，不会参加烷基化反应。苯的规格除要控制水分含量外，还要控制硫的含量，以免影响催化剂活性。

6.4.2.1 $AlCl_3$ 法

苯和丙烯的烷基化反应如下：

$$C_6H_6 + CH_3CH{=}CH_2 \xrightarrow{AlCl_3\text{-}HCl} C_6H_5CH(CH_3)_2 \qquad \Delta H=-113\ kJ/mol$$

$AlCl_3$ 法所用的三氯化铝—盐酸络合催化剂溶液，一般情况下是由无水三氯化铝、多烷基苯和少量水配制而成的。此催化剂在温度高于120℃会产生严重的树脂化，因此烷基化温度一般应控制在80～100℃。工艺流程如图6-8所示。

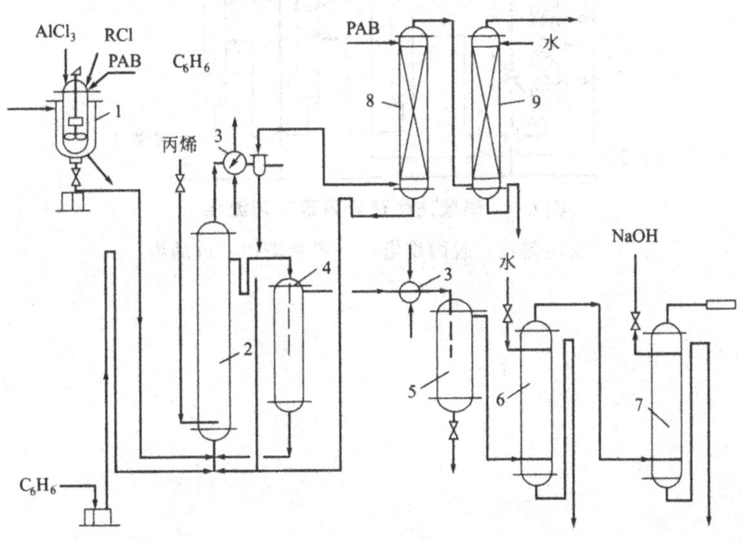

图6-8 三氯化铝法合成异丙苯工艺流程

1—催化剂配制罐；2—烷化塔；3—换热器；4—热分离器；5—冷分离器；

6—水洗塔；7—碱洗塔；8—多烷基苯吸收塔；9—水吸收塔

首先在催化剂配制罐1中配制催化络合物，该反应器为带加热夹套和搅拌器的间歇反应釜。先加如多烷基苯或其和苯的混合物及 $AlCl_3$，$AlCl_3$ 与芳烃的摩尔比为 1∶(2.5～3.0)，然后在加热和搅拌下加入氯丙烷，以合成得到催化络合物红油。制备好的催化络合物周期性地注入烷化塔2。烷基化反应是连续操作，丙烯、经共沸除水干燥的苯、多烷基苯及热分离器下部分出的催化剂络合物由烷化塔2底部加入，塔顶蒸出的苯被换热器3冷凝后回到烷化塔，未冷凝的气体经多烷基苯吸收塔8回收未冷凝的苯，在水吸收塔9捕集 HCl 后排放。烷化塔上部溢流的烷化物经热分离器4分出大部分催化络合物。热分离器排出的烷化物含有苯、异丙苯和多异丙苯，同时还含有少量其他苯的同系物。烷化物的组成为：异丙苯 35%～40%、苯 45%～55%、二异丙苯 8%～12%，副产物占 3%。烷化物进一步被冷却后，在冷分离器5中分出残余的催化络合物，再经水洗塔6和碱洗塔7，除去烷化物中溶解的 HCl 和微量 $AlCl_3$，然后进行多塔蒸馏分离。异丙苯收率可达 94%～95%，每吨异丙苯约消耗 10 kg $AlCl_3$。

6.4.2.2 固体磷酸法

固体磷酸气相烷化工艺以磷酸—硅藻土作催化剂，可以采用列管式或多段塔式固定床反应器，工艺流程如图 6-9 所示。

反应操作条件一般控制在 230～250℃，2.3 MPa，苯与丙烯的摩尔比为 5∶1。将丙烯—丙烷馏分与苯混合，经换热器与水蒸气混合后由上部进入反应器。各段塔之间加入丙烷调节温度。反应物由下部排出，经脱烃塔、脱苯塔进入成品塔，蒸出异丙苯。脱丙烷塔蒸出的丙烷有部分作为载热体送往反应器，异丙苯收率在 90%以上。并且催化剂使用寿命为1年。

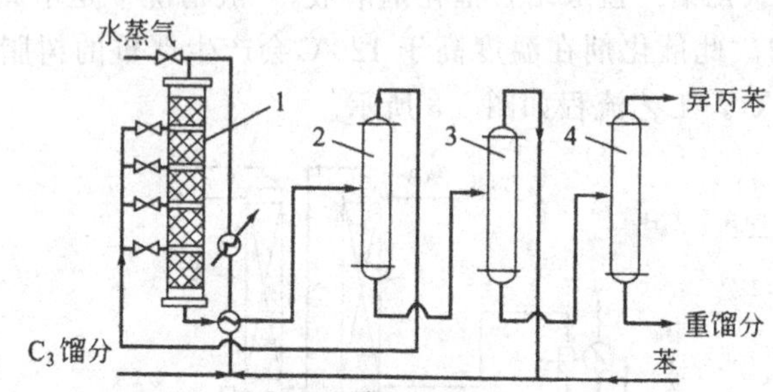

图 6-9 磷酸法生产异丙苯工艺流程

1—反应器；2—脱丙烷塔；3—脱苯塔；4—成品塔

第 7 章　酰基化

7.1 概述

有机酸或无机酸除去分子中的一个或几个羟基后所剩余的原子团，称为酰基。例如：

酸类	分子式	相应的酰基	结构式
碳酸	$HO-\overset{\overset{O}{\|}}{C}-OH$	羧基	$HO-\overset{\overset{O}{\|}}{C}-$
		羰基	$-\overset{\overset{O}{\|}}{C}-$
甲酸	$H-\overset{\overset{O}{\|}}{C}-OH$	甲酰基	$H-\overset{\overset{O}{\|}}{C}-$
乙酸	$CH_3-\overset{\overset{O}{\|}}{C}-OH$	乙酰基	$CH_3-\overset{\overset{O}{\|}}{C}-$
苯甲酸	$C_6H_5-\overset{\overset{O}{\|}}{C}-OH$	苯甲酰基	$C_6H_5-\overset{\overset{O}{\|}}{C}-$
苯磺酸	$C_6H_5-\underset{\underset{O}{\|}}{\overset{\overset{O}{\|}}{S}}-OH$	苯磺酰基	$C_6H_5-\underset{\underset{O}{\|}}{\overset{\overset{O}{\|}}{S}}-$
硫酸	$HO-\underset{\underset{O}{\|}}{\overset{\overset{O}{\|}}{S}}-OH$	硫酰基	$HO-\underset{\underset{O}{\|}}{\overset{\overset{O}{\|}}{S}}-$
		砜基	$-\underset{\underset{O}{\|}}{\overset{\overset{O}{\|}}{S}}-$
磷酸	$HO-\underset{\underset{OH}{\|}}{\overset{\overset{O}{\|}}{P}}-OH$	磷酰基	$HO-\underset{\|}{\overset{\overset{O}{\|}}{P}}-OH$
			$HO-\overset{\overset{O}{\|}}{P}-$
			$-\underset{\|}{\overset{\overset{O}{\|}}{P}}-$

酰基化反应指的是有机分子中与碳原子、氮原子、磷原子、氧原子或硫原子相连的氢被酰基所取代的反应。能够引入酰基的底物很多，它们共同的特点是含有亲核性的碳。例如，酯、酮、腈等含有活性亚甲基的化合物，烯烃、烯胺和芳香体系也能引入酰基。氨基氮原子上的氢被酰基所取代的反应称 N-酰化，生成的产物是酰胺。羟基氧原子上的氢被酰基取代的反应称 O-酰化，生成的产物是酯，故又称酯化。碳原子上的氢被酰基取代的反应称 C-酰化，生成产物是醛、酮或羧酸。

7.2 N-酰化反应

N-酰化是将胺类化合物与酰化剂反应，在氨基的氮原子上引入酰基生成酰胺化合物的反应。胺类化合物可以是脂胺和芳胺类。常用的酰化剂有羧酸、羧酸酐、酯和酰氯等。N-酰化反应有两种目的：一种是将酰基保留在最终产物中，以赋予化合物某些新的性能；另一种是为了保护氨基，即在氨基氮上暂时引入一个酰基，以防止氧化、重氮化等，最后经水解脱除原先引入的酰基。

7.2.1 N-酰化反应

(1)反应历程

N-酰化是发生在氨基氮原子上的亲电取代反应。酰化剂中酰基的碳原子上带有部分正电荷，它与氨基氮原子上的未共用电子对相互作用，形成过渡态配合物，再转化成酰胺。以伯胺类化合物为代表，酰化反应历程可表示为：

$$\underset{\text{酰化剂}}{R-\overset{\overset{\delta^-}{O}}{\overset{\|}{C}}{}^{\delta^+}(-Z)} + \underset{\text{伯胺}}{H_2N-R'} \longrightarrow \underset{\text{过渡配合物}}{\left[R-\overset{O}{\overset{\|}{C}}(-Z)\cdots NH_2-R'\right]} \xrightarrow{-HZ} \underset{\text{羧酰胺}}{R-\overset{O}{\overset{\|}{C}}-\overset{H}{\overset{|}{N}}-R'}$$

式中，Z 为—OH、—OCOR、—Cl、$—OC_2H_5$ 等。

由于酰基是吸电子基团，它能使酰胺分子中氨基氮原子上的电子云密度降低，使氨基很难再与亲电性的酰化剂质点相作用，即不容易生成 N，N-二酰化物。通过 N-酰化，一般情况下容易制得较纯酰胺。

(2)被酰化物结构的影响

N-酰化反应的难易，与胺类化合物和酰化剂的反应活性以及空间效应都有密切关系。氨基氮原子上的电子云密度越大，碱性越强，空间阻碍越小，反应活性越强，反应越容易进行。胺类化合物的酰化活性，其一般规律为：

伯胺＞仲胺；脂胺＞芳胺；无空间位阻胺＞有空间位阻胺

在芳胺类化合物中，芳环上有给电子基团时，氨基氮原子上的电子云密度增大，反应活性增强；反之，有吸电子基团时，反应活性降低。

对于活泼的胺。可以采用弱酰化剂。对于活性低的胺，则需要使用强酰化剂。

7.2.2　用羧酸的 *N*-酰化

羧酸和胺类化合物反应合成酰胺是一种制酰胺的重要方法，反应过程中有水生成，因此羧酸的 *N*-酰化是一个可逆反应，酰化反应通式为：

$$R-\overset{O}{\overset{\|}{C}}-OH + H_2N-R' \underset{}{\overset{\text{成盐}}{\rightleftharpoons}} R-\overset{O}{\overset{\|}{C}}-O^- \cdot H_3\overset{+}{N}-R' \underset{+H_2O}{\overset{-H_2O}{\rightleftharpoons}} R-\overset{O}{\overset{\|}{C}}-\overset{H}{\overset{|}{N}}-R'$$

羧酸是一类较弱的酰化剂，只适用于引入甲酰基、乙酰基、羧甲酰基时才使用甲酸、乙酸或乙二酸作酰化剂，特殊情况下也可用苯甲酸作酰化剂。羧酸类酰化剂适用于对碱性较强的胺类进行酰化。为了使酰化反应进行到底，可使用过量的反应物，通常使廉价易得的羧酸过量，同时不断移去反应生成的水。

移去反应生成的水的方法主要有高温熔融脱水酰化法、溶剂共沸蒸馏脱水酰化法和反应精馏脱水酰化法。

(1)高温熔融脱水酰化法

对于胺类为挥发物，反应生成的铵盐稳定，则可用此法脱水。例如，向冰乙酸中通入氨气，使生成乙酸铵，然后逐渐加热到 180～220℃进行脱水，即得到乙酰胺。此方法还可以制得丙酰胺和丁酰胺。

$$CH_3COOH + NH_3 \longrightarrow CH_3COONH_4 \xrightarrow[180\sim220^{\circ}C]{\text{脱水}} CH_3CONH_2$$

此外，也可将羧酸和胺的蒸气通入温度为 200℃的三氧化二铝或温度为 280℃的硅胶上进行气固相酰化反应。

N-酰化反应中常加入少量的强酸以提高反应的速率，例如，盐酸、氢碘酸或氢溴酸等。为了防止羧酸的腐蚀，要求使用铝制反应器或玻璃反应器。

(2)溶剂共沸蒸馏脱水酰化法

此法主要用于甲酸(b.p.100.8℃)与芳胺的 *N*-酰化。由于底物甲酸的沸点和水非常接近，不能使用精馏法分离出反应生成的水。一般在反应物中加入甲苯或二甲苯进行共沸蒸馏脱水。

常用的共沸体系：

水(100℃)－甲苯(110.6℃)　　共沸点：84.1 ℃

水(100℃)－苯(80.6℃)　　共沸点：69.2 ℃

水(100℃)－乙酸乙酯(78℃)　　共沸点：70 ℃

乙醇(78℃)－乙酸乙酯(78℃)　　共沸点：71.8 ℃

(3)反应精馏脱水酰化法

此法主要适用于乙酸(b.p.118℃)与芳胺的 *N*-酰化。反应结束后蒸出多余的含水乙酸，然后在 160～210℃减压蒸馏出多余的乙酸，即得 *N*-乙酰苯胺。

$$C_6H_5NH_2 + CH_3COOH \longrightarrow C_6H_5NHCOCH_3 + H_2O$$

7.2.3 用酸酐的 *N*-酰化

乙酐是酸酐中最常用的酰化剂，活性比较强，其次是邻苯二甲酸酐。反应通式：

$$(CH_3CO)_2O + HNR^1R^2 \longrightarrow CH_3-\overset{O}{\overset{\|}{C}}-\overset{R^1}{\overset{|}{N}}-R^2 + CH_3-\overset{O}{\overset{\|}{C}}-OH$$

式中，R^1 可以是氢、烷基或芳基；R^2 可以是氢或烷基。这个反应是不可逆反应，反应过程中没有水生成。反应生成的乙酸可作为溶剂，一般在 20～90℃乙酐酰化反应可顺利进行。乙酐的用量一般只需要过量 5%～50%。由于乙酸酐在室温下的水解速率很慢，对于反应活性较高的胺类可以在室温下进行乙酐酰化反应。酰化反应的速率大于乙酐水解的速率，因此反应还可以在水介质中进行。酸酐和胺类进行酰化时，一般不用加催化剂。但是对多取代芳胺、带有较多吸电子基和空间位阻较大的芳香胺类，需要加入少量的强酸作催化剂，以提高反应速率。

由于被酰化产物的性质不同，操作方式也不同：如无溶剂法、非水溶性惰性有机溶剂法(苯、甲苯、二甲苯、氯苯、石脑油等)、乙酸或过量乙酐溶剂法、水介质法等。

(1)无溶剂法

适用于被酰化的胺和酰化产物的熔点都不高。例如，在搅拌和冷却下，将乙酐加入间甲苯胺中，在 60～65℃下反应 2 h，得到间甲基乙酰苯胺，熔点 65.5℃。

$$m\text{-}CH_3C_6H_4NH_2 + (CH_3CO)_2O \xrightarrow[60\sim65^\circ C]{2\ h} m\text{-}CH_3C_6H_4NHCOCH_3$$

(2)非水溶性惰性有机溶剂法

适用于被酰化的胺和酰化产物的熔点都比较高。例如，将对氯苯胺在 80～90℃溶解于石脑油中，然后慢慢加入乙酐，在 80～90℃下反应 2 h，得到对氯乙酰苯胺，熔点 176～177℃。

$$p\text{-}ClC_6H_4NH_2 + (CH_3CO)_2O \xrightarrow[80\sim85^\circ C]{2\ h} p\text{-}ClC_6H_4NHCOCH_3$$

(3)乙酸或过量乙酐溶剂法

用乙酸或过量的乙酐作为溶剂。例如，2，4-二硝基苯胺和过量的乙酐反应生成 2，4-二硝基乙酰苯胺。

$$\text{2,4-二硝基苯胺}(NH_2, NO_2, NO_2) + (CH_3CO)_2O \xrightarrow{\text{加热}} \text{2,4-二硝基乙酰苯胺}(NHCOCH_3, NO_2, NO_2)$$

(4)水介质法

适用于被酰化的胺和酰化产物都溶于水,而且 N-酰化反应速率比乙酐水解速率快。例如,在水中加入块状或熔融态间苯二胺和盐酸,溶解后加入稍过量乙酐(胺:盐酸:乙酐摩尔比 1:1:1.05),在 40℃搅拌反应 1 h,然后加盐盐析,得到间氨基乙酰苯胺盐酸盐。

$$\text{间苯二胺}(NH_2, NH_2\cdot HCl) + (CH_3CO)_2O \xrightarrow[\text{NaCl 盐析}]{\text{水介质;40℃}} \text{间氨基乙酰苯胺}(NHCOCH_3, NH_2\cdot HCl) + CH_3COOH$$

氨基酚分子中的羟基也会乙酰化,可在乙酰化后将其水解掉。例如,在水中加入 1-氨基-8 萘酚-3,6-二磺酸单钠盐和氢氧化钠水溶液,调节 pH 值为 6.7~7.1,全部溶解,在 30~35℃下加入乙酐反应 0.5 h,然后加入碳酸钠调节溶液 pH 值为 7~7.5,升温到 95℃反应 20 min,然后冷却至 15℃,即得到 N-乙酰基 H 酸水溶液。

$$\text{(HO, NH}_2\text{, NaO}_3\text{S, SO}_3\text{Na 萘)} \xrightarrow[30\sim35℃]{(CH_3CO)_2O} \text{(CH}_3\text{COO, NHCOCH}_3\text{, NaO}_3\text{S, SO}_3\text{H 萘)}$$

$$\xrightarrow[95℃]{Na_2CO_3;\ pH\ 7\sim7.5} \text{(HO, NHCOCH}_3\text{, NaO}_3\text{S, SO}_3\text{Na 萘)}$$

此外,通过酰化反应氨和伯胺也能生成酰亚胺,其中的两个酰基连接在同一个 N 原子上。环酐尤其容易发生这样的反应,生成酰亚胺、环状酸酐。例如,邻苯二甲酸酐、丁二酸酐、顺丁烯二酸酐等,根据条件的不同,在 N-酰化反应时,可以生成羧酰胺或内酰亚胺。例如:

$$\text{丁二酸酐} + H_2N\text{—C}_6\text{H}_4\text{—}SO_2NH\text{—(噻唑-2-基)}$$

$$\xrightarrow[30\sim40\ min]{115\sim120\ ℃} HOOC\text{—}CH_2\text{—}CH_2\text{—}CONH\text{—C}_6\text{H}_4\text{—}SO_2NH\text{—(噻唑-2-基)}$$

$$\text{邻苯二甲酸酐} \xrightarrow{NH_3} \text{邻氨甲酰基苯甲酸 (}C(=O)NH_2\text{, }C(=O)OH\text{)} \xrightarrow[300\ ^\circ C]{-H_2O} \text{邻苯二甲酰亚胺 (NH)}$$

$$\text{1,8-萘二甲酸酐} \xrightarrow[100 \sim 110\ ^\circ C,\ 0.2 \sim 0.25\ MPa]{20\%\text{氨水}} \text{1,8-萘二甲酰亚胺 (NH)}$$

一氧化碳作为甲酰化剂，活性比较弱，但是廉价易得，工业生产中常用一氧化碳作为甲酰化剂。例如，将无水二甲胺和含催化剂甲醇钠的甲醇溶液连续地压入喷射环流反应器中，与一氧化碳在110～120℃、1.5～5 MPa下反应，得到N,N-二甲基甲酰胺。

$$CO + HN(CH_3)_2 \xrightarrow{\text{甲醇钠催化}} H-\overset{\overset{\displaystyle O}{\|}}{C}-N(CH_3)_2$$

7.2.4 用酰氯的N-酰化

酰氯与胺类的酰化反应通式为：

$$R-NH_2 + AcCl \longrightarrow R-NHAc + HCl$$

式中，R代表烷基或芳基，Ac代表各种酰基。这类反应是不可逆的。反应中生成的氯化氢能与游离的胺化合成盐，降低酰化反应的速率。反应时常加入碱性缚酸剂中和生成的氯化氢，例如，NaOH、Na_2CO_3、CH_3COONa、$NaHCO_3$、三甲胺、三乙胺、吡啶等，以提高酰化反应的收率。

酰氯是比相应的酸酐更活泼的酰化剂，因此常用来做酰化剂。最常用的酰氯是羧酰氯、芳磺酰氯、三聚氰酰氯和光气。

(1)用羧酰氯的N-酰化

羧酸氯可有相应的羧酸或酸酐与光气、三卤化磷、三卤氧磷、亚硫酰卤等活泼的卤化剂在无水条件下反应制得。

$$R-\overset{\overset{\displaystyle O}{\|}}{C}-OH + COCl_2 \longrightarrow R-\overset{\overset{\displaystyle O}{\|}}{C}-Cl + HCl\uparrow + CO_2\uparrow$$

$$R-\overset{\overset{\displaystyle O}{\|}}{C}-OH + SOCl_2 \longrightarrow R-\overset{\overset{\displaystyle O}{\|}}{C}-Cl + HCl\uparrow + SO_2\uparrow$$

$$3R-\overset{\overset{\displaystyle O}{\|}}{C}-OH + PCl_3 \longrightarrow 3R-\overset{\overset{\displaystyle O}{\|}}{C}-Cl + H_3PO_3$$

$$3R-\overset{\overset{\displaystyle O}{\|}}{C}-OH + POCl_3 \longrightarrow 3R-\overset{\overset{\displaystyle O}{\|}}{C}-Cl + H_3PO_4$$

高碳脂羧酰氯亲水性差，易水解，其N-酰化反应要在非水溶性惰性有机溶剂中进行，常用吡啶、三乙胺做缚酸剂。低碳脂羧酰氯的 *N*-酰化反应速率快，一般可在水介质中反应，可用无机碱作缚酸剂（如氢氧化钠、碳酸钠或氢氧化钙），为了防止酰氯的水解，应始终控制反应体系的 pH 值为 7～8 左右。例如：

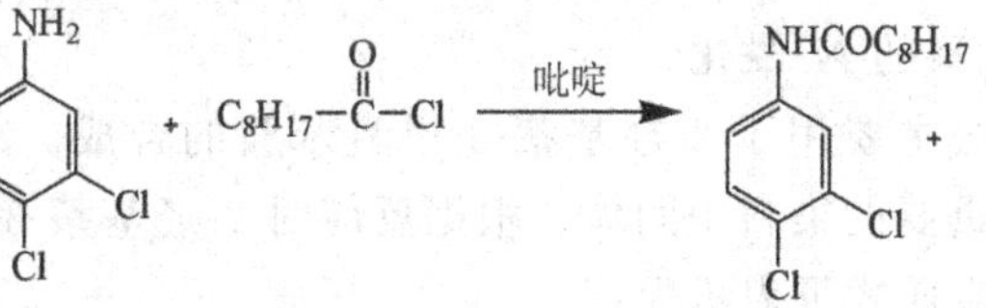

NH_2
$C_8H_{17}—C(=O)—Cl$　吡啶
$NHCOC_8H_{17}$
HCl
Cl　Cl

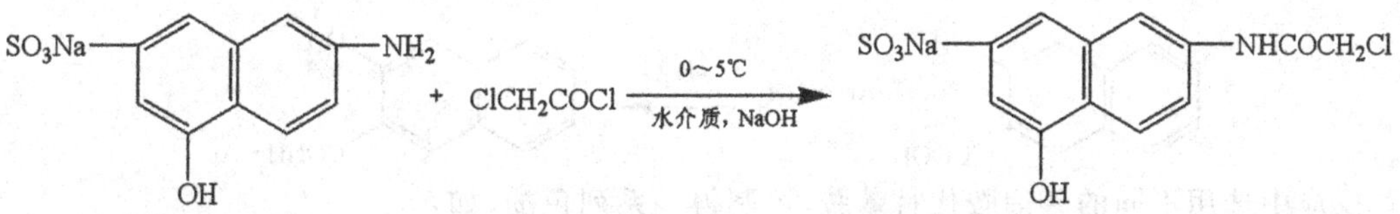

SO_3Na　NH_2　OH
$ClCH_2COCl$　0～5℃　水介质，NaOH
SO_3Na　$NHCOCH_2Cl$　OH

芳羧酰氯不易水解，一般可以在水介质中反应，可用碳酸钠作为缚酸剂。在个别情况下，芳羧酰氯的酰化反应要在无水氯苯中进行。芳族酰氯的酰化剂主要有：

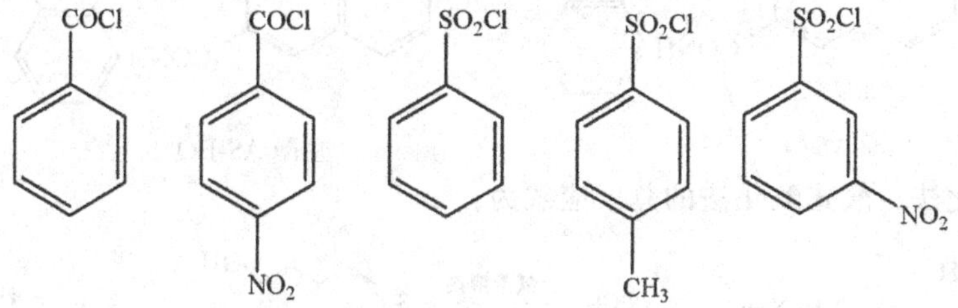

COCl　COCl（NO_2）　SO_2Cl　SO_2Cl（CH_3）　SO_2Cl（NO_2）

在芳族酰氯中最常用的是苯甲酰氯和对硝基苯甲酰氯。有时也会用到芳环上有其他取代基的芳族酰氯。主要有以下几方面。

①用芳磺酰氯的 *N*-酰化可得到一系列的芳磺酰胺类药物中间体，一般可在水介质中、在弱碱下进行。

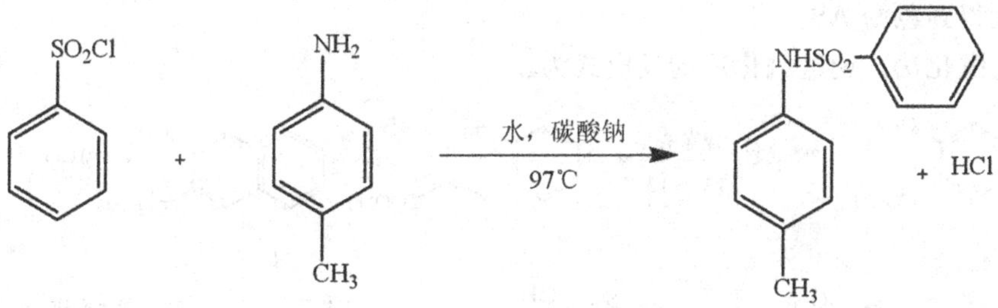

SO_2Cl　NH_2　CH_3
水，碳酸钠　97℃
$NHSO_2$　CH_3
HCl

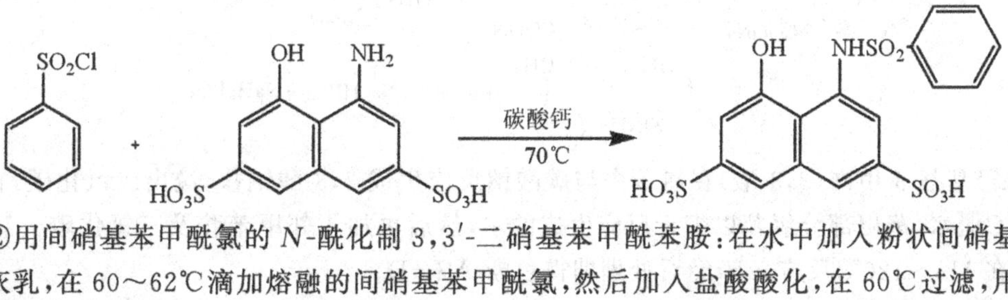

SO_2Cl　OH　NH_2　HO_3S　SO_3H
碳酸钙　70℃
OH　$NHSO_2$　HO_3S　SO_3H

②用间硝基苯甲酰氯的 *N*-酰化制 3，3′-二硝基苯甲酰苯胺：在水中加入粉状间硝基苯胺和石灰乳，在 60～62℃滴加熔融的间硝基苯甲酰氯，然后加入盐酸酸化，在 60℃过滤，用水洗至中性，可得到产品。

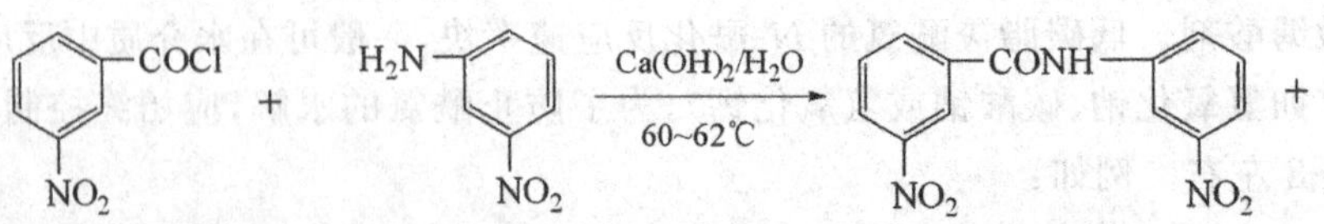

$$m\text{-}O_2NC_6H_4COCl + m\text{-}H_2NC_6H_4NO_2 \xrightarrow[60\sim62℃]{Ca(OH)_2/H_2O} m\text{-}O_2NC_6H_4CONH\text{-}C_6H_4NO_2\text{-}m + HCl$$

(2)用芳羧酸加三氯化磷的 *N*-酰化

芳羧酸加三氯化磷方法主要用于2-羟基萘-3-甲酰苯胺的合成。2-羟基萘-3-甲酰苯胺的商品名为色酚AS,是非常重要的染料中间体。根据反应时2-羟基萘-3-甲酸的形态,可用酸式酰化法和钠盐酰化法。反应通式可表示为:

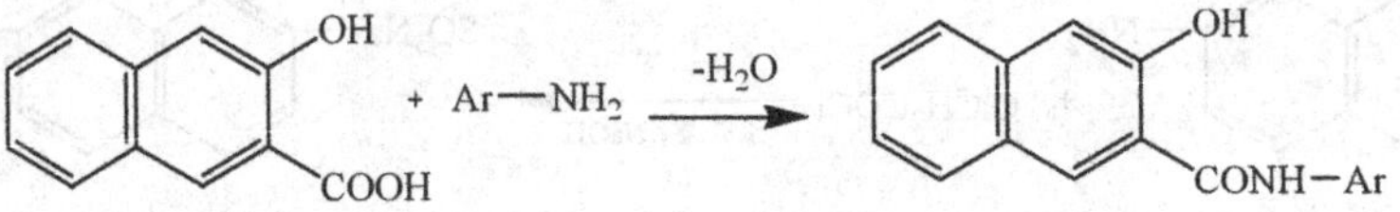

$$\text{2-羟基萘-3-甲酸(OH, COOH)} + Ar—NH_2 \xrightarrow{-H_2O} \text{2-羟基萘-3-}CONH—Ar$$

反应中选用不同的芳伯胺代替苯胺,可制得一系列色酚,如:

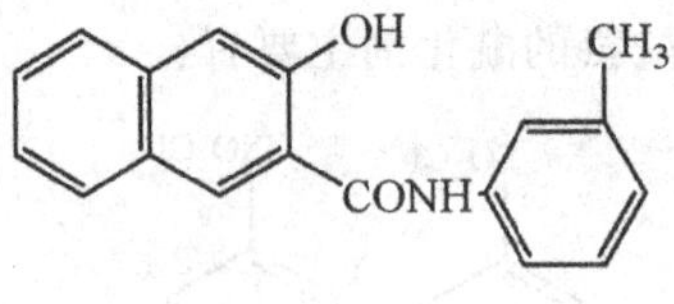

色酚 AS-D（2-羟基萘-3-CONH-邻甲苯基，CH_3）　　色酚 AS-BO（2-羟基萘-3-CONH-萘基）

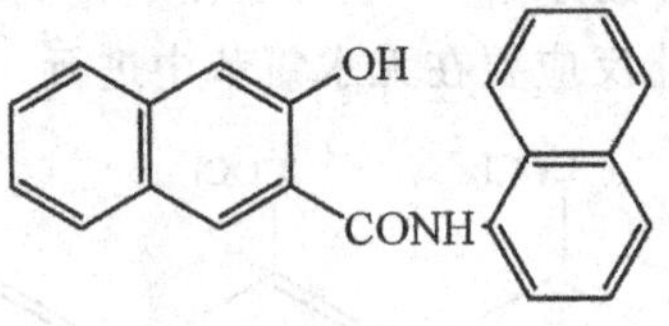

①酸式酰化法。酸式酰化法的总反应式为:

$$3\,\text{2-羟基萘-3-甲酸} + 3\,H_2N\text{-}C_6H_5 + PCl_3 \xrightarrow[72\sim130℃]{氯苯溶剂} 3\,\text{2-羟基萘-3-}CONH\text{-}C_6H_5 + H_3PO_3 + 3HCl\uparrow$$

向氯苯中加入2-羟基萘-3-甲酸和1/8的三氯化磷,升温至65℃加入苯胺,然后在72℃滴加其余的三氯化磷—氯苯溶液,在130℃回流反应1 h,并用水吸收逸出的氯化氢。待反应完毕后,将反应物放入水中,用碳酸钠调节溶液pH>8,蒸出氯苯和过量的苯胺,然后过滤,热水洗,干燥,就得到色酚AS。

②钠盐酰化法。钠盐酰化法的反应式为:

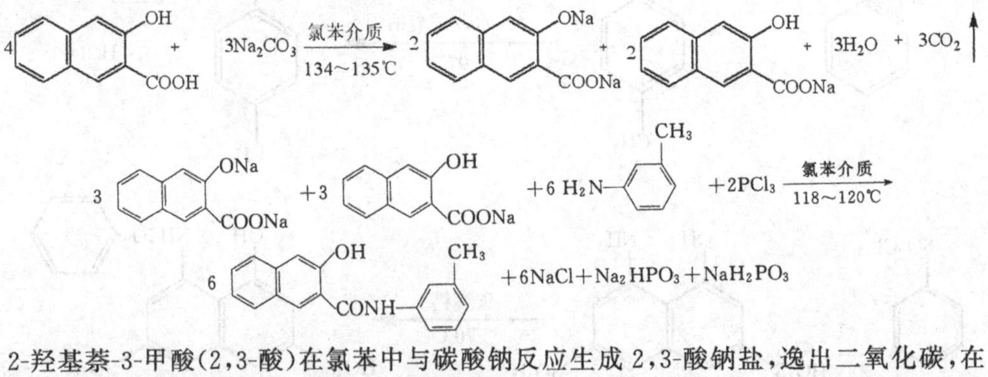

$$4\,\text{2-羟基萘-3-甲酸} + 3Na_2CO_3 \xrightarrow[134\sim135℃]{氯苯介质} 2\,\text{2-ONa-萘-3-}COONa + 2\,\text{2-OH-萘-3-}COONa + 3H_2O + 3CO_2\uparrow$$

$$3\,\text{2-ONa-萘-3-}COONa + 3\,\text{2-OH-萘-3-}COONa + 6\,H_2N\text{-}C_6H_4CH_3\text{-}o + 2PCl_3 \xrightarrow[118\sim120℃]{氯苯介质}$$

$$6\,\text{2-OH-萘-3-}CONH\text{-}C_6H_4CH_3\text{-}o + 6NaCl + Na_2HPO_3 + NaH_2PO_3$$

2-羟基萘-3-甲酸(2,3-酸)在氯苯中与碳酸钠反应生成2,3-酸钠盐,逸出二氧化碳,在134～135℃脱水,蒸出部分氯苯以带走反应生成的水,然后再加入邻甲苯胺及三氯化磷—氯苯混合液,在118～120℃反应2 h,经后处理即得色酚AS—D。

对于大多数色酚来说,采用酸式酰化法或钠盐酰化法均可,但有些色酚则必须采用酸式酰化法。酸式酰化法和钠盐酰化法相比较，钠盐酰化法可不用耐酸设备，但消耗碱，废液多。酸式酰化法废液少，必须用搪瓷反应器、石墨冷凝器和氯化氢吸收设备。

为了提高经济效益，反应原料的选择应根据具体情况而定。若芳胺价廉、容易随水蒸气和氯苯一起蒸出，回收使用，可用过量的芳胺。反之，就使用理论量或不足量的芳胺。由于三氯化磷易水解，因此所用原料和设备都应干燥无水。其用量，按羧酸计一般要超过理论量的10%～50%。反应介质一般采用氯苯，在常压下回流。也可根据反应温度选用其他非水溶性惰性有机溶剂。

冰染色酚是一类偶氮染料的偶合组分，它们能与适当的重氮组分生成稳定的重氮盐，在纤维上直接形成不溶性的偶氮染料。一种色酚往往能与不同的色基重氮盐偶合而成不同的偶氮染料，具有不同的色调和牢度。色酚多数品种是由 2-羟基-3-萘甲酸经酰氯化后与不同的芳胺缩合而成，其代表品种，如表 7-1 所示。

表 7-1 色酚类代表品种

芳胺	酰化产物	名称
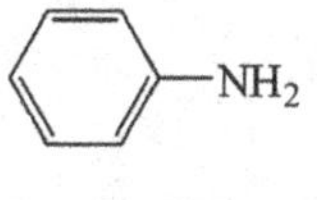 NH_2	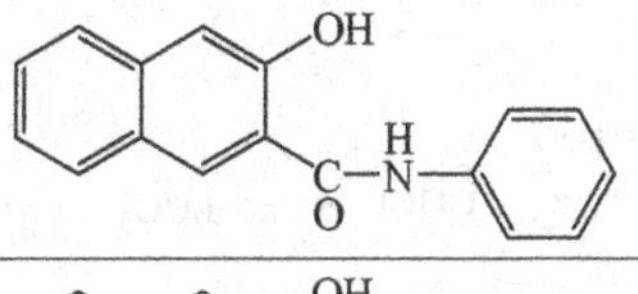 OH; $\overset{H}{C—N}$; O	色酚 AS
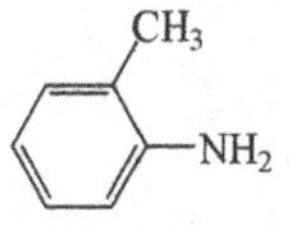 CH_3; NH_2	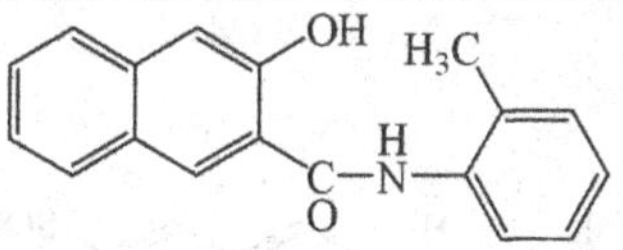 OH; H_3C; $\overset{H}{C—N}$; O	色酚 AS-D
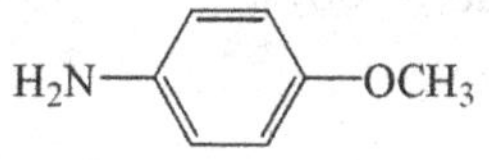 H_2N—; —OCH_3	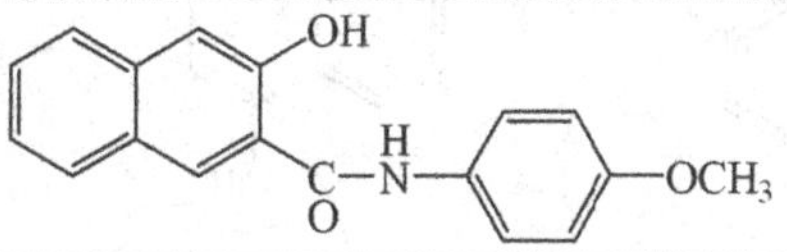 OH; $\overset{H}{C—N}$; O; —OCH_3	色酚 AS-RL
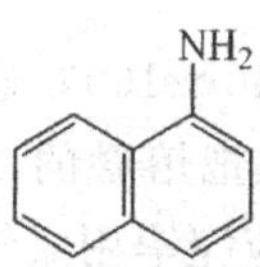 NH_2	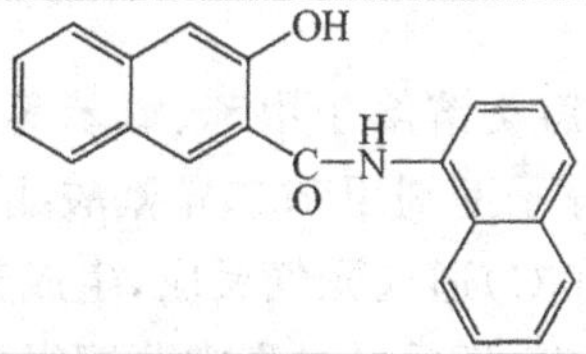 OH; $\overset{H}{C—N}$; O	色酚 AS-BO

(3)用光气的 *N*-酰化

光气是碳酸的二酰氯，是活泼的酰化剂，用光气的 *N*-酰化制得三种类型产物：氨基甲酰氯衍生物、异氰酸酯和不对称脲。

①光气的 *N*-酰化制氨基甲酰氯衍生物。氨基甲酰氯衍生物(R—NH—COCl)是光气分子中一个氯与胺反应的产物，反应要在无水条件下进行。氨基甲酰氯衍生物可通过气相法和液相法合成。

气相法：甲氨基甲酰氯是重要的农药中间体，需要大量合成。工业生产中，将无水的甲胺气体和稍过量的光气分别预热后，进入文氏管中，在 280～300℃下，快速反应生成气态甲氨基甲酰氯，然后冷却至 35～40℃以下，即得到液态产品或者将气态氨基甲酰氯用四氯化碳或氯苯在0～20℃循环吸收，就得到质量分数10%～20%的溶液。

$$CH_3NH_2 + COCl_2 \longrightarrow CH_3NHCOCl + HCl$$

液相法：二甲氨基甲酰氯是重要的医药中间体，其合成是将光气在0℃左右溶解于甲苯中，通入稍过量的无水二甲胺气体，然后过滤除去副产的二甲胺盐酸盐，将滤液减压精馏，先蒸出甲苯，再蒸出产品二甲氨基甲酰氯。

氨基甲酰氯衍生物溶液一般用于进一步与醇或酚反应制氨基甲酸酯衍生物或异氰酸酯。

②光气的N-酰化制异氰酸酯。异氰酸酯(R－N＝C＝O)氨基甲酰氯衍生物的溶液，受热脱HCl的产物，它是重要的有机中间体。对称脲衍生物是光气分子中的两个氯与同一种胺的反应产物，一般可在水介质中反应。

$$CH_3-NH-C(=O)-Cl \xrightarrow{加热} CH_3-N=C=O + HCl\uparrow$$

芳胺在水介质或水—有机溶剂中，在碳酸钠、碳酸氢钠等缚酸剂的作用下，与光气反应，可制得二芳基脲。例如，染料中间体猩红酸的合成，在80℃下将2-氨基-5萘酚-7-磺酸(J酸)加入碳酸钠的溶液中，反应生成J酸钠盐和碳酸氢钠，然后在40℃、pH值为7.2～7.5通入光气，经过盐析、过滤、干燥得到猩红酸。

SO_3Na NH_2 OH

$$2\,(\text{J酸钠盐}) + COCl_2 + Na_2CO_3 \xrightarrow[水溶液]{室温} (\text{猩红酸}) + H_2O + 2NaCl + CO_2\uparrow$$

SO_3Na $\overset{H}{N}-\overset{O}{\overset{\|}{C}}-\overset{H}{N}$ SO_3Na OH OH

猩红酸

为了避免低温操作，可以先将胺类溶解于甲苯、氯苯等溶剂中，然后在40～160℃通入光气，直接制得异氰酸酯。例如，高分子助剂甲苯二异氰酸酯(TDI)的制备，先把熔融的二氨基甲苯溶解在氯苯中，在低温(35～40℃)通入光气反应，生成芳胺甲酰氯。反应完毕用氮气赶出氯化氢和剩余的光气，再将氯苯蒸出，最后经过真空蒸馏得到TDI。

$$\text{2-甲基-1,4-苯二胺}(CH_3,\ NH_2,\ NH_2) + COCl_2 \xrightarrow{\text{低温}} \text{(}CH_3\text{, NHCOCl, NHCOCl)} + 2HCl$$

$$\text{(}CH_3\text{, NHCOCl, NHCOCl)} \xrightarrow{\text{高温}} \text{(}CH_3\text{, NCO, NCO)} + 2HCl$$

异氰酸酯是非常重要的工业原料，在日常生活中有着广泛的应用。不同的胺类合成的异氰酸酯应用也不同，如表 7-2 所示。

表 7-2　不同种类的异氰酸酯的用途

胺类	酰化产品	用途
$H_2N-C_6H_4-CH_2-C_6H_4-NH_2$	$OCN-C_6H_4-CH_2-C_6H_4-NCO$	涂料、纤维
$Cl_2C_6H_3-NH_2$（3,4-二氯苯胺）	$Cl_2C_6H_3-NCO$	农药
CH_3NH_2	CH_3NCO	农药、医药
$H_3C-(CH_2)_7NH_2$	$H_3C-(CH_2)_7HCO$	纤维、柔软剂

③光气的 *N*-酰化制不对称脲。不对称脲是氨基甲酰氯衍生物或异氰酸酯与另一种胺的反应产物，反应在无水有机溶剂中进行。例如，除草剂敌草隆和杀虫剂西维因的合成。

$$Cl_2C_6H_3-NH_2 + Cl-\overset{O}{\overset{\|}{C}}-Cl \longrightarrow Cl_2C_6H_3-NCO$$

3,4-二氯苯基异氰酸酯 + $HN(CH_3)_2$ $\xrightarrow[\text{加热}]{\text{有机溶剂}}$ $3,4\text{-}Cl_2C_6H_3NH\text{-}CO\text{-}N(CH_3)_2$

敌草隆（除草剂）

$$CH_3NH_2 + Cl-\overset{O}{\overset{\|}{C}}-Cl \xrightarrow{40\sim160℃} CH_3NH-\overset{O}{\overset{\|}{C}}-Cl$$

$$CH_3NH-\overset{O}{\overset{\|}{C}}-Cl + \text{1-萘酚钠 (ONa)} \longrightarrow \text{1-萘基}-O-\overset{O}{\overset{\|}{C}}-NH\cdot CH_3$$

光气是由一氧化碳和氯气在 200℃左右通过活性炭催化剂制得，其沸点为 8.5℃。由光气参与的酰化反应，反应后无残留，产品质量好。但是光气是剧毒的气体，为了避免使用光气，提出了代用酰化剂尿素、双光气（氯甲酸三氯甲酯）和三光气[二（三氯甲基）碳酸酯]。

(4)用三聚氰酰氯的 *N*-酰化

三聚氰酰氯是活泼的酰化剂，分子中三个活泼的氯原子均可被取代，但是三个氯原子的反应活性不同。在三氮苯环上引入一个给电子基团的氨基后，另外的两个氯原子的反应活性下降。三聚氰胺与胺类进行酰化反应时可以选择合适的反应温度和介质的 pH 值，可制备一酰化物、二酰化物、三酰化物。

（2,4,6-三氯-1,3,5-三嗪结构式）

三聚氰胺

例如，荧光增白剂 VBL 的合成，三次酰化的温度和 pH 值依次提高。反应如下：

$$2\ \text{三聚氰酰氯} \xrightarrow[0\sim5℃;\ pH\ 5\sim7]{+H_2N-C_6H_3(SO_3Na)-CH=CH-C_6H_3(SO_3Na)-NH_2\ /\ Na_2CO_3}$$

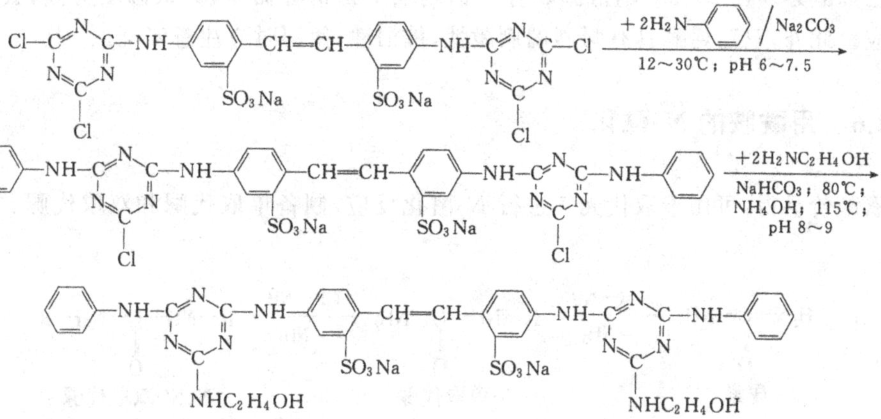

$$Cl-C_3N_3(Cl)-NH-C_6H_3(SO_3Na)-CH=CH-C_6H_3(SO_3Na)-NH-C_3N_3(Cl)-Cl \xrightarrow[12\sim30^\circ C;\ pH\ 6\sim7.5]{+2H_2N-C_6H_5\ /\ Na_2CO_3}$$

$$C_6H_5-NH-C_3N_3(Cl)-NH-C_6H_3(SO_3Na)-CH=CH-C_6H_3(SO_3Na)-NH-C_3N_3(Cl)-NH-C_6H_5 \xrightarrow[NaHCO_3;\ 80^\circ C;\ NH_4OH;\ 115^\circ C;\ pH\ 8\sim9]{+2H_2NC_2H_4OH}$$

$$C_6H_5-NH-C_3N_3(NHC_2H_4OH)-NH-C_6H_3(SO_3Na)-CH=CH-C_6H_3(SO_3Na)-NH-C_3N_3(NHC_2H_4OH)-NH-C_6H_5$$

荧光增白剂 VBL

酰化反应取代一个或两个活性氯原子,可使产品具有所需要的反应活性。例如:

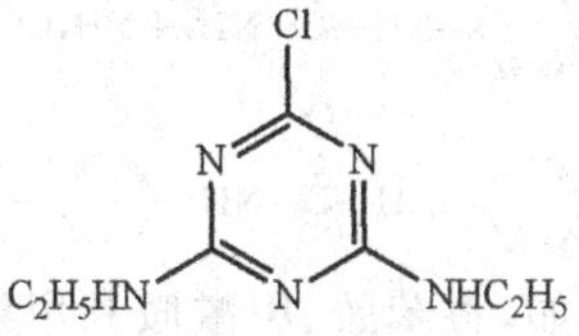

$$C_3N_3(Cl)(NHC_2H_5)(NHC_2H_5)\ ;\quad C_3N_3(Cl)(NHC_2H_5)(NHCH(CH_3)_2)$$

除草剂西玛津 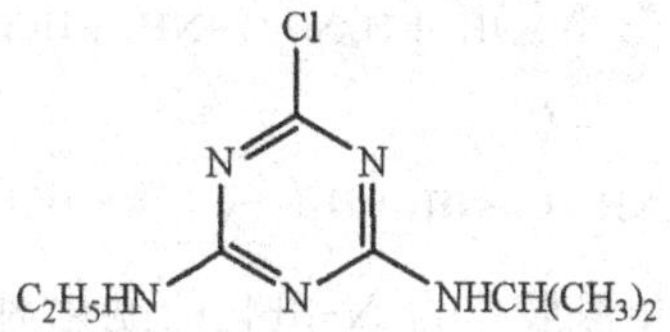　　除草剂莠去津

7.2.5 用双乙烯酮的 *N*-酰化

双乙烯酮是由乙酸先催化热解得乙烯酮,然后低温二聚合成。

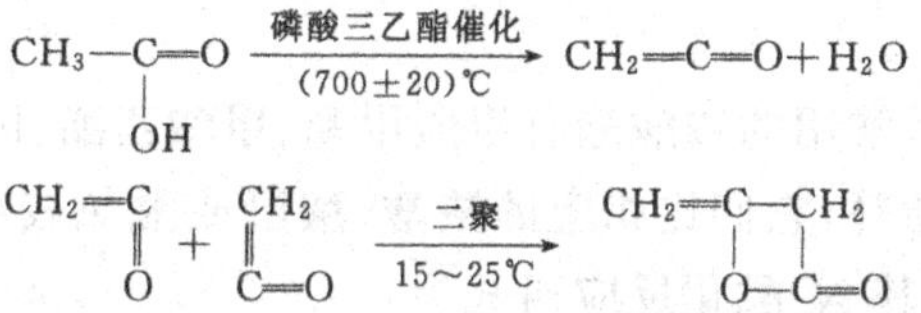

$$CH_3-C(=O)-OH \xrightarrow[(700\pm20)^\circ C]{磷酸三乙酯催化} CH_2=C=O+H_2O$$

$$CH_2=C=O + CH_2=C=O \xrightarrow[15\sim25^\circ C]{二聚} CH_2=C-CH_2\ (|\ O-C=O\ 环)$$

双乙烯酮是活泼的酰化剂,与胺类反应可在较低温度下、在水中或有机溶剂中进行。双乙烯酮与芳胺反应是合成乙酰乙酰芳胺的一种很好的方法,通过这种方法合成的一系列 *N*-乙酰乙酰基苯胺,它们都是重要的染料中间体。例如,苯胺在水介质中于 0～15℃与双乙烯酮,得到 *N*-乙酰乙酰苯胺。

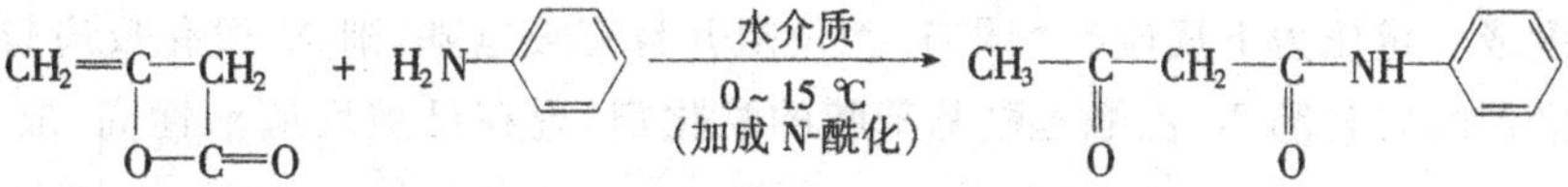

$$CH_2=C-CH_2\ (O-C=O\ 环) + H_2N-C_6H_5 \xrightarrow[0\sim15^\circ C\ (加成\ N-酰化)]{水介质} CH_3-C(=O)-CH_2-C(=O)-NH-C_6H_5$$

双乙烯酮与氨水反应可制得双乙酰胺的水溶液,它可以用于引入乙酰乙酰基的 *N*-酰化剂。

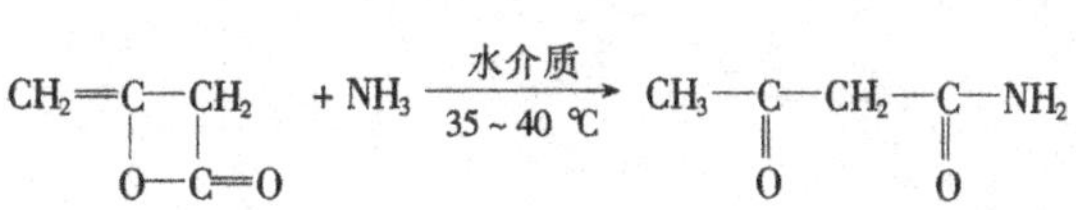

$$CH_2=C-CH_2\ (O-C=O\ 环) + NH_3 \xrightarrow[35\sim40^\circ C]{水介质} CH_3-C(=O)-CH_2-C(=O)-NH_2$$

双乙烯酮必须在 0～5℃的低温贮存于铝制或不锈钢容器中，如果温度升高，会发生自身聚合反应。此外，双乙烯酮具有强烈的刺激性，催泪性，使用时应注意安全。

7.2.6 用酰胺的 *N*-酰化

尿素廉价易得，可用于取代光气进行 *N*-酰化反应，制备单取代脲和双取代脲。其反应式如下：

$$\underset{\text{尿素}}{H_2N-\underset{\underset{O}{\|}}{C}-NH_2} \xrightarrow[-NH_3]{+R-NH_2} \underset{N\text{-单取代脲}}{R-NH-\underset{\underset{O}{\|}}{C}-NH_2} \xrightarrow[-NH_3]{+R-NH_2} \underset{N,N'\text{-双取代脲}}{R-NH-\underset{\underset{O}{\|}}{C}-NH-R}$$

将胺、尿素、盐酸和水按不同的配比在一起回流即可得产物。例如：

$$C_6H_5-NH_2+H_2N-\overset{\overset{O}{\|}}{C}-NH_2+HCl \longrightarrow C_6H_5-NH-\overset{\overset{O}{\|}}{C}-NH_2+NH_4Cl$$

$$C_6H_5-NH-\overset{\overset{O}{\|}}{C}-NH_2+H_2N-C_6H_5+HCl \longrightarrow C_6H_5-NH-\overset{\overset{O}{\|}}{C}-NH-C_6H_5+NH_4Cl$$

此外，也可用甲酰胺作为 *N*-酰化的酰化剂。例如，将苯胺、甲酰胺和甲酸，在氮气保护下于 145℃反应 3 h，制得 *N*-甲酰苯胺。

$$C_6H_5-NH_2+H_2N-\overset{\overset{O}{\|}}{C}-H \longrightarrow C_6H_5-NH\overset{\overset{O}{\|}}{C}-H+NH_3\uparrow$$

7.2.7 用羧酸酯的 *N*-酰化

羧酸酯是弱 *N*-酰化剂，常用的羧酸酯有甲酸甲酯、甲酸乙酯、丙二酸二乙酯、丙烯酸甲酯、氯乙酸乙酯和乙酰乙酸乙酯等，它们比相应的羧酸、酸酐或酰氯较易制得，使用方便。这个反应可看作是酯的氨解反应，其 *N*-酰化反应通式为：

$$R-\underset{\underset{O}{\|}}{C}-OR'+H_2N-R'' \longrightarrow R-\underset{\underset{O}{\|}}{C}-\underset{\underset{H}{|}}{N}-R''+HO-R'$$

式中，R 是氢或各种有取代基的烷基；R′是甲基或乙基；R″是氢、烷基或芳基。

羧酸酯的结构对它的 *N*-酰化反应活性有重要影响。如果 R 有位阻，则酰化速度慢，需要在较高的温度或一定压力下反应。如果 R 无位阻并且有吸电基，则 *N*-酰化反应较易进行。

乙酰乙酸乙酯曾是制 *N*-乙酰乙酰基苯胺的酰化剂，现在已被反应活性高、成本低的双乙烯酮取代。

7.2.8 N-酰化应用实例

7.2.8.1 苯胺及其衍生物的 N-酰基化

苯胺与冰乙酸的摩尔比为 1∶(1.3～1.5)的混合物，在 118℃下反应数小时，然后蒸出过量乙酸和反应生成的水，剩下的反应产物 N-乙酰苯胺用减压蒸馏的方法提纯。

对甲氧基苯胺的 N-乙酰基化也用类似的方法。方法一是对甲氧基苯胺和冰乙酸反应，将过量的乙酸和反应生成的水一起蒸出，反应产物用减压蒸馏的方法提纯。每吨产品消耗对甲氧基苯胺(99%)773 kg，冰乙酸(98%)450 kg。方法二是用乙酸酐乙酰基化，将对甲氧基苯胺加入反应器中，在 50℃时加入乙酸酐，在 70℃时反应 10 min，经冷却、过滤、水洗、干燥即可，收率 95%左右。其反应式是：

$$\text{NH}_2\text{-C}_6\text{H}_4\text{-OCH}_3 \xrightarrow[\text{或}(CH_3CO)_2O]{CH_3COOH} \text{NHCOCH}_3\text{-C}_6\text{H}_4\text{-OCH}_3$$

对甲氧基乙酰苯胺是重要的医药、染料中间体。

7.2.8.2 对乙酰氨基苯酚的制备

乙酰氨基苯酚的制备反应为：

$$\text{OH-C}_6\text{H}_4\text{-NH}_2 \xrightarrow[\text{或}(CH_3CO)_2O]{CH_3COOH} \text{OH-C}_6\text{H}_4\text{-NHCOCH}_3$$

将对氨基苯酚加入稀乙酸中，再加入冰乙酸，升温至 150℃，反应 7 h，加入乙酸酐，再反应 2 h，检查终点，合格后冷却至 25℃以下，过滤，水洗至无乙酸味，甩干，即得粗品。

除上述方法外，还可以将对氨基苯酚、冰乙酸及含酸 50%以上的酸母液一起蒸馏，蒸出稀酸的速度为每小时馏出总量的 1/10，待内温升至 130℃以上，取样检查对氨基苯酚残留量低于 2.5%，加入稀酸，经冷却、结晶、过滤后，先用少量稀酸洗涤，再用大量水洗至滤液接近无色，即得粗品。

本品为解热镇痛药，用于感冒、牙痛等症；也是有机合成的中间体、过氧化氢的稳定剂、照相用化学药品等。

7.3 C-酰化反应

C-酰化是指碳原子上的氢被酰基取代的反应，可用于合成醛、酮或羧酸。在精细有机合成中主要用于在芳环上引入酰基，以制备芳酮、芳醛和羟基芳酸。

7.3.1 C-酰化制芳酮

在Lewis酸作用下，苯、蒽、菲及其他多核芳环、芳香杂环能够被酰化。Lewis酸对酰氯具有活化作用（图7-1），反应中生成Lewis酸—酰氯络合物或生成酰基正离子。这是由于Lewis酸的强吸电性，它能使羰基上的电子云向Lewis酸偏移，容易和芳香环反应形成正离子中间体，接着形成芳香酮的Lewis酸络合物。由于引进的酰基使苯环得以钝化，因此第二次酰基化一般不会发生。基于该反应的一些特点使得芳烃酰化成为合成芳香酮或醛的重要方法。

$$(CH_3CO)_2O \xrightarrow[CS_2,\ 回流]{2.8eq.\ AlCl_3} MeC(=O)-O-AlCl_2 + CH_3C(=O)-Cl \xrightarrow{AlCl_3}$$

$$CH_3C(Cl)=O\cdots AlCl_3 \xrightarrow{Br-C_6H_5} [Me(Cl)C(O-\bar{A}lCl_2)-C_6H_5^{+}(H)-Br] \xrightarrow{-HCl} Br-C_6H_4-C(=O\cdots AlCl_3)-Me$$

$$\xrightarrow[H_2O]{HCl} Br-C_6H_4-C(=O)-Me \quad 69\%\sim79\%$$

图7-1 Lewis酸对酰氯的活化过程

(1)反应历程

在三氯化铝或其他Lewis酸或质子酸催化下，酰化剂与芳烃发生环上的亲电取代，生成芳酮的反应，称为Friedel-Crafts酰化反应。它是芳环上的亲电取代反应。当用羧酰氯作酰化剂时，一般用无水 $AlCl_3$ 作催化剂，其历程如下：

$$R-C(=O)-Cl + AlCl_3 \rightleftharpoons R-C(=O:AlCl_3)-Cl \rightleftharpoons R-\overset{+}{C}=O + AlCl_4^-$$

$$R-C(=O:AlCl_3)-Cl + C_6H_6 \rightleftharpoons \left[C_6H_6^{+}(H)-C(=O:AlCl_3)(R)Cl\right] \longrightarrow C_6H_5-C(=O:AlCl_3)-R + HCl\uparrow$$

$$R-\overset{+}{C}=O + C_6H_6 \rightleftharpoons \left[C_6H_6^{+}(H)-C(=O)-R\right]AlCl_4^- \longrightarrow C_6H_5-C(=O:AlCl_3)-R + HCl\uparrow$$

芳酮与三氯化铝的配合物遇水即分解为芳酮。

$$\text{C}_6\text{H}_5\text{C}(=\text{O}:\text{AlCl}_3)\text{—R} \xrightarrow{H_2O} \text{C}_6\text{H}_5\text{C}(=\text{O})\text{—R} + \text{AlCl}_3$$

(水解为氢氧化铝和盐 酸)

由于反应的产物为芳香酮的 Lewis 酸络合物，络合物中的 $AlCl_3$ 不能再起催化作用，因此 Lewis 酸的用量通常大于 1 mol $AlCl_3$，一般要过量 10% ～ 50%。

当用酸酐作酰化剂时，若只让酸酐中的一个酰基参加反应时，1 mol 酸酐至少需要 2 mol $AlCl_3$。

用羧酸酐作为酰化剂时，催化剂三氯化铝首先使酸酐转变成为酰氯，然后酰氯再按前述过程与芳环发生 *C*-酰化反应。

$$(\text{RCO})_2\text{O} + \text{AlCl}_3 \rightleftharpoons (\text{RCO})_2\overset{+}{\text{O}}\text{—}\overset{-}{\text{AlCl}_3} \longrightarrow \text{R—C(=O)—Cl} + \text{R—C(=O)—OAlCl}_2$$

可以看出，若使酸酐中的一个酰基参见酰化反应，1 mol 酸酐至少要 2 mol $AlCl_3$，其总的反应式可以简单表示如下：

$$(\text{RCO})_2\text{O} + 2\text{AlCl}_3 + \text{ArH} \rightleftharpoons \text{Ar—C(=O:AlCl}_3\text{)—R} + \text{RCOOAlCl}_2 + \text{HCl}\uparrow$$

式中，$RCOOAlCl_2$ 在 $AlCl_3$ 存在下，也会转化为酰氯，但是转化率不高。

$$\text{RCOOAlCl}_2 \xrightarrow{\text{AlCl}_3} \text{R—C(=O)—Cl} + \text{O=Al—Cl}$$

所以，要使酸酐中的两个酰基都参加酰化反应，每摩尔至少 3 mol $AlCl_3$，其总反应式如下：

$$(\text{RCO})_2\text{O} + 3\text{AlCl}_3 + 2\ddot{\text{A}}\text{rH} \rightleftharpoons 2\,\text{Ar—C(=O:AlCl}_3\text{)—R} + \text{O=Al—Cl} + 2\text{HCl}\uparrow$$

由于酰基对芳环的钝化作用，使得酰化反应并不能进行到此程度，故芳酮的实际收率反而降低了。因此，通常只是使酸酐中的一个酰基参与反应，故酸酐与三氯化铝的摩尔配比取 1∶2，再过量 10% ～ 50%。

酸酐中比较重要的是二元酸酐，如丁二酸酐、邻苯二甲酸酐、顺丁烯二酸酐及它们的衍生物。二元酸酐可用于合成芳酰脂肪酸，该酸经锌汞齐—盐酸还原为长链羧酸，接着进行分子内酰化可得环酮。

$$C_6H_6 + \text{琥珀酸酐} \xrightarrow[\text{回流},1.5h]{AlCl_3} C_6H_5COCH_2CH_2COOH \xrightarrow{Zn\text{-}Hg/HCl} C_6H_5CH_2CH_2CH_2COOH \xrightarrow{HF} \text{1-四氢萘酮}$$

最常用的酰化剂是酰氯和酸酐，但是反应中使用的酰化试剂并不局限于酰氯和酸酐，羧酸、酰胺、腈、烯酮等也可作为酰化试剂。例如，使用一氧化碳或氢氰酸也可向芳香环引入酰基，这是合成芳醛的经典方法。

$$\text{甲苯} \xrightarrow[AlCl_3/CuCl,\ 51\%]{CO,HCl} p\text{-}MeC_6H_4CHO \qquad \text{1,3-二甲基萘} \xrightarrow[AlCl_3]{Zn(CN)_2,HCl} \xrightarrow{H_2O} \text{2,4-二甲基-1-萘甲醛}\ (71\%)$$

(2)被酰化物结构的影响

Friedel-Crafts 反应是亲电取代，因此底物的结构对酰化反应的进行有很大的影响。

①当芳环上有强给电基时，反应容易进行，可以不用 $AlCl_3$ 作催化剂，而用无水氯化锌、多聚磷酸等温和催化剂。例如，强的给电基—OH、—OCH_3、—OAc、—NH_2、—NHR、—NR_2、—NHAc等。

②当芳环上有吸电子基时，使 *C*-酰化难以进行。因此当芳环上引入一个酰基后，芳环被钝化。芳环上有硝基不能被酰化。例如，吸电子基—Cl、—COOR、—COR 等。

③杂环化合物中，富 π 电子的杂环，如呋喃、噻吩和吡咯，容易被 *C*-酰化。缺 π 电子的杂环，如吡啶、嘧啶，则很难 *C*-酰化。酰基一般进入杂原子的 α 位，若 α 位被占据，也可进入 β 位。

例如：

$$\text{邻苯二甲酸酐} + C_6H_5Cl + 2AlCl_3 \xrightarrow{80℃} o\text{-}(p\text{-}ClC_6H_4CO\cdot AlCl_3)C_6H_4COOAlCl_2 + HCl$$

$$\text{邻苯二甲酸酐} + C_6H_6 + 2AlCl_3 \xrightarrow{55℃} o\text{-}(C_6H_5CO\cdot AlCl_3)C_6H_4COOAlCl_2 + HCl$$

芳环上含有邻、对位定位基时，引入酰基的位置主要是该取代基的对位，如对位已被占据，则酰基入邻位。

对于1,3,5-三甲苯、萘等活泼化合物，在一定条件下可以引入两个酰基。

$$1,3,5\text{-}(CH_3)_3C_6H_3 + 2CH_3COCl \xrightarrow{AlCl_3} 2,4,6\text{-}(CH_3)_3C_6H(COCH_3)_2 + HCl$$

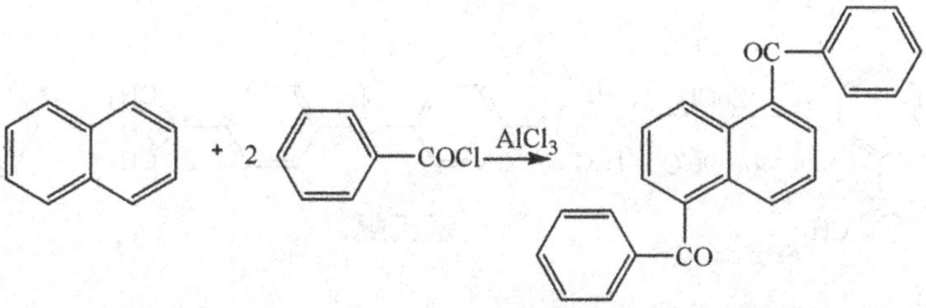

当芳环上有硝基或磺基取代后，就不能再进行酰化反应，因此硝基苯可以用作酰化反应的溶剂。除非环上可同时还有其他给电子基存在，才可再发生酰化反应。

(3)*C*-酰化的催化剂

催化剂的作用是增强酰基碳原子上的正电荷的电子云密度，以便增强亲电质点的进攻能力。由于芳环上碳原子的给电子能力比羟基氧原子或氨基氮原子弱，一般*C*-酰化要用催化剂。当酰化剂为酸酐和酰氯时，常用 Lewis 酸如 $AlCl_3$、BF_3、$ZnCl_2$ 等为催化剂。若酰化剂为羧酸，则多选用 H_2SO_4、HF、H_3PO_4 等为催化剂。最常用的催化剂是无水 $AlCl_3$，它的优点是价廉易得、催化活性高、技术成熟。缺点是会产生大量的含铝盐废液。对于活泼的化合物的*C*-酰化容易引起副反应，此时可改用无水氯化锌、多聚磷酸和三氟化硼等温和催化剂。

路易斯酸的催化活性的大小次序：

$$AlBr_3 > AlCl_3 > FeCl_3 > BF_3 > VCl_3 > TiCl_3 > ZnCl_2 > SnCl_2 > TiCl_4 > SbCl_5 > HgCl_2 > CuCl_2 > BiCl_3$$

质子酸的催化活性顺序为：

$$HF > H_2SO_4 > (P_2O_5)_2 > H_3PO_4$$

采用 $AlCl_3$ 作催化剂时，酮－ $AlCl_3$ 络合物水解会放出大量热量，并产生 HCl 气体，实验时要特别小心。

Lewis 酸的催化性能比质子酸好，对于含有羟基、烷氧基、或二烷芳胺、富电子杂环等，需使用温和的催化剂，如 $ZnCl_2$、磷酸、多聚磷酸等。例如：

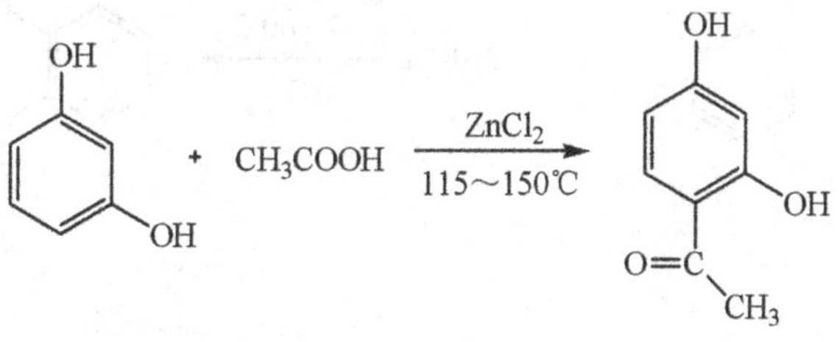

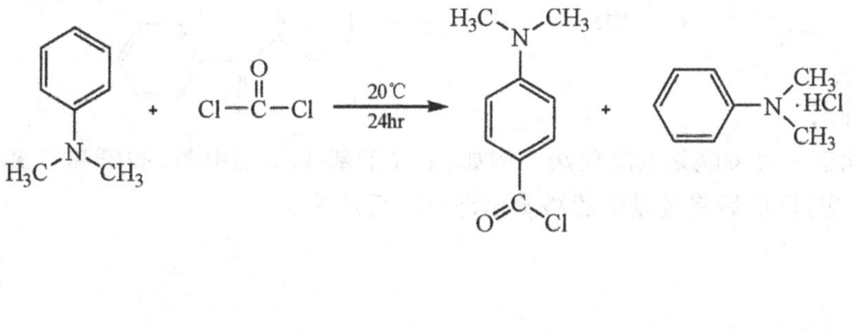

$$4\text{-}(CH_3)_2NC_6H_4COCl + C_6H_5N(CH_3)_2 \xrightarrow[40\sim90℃]{ZnCl_2} [4\text{-}(CH_3)_2NC_6H_4]_2CO + C_6H_5N(CH_3)_2\cdot HCl$$

米氏酮

$$C_6H_5CCl_3 + 1,3\text{-}C_6H_4(OH)_2 + H_2O \xrightarrow{水—乙醇} C_6H_5CO\text{-}C_6H_3(OH)_2 + HCl$$

$$\text{噻吩} + (CH_3CO)_2O \xrightarrow[96\sim97℃]{85\%H_3PO_4} \text{2-乙酰基噻吩}(COCH_3) + CH_3COOH$$

(4)*C*-酰化的溶剂

C-酰化反应生成的酮$-AlCl_3$络合物都是固体或黏稠的液体，为顺利进行酰化反应，必须选用合适的溶剂。

酰化反应中的常用的溶剂有过量(被酰化的)低沸点芳烃，过量酰化剂或另外加入适当的惰性溶剂，如硝基苯、二氯乙烷、四氯化碳、二硫化碳和石油醚等。硝基苯的极性较大，不仅能溶解三氯化铝，而且还能溶解三氯化铝和酰氯或芳酮形成的络合物，此种酰化反应基本上属于均相反应。二硫化碳、氯代烷、石油醚等溶剂对于三氯化铝或其络合物的溶解度很小，此种酰化反应基本上是非均相反应。比如以下几点。

①三氯化铝-过量被酰化物酰化法。例如，在55～60℃条件下，邻苯二甲酸、苯和无水三氯化铝在苯溶剂中反应1 h，然后将反应物放入稀硫酸中进行水解、用水蒸气蒸出过量的苯，冷却、过滤即得邻苯甲酰基苯甲酸。反应为：

$$\text{邻苯二甲酸酐} + C_6H_6 + 2AlCl_3 \xrightarrow[ArH]{55\sim60℃} o\text{-}(Cl_2AlO\text{-}CO)C_6H_4C(=O{:}AlCl_3)C_6H_5 + HCl$$

$$o\text{-}(Cl_2AlO\text{-}CO)C_6H_4C(=O{:}AlCl_3)C_6H_5 + 3H_2SO_4 \xrightarrow{水解} o\text{-}(HOOC)C_6H_4COC_6H_5 + Al_2(SO_4)_3 + 5HCl$$

②三氯化铝—过量酰化剂酰化法。例如，5-叔丁基-1，3-二甲苯、酸酐和三氯化铝，在搅拌下，在45℃反应，反应后将过量的乙酸蒸出即可。反应为：

$$\text{1,3-二甲基-5-叔丁基苯} + (CH_3CO)_2O \xrightarrow[\text{HAc}]{AlCl_3\ 45^\circ C} \text{2,6-二甲基-4-叔丁基苯乙酮} + CH_3COOH$$

③三氯化铝—溶剂酰化法。例如，在30℃条件下，萘、乙酸酐和无水三氯化铝在1,2-二氯乙烷中反应1h，然后将反应物用水萃取，分出油层，先蒸出1,2二氯乙烷，然后减压蒸出产品α-萘乙酮。

$$(CH_3CO)_2O + \text{萘} + 2AlCl_3 \longrightarrow \text{1-萘基}-C(=O{:}AlCl_3)-CH_3 + CH_3-\overset{O}{\overset{\|}{C}}-OAlCl_2 + HCl\uparrow$$

$$\text{1-萘基}-C(=O{:}AlCl_3)-CH_3 + CH_3-\overset{O}{\overset{\|}{C}}-OAlCl_2 + HCl \longrightarrow \text{1-萘基}-\overset{O}{\overset{\|}{C}}-CH_3 + CH_3-\overset{O}{\overset{\|}{C}}-OH + 2AlCl_3$$

选择不同的溶剂可得到不同的产物。若选用硝基苯作为溶剂在65℃反应，得到β-萘乙酮。若选用二硫化碳或石油醚为溶剂，则得到α-萘乙酮和β-萘乙酮的混合物。

7.3.2 *C*-甲酰化制芳醛

以一氧化碳、乙醛酸、三氯甲烷和*N*,*N*-二甲基甲酰胺(DMF)等作为*C*-酰化剂，可在芳环上引入甲酰基制得芳醛。

(1)Vilsmeier 反应

以甲酸的*N*-取代酰胺作酰化剂，在催化剂的参与下向芳环或杂环上引入醛基。最常用的酰胺是*N*,*N*-二甲基甲酰胺；最常用的促进剂是三氯氧磷($POCl_3$)，也可以用光气、亚硫酰氯、乙酐、草酰氯或无水氯化锌等。该反应适用于芳环上或杂环上电子云密度较高化合物的甲酰化，例如*N*,*N*-二甲基芳胺、酚类、酚醚、多环芳烃以及噻吩和吲哚衍生物等。

Vilsmeier 反应通式可简单表示为：

$$ArH + RR'NCHO \xrightarrow{POCl_3} ArCHO + RR'NH$$

反应机理：

$$HC(=O)-\ddot{N}RR' \longleftrightarrow HC(-O^-)=\overset{+}{N}RR' \xrightarrow{POCl_3} Cl_2P(=O)-OCH=\overset{+}{N}RR'\ Cl^-$$

$$\rightleftharpoons Cl-\underset{Cl}{\overset{O}{\overset{\|}{P}}}-O-\underset{Cl}{\overset{H}{C}}-\ddot{N}RR' \rightleftharpoons \left[ClCH=\overset{+}{N}RR' \longleftrightarrow Cl\overset{+}{C}H-NRR' \right]$$

$$\xrightleftharpoons{ArH} Ar-\underset{Cl}{CH}-\overset{+}{N}RR' \rightleftharpoons Ar-\underset{H}{C}=\overset{+}{N}RR'\overset{-}{Cl} \xrightleftharpoons{H_2O} Ar-\underset{H}{C}=O + RR'\overset{+}{N}H_2\overset{-}{Cl}$$

上述反应中，首先甲酸的 *N*-取代酰胺与三氯化磷生配合物，它是放热过程，而 *C*-酰化是吸热反应，需要加热，因此应严格控制反应温度。例如：

$$(H_3C)_2N-C_6H_5 + (CH_3)_2NCHO \xrightarrow{POCl_3} (H_3C)_2N-C_6H_4-CHO$$

$$\text{吡咯} + C_6H_5-N(CH_3)-CHO \xrightarrow{POCl_3} \text{2-吡咯甲醛(CHO)} + C_6H_5NHCH_3$$

用这个方法还可以制备下列化合物：

$$H_3C-N(CH_2CH_2CN)-C_6H_4-CHO \qquad H_3C-N(CH_2CH_2Cl)-C_6H_4-CHO \qquad \text{噻吩}$$

(2)Reimer-Tiemann 反应

酚类与三氯甲烷在碱性溶液中反应，可在芳环邻位和对位引入醛基而生成羟芳醛，含有羟基的喹啉、吡咯、茚等杂环化合物也能进行此反应。

常用的碱溶液是氢氧化钠、碳酸钾、碳酸钠水溶液，产物一般以邻位为主，少量为对位产物。如果两个邻位都被占据则进入对位。不能在水中起反应的化合物可以在吡啶中进行，此时只得邻位产物。

$$C_6H_5OH + CHCl_3 \xrightarrow{10\%NaOH} o\text{-}HOC_6H_4CHO + p\text{-}HOC_6H_4CHO$$

水杨醛 20%～35%　　对羟基苯甲醛 8%～12%

该路线收率较低，但原料易得，操作简便，仍然是从苯酚制邻羟基苯甲醛以及从 2-萘酚制 2-羟基-1 萘甲醛的主要方法。

反应机理：首先氯仿在碱溶液中形成二氯卡宾，它是一个缺电子的亲电试剂，与酚的负离子（Ⅱ）中芳环上电子云密度较高的邻位或对位发生亲电取代形成中间体（Ⅲ），（Ⅲ）从溶剂或反应体系中获得一个质子，同时羰基的 α-氢离开形成(Ⅳ)或(Ⅴ)，(Ⅴ)经水解得到醛。

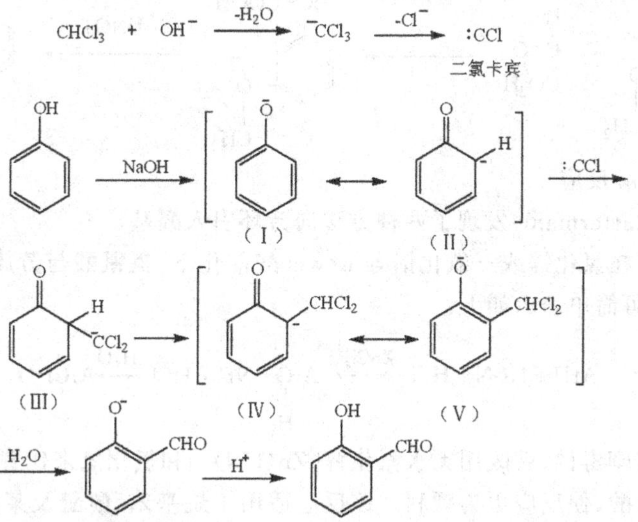

$$CHCl_3 + OH^- \xrightarrow{-H_2O} {}^-CCl_3 \xrightarrow{-Cl^-} :CCl_2$$

二氯卡宾

(Ⅰ)　(Ⅱ)　(Ⅲ)　(Ⅳ)　(Ⅴ)

例如：

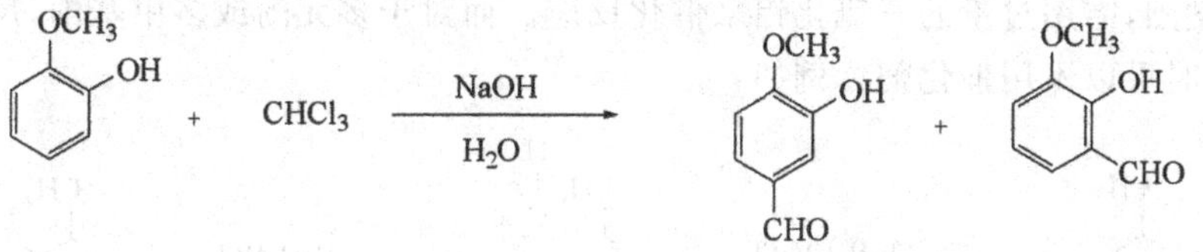

香兰素　邻香兰素

酚羟基的邻位或对位有取代基时，常有副产物 2,2-二取代的环己二烯酮或 4,4-二取代的环己二烯酮产生。例如：

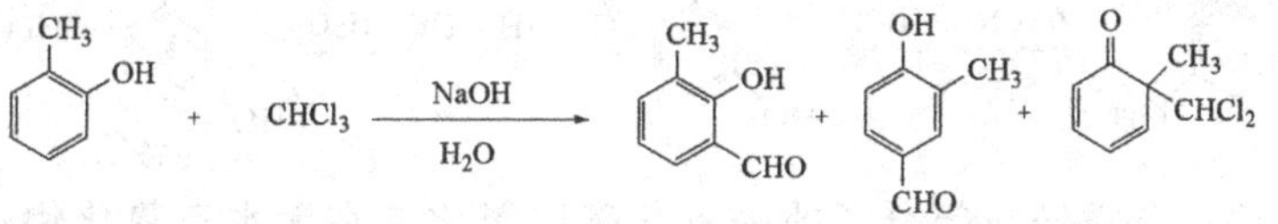

(3)用乙醛酸的 C-甲酰化

乙醛酸的 C-甲酰化方法制芳醛有很大的局限性，只适合用于酚类和酚醚的 C-甲酰化，其反应通式可简单表示为：

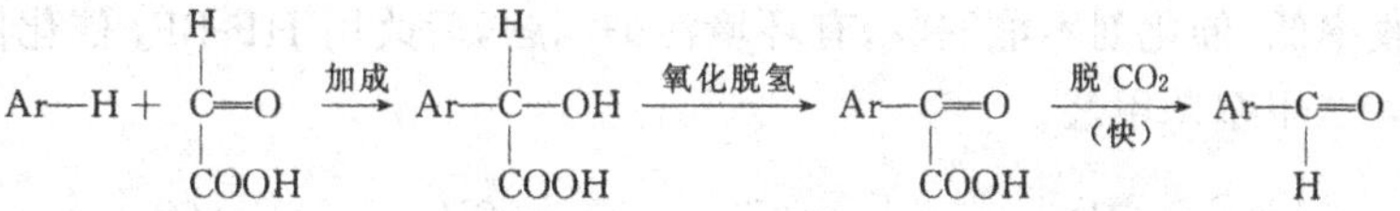

$$Ar{-}H + OHC{-}COOH \xrightarrow{\text{加成}} Ar{-}CH(OH){-}COOH \xrightarrow{\text{氧化脱氢}} Ar{-}CO{-}COOH \xrightarrow[\text{(快)}]{\text{脱 }CO_2} Ar{-}CHO$$

在低温和强酸介质中，将邻苯二酚亚甲醚与乙醛酸反应可得到高收率的 3,4-二氧亚甲基苯乙醇酸，后者在温和条件下用稀硝酸氧化脱羧几乎定量地生成 3,4-二氧亚甲基苯甲醛即为洋茉莉醛。

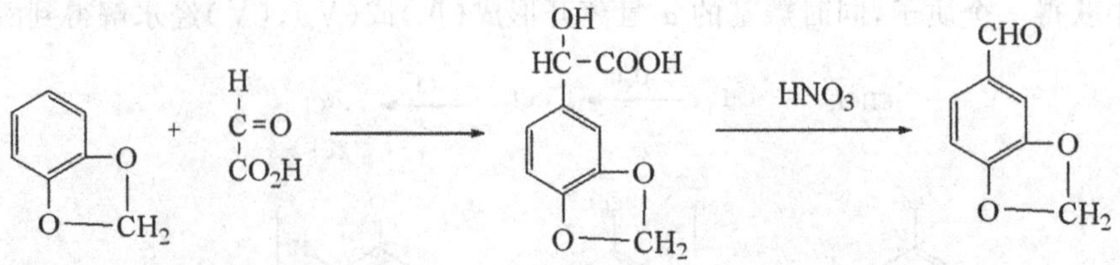

(4)Gattermann 反应

德国化学家 Gattermann 发现了两种方法向芳环引入醛基。

①氰化氢法。在氯化锌或三氯化铝等 Lewis 酸催化下，氢氰酸与芳族化合物作用生成芳香醛，其反应通式可简单表示如下：

$$ArH+HCN+HCl \xrightarrow{ZnCl_2} ArCH{=}NH \cdot HCl \xrightarrow{H_2O} ArCHO$$

由于氢氰酸有剧毒性，后改用无水氰化锌[$Zn(CN)_2$]和氯化氢来代替氢氰酸，这样可在反应中慢慢释放氢氰酸，使反应更为顺利。该反应适用于烷基苯、酚醚及某些杂环化合物(如吡咯、吲哚)等的甲酰化。对不同官能团的化合物，反应条件要求也不一样。如对于烷基苯，反应条件要求较剧烈，需用过量的三氯化铝来催化反应。而对于多元酚或多甲基酚，反应条件可温和些，甚至有时可以不用催化剂。例如：

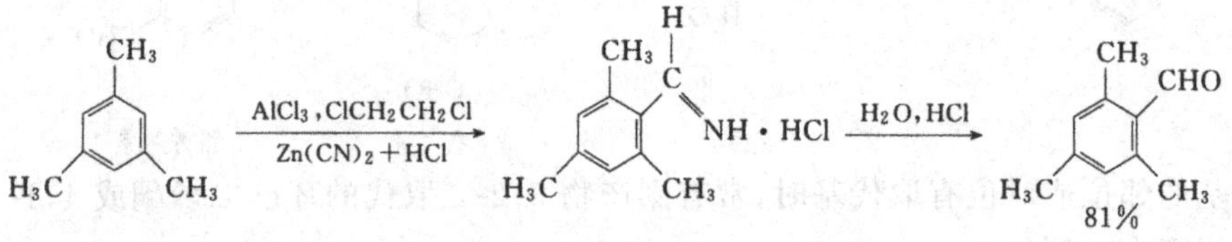

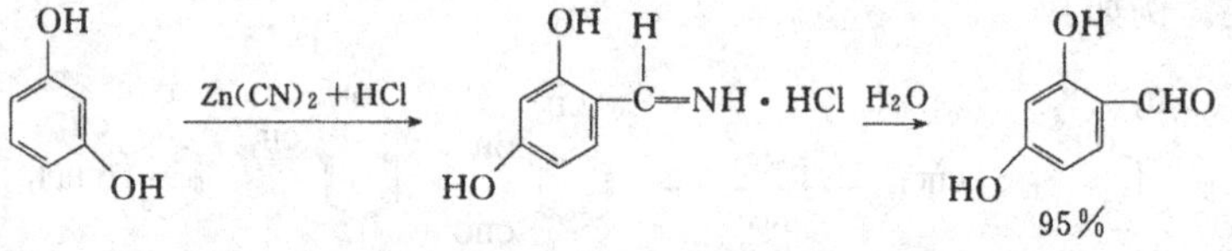

$$\xrightarrow[Zn(CN)_2+HCl]{AlCl_3,ClCH_2CH_2Cl} \qquad \xrightarrow{H_2O,HCl} \quad 81\%$$

$$\xrightarrow{Zn(CN)_2+HCl} \qquad \xrightarrow{H_2O} \quad 95\%$$

②一氧化碳法。芳香烃与等分子的一氧化碳以氯化氢在无水三氯化铝—氯化亚铜作用下，反应生成芳香醛。此反应被称作 Gattermann-Koch 反应。

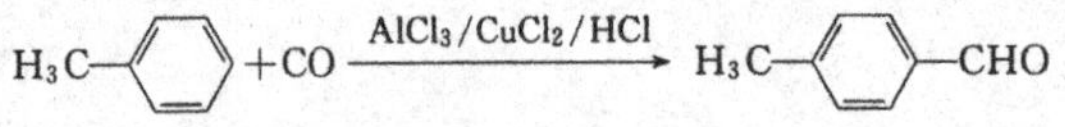

$$H_3C-C_6H_4 + CO \xrightarrow{AlCl_3/CuCl_2/HCl} H_3C-C_6H_4-CHO$$

由于此法收率低，催化剂不能回收，有环境污染问题，后改用 HF-BF_3 催化体系。例如，从间二甲苯制 2,4-二甲基苯甲醛。

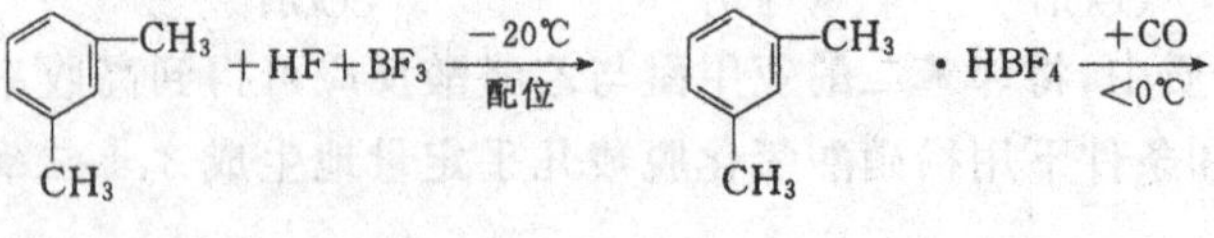

$$C_6H_4(CH_3)_2 + HF + BF_3 \xrightarrow[配位]{-20℃} C_6H_4(CH_3)_2 \cdot HBF_4 \xrightarrow[<0℃]{+CO}$$

$$\text{2,4-}(CH_3)_2C_6H_3CHO \cdot HBF_4 \xrightarrow{>100℃} \text{2,4-}(CH_3)_2C_6H_3CHO + HF + BF_3$$

醛配合物(B)

7.3.3 *C*-酰化制芳酸(Koble-Schmitt 反应)

C-酰化制备芳酸的方法仅适用于酚类的羧化制羟基芳酸。粉状的无水苯酚钠与 CO_2，在125～150℃、0.5～0.8 MPa 下反应得邻羟基苯甲酸，同时有少量对羟基苯甲酸生成。此反应叫作 Koble-Schmitt 反应。活泼的酚(如间氨基酚、间苯儿酚等)的羧化可在水介质中进行。

$$C_6H_5ONa + CO_2 \xrightarrow[125\sim150℃]{0.5MPa} o\text{-}HOC_6H_4CO_2Na \xrightarrow{HCl} o\text{-}HOC_6H_4CO_2H$$

反应产物与酚盐的种类及反应温度有关，一般来讲，使用钠盐及在较低的温度下反应主要得到邻位产物，而用钾盐及在较高温度下反应则主要得对位产物：

$$C_6H_5OK + K_2CO_3 + CO_2 \xrightarrow[200\sim250℃]{0.5MPa} p\text{-}NaOC_6H_4CO_2K \xrightarrow{HCl} p\text{-}HOC_6H_4CO_2H$$

邻位异构体在钾盐及较高温度下加热也能转变为对位异构体：

$$o\text{-}HOC_6H_4CO_2K \xrightarrow[250℃]{K_2CO_3} p\text{-}NaOC_6H_4CO_2K$$

例如：

①邻苯二酚在碳酸铵中与二氧化碳反应的1,2-二羟基苯甲酸。

$$1,2\text{-}C_6H_4(OH)_2 + CO_2 \xrightarrow{(NH_4)_2CO_3} 3,4\text{-}(HO)_2C_6H_3CO_2H$$

②无水2-萘酚钠在高温下与 CO_2 反应得2-羟基萘-3-甲酸(2,3-酸)。

$$\text{2-萘酚钠(ONa)} + CO_2 \xrightarrow{200\sim250℃} \text{3-羟基-2-萘甲酸(OH, }CO_2H\text{)}$$

7.3.4 *C*-酰化应用实例

7.3.4.1.米氏酮的合成

米氏酮又称4,4-双(二甲氨基)二苯甲酮,由N,N-二甲基苯胺与光气反应制得。光气是碳酸的酰氯,是很强的酰化剂。

$$(CH_3)_2N-C_6H_5 \xrightarrow[20℃]{COCl_2} (CH_3)_2N-C_6H_4-\overset{O}{\overset{\|}{C}}-Cl + HCl$$

$$(CH_3)_2N-C_6H_4-COCl + C_6H_5-N(CH_3)_2 \xrightarrow[ZnCl_2]{100℃} (CH_3)_2N-C_6H_4-\overset{O}{\overset{\|}{C}}-C_6H_4-N(CH_3)_2$$

将N,N-二甲基苯胺加入反应锅,在搅拌冷却至20℃以下时,开始通入光气。反应一定时间后,得到的甲酰氯在稍高的温度下加入$ZnCl_2$催化剂。反应结束后,用盐酸酸析至pH值3～4,冷却、过滤、水洗至中性,烘干,得米氏酮。

7.3.4.2 α-萘乙酮的合成

萘与乙酐在$AlC1_3$存在下进行碳酰化反应得到α-萘乙酮。

$$C_{10}H_8 \xrightarrow[AlCl_3]{(CH_3CO)_2O} C_{10}H_7COCH_3$$

于干燥的铁锅中加入无水二氯乙烷106 L及精萘56.5 kg,搅拌溶解。在干燥搪玻璃反应器中加入无水二氯乙烷141 L及无水三氯化铝151 kg,于(25±2)℃下缓缓加入乙酐51.5 kg,保温半小时。再于此温度下加入上述配好的精萘二氯乙烷溶液,加完后保持温度为30℃反应1 h,然后将物料用氮气压至800 L冰水中进行水解,稍静置后放去上层废水,用水洗涤下层反应液至刚果红试纸不蓝为止。将下层油状液移至蒸馏釜中,先蒸去二氯乙烷,再进行真空蒸馏,真空度为100 kPa(750 mmHg),于160～200℃下蒸出α-萘乙酮65～70 kg。本品是医药和染料中间体。

7.4 *O*-酰化(酯化)反应

O-酰化指的是醇或酚分子中的羟基氢原子被酰基取代的反应,生成的产物是酯,因此又称酯化。几乎用于*O*-酰化的所有酰化剂都可用于酯化。

7.4.1 *O*-酰化反应历程

在传统的无机酸催化下，H^+ 自催化剂中游离出来，与反应物形成络合物后再与有机酸反应完成酯化过程，反应通式为：

$$RCOOH + R'OH \longrightarrow RCOOR' + H_2O$$

与其他有机酸、无机酸相比，硫酸广泛地应用于酯化反应中，研究证明，硫酸酯化反应分两步进行，如下：

$$ROH + H_2SO_4 \longrightarrow R'OSO_3H + H_2O$$

$$RCOOH + R'OH \xrightarrow{R'OSO_3H} RCOOR' + H_2O$$

在酯化过程中真正充当催化剂的是 $R'—O—SO_3H$（烷基硫酸）。

若以相转移催化剂催化酯化反应，由于相转移催化剂能穿越两相之间，从一相提取有机反应物到另一相反应，因而能克服有机反应在界面接触、扩散等困难，显著加快了反应速率，反应如下：

$$Q^+RCOO^- + R'OH \rightleftharpoons RCOOR' + Q^+OH \text{（有机相）}$$

$$Q^+RCOO^- + H_2O \rightleftharpoons RCOOH + Q^+OH \text{（水相）}$$

7.4.2 *O*-酰化反应的影响因素

(1)羧酸结构

甲酸比其他直链羧酸的酯化速度快得多。随着羧酸碳链的增长，酯化速度明显下降。除了电子效应会影响酯化能力外，空间位阻对反应速率具有更显著的影响。

(2)醇或酚结构

伯醇的酯化反应速率最快，仲醇较慢，叔醇最慢；伯醇中又以甲醇最快。这是由于酯化过程是亲核过程，醇分子中有空间位阻时，其酯化速度会降低，即仲醇酯化速度比相应的伯醇低一些，而叔醇的酯化速度则更低，叔醇的酯化通常要选用酸酐或酰氯。但丙烯醇的酯化速度比相应的饱和醇慢些，因为丙烯醇氧原子上的未共用电子对与双键共轭，减弱了氧原子的亲核，同样，苯酚由于苯环对羟基的共轭效应，其酯化速度也相当低。苯甲醇由于存在苯基，其酯化速度比乙醇低。

因此，在实际操作中，制备叔丁基酯不用叔丁醇而要用异丁烯，制备酚酯时，酰化剂要用酸酐或羧酰氯而不用羧酸。

(3)酯化催化剂

选用合适的酯化催化剂在保证酯化反应进行方面有决定性的作用，常用的催化剂主要有以下几类。

①传统的无机酸、有机酸催化剂。硫酸催化酯化是现代酯化工业中最常用的方法，但因硫酸易造成一系列副反应，从而使产品的精制带来一定的困难，产率在一定程度上受到影响，此

外设备腐蚀、环境污染问题也相当严重。盐酸则容易与醇反应生成卤代烷。磷酸虽也可作催化剂，但反应速率非常慢。无机酸的腐蚀性较强，也容易使产品的色泽变深。有机磺酸，如甲磺酸、苯磺酸、对甲苯磺酸等也可作催化剂，其腐蚀性较小。

工业上使用的磺酸类催化剂是对甲苯磺酸，它虽然价格较贵，但是不会像硫酸那样引起副反应，已逐渐代替浓硫酸。

②强酸性离子交换树脂。强酸性离子交换树脂均含有可被阳离子交换的氢质子，属强酸性。其中最常用的有酚磺酸树脂以及磺化聚苯乙烯树脂。该催化剂酸性强、易分离、无炭化现象、脱水性强及可循环利用等，可用于固定床反应装置，有利于实现生产连续化，但溶剂化作用使树脂膨胀，降低了催化效率。

③固体超强酸。研究表明，固体超强酸催化剂具有催化活性高、不腐蚀设备、不污染环境、制备方法简便、产品后处理简单、可多次重复使用等优点，是有望取代硫酸的催化剂，应用前景广泛。例如，$\dfrac{TiO_2-Re^+}{SO_4^{2-}}$的反应条件温和，催化活性高，效果优于硫酸。$\dfrac{M_xO_y}{SO_4^{2-}}$型固体超强酸具有不怕水的优点，因而广泛应用于酯化反应研究。但$\dfrac{M_xO_y}{SO_4^{2-}}$型固体超强酸还处于实验室研究阶段，实现工业化还有许多工作要做。

④相转移催化剂。季铵盐是典型的相转移催化剂，它较适合于羧酸盐与卤代烷反应生成相应的酯，催化效率高。

⑤分子筛以及改性分子筛。沸石分子筛具有很宽的可调变的酸中心和酸强度，能满足不同的酸催化反应的活性要求，比表面积大，孔分布均匀，孔径可调变，对反应原料和产物有良好的形状选择性，结构稳定，机械强度高，可高温活化再生后重复使用，对设备无腐蚀，生产过程环保，废催化剂处理简单。但是，由于活性比浓硫酸低，因此生产能力低，易发生结炭，水的存在会影响其活性等。因此，需要对分子筛进行适当的改性。

⑥杂多酸催化剂。杂多酸(HPA)是由中心原子和配位原子以一定结构通过氧原子配位桥联而组成的含氧多元酸的总称。酯化反应是有催化剂参与的重要有机化学反应之一，固体杂多酸(盐)催化剂作为一类新型催化剂替代浓硫酸催化剂合成酯类物质具有高反应活性和选择性，不腐蚀反应设备等优点，负载型杂多酸(盐)催化剂还具有低温、高活性的特点。

随着人类环保意识的不断提高，人们将越来越多的注意力集中在固体酸催化剂的研究上，尽管对固体酸催化剂做了大量研究，但是要实现工业化还有一段很长的路要走，还要不断探索和努力。

7.4.3 *O*-酰化反应方法

7.4.3.1 羧酸法

羧酸可以是各种脂肪酸和芳酸。羧酸价廉易得，是最常用的酯化剂。但羧酸是弱酯化剂，它只能用于醇的酯化，而不能用于酚的酯化。

由于羧酸的种类很多，所以羧酸是最常用的酯化剂。用羧酸的酯化一般是在质子酸的催化作用下,按双分子反应历程进行的。

$$\mathrm{R-\overset{\displaystyle O}{\overset{\|}{C}}-OH} \underset{\text{质子化}}{\overset{+H^+\text{快}}{\rightleftharpoons}} \mathrm{R-\underset{O^+H}{\underset{|}{C}}-OH} \underset{\text{互变异构}}{\overset{\text{快}}{\rightleftharpoons}} \mathrm{R-\overset{+}{C}(OH)-OH} \xrightarrow[\text{酯化}]{+R'-OH\ \text{慢}} \left[\mathrm{R-\underset{OH}{C}(OH)-\overset{+}{O}H-R'}\right]$$

$$\underset{\text{互变异构}}{\rightleftharpoons} \left[\mathrm{R-C(\overset{+}{O}H_2)(OH)-O-R'}\right] \underset{\text{脱水}}{\overset{-H_2O}{\rightleftharpoons}} \left[\mathrm{R-\overset{+}{C}(OH)-O-R'}\right] \underset{\text{脱质子}}{\overset{-H}{\rightleftharpoons}} \mathrm{R-\overset{\displaystyle O}{\overset{\|}{C}}-O-R'}$$

在这里,羧酸是亲电试剂,醇是亲核试剂,离去基团是水。

用羧酸的酯化是一个可逆反应,即

$$\mathrm{R-\overset{\displaystyle O}{\overset{\|}{C}}-OH + H-O-R'} \overset{K}{\rightleftharpoons} \mathrm{R-\overset{\displaystyle O}{\overset{\|}{C}}-O-R' + H_2O}$$

所生成的酯在质子的催化作用下又可以和水发生水解反应而转变为原来的羧酸和醇。因此,在原料和产物之间存在着动态平衡。参加反应的质子可以来自羧酸本身的解离,也可以来自另外加入的质子酸。质子酸只能加速平衡的到达,不能影响平衡常数 K。

$$K=\frac{c_{\text{酯}}\,c_{\text{水}}}{c_{\text{羧酸}}\,c_{\text{醇}}}$$

酯化的平衡常数 K 都不大。在使用当量的酸和醇进行酯化时,达到平衡后,反应物中仍剩余相当数量的酸和醇。为了使反应程度尽可能大,需要使平衡右移,可采用以下几种方法。

(1)用过量的低碳醇

此法主要用于生产水杨酸乙酯、对羟基苯甲酸的乙酯、丙酯和丁酯等。此法操作简单,只要将羧酸和过量的醇在浓硫酸催化剂存在下回流数小时,蒸出大部分过量的醇,再将反应物倒入水中,用分层法或过滤法分离出生成的酯。为了降低成本,此法只适用于平衡常数 K 较大、醇不需要过量太多、醇能溶解于水、批量小、产值高的酯化过程。

(2)蒸出酯

此法只适用于酯化混合物中酯的沸点最低的情况。这些酯常常会与水形成共沸物,因此蒸出的粗酯还需要进一步精制。

(3)蒸出生成的水

此法使用的情况为:水是酯化混合物中沸点最低的组分和可用共沸蒸馏法蒸出水。

当羧酸、醇和生成的酯沸点都很高时,只要将反应物加热至 200℃或更高并同时蒸出水,甚至不加催化剂也可以完成酯化反应。另外,也可以采用减压、通入惰性气体或过热水蒸气的方法在较低温度下蒸出水。

(4)羧酸盐与卤烷的酯化法

此法主要用于制备各种苄酯和烯丙酯。加入相转移催化剂可加速酯化反应。

7.4.3.2 酸酐法

羧酸酐是比羧酸更强的酰化剂,适用于较难反应的酚类化合物及空间阻碍较大的叔羟基衍生物的直接酯化。常用的酸酐有乙酸酐、丙酸酐、邻苯二甲酸酐、顺丁烯二酸酐等。

此法也是酯类的重要合成方法之一，其反应过程为：

$$(RCO)_2O + R'OH \longrightarrow RCOOR' + RCOOH$$

在用酸酐对醇进行酯化时，先生成 1 mol 酯及 1 mol 酸，这是不可逆过程；然后由 1 mol 酸再与醇脱水生成酯，这是可逆过程，需较为苛刻的条件，才能保证两个酰基均得到利用。

反应中生成的羧酸不会使酯发生水解，所以这种酯化反应可以进行完全。羧酸酐可与叔醇、酚类、多元醇、糖类、纤维素及长碳链不饱和醇(沉香醇、香叶草醇)等进行酯化反应。

用酸酐酯化时可用酸性或碱性催化剂加速反应，如硫酸、高氯酸、氯化锌、三氯化铁、吡啶、无水醋酸钠、对甲苯磺酸或叔胺等。酸性催化剂的作用比碱性催化剂强。目前工业上使用最多的是浓硫酸。

止痛药阿司匹林即乙酰水杨酸的合成采用水杨酸与乙酸酐的液相酯化反应，不加入任何溶剂，采用纳米硫酸锆作为催化剂，在 30 min 内就可达到 97%的高产率。

$$o\text{-}HOC_6H_4COOH + H_3C\text{-}CO\text{-}O\text{-}CO\text{-}CH_3 \longrightarrow o\text{-}CH_3COOC_6H_4COOH + H_3C\text{-}COOH$$

若酰化剂采用环状羧酸酐与醇反应，则可制得双酯。在制备双酯时反应是分步进行的，即先生成单酯，再生成双酯。

$$R'\begin{matrix}\diagup CO \diagdown \\ \diagdown CO \diagup\end{matrix}O + ROH \longrightarrow R'\begin{matrix}\diagup COOR \\ \diagdown COOH\end{matrix} \xrightarrow{+ROH} R'\begin{matrix}\diagup COOR \\ \diagdown COOR\end{matrix} + H_2O$$

工业上大规模生产的各种型号的塑料增塑剂邻苯二甲酸二丁酯及二辛酯等就是以邻苯二甲酸酐利用过量的醇在硫酸催化下进行酯化而成的。

再如增塑剂邻苯二甲酸二异辛酯的生产，将邻苯二甲酸酐溶于过量的辛醇中即可生成单酯，下一步由单酯生成双酯属于羧酸与醇的酯化，要加入催化剂。最初采用的是硫酸催化剂，现在采用的是钛酸四烃酯、氢氧化铝复合物、氧化亚锡或草酸亚锡等非酸性催化剂。

$$C_6H_4(CO)_2O \xrightarrow{+ROH} C_6H_4\begin{matrix}\diagup C(=O)\text{—}OR \\ \diagdown C(=O)\text{—}OH\end{matrix} \xrightarrow{+R^1OH} C_6H_4\begin{matrix}\diagup C(=O)\text{—}OR \\ \diagdown C(=O)\text{—}OR^1\end{matrix}$$

7.4.3.3 酰氯法

酰氯和醇反应生成酯：

$$RCOCl + R'OH \longrightarrow RCOOR' + HCl$$

酰氯与醇(或酚)的酯化具有以下特点。

①酰氯的反应活性比相应的酸酐强，远高于相应的羧酸。

②酰氯与醇(或酚)的酯化是不可逆反应，反应可在十分缓和的条件下进行，不需加催化剂，产物的分离也比较简便。

③反应中通常需使用缚酸剂以中和酯化反应所生成的氯化氢。

酰氯主要分为有机酰氯和无机酰氯。常用的有机酰氯有：长碳脂肪酰氯、芳羧酰氯、芳磺酰氯、光气、氨基甲酰氯和三聚氯氰等；常用的无机酰氯主要为磷酰氯，如 $POCl_3$、$PSCl_3$、PCl_3、PCl_5 等。

用酰氯的酯化须在缚酸剂存在下进行，常用的缚酸剂有碳酸钠、乙酸钠、吡啶、三乙胺或 N,N-二甲基苯胺等。缚酸剂采用分批加入或低温反应的方法，以避免酰氯在碱存在下分解。当酯化反应需要溶剂时，应采用苯、二氯甲烷等非水溶剂，因为脂肪族酰氯活泼性较强，容易发生水解。另外，用各种磷酰氯制备酚酯时，可不加缚酸剂，而制取烷基酯时就需要加入缚酸剂，防止氯代烷的生成，加快反应速率。

由于酰氯的成本远高于羧酸，通常只有在特殊需要的情况下，才用羧酰氯合成酯。

7.4.4 酯化工艺实例

工业上酯化反应广泛用于塑料增塑剂、溶剂及香料、涂料等其他方面的制造。其合成工艺可根据生产量的大小，采取间歇式和连续式两种工艺。

7.4.4.1 间歇式生产工艺

在生产量不大的情况下，可采取间歇酯化工艺。以醋酸丁酯的生产为例。

$$CH_3COOH + C_4H_9OH \overset{H^+}{\rightleftharpoons} CH_3COOC_4H_9$$

醋酸丁酯的沸点较低，为中挥发度产品，酯化反应时能与生成的水和部分原料醇形成三元共沸物而蒸出，其共沸温度为 89.3℃，与产品酯及水的沸点较接近。一般采用图 7-2(a)类型的反应装置。

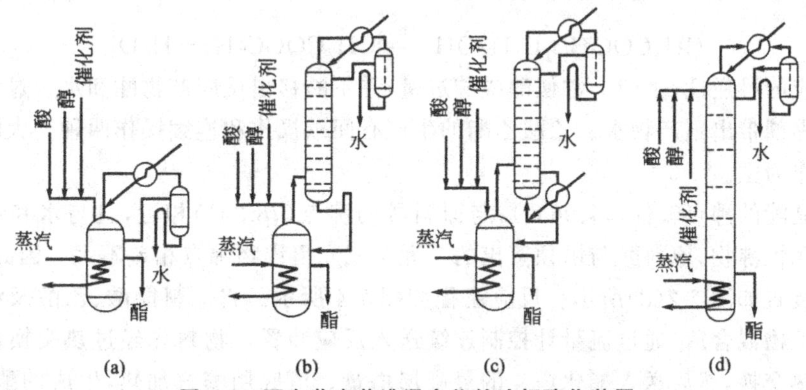

图 7-2　配有蒸出共沸混合物的液相酯化装置

(a)带回流冷凝器的酯化装置；(b)带蒸馏柱的酯化装置；(c)带分馏塔的酯化装置；(d)塔盘式酯化装置

反应过程中从酯化装置蒸出的三元共沸混合物蒸气，经冷凝后易与水实现分离。其流程如图 7-3 所示。冰醋酸、丁酸及少量相对密度为 1.84 的硫酸催化剂均匀混合后加入酯化反应釜中。混合物用夹套蒸汽加热数小时使反应达到平衡，然后不断地蒸出生成水以提高收率(当不能再蒸出水时，即认为酯化反应已达到终点)。到达终点时，分馏柱顶部的温度会升高，同时有少量醋酸会被带入冷凝液中。向釜内加入氢氧化钠溶液中和残留的少量酸，静置后放去水层，然后用水洗涤，最后蒸出产物醋酸丁酯，残留的是丁醇。

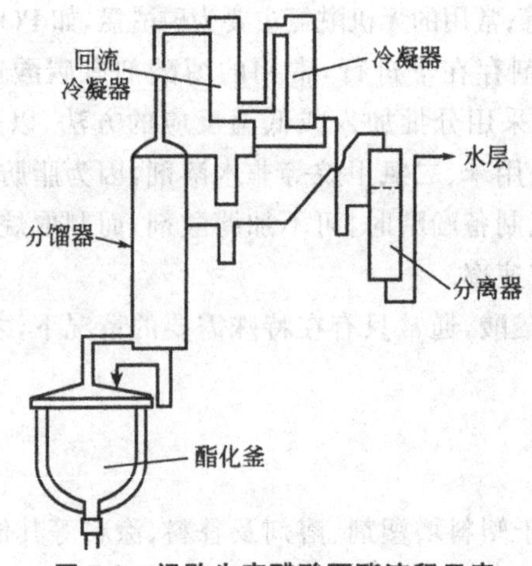

图 7-3　间歇生产醋酸丁酯流程示意

上述间歇酯化工艺，原则上可适用于以羧酸与醇进行酯化生成羧酸酯的生产过程。羧酸酯用途广泛，对小批量生产来说，间歇酯化有一定的灵活性及通用性。

7.4.4.2　连续式生产工艺

(1)乙酸乙酯的生产

乙酸乙酯是羧酸法合成酯的典型产品之一，广泛用于涂料、医药、感光材料、染料、食品等工业部门，是生产吨位较大的化学品。目前，工业上主要的生产方法是乙酸乙醇法，该法是乙酸与乙醇在质子酸存在下进行的液相反应。

$$CH_3COOH + C_2H_5OH \xrightleftharpoons{H^+} CH_3COOC_2H_5 + H_2O$$

由于反应的可逆性，生产上常使醇或酸过量，并不断移出反应产物酯和水。过量的醇或产物酯可作恒沸剂带出副产物水。乙酸乙酯的生产有间歇操作和连续操作两种。大吨位的生产常以连续操作为主。

由于产品酯的沸点较低(77.06℃)，与原料醇的沸点(78.3℃)相近，且与水和乙醇均能形成二元及三元恒沸物，原料醇与塔顶蒸出的二元及三元恒沸物沸点相差不大。因此，连续操作的酯化反应装置如图 7-2(d)所示。反应流程如图 7-4 所示。将原料醋酸、乙醇及浓硫酸按一定比例在高位槽混合后，通过流量计控制连续送入反应装置。物料先经过热交换器 2 与塔顶逸出的蒸汽热交换，然后送入酯化塔 4 的最高层塔盘。塔底用蒸汽加热，生成的酯与醇、水形成三元共沸物向塔顶移动，含水的液体物料由顶部流向塔底。选择合适的停留时间及原料配比使塔底釜内的液体仅含少量的未反应醋酸以及硫酸。釜底流出的废水经中和后排出。

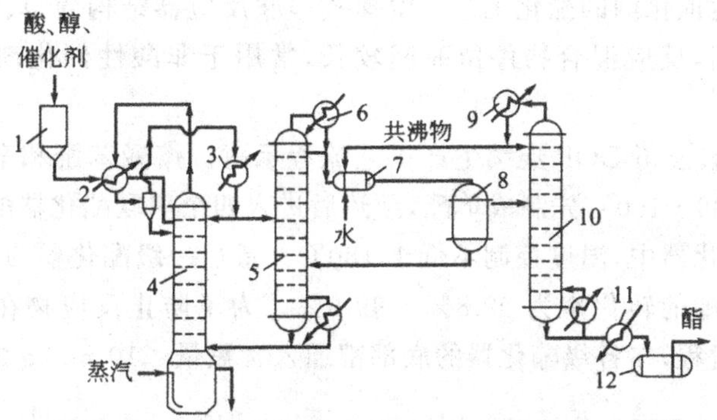

图 7-4 连续酯化生产乙酸乙酯工艺流程

1—高位槽；2—热交换器；3—冷凝器；4—酯化塔；5，10—分馏塔；6，9—分凝器；
7—混合器；8—分离器；11—冷却器；12—成品贮罐

塔顶逸出的蒸气约含 70%醇、20%酯及 10%水，物料经热交换后通过冷凝器 3，部分冷凝液与热交换器 2 中的冷凝液一起回流入塔内，其余部分送入分馏塔 5 中分离三元共沸混合物中的酯及含水乙醇，塔底为含水乙醇回入酯化塔 4 用于酯化。分馏塔 5 中逸出的蒸气冷凝后部分回流，其余部分在混合器 7 中与等量的水混合，使乙酸乙酯与水分层，以保证在分离器 8 中得到分离。上层为酯层（为粗酯，含有少量的水分、乙酸和高沸物），送入分馏塔 10。下层为水层（含乙醇和少量的酯），再回到分馏塔 5 中。分馏塔 10 顶部逸出的仍为低沸点三元共沸物，除部分回流外，其余的送往混合器 7。成品乙酸乙酯由塔底流出，经冷却器 11 后送往成品贮罐。

从上述介绍可见，酯化反应中形成共沸混合物的分离，以及原料组分的充分利用，将涉及大量化学工程技术。

（2）邻苯二甲酸二（2-乙基己基）酯的生产

邻苯二甲酸酯类在精细化工的生产中有重要作用。它们是一类重要的增塑剂，约占整个增塑剂市场的 80%，其中产量最大的是邻苯二甲酸二（2-乙基己基）酯（俗称邻苯二甲酸二辛酯，英文缩写 DOP），广泛用于聚氯乙烯各种软质制品的加工及涂料、橡胶制品中。

DOP 是以 2-乙基己醇为原料，以邻苯二甲酸酐为酰化剂，在酸性催化剂作用下反应而得。

$$C_6H_4(CO)_2O + 2CH_3(CH_2)_3CH(C_2H_5)CH_2OH \xrightarrow{H_2SO_4} C_6H_4[COOCH_2CH(C_2H_5)(CH_2)_3CH_3]_2 + H_2O$$

催化剂用量一般以苯酐计为 0.2%～0.5%，物料配比常使 2-己基乙醇过量，反应生成的水由过量的醇带出，也可以使用苯、甲苯或环己烷作恒沸剂。生产方式有间歇式、半间歇式和连续式。目前世界上广泛使用的是连续式生产工艺，且国外公司最大规模的生产装置已达 10 万吨/年。

由于产品酯的沸点高，反应温度下不能被蒸出，但原料醇能与反应生成的水形成二元共沸物，且冷凝后很易分离而除水，因此，采用图 7-2（a）类型的反应装置。

连续化生产的酯化反应器可分为塔式和阶梯式串联两大类。塔式反应器结构紧凑，投资较少，适用于采用酸性催化剂的酯化工艺。阶梯式串联反应器结构简单、操作方便，但是占地面积大、动力消耗较高，反应混合物停留时间较长，常用于非酸性催化剂或无催化剂的酯化过程。

图 7-5 为日本窒素公司 DOP 连续生产工艺流程示意。熔融苯酐和辛醇以一定的摩尔比[1∶(2.2～2.5)]在 130～150℃先制成单酯，预热后进入四个串联酯化器的第一级。非酸性催化剂也加入第一级酯化器中，温度控制不低于 180℃。最后一级酯化器的温度为 220～230℃。邻苯二甲酸单酯到双酯的转化率为 99.8%～99.9%。为了防止反应物在高温酯化时色泽变深，以及为强化酯化过程，在各级酯化器的底部都通入含氧量<10 m/kg 的高纯氮。

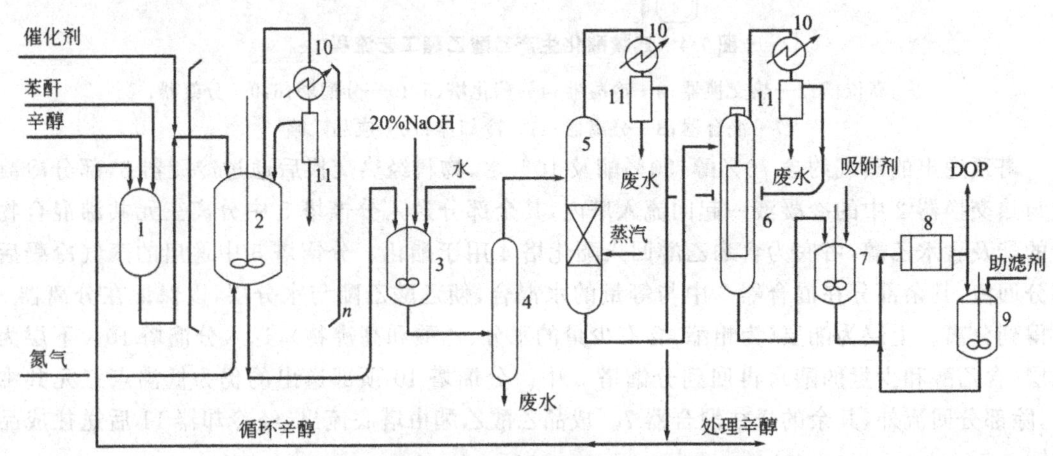

图 7-5　窒素公司 DOP 连续生产工艺流程示意

1—单酯反应器；2—阶梯式串联酯化器（$n=4$）；3—中和器；4—分离器；5—脱醇塔；6—干燥器（薄膜蒸发器）；7—吸附剂槽；8—叶片过滤器；9—助滤剂槽；10—冷凝器；11—分离器

中和、水洗是在带搅拌的中和器 3 中同时进行的。碱用量为反应物酸值的 3～5 倍，非酸性催化剂也在中和、水洗工序被洗去。

物料经脱醇（0.001～0.002 MPa，50～80℃）、干燥（约 0.006 MPa，50～80℃）后，进入过滤工序，过滤一般不用活性炭脱色，而用特殊的吸附剂及助滤剂。吸附剂成分为 SiO_2、Al_2O_3、Fe_2O_3、MgO 等，加入 CaO 有重要作用。通过吸附、脱色可保证 DOP 产品的色泽及体积电阻率指标。同时，可除去残存的微量催化剂和其他机械杂质。DOP 的收率以苯酐或辛醇计均为 99.3%。

回收的辛醇一部分直接循环使用，另一部分需进行分馏和催化加氢处理。废水经生化处理后排放，废气经水洗涤除臭后排入大气。

第 8 章　重氮化与重氮盐的转化

8.1　概述

8.1.1　重氮化反应及其特点

芳伯胺($ArNH_2$)在无机酸存在下与亚硝酸作用，生成重氮盐(ArN_2^+X)的反应称为重氮化反应。由于亚硝酸易分解，故反应中通常用 $NaNO_2$ 与无机酸作用生成 HNO_2，再与 $ArNH_2$ 反应，其反应通式为：

$$ArNH_2 + NaNO_2 + 2HX \longrightarrow ArN_2^+X + 2H_2O + NaX$$

该反应中，无机酸可以是 HCl、HBr、HNO_3、H_2SO_4 等。工业上常采用盐酸。

在重氮化过程中和反应终了，要始终保持反应介质对刚果红试纸呈强酸性，如果酸量不足，可能导致生成的重氮盐与没有起反应的芳胺生成重氮氨基化合物。反应式为：

$$ArN_2X + ArNH_2 \longrightarrow ArN{=}NNHAr + HX$$

在重氮化反应过程中，HNO_2 要过量或加入 $NaNO_2$ 溶液的速率要适当，不能太慢，否则，也会生成重氮氨基化合物。在反应过程中，可用碘化钾淀粉试纸检验 HNO_2 是否过量，微过量的 HNO_2 可使试纸变蓝。

重氮化反应是放热反应，必须及时移除反应热。一般在 0～10℃条件下进行，温度过高，会使 HNO_2 分解，同时加速重氮化合物的分解。重氮化反应结束时，通常加入尿素或氨基磺酸将过量的 HNO_2 分解掉，或加入少量芳胺，使之与过量的 HNO_2 作用。

8.1.2　重氮盐的结构与性质

重氮盐由重氮正离子和强酸负离子构成，其结构式为 $ArN_2^+X^-$，X^- 表示一价酸根。

重氮盐易溶于水，在水溶液中呈离子状态，类似铵盐性质，故称重氮盐。在水中，重氮盐的结构随 pH 值大小而变，如图 8-1 所示。

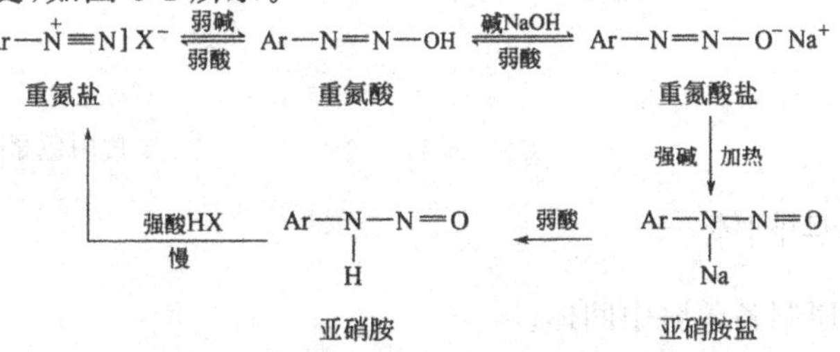

图 8-1　重氮盐结构随介质 pH 值变化

其中,亚硝胺和亚硝胺盐比较稳定,重氮盐、重氮酸和重氮酸盐比较活泼。故重氮盐反应在强酸性至弱碱性的介质中进行。

在酸性溶液中,重氮盐比较稳定;在中性或碱性介质中易与芳胺反应,生成重氮氨基化合物或偶氮化合物。反应式为:

$$ArN_2^+X^- + ArNH_2 \longrightarrow ArN=NNHAr + HX$$

$$ArN_2^+X^- + ArNH_2 \longrightarrow ArN=NNHAr + HX$$

重氮盐在低温水溶液中比较稳定,反应活性较高。重氮化后不必分离,可直接用于下一转化反应。重氮盐不溶于有机溶剂,根据重氮化反应液澄清与否,可判别重氮化反应是否正常。

重氮盐性质非常活泼,干燥的重氮盐极不稳定,受热或摩擦、震动、撞击等因素,都可使其剧烈分解出氮气,甚至会发生爆炸事故。在一定条件下铜、铁、铅等及其盐类,某些氧化剂、还原剂,能加速重氮化物分解。因此,残留重氮盐的设备,停用时必须清洗干净。生产或处理重氮化合物,需用清洁设备或容器,避免外来杂质,忌用金属设备,而常用衬搪瓷或衬玻璃的设备容器。

重氮盐自身无使用价值,但在一定条件下,重氮基转化为偶氮基(偶合)、肼基(还原),或被羟基、烷氧基、卤基、氰基、芳基等取代基置换,制得一系列重要的有机合成中间体、偶氮染料和试剂等。

8.1.3 重氮盐应用

重氮盐能发生置换、还原、偶合、加成等多种反应。因此,通过重氮盐可以进行许多有价值的转化反应。

8.1.3.1 制备偶氮染料

重氮盐经偶合反应制得的偶氮染料,其品种居现代合成染料之首。它包括了适用于各种用途的几乎全部色谱。

例如,对氨基苯磺酸重氮化后得到的重氮盐与2-萘酚-6-磺酸钠偶合,得到食用色素黄6。

$$HO_3S-C_6H_4-NH_2 \xrightarrow{NaNO_2/HCl} HO_3S-C_6H_4-N_2^+Cl^-$$

$$HO_3S-C_6H_4-N_2^+Cl^- + \text{(NaO}_3\text{S, OH-萘)} \longrightarrow HO_3S-C_6H_4-N=N-C_{10}H_5(OH)(SO_3Na)$$

食用色素黄6

8.1.3.2 制备中间体

例如,重氮盐还原制备苯肼中间体。

$$C_6H_5NH_2 \xrightarrow[\text{低温}]{NaNO_2/HCl} C_6H_5N_2^+Cl^- \xrightarrow[2.\ H_2O/H^+]{1.\ (NH_4)_2SO_3,\ NH_4HSO_3} C_6H_5NH-NH_2$$

又如，重氮盐置换得对氯甲苯中间体。

$$p\text{-}CH_3C_6H_4NH_2 \xrightarrow[\text{低温}]{NaNO_2/HCl} p\text{-}CH_3C_6H_4N_2^+Cl^- \xrightarrow{Cu_2Cl_2/HCl} p\text{-}CH_3C_6H_4Cl$$

若用甲苯直接氯化，产物为邻氯甲苯和对氯甲苯的混合物。两者物理性质相近，很难分离。

由此可见，利用重氮盐的活性，可转化成许多重要的、用其他方法难以制得的产品或中间体，这也是在精细有机合成中重氮化反应被广泛应用的原因。

8.2 重氮化反应

8.2.1 重氮化反应历程

8.2.1.1 重氮化反应机理

(1)成盐学说

根据重氮化反应均在过量酸液中进行，且弱碱性芳胺如 2,4-二硝基-6-溴苯胺必先溶解在浓酸中才能重氮化的事实，学者们提出了重氮反应的成盐学说。该学说认为苯胺在酸液中先生成铵盐，铵盐再和亚硝酸作用生成重氮盐。其步骤是：

$$C_6H_5NH_2 + HCl \longrightarrow C_6H_5NH_3^+\ Cl^-$$

$$C_6H_5\overset{+}{N}H_3 + HO-\ddot{N}=O \longrightarrow C_6H_5\overset{+}{N}H_2-\ddot{N}=O + H_2O$$

$$C_6H_5\overset{+}{N}H_2-\ddot{N}=O \xrightarrow{-H^+} C_6H_5-\ddot{N}=\ddot{N}(H)-\ddot{O}\!: \longrightarrow C_6H_5-N=N-OH \xrightarrow{H^+} [C_6H_5-\overset{+}{N}\equiv\ddot{N}] + H_2O$$

但是成盐学说无法解释在大量酸分子存在下苯胺重氮化反应速度反而降低这一事实，这说明了参加重氮化反应的并不是芳胺的铵盐。在后来的研究中成盐学说被否定，现在普遍接受的是重氮化反应的亚硝化学说。

(2)亚硝化学说

重氮化反应的亚硝化学说认为:游离的芳胺首先发生 N-亚硝化反应,然后 N-亚硝化物在酸液中迅速转化生成重氮盐。

$$C_6H_5NH_2 \xrightarrow{\text{亚硝化}} C_6H_5N(H)-N=O \xrightarrow{HCl} [C_6H_5\overset{+}{N}\equiv N]Cl^- + H_2O$$

真正参加重氮化反应的是溶解的游离胺而不是芳胺的铵盐,这个机理和从反应动力学得到的结论是一致的。

$$C_6H_5NH_2 \underset{\text{慢}}{\xrightarrow{HNO}} C_6H_5NHNO \xrightarrow{\text{快}} C_6H_5N=N-OH \underset{\text{快}}{\xrightarrow{HCl}} [C_6H_5N\equiv N]$$

8.2.1.2 重氮化反应动力学

(1)稀硫酸中苯胺重氮化

在稀硫酸中苯胺重氮化速度和苯胺浓度与亚硝酸浓度的平方乘积成正比。

$$r=\frac{d[C_6H_5N_2^+]}{dt}=k[C_6H_5NH_2][HNO_2]^2$$

先是两个亚硝酸分子作用生成中间产物 N_2O_3,然后和苯胺分子作用,转化为重氮盐。

$$2HNO_2 \rightleftharpoons N_2O_3+H_2O$$

$$C_6H_5NH_2 + N_2O_3 \xrightarrow{\text{慢}} C_6H_5NHNO \longrightarrow C_6H_5N=N-OH \longrightarrow [C_6H_5\overset{+}{N}\equiv N]HSO_4^-$$

真正参加反应的是游离苯胺与亚硝酸酐,从动力学方程式的表面形式来看,是一个三级反应。

当反应介质的酸性降低至某一值时,重氮化反应速度和胺的浓度无关。

$$r={}_1k[HNO_2]^2$$

此时反应速度的决定步骤为亚硝化试剂 N_2O_3 的生成,N_2O_3 生成后,立即与游离胺反应。

(2)盐酸中苯胺重氮化

盐酸中苯胺重氮化动力学方程式可表示为:

$$r=k_1[C_6H_5NH_2][HNO_2]^2+k_2[C_6H_5NH_2][HNO_2][H^+][Cl^-]$$

式中,k_1、k_2 为常数,$k_2 \gg k_1$。

此为两个平行反应,其一和在稀硫酸中相同,是游离苯胺与亚硝酸酐的反应;其二是苯胺、亚硝酸与盐酸的反应。真正向苯胺分子进攻的质点是亚硝酸与盐酸反应的产物亚硝酰氯分子。

$$HNO_2+HCl \rightleftharpoons NOCl+H_2O$$

由于亚硝酰氯是比亚硝酸酐还强的亲电子试剂,所以可认为苯胺在盐酸中的反应,主要是与亚硝酰氯反应。

$$C_6H_5NH_2 + NOCl \xrightarrow{\text{慢}} C_6H_5NHNO \xrightarrow{\text{快}} C_6H_5N=N-OH \underset{\text{快}}{\xrightarrow{H^+}} [C_6H_5\overset{+}{N}\equiv N]Cl^-$$

盐酸中苯胺的重氮化反应,需经两步,首先是亚硝化反应生成不稳定的中间产物,然后是不稳定中间产物迅速分解,整个反应受第一步控制。

8.2.2 重氮化反应的影响因素

芳伯胺的重氮化是亲电反应，反应进行的难易与多种因素有关。

8.2.2.1 芳胺碱性

反应历程表明，芳胺碱性愈大愈有利于N-亚硝化反应，并加速了重氮化反应速度。但是强碱性的芳胺很容易与无机酸生成盐，而且又不易水解，使得参加反应的游离胺浓度降低，抑制了重氮化反应速度。因此，当酸的浓度低时，芳胺碱性的强弱是主要影响因素，碱性愈强的芳胺，重氮化反应速度愈快。在酸的浓度较高时，铵盐水解的难易程度成为主要影响因素，碱性弱的芳胺重氮化速度快。

8.2.2.2 无机酸的性质

无机酸的作用表现为：

①与 $NaNO_2$ 作用产生重氮化剂 HNO_2。

②将不溶性芳胺转化成为可溶性铵盐。

$$ArNH_2 + H^+ \rightleftharpoons ArNH_3^+$$

可溶性铵盐水解成游离胺，再参与冲淡化反应。

使用不同性质的无机酸时，在重氮化反应中向芳胺进攻的亲电质点也不同。在稀硫酸中反应质点为亚硝酸酐，在浓硫酸中则为亚硝基正离子。过程如下：

$$O{=}N{-}OH + 2H_2SO_4 \rightleftharpoons NO^+ + 2HSO_4^- + H_3^+O$$

而在盐酸中，除亚硝酸酐外还有亚硝酰氯。在盐酸介质中重氮化时，如果添加少量溴化物，由于溴离子存在则有亚硝酰溴生成：

$$HO{-}NO + H_3^+O + Br^- \rightleftharpoons ONBr + 2H_2O$$

各种反应质点亲电性大小的顺序如下：

$$NO^+ > ONBr > ONCl > ON{-}NO_2 > O{=}N{-}OH$$

对于碱性很弱的芳胺，不能用一般方法进行重氮化，只有采用浓硫酸作介质。浓硫酸不仅可以溶解芳胺，更主要的是它与亚硝酸钠可生成亲电性最强的亚硝基正离子。作为重氮化剂，NO^+ 可以在电子云密度低的氨基上发生N-亚硝化反应，再转化为重氮盐。在盐酸介质中重氮化，加入适量的溴化钾，生成高活性亚硝酰溴。在相同条件下，亚硝酰溴的浓度要比亚硝酰氯的浓度大300倍左右，提高了重氮化反应速度。

8.2.2.3 无机酸浓度

无机酸浓度较低时，芳胺变为铵盐而溶解，同时在水溶液中又能水解成为自由胺，有利于N-亚硝化反应。随着酸浓度的提高，增加了亚硝酰氯的浓度，使重氮化反应速度增加。当无机酸浓度很高时，虽然有利于芳胺转化成铵盐而溶解，但对于铵盐水解成自由胺则不利，使参与重氮化反应的自由胺浓度明显下降，重氮化反应速度降低。

8.2.2.4 反应温度

重氮化反应速率随温度升高而加快，如在10 ℃时反应速率较0 ℃时的反应速率增加3～4倍。但因重氮化反应是放热反应，生成的重氮盐对热不稳定，亚硝酸在较高温度下亦易分解，因此反应温度常在低温进行，在该温度范围内，亚硝酸的溶解度较大，而且生成的重氮盐也不致分解。

为保持此适宜温度范围，通常在稀盐酸或稀硫酸介质中重氮化时，可采取直接加冰冷却法；在浓硫酸介质中重氮化时，则需要用冷冻氯化钙水溶液或冷冻盐水间接冷却。

一般说来，芳伯胺的碱性越强，重氮化的适宜温度越低。若生成的重氮盐较稳定，亦可在较高的温度下进行重氮化。

8.2.3 重氮化方法

8.2.3.1 重氮化操作方法

在重氮化反应中，由于副反应多，亚硝酸也具有氧化作用，而不同的芳胺所形成盐的溶解度也各有不同。

(1)直接法

直接法又称顺重氮化法或正重氮化法。这是最常用的一种方法，是把亚硝酸钠水溶液，在低温下加到胺盐的酸性水溶液中进行重氮化。

本法适用于碱性较强的芳胺，或含有给电子基团的芳胺，包括苯胺、甲苯胺、甲氧基苯胺、二甲苯胺、甲基萘胺、联苯胺和联甲氧苯胺等。盐酸用量一般为芳伯胺的3～4倍(物质的量)为宜。这些胺类可与无机酸生成易溶于水，但难以水解的稳定铵盐。水的用量一般应控制在到反应结束时，反应液总体积为胺量的10～12倍。应控制亚硝酸钠的加料速率，以确保反应正常进行。

其操作方法为：将计算量的亚硝酸钠水溶液在冷却搅拌下，先快后慢地滴加到芳胺的稀酸水溶液中，进行重氮化，直到亚硝酸钠稍微过量为止。

(2)反加法

反加法又称反式法或反重氮化法，适用于在酸中溶解度极小，生成的重氮盐也非常难溶解的一些氨基磺酸类。

其操作方法是：先用碱溶解氨基物，再与亚硝酸钠溶液混合，最后把这个混合液加到无机酸的冰水中进行重氮化。

另外，像间苯二胺类的重氮化，也不能用直接法，只能用反加法。因为这类胺的重氮盐易于和未反应的胺偶合，而得不到重氮盐。二元芳伯胺有邻、间、对三种异构体，其重氮化分为三种情况。

①邻苯二胺类和亚硝酸作用，一个氨基先重氮化，生成的重氮基与邻位未重氮化的氨基作用，生成不具偶合能力的三氮化合物。

$$o\text{-}C_6H_4(NH_2)_2 \xrightarrow{NaNO_2,HCl} o\text{-}H_2N\text{-}C_6H_4\text{-}N_2^+Cl^- \longrightarrow \text{苯并三唑}$$

②间苯二胺易发生重氮化、偶合反应，间苯二胺的两个氨基可同时重氮化，并与间二胺偶合，如偶氮染料俾士麦棕 G 的制备。

$$m\text{-}C_6H_4(NH_2)_2 + 2NaNO_2 + 4HCl \longrightarrow m\text{-}C_6H_4(N_2^+Cl^-)_2 + 2NaCl + 4H_2O \xrightarrow{2\ m\text{-}C_6H_4(NH_2)(NH_2\cdot HCl)} m\text{-}C_6H_4[N{=}N\text{-}C_6H_3(NH_2)(NH_2\cdot HCl)]_2$$

俾士麦棕G

③对苯二胺类化合物用顺加法重氮化，可顺利地将其中一个氨基重氮化，得到对氨基重氮苯。

$$p\text{-}C_6H_4(NH_2)_2 \xrightarrow{NaNO_2,HCl} p\text{-}H_2N\text{-}C_6H_4\text{-}N_2^+Cl^-$$

重氮基属强吸电子基，与氨基同处共轭体系，氨基受其影响，从而使重氮化更加困难，需在浓硫酸介质中进行重氮化。

(3)连续操作法

连续操作法也是适用于弱碱性芳伯胺的重氮化。工业上以重氮盐为合成中间体时多采用这一方法。由于反应过程的连续性，可较大地提高重氮化反应的温度以增加反应速率。

重氮化反应通常在低温下进行，以避免生成的重氮盐发生分解和破坏。采用连续操作法时，可使生成的重氮盐立即进入下步反应系统中，而转变为较稳定的化合物。这种转化反应的速率常大于重氮盐的分解速率。连续操作可以利用反应产生的热量提高温度，加快反应速率，缩短反应时间，适合于大规模生产。

例如，对氨基偶氮苯的生产中，由于苯胺重氮化反应及产物与苯胺进行偶合反应相继进行，可使重氮化反应的温度提高到 90℃左右而不至于引起重氮盐的分解，大大提高生产效率。

$$C_6H_5\text{-}NH_2 \xrightarrow[90^\circ C]{NaNO_2/HCl} C_6H_5\text{-}N_2^+Cl^- \xrightarrow{C_6H_5\text{-}NH_2} C_6H_5\text{-}N{=}N\text{-}C_6H_4\text{-}NH_2$$

(4)亚硝酰硫酸法

亚硝酰硫酸法是把干燥的亚硝酸钠粉末加到 70%以上的浓硫酸中，在搅拌下升温到 70℃制得的。亚硝酰硫酸法适用于一些在水、盐酸或碱的水溶液中都难溶解的胺类。该法是借助于最强的重氮化活泼质点(NO^+)，才使电子云密度显著降低的芳伯胺氮原子能够进行反应。

由于亚硝酰硫酸放出亚硝酰正离子(NO^+)较慢，可加入冰醋酸或磷酸以加快亚硝酰正离子的释放而使反应加速，如：

$$\text{2,6-}(NO_2)_2C_6H_3NH_2 \xrightarrow[10\sim20℃]{NaNO_2/H_2SO_4/HOAc} \text{2,6-}(NO_2)_2C_6H_3N_2^+HSO_4^-$$

(5)硫酸铜触媒法

硫酸铜触媒法适用于容易被氧化的氨基苯酚和氨基萘酚及其衍生物的重氮化。例如,邻间氨基苯酚等。若用直接重氮化时,这种氨类很易被亚硝酸氧化成醌,无法进行重氮化。所以要用弱酸或易于水解的无机盐($ZnCl_2$),在硫酸铜存在下,与亚硝酸钠作用,缓慢放出亚硝酸进行重氮化。

(6)亚硝酸酯法

亚硝酸酯法是将芳伯胺盐溶于醇、冰醋酸或其他有机溶剂中,用亚硝酸酯进行重氮化。常用的亚硝酸酯有亚硝酸戊酯、亚硝酸丁酯等。此法制成的重氮盐,可在反应结束后加入大量乙醚,使其从有机溶剂中析出,再用水溶解,可得到纯度很高的重氮盐。

(7)盐析法

在生产多偶氮染料时,要先制成带氨基的单偶氮染料,然后再进行重氮化、偶合反应。部分氨基偶氮化合物要采用盐析法进行重氮化。例如,4-3′-磺酸,苯偶氮基-1-萘胺,4-苯偶氮基-1-萘胺-6-磺酸等。

其操作方法为:把氨基偶氮化合物溶于苛性钠水溶液后,进行盐析,再往这个悬浮液中加入亚硝酸钠溶液,最后把这个混合液倾到含酸的冰水中进行重氮化。

8.2.3.2 芳伯胺重氮化操作要求

重氮化反应制备的产物众多,其反应条件和操作方法也不尽相同,但在进行重氮化时需要注意以下几点。

①重氮化反应所用原料应纯净且不含异构体。若原料中含较多氧化物或已部分分解,在使用前应先进行精制。原料中含无机盐、如氯化钠,一般不会产生有害影响,但在计量时必须扣除。另外,重氮化用原料芳胺有毒,活性越强其毒性越大,并在操作过程中可能有毒性气体CO、Cl_2 等逸出,因而要求重氮化设备密闭,保持环境通风良好。

②重氮化反应的终点控制要准确。由于重氮化反应是定量进行的,亚硝酸钠用量不足或过量均会严重影响产品质量。因此事先必须进行纯度分析,并精确计算用量,以确保终点的准确。

③重氮化用的无机酸腐蚀性较强,使用时应注意遵守工艺规程,避免灼伤。

④重氮化过程必须注意生产安全。重氮化合物对热和光都极不稳定,因此必须防止其受热和强光照射,并保持生产环境的潮湿。

⑤重氮化反应的设备要有良好的传热措施。由于重氮化是放热反应,容易导致燃烧事故,因而要求经常清理、冲刷通风管道,并要求重氮化釜装有搅拌装置和传热措施。

8.3 重氮化合物的转化反应

8.3.1 偶合反应

8.3.1.1 偶合反应及其特点

重氮化合物与酚类、胺类等(偶合组分)相互作用,形成带有偶氮基(—N—N—)化合物的反应,称为偶合反应。

$$Ar-N_2Cl+Ar'OH \longrightarrow Ar-N=N-Ar'-OH$$
$$Ar-N_2Cl+Ar'NH_2 \longrightarrow Ar-N=N-Ar'-NH_2$$

重要的偶合组分有:

①酚。如苯酚、萘酚及其衍生物;

②芳胺。如苯胺、萘胺及其衍生物;

③氨基萘酚磺酚。如H酸、J酸、γ酸、芝加哥SS酸等;

④活泼的亚甲基化合物。如乙酰苯胺等。

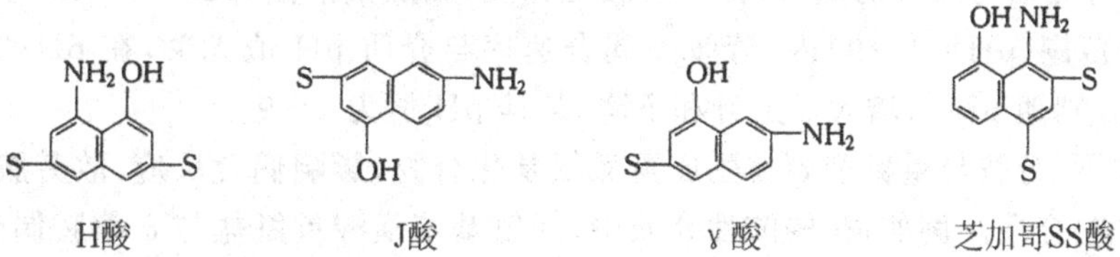

H酸　J酸　γ酸　芝加哥SS酸

8.3.1.2 偶合反应的影响因素

(1)偶合剂

芳环上取代基的性质对偶合反应有显著影响。给电子取代基如—OH、$-NH_2$、$-OCH_3$等,能增强芳环上电子云密度,偶合反应易于进行。重氮盐正离子进攻电子云密度较高的邻或对位碳原子,当与羟基或氨基定位作用一致时,反应活性非常高,可多次偶合;吸电子取代基导致偶合剂活性下降,偶合反应不易进行,需要高活性重氮剂和强碱性介质。偶合剂的反应活性顺序如下:

$$ArO^- > ArNR_2 > ArNHR > ArNH_2 > ArOR > ArNH_3^+$$

偶合的位置常是偶合剂羟基或氨基的对位,若对位被占据,则进入邻位,或重氮基置换对位取代基。

(2)重氮剂

重氮剂的化学结构对偶合反应有影响。重氮盐芳环上的吸电子基,如—COOH、$-NO_2$、$-SO_3H$、—Cl等,可增强重氮基正电性,有利于亲点取代反应;给电子取代基,如$-NH_2$、—OH、$-CH_3$、$-OCH_3$等,可削弱重氮基正电性,降低反应活性。取代基不同的芳胺重氮盐，偶合反应速率的次序如下：

$$p\text{-}CH_3C_6H_4NH_2 < p\text{-}CH_3OC_6H_4NH_2 < C_6H_5NH_2 < 2,4,6\text{-}Cl_3C_6H_2NH_2 < p\text{-}HO_3SC_6H_4NH_2 < p\text{-}O_2NC_6H_4NH_2 < 2,6\text{-}Cl_2\text{-}4\text{-}O_2NC_6H_2NH_2 < 2,4\text{-}(O_2N)_2C_6H_3NH_2$$

(3)介质的 pH 值

介质的 pH 值影响偶合反应速率和定位。动力学研究表明，酚和芳胺类的偶合反应速率和介质 pH 值的关系如图 8-2 所示。

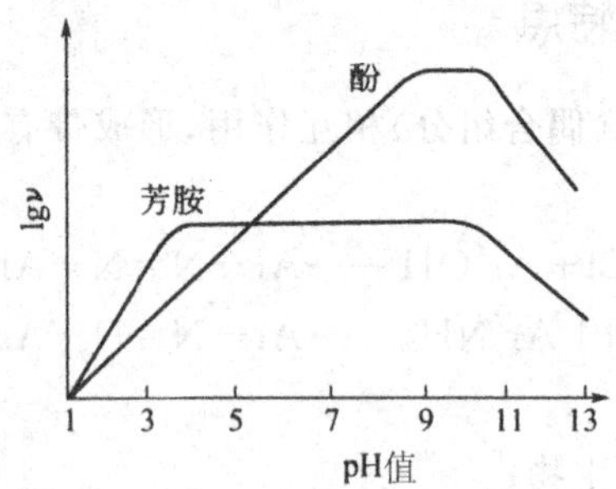

图 8-2　偶合介质反应速率与介质 pH 值的关系

图 8-2 中，对酚类偶合剂，介质酸度较大时，偶合速率和 pH 值呈线性关系。pH 值升高，偶合速率直线上升，当 pH＝9 时，偶合速率达最大值。pH＞9 时，偶合速率下降，最佳 pH 值为 9～11。故重氮剂与酚类的偶合，常在弱碱性介质（碳酸钠溶液，pH＝9～10）中进行。在相当宽的 pH 值范围（pH＝4～9）内，芳胺类偶合速率与介质 pH 值无关，在 pH＜4 和 pH＞9 时，反应速率分别随 pH 值增大而上升和下降，最佳 pH 值为 4～9。

弱碱条件下，芳胺与重氮剂容易生成重氮氨基化合物，影响偶合反应，故芳胺偶合剂常使用弱酸（如醋酸）介质。例如，在弱酸性介质中，间氨基苯磺酸重氮盐与 α-萘胺偶合；联苯胺重氮盐与水杨酸在 Na_2CO_3 介质中偶合。

$$m\text{-}NaO_3SC_6H_4N_2^+Cl^- + \alpha\text{-}C_{10}H_7NH_2 \xrightarrow[pH=4\sim7]{CH_3COOH} m\text{-}NaO_3SC_6H_4\text{-}N{=}N\text{-}C_{10}H_6\text{-}NH_2$$

$$Cl^-N_2^+\text{-}C_6H_4\text{-}C_6H_4\text{-}N_2^+Cl^- + o\text{-}HOC_6H_4COOH \xrightarrow[pH=9\sim12]{Na_2CO_3} HOOC(HO)C_6H_3\text{-}N{=}N\text{-}C_6H_4\text{-}C_6H_4\text{-}N_2^+Cl^-$$

(4)温度

由于重氮盐极易分解，故在偶合反应同时必然伴有重氮盐分解的副反应。若提高温度，会使重氮盐的分解速率大于偶合反应速率。因此偶合反应通常在较低温度下（0～15℃）进行。

此外，催化剂种类及用量、反应中的盐效应等对偶合也有一定的影响。

8.3.1.3　偶合反应的应用

(1)酸性嫩黄 G 的合成

酸性嫩黄 G 的合成分为重氮化和偶合两步，反应式如下：

重氮化

$$C_6H_5NH_2 + NaNO_2 + HCl \xrightarrow[0.5h]{0\sim5℃} C_6H_5N_2^+Cl^- + NaCl + 2H_2O$$

偶合：

$$C_6H_5N_2^+Cl^- + \text{1-(4'-磺酸钠基)苯基-3-甲基-5-吡唑啉酮} \xrightarrow{2\sim3℃} \text{酸性嫩黄 G} + HCl$$

酸性嫩黄 G

①重氮化。在重氮釜加水 560 L、30%盐酸 163 kg、100%苯胺 55.8 kg，搅拌溶解，加冰降温至 0℃，在液面下加入 30%亚硝酸钠溶液 41.4 kg，温度为 0～2℃，时间为 30 min，重氮化反应至刚果红试纸呈蓝色，碘化钾淀粉试纸呈微蓝色，调整体积至 1100 L。

②偶合。在偶合釜中加水 900 L，加热至 40℃，加纯碱 60 kg，搅拌至溶解，然后加入 1-(4′-磺酸基)苯基-3-甲基-5-吡唑啉酮 154.2 kg，溶解后加 10%纯碱溶液，加冰及水调整体积至 2400 L，调整温度至 2～3℃，加重氮液过滤放置 40 min。整个过程保持 pH 值为 8～8.4，温度不超过 5℃，偶合完毕，1-(4′-磺酸基)苯基-3-甲基-5-吡唑啉酮应过量，pH 在 8.0 以下，如 pH 值较低，应补纯碱溶液，继续搅拌 2 h，升温至 80℃，体积约 4000 L，按体积 20%～21%计算加入食盐量，盐析，搅拌冷却至 45℃以下，过滤、干燥，干燥温度为 80℃，产量为 460 kg(100%)。

(2)酸性橙 II 的合成

由对氨基苯磺酸钠重氮化，与 2-萘酚偶合，盐析而得：

$$NaO_3S-C_6H_4-NH_2 \xrightarrow[\text{重氮化}]{NaNO_2,\ HCl} {}^-O_3S-C_6H_4-N^+\equiv N \xrightarrow[\text{偶合}]{\text{2-萘酚钠(ONa)}} \text{1-(4-磺酸钠基苯偶氮基)-2-萘酚(OH)}$$

将 15%左右质量分数的对氨基苯磺酸钠溶液和质量分数为 30%～35%的亚硝酸钠溶液加入混合桶内搅匀。在重氮桶内加水，再加入适量的冰，搅拌下加入 30%盐酸，控制温度 10～15℃，将混合桶的物料于 10 min 左右均匀加入重氮桶，于 10～15℃保持酸过量，亚硝酸微过量的条件下搅拌 0.5 h，得重氮物为悬浮体。于偶合桶内加水，2-萘酚，搅拌下将液碱(30%)加入，升温到 45～50℃，使之溶解后加冰冷却至 8℃，加盐，快速加入重氮盐全量的一半。再加盐，然后将另一半重氮盐在 1 h 内均匀加完，并调整 pH＝8.1，搅拌 1 h，再加盐，继续搅拌至重氮盐消失为偶合终点(约 1 h)。压滤，滤饼于 100～105℃烘干。

酸性橙 II 主要用于蚕丝、羊毛织品的染色，也用于皮革和纸张的染色。在甲酸浴中可染锦纶。在毛、丝、锦纶上直接印花，也可用于指标剂和生物着色。

(3)蓝光酸性红的合成

蓝光酸性红(苋莱红)是典型的酸性染料,可将毛织品(在加有芒硝的酸性浴中)染成带浅蓝色的红色,也可染天然丝、木纤维、羽毛等,其合成反应如下。

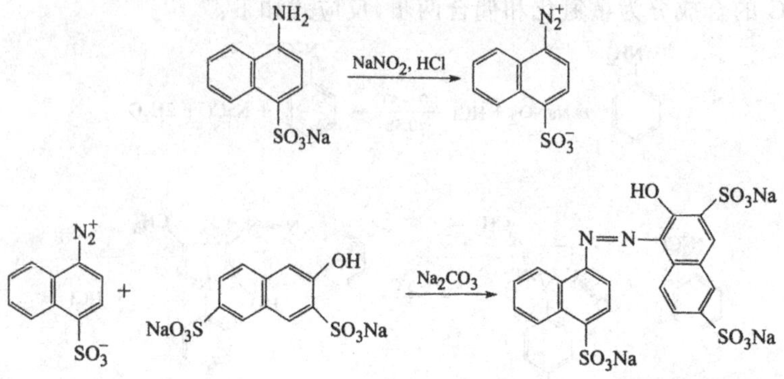

蓝光酸性红

8.3.2 重氮盐的置换

在一定条件下,重氮化合物的重氮基可被卤素、羟基、氰基、烷氧基、巯基、芳基等基团置换,释放氮气,生成其他取代芳烃,该反应即重氮盐的置换,又称重氮化合物的分解。

重氮盐置换的产率一般不太高,用其他方法难以引入某种取代基(如—F,—CN 等),或用其他方法不能将取代基引入所指定位置时,才采用重氮盐置换法。

8.3.2.1 重氮基置换为卤基

由芳胺重氮盐的重氮基置换成卤基,对于制备一些不能采用卤化法或者卤化后所得异构体难以分离的卤化物很有价值。

(1)桑德迈耶尔反应

在氯化亚铜存在下,重氮基被置换为氯、溴或氰基的反应称桑德迈耶尔(Sandmeyer)反应,将重氮盐溶液加入卤化亚铜的相应卤化氢溶液中,经分解即释放出氮气而生成ArX。反应为:

$$ArN_2^+X^- \xrightarrow{CuX,HX} ArX + N_2\uparrow + CuX$$

亚铜盐的卤离子必须与氢卤酸的卤离子一致才可以得到单一的卤化物。但是碘化亚铜不溶于氢碘酸中无法反应。而氟化亚铜性质很不稳定,在室温下即迅速自身氧化还原,得到铜和氟化铜,因此,不适用于氟化物和碘化物的制备。

桑德迈耶尔反应历程很复杂,现在公认的历程是重氮盐首先和亚铜盐形成配合物 $Ar\overset{+}{N}\equiv N\rightarrow CuCl_2^-$,经电子转移生成自由基,而后进行自由基偶联得反应产物。其中,配合物 $Ar\overset{+}{N}\equiv N\rightarrow CuCl_2^-$ 与重氮盐结构有关,重氮基对位上有不同取代基,其反应速率按下列次序递减:

$$NO_2 > Cl > H > CH_3 > OCH_3$$

此顺序与取代基对偶合反应速度的影响是一致的,因此重氮基转化卤基的桑德迈耶尔反应速度随着与重氮基相连碳原子上的正电荷增加而增大。此外，还与反应组分的浓度、加料方式和反应温度等有关。

重氮盐溶液加至氯化亚铜盐酸溶液，温度为50～60℃。反应完毕，蒸出二氯甲苯，分出水层，油层用硫酸洗、水洗和碱洗后得粗品，经分馏得2,6-二氯甲苯成品。

(2)希曼(Schiemann)反应

重氮盐转化为芳香氟化物是芳环上引入氟基的有效方法，其反应称希曼(Schiemann)反应。

$$Ar-N_2^+X^- \xrightarrow{BF_4^-} Ar-N_2^+BF_4^- \xrightarrow{\Delta} ArF+N_2\uparrow+BF_3$$

重氮基的氟硼酸配盐分解，须在无水条件下进行，否则易分解成酚类和树脂状物。

$$ArN_2^+BF_4^-+H_2O \xrightarrow{\Delta} ArOH+N_2+HF+BF_3+\text{树脂物}$$

重氮络盐分解收率与其芳环上取代基性质有关，一般芳环没有取代基或有供电性取代基时，分解收率较高，而有吸电性取代基分解收率则较低。重氮络盐中其络盐性质不同，分解后产物收率也不同。例如，邻溴氟苯的制备，其络盐若采用氟硼酸络盐，反应收率只有37%，而改用六氟化磷络盐，收率可提高到73%～75%。

$$\text{邻溴苯胺} \xrightarrow{HNO_2,\ HBF_4} \text{邻溴苯重氮氟硼酸盐}(N_2^+BF_4^-) \xrightarrow{165\ ℃} \text{邻溴氟苯}$$

芳环上无取代基或有第一类取代基的芳胺重氮盐，制备相应的氟苯衍生物时，多采用氟硼酸络盐法。

制备氟硼酸络盐时，可以将一般方法制得的重氮盐溶液加入氟硼酸进行转化，也可以采用芳胺在氟硼酸存在下重氮化。

(3)盖特曼反应

除用亚铜盐作催化剂外，也可将铜粉加入重氮盐的氢卤酸溶液中反应，用铜粉催化重氮基转化为卤基的反应称为盖特曼(Gatteman)反应。在亚铜盐较难得到时，本反应有特殊意义。例如：

$$\text{邻甲苯胺}(CH_3, NH_2) \xrightarrow{NaNO_2,\ HBr} (CH_3)\text{-}N_2^+Br^- \xrightarrow[\text{温热}]{Cu\text{粉}} (CH_3)\text{-}Br$$

将铜粉加入0～5℃的邻甲苯胺重氮盐溶液中，升温使反应温度不超过50℃，蒸出油状物即为产品。邻溴甲苯用作有机合成原料，医药工业用于制备溴得胺。

由重氮盐转化为芳碘化合物，可将碘化钾直接加入重氮盐溶液中分解而得，邻、间和对碘苯甲酸，都是由相应的氨基苯甲酸制得的。例如：

$$(COOH)\text{-}NH_2 \xrightarrow[10\ ℃\text{以下}]{H_2SO_4,\ NaNO_2} (COOH)\text{-}N_2^+HSO_4^- \xrightarrow[\text{加热}]{KI} (COOH)\text{-}I$$

用于转化为碘化物重氮盐的制备，最好在硫酸介质中进行，若用盐酸则有氯化物杂质。

某些反应速度较慢的碘置换反应，可以加入铜粉作催化剂，如制备对羟基碘苯：

$$\text{HO-C}_6\text{H}_4\text{-NH}_2 \xrightarrow{H_2SO_4, NaNO_2} \text{HO-C}_6\text{H}_4\text{-}N_2^+ HSO_4^- \xrightarrow[75\sim80\ ℃]{KI, Cu粉} \text{HO-C}_6\text{H}_4\text{-I}$$

8.3.2.2 重氮基置换为氰基

重氮基置换为氰基与转化为卤基的方法相似，也是桑德迈耶尔反应，氰化亚铜配盐为催化剂，其制备由氯化亚铜与氰化钠溶液作用。

$$CuCl+2NaCN \longrightarrow Na[Cu(CN_2)]+NaCl$$

该转化反应的催化剂除上述络盐外，还可用四氰氨络铜钠盐、四氰氨络铜钾盐、氰化镍络盐。四氰氨络铜的络盐为催化剂的转化反应可表示为：

$$2CuSO_4+NaCu(CN)_4NH_3 \longrightarrow 2ArCN+2NaCl+NH_3+CuCN+2N_2\uparrow$$

重氮化物与氰化亚铜配盐合成芳腈，此法用于靛族染料中间体的制备。例如，邻氨基苯甲醚盐酸盐的重氮化，重氮盐与氰化亚铜反应，产物邻氰基苯甲醚用于制造偶氮染料。

$$\text{邻-}CH_3O\text{-}C_6H_4\text{-}NH_2\cdot HCl \xrightarrow[-H_2O]{NaNO_2, HCl} \text{邻-}CH_3O\text{-}C_6H_4\text{-}N_2^+Cl^- \xrightarrow[-N_2]{Cu_2(CN)_2} \text{邻-}CH_3O\text{-}C_6H_4\text{-}CN$$

制备的化合物如对甲基苯腈，是合成1,4-二酮吡咯并吡咯(DPP)类颜料、C.I.颜料红272的专用中间体。

$$\text{对-}CH_3\text{-}C_6H_4\text{-}N_2^+Cl^- \xrightarrow{Na_2Cu(CN)_4NH_3} \text{对-}CH_3\text{-}C_6H_4\text{-}CN$$

反应中用氰化亚铜催化，收率仅为64%～70%；用四氰氨络铜钠盐催化，收率可提高到83.4%。如果将氰化亚铜改为氰化镍络盐，在某些情况下也可以提高产物收率。例如，对氰基苯甲酸的制备，当采用氰化亚铜催化时，产物收率仅为30%；改用氰化镍络盐催化时，产物收率可达到59%～62%。

氰基易水解为酰胺基(—$CONH_2$)和羧基(—COOH)，该反应也是在芳环上引入酰胺基和羧基的一个方法。

在芳环上引入氰基，还可以以氰基取代氯素或磺酸基，以及酰胺基脱水的方法。

8.3.2.3 重氮基置换为巯基

重氮盐与含硫化合物反应，重氮基被巯基置换。重氮盐与烷基黄原酸钾(ROCSSK)作用，制备邻甲基苯硫酚、间甲基苯硫酚和间溴苯硫酚等，例如：

$$m\text{-}CH_3C_6H_4N_2^+Cl^- \xrightarrow[40\sim50℃]{KSSCOC_2H_5} m\text{-}CH_3C_6H_4SCSOC_2H_5 \xrightarrow{KOH} m\text{-}CH_3C_6H_4SK \xrightarrow{H^+} m\text{-}CH_3C_6H_4SH$$

反应用二硫化钠，将重氮盐缓慢加入二硫化钠与苛性钠的混合溶液，得产物芳烃二硫化物(Ar—S—S—Ar)，用二硫化钠将芳烃二硫化物还原为硫酚。利用该反应，可由邻氨基苯甲酸制取硫代水杨酸。

$$2\ o\text{-}H_2NC_6H_4COOH \xrightarrow[\text{重氮化}]{NaNO_2,\ HCl} 2\ o\text{-}ClN_2^+C_6H_4COOH \xrightarrow[25\sim30℃]{Na_2S_2,\ NaOH} \underset{(\text{二硫代水杨酸})}{NaOOC\text{-}C_6H_4\text{-}S\text{-}S\text{-}C_6H_4\text{-}COONa}$$

还原

$$\xrightarrow[70℃]{Na_2S_2,\ NaOH} 2\ o\text{-}NaSC_6H_4COONa \xrightarrow{HCl} 2\ \underset{(\text{硫代水杨酸})}{o\text{-}HSC_6H_4COOH}$$

还原　　酸化

硫代水杨酸是合成硫靛染料的重要中间体。

8.3.2.4 重氮基置换为羟基

将重氮硫酸盐溶液慢慢加至热或沸腾的稀硫酸中，重氮基水解为羟基。

$$ArN_2^+HSO_4^- + H_2O \xrightarrow{\text{稀}\ H_2SO_4} ArOH + H_2SO_4 + N_2\uparrow$$

为使重氮盐迅速水解，避免与酚类偶合，要保持较低的重氮盐浓度，水蒸气蒸馏法移除产物酚，如果不能蒸出酚，可加入二甲苯、氯苯等溶剂，使生成的酚转移到有机相，以减少副反应。反应中硝酸存在，重氮盐水解成硝基酚，例如：

$$p\text{-}CH_3C_6H_4NH_2 \xrightarrow{NaNO_2,\ H_2SO_4} p\text{-}CH_3C_6H_4N_2^+HSO_4^- \xrightarrow[\text{低温}]{HNO_3} p\text{-}CH_3C_6H_4N_2^+NO_3^- \xrightarrow[70\sim80℃]{\text{稀}H_2SO_4,\ CuSO_4} \text{2-硝基-4-甲基苯酚}$$

在反应液中加入硫酸钠，可提高反应温度，有利于重氮基水解。

$$\text{2-溴-4-甲基苯胺} \xrightarrow{NaNO_2,\ H_2SO_4} \text{2-溴-4-甲基重氮苯硫酸盐}(N_2^+HSO_4^-) \xrightarrow[\triangle]{\text{稀}H_2SO_4,\ Na_2SO_4} \text{2-溴-4-甲基苯酚}$$

铜离子对水解反应有催化作用，硫酸铜可降低反应温度，如愈创木酚的合成：

$$o\text{-}CH_3OC_6H_4NH_2 \xrightarrow[<5℃]{NaNO_2,\ H_2SO_4} o\text{-}CH_3OC_6H_4N_2^+HSO_4^- \longrightarrow \begin{cases} \xrightarrow[140℃]{H_2SO_4,\ Na_2SO_4} o\text{-}CH_3OC_6H_4OH \\ \xrightarrow[102\sim105℃]{CuSO_4,\ H_2SO_4} o\text{-}CH_3OC_6H_4OH \end{cases}$$

8.3.2.5 重氮基置换为烷氧基

干燥的重氮盐和乙醇共热，重氮基被烷氧基取代生成为酚醚。

$$ArN_2^+X^- + C_2H_5OH \longrightarrow ArOC_2H_5 + HX + N_2\uparrow$$

为避免产生卤化物，重氮盐以硫酸盐为好。醇类可以是乙醇，也可以是甲醇、异戊醇、苯酚等，与重氮盐反应得到含甲氧基、乙氧基、异戊氧基或苯氧基等芳烃衍生物。例如，邻氨基苯甲酸重氮硫酸盐与甲醇共热，得邻甲氧基苯甲酸。

$$C_6H_4(N_2^+HSO_4^-)(COOH) + CH_3OH \xrightarrow{\triangle} C_6H_4(OCH_3)(COOH) + H_2SO_4 + N_2\uparrow$$

某些重氮盐和乙醇共热，也可获得乙氧基的衍生物。

$$C_6H_3(N_2^+)(CH_3)(SO_3^-) + C_2H_5OH \xrightarrow{\triangle} C_6H_3(OC_2H_5)(CH_3)(SO_3H) + N_2\uparrow$$

增加反应压力，提高醇的沸点，有利于重氮基置换为烷氧基。

8.3.2.6 重氮基置换为芳基

重氮盐在碱性溶液中形成重氮氢氧化物，它可以裂解为重氮自由基，再失去氮形成芳基自由基。

$$ArN^+\equiv NCl^- \xrightarrow{NaOH} ArN^+\equiv NOH^- \xrightarrow{NaOH} ArN=N-OH$$

$$ArN=N-OH \longrightarrow ArN=N\cdot + \cdot OH$$

$$ArN=N\cdot \longrightarrow Ar\cdot + N_2\uparrow$$

生成的自由基可以与不饱和烃类或芳族化合物进行如下芳基化反应。

(1)迈尔瓦音芳基化反应

迈尔瓦音(Weerwein)芳基化反应是重氮盐在铜盐催化下与具有吸电性取代基的活性烯烃作用，重氮盐的芳烃取代了活性烯烃的 13-氢原子或在双键上加成，同时放出氮。其反应为：

$$ArN_2^+Cl^- + H\underset{\beta}{C}(R_1)=\underset{\alpha}{C}(R_2)-Z \xrightarrow{Cu^{2+}} \begin{cases} Ar-C(R_1)=C(R_2)-Z \ (\text{取代物}) \\ Ar-CH(R_1)-C(R_2)(Cl)-Z\ (\text{加成物}) \end{cases}$$

生成取代产物还是加成产物取决于反应物结构和反应条件，但加成产物仍可以消除，得到取代产物。其中，Z 一般为$-NO_2$、$-CO-$、$-COOR$、$-CN$、$-COOH$ 和共轭双键等。

(2)贡贝格反应

贡贝格(Gomberg)反应是由芳胺重氮化合物制备不对称联芳基衍生物的方法。

$$ArN=N-OH+Ar'H \longrightarrow Ar-Ar'$$

按常规方法进行芳胺重氮化，但要求尽可能少的水和较浓的酸，用饱和的亚硝酸钠溶液重氮化，把重氮盐加入待芳基化的芳族化合物中，通过该转化方法可制备如4-甲基联苯、对溴联苯等化合物。

(3)盖特曼反应

盖特曼(Gattermann)反应是重氮盐在弱碱性溶液中用铜粉还原，即发生脱氮偶联反应，形成对称的联芳基衍生物。反应式如下：

$$2ArN_2Cl+Cu \longrightarrow Ar-Ar+N_2\uparrow+CuCl_2$$

反应用的铜是在把锌粉加到硫酸铜溶液中得到的泥状铜沉淀。铜粉的效果不如沉淀铜。锌粉、铁粉也可还原重氮盐成联芳基化合物，但产率低，锌铜齐较好。重氮盐如果是盐酸盐，产物中将混有氯化物，所以最好用硫酸盐。

8.3.3　重氮盐的还原

在重氮盐水溶液中，加入适当还原剂如乙醇、次磷酸、甲醛、亚锡酸钠等，可使重氮基还原为氢原子，利用此反应可制备多种芳烃取代产物，例如2,4,6-三溴苯甲酸的合成：

$$\text{3-氨基苯甲酸}\ (NH_2,\ COOH) \xrightarrow{Br_2} \text{2,4,6-三溴-3-氨基苯甲酸} \longrightarrow \text{重氮盐}\ (N_2^+,\ COO^-) \xrightarrow{H_3PO_3} \text{2,4,6-三溴苯甲酸}$$

还原剂常用乙醇、次磷酸，乙醇将重氮基还原为氢原子、释放氮气，乙醇被氧化成乙醛。

$$ArN_2^+Cl^-+C_2H_5OH \longrightarrow ArH+HCl+N_2\uparrow+CH_3CHO$$

在这个去氨基反应中，可能同时有酚的烃基醚生成，这一副反应使脱氨基反应收率降低。

$$2\ C_6H_5N_2^+Cl + C_2H_5OH \xrightarrow[-HCl]{-N_2} C_6H_5OC_2H_5 + C_6H_6$$

若重氮基的邻位有卤基、羧基或硝基时，还原效果较好，锌粉、铜粉的存在有利于还原。

用次磷酸的方法与乙醇法相似。

重要的芘系有机颜料品种，C.I.颜料红149的专用中间体3,5-二甲基苯胺，也是经过重氮化、水解脱氮的重氮基转化反应制备。

$$\text{间二甲苯}\ (H_3C,\ CH_3) \longrightarrow \text{(}NO_2,\ NH_2,\ H_3C,\ CH_3\text{)} \xrightarrow[\text{重氮化}]{NaNO_2,\ H_2SO_4} \text{(}NO_2,\ N_2^+\cdot HSO_4^-,\ H_3C,\ CH_3\text{)} \xrightarrow[\text{水解}]{H^+} \text{(}NO_2,\ H_3C,\ CH_3\text{)} \xrightarrow{\text{还原}} \text{(}NH_2,\ H_3C,\ CH_3\text{)}$$

在合成药物和染料中，肼类有重要用途。重氮化物还原的另一用途是制取芳肼。

$$ArN_2^+X^- + Na_2SO_3 \xrightarrow{-NaX} ArN{=}N-SO_3Na \xrightarrow{NaHSO_3} ArN(SO_3Na)-NH-SO_3Na$$

$$\xrightarrow[-NaHSO_3]{H_2O} ArNHNHSO_3Na \xrightarrow[-NaHSO_3]{HCl,\ H_2O} ArNHNH_2\cdot HCl$$

还原剂是亚硫酸盐与亚硫酸氢盐(1∶1)的混合物,其中亚硫酸盐稍过量。还原终了时,可加少量锌粉以使反应完全。

用酸性亚硫酸盐还原,介质酸性不可太强,否则生成亚磺酸($ArSO_2H$)与芳肼作用形成N′-芳亚磺酰基芳肼($ArNHNHSO_2Ar$),芳肼收率降低。若在碱性介质中还原,重氮基被氢置换。

脂环伯胺重氮化形成的碳正离子,可发生重排反应,使脂环扩大或缩小。例如,医药中间体环庚酮的合成:

第9章 羟基化

9.1 概述

向有机化合物分子中引入羟基的反应称为羟基化反应，羟基化反应的产物是醇类和酚类化合物(ROH 或 ArOH)。醇类和酚类化合物广泛应用于精细化工生产中。含 4～11 个碳原子的脂肪醇是制备多种增塑剂的重要原料，而十二醇以上的高级脂肪醇则用于制备表面活性剂、化妆品和润滑剂等精细化学品。酚类化合物则广泛用于合成树脂、农药、医药、染料、塑料等精细化学品中。

化合物分子中引入羟基的方法很多，应用还原、加成、取代、氧化、水解、缩合和重排等多种类型的化学反应均可得到含羟基的化合物。本章主要讨论氯化物的水解羟基化、烃类氧化法制酚、芳磺酸盐的碱熔、芳环上直接引入羟基化以及酚类的变色原因及其预防措施。

9.2 芳磺酸盐的碱熔

芳磺酸盐在高温与熔融的苛性碱(或苛性碱溶液)作用下，使磺基被羟基所置换的反应叫作碱熔。用如下通式表示为：

$$C_6H_5\text{—}SO_3Na + 2NaOH \longrightarrow C_6H_5\text{—}ONa + Na_2SO_3 + H_2O$$

生成的酚钠用无机酸酸化，即转变为游离酚：

$$2\,C_6H_5\text{—}ONa + H_2SO_4 \longrightarrow 2\,C_6H_5\text{—}OH + Na_2SO_4$$

碱熔是工业上制备酚类的最早方法。其优点是工艺过程简单，对设备要求不高，适用于多种酚类的制备。缺点是需要使用大量酸碱、“三废”多、工艺落后。对于大吨位酚类，如苯酚、间甲酚、对甲酚等，已趋向于改用其他更加先进的方法生产。但对有些酚类化合物，如 H 酸、J 酸、γ 酸等，目前仍采用磺酸碱熔路线。碱熔的方法主要有三种，即用熔融碱的常压碱熔、用浓碱液的常压碱熔和用稀碱液的加压碱熔。

9.2.1 碱熔的影响因素

(1)磺酸的结构

碱熔反应是亲核置换反应,所以芳环其他碳原子上有了吸电子基(主要是磺基和羧基),对磺基的碱熔起活化作用。硝基虽然是很强的吸电子基,但在碱熔条件下硝基会产生氧化作用而使反应复杂化,所以含有硝基的芳磺酸不适宜碱熔。氯代磺酸也不适于碱熔,因为氯原子比磺基更容易被羟基置换。芳环上有了供电子基(主要是羟基和氨基),对磺基的碱熔起钝化作用。例如,间氨基苯磺酸的碱熔,需要用活泼性较强的苛性钾(或苛性钾和苛性钠的混合物)作碱熔剂。

多磺酸在碱熔时,第一个磺基的碱熔比较容易,因为它受到其他磺基的活化作用,第二个磺基的碱熔比较困难,因为生成中间产物羟基磺酸分子中,羟基使第二个磺基钝化。例如,对苯二磺酸的碱熔,即使用苛性钾作碱熔剂,也只能得到对羟基苯磺酸,而得不到对苯二酚,所以在多磺酸的碱熔时,选择适当的反应条件,才可以使分子中的磺基部分或全部转变为羟基。

表 9-1 列出了某些芳磺酸盐用氢氧化钾碱熔时的活化能数据。

表 9-1 不同芳磺酸盐在用 KOH 碱熔时的活化能

芳磺酸盐	活化能/(kJ/mol)	芳磺酸盐	活化能/(kJ/mol)
苯磺酸盐	169.6	苯三磺酸盐	102.2
邻苯二磺酸盐	121.4	苯酚二磺酸盐	141.9
间苯二磺酸盐	135.2	2-氨基-6,8-萘二磺酸盐	141.1
对苯二磺酸盐	109.7	2-氨基-5,7-萘二磺酸盐	130.2

(2)无机盐的影响

磺酸盐中一般都含有无机盐(主要是硫酸钠和氯化钠)。这些无机盐在熔融的苛性碱中几乎是不溶解的,在用熔融碱进行高温(300～340℃)碱熔时,如果磺酸盐中无机盐含量太多,会使反应物变得黏稠甚至结块,降低了物料的流动性,造成局部过热甚至会导致反应物的焦化和燃烧。所以,在用熔融碱进行碱熔时,磺酸盐中无机盐的含量要求控制在10%(质量分数)以下。使用碱溶液进行碱熔时,磺酸盐中无机盐的允许含量可以高一些。

(3)碱熔的温度和时间

碱熔的温度主要决定于磺酸的结构,不活泼的磺酸用熔融碱在300～340℃进行常压碱熔,碱熔速度较快,所需要时间较短,一般在熔融碱中加完磺酸盐后,保持数十分钟即可达到终点。温度过高或时间过长,都会增加副反应;但温度太低,则会产生凝锅事故。比较活泼的磺酸可选用70%～80%苛性钠溶液,在180～270℃进行常压碱熔。更活泼的萘系多磺酸可在20%～30%稀碱溶液中进行加压碱熔,反应时间较长,需要10～20 h。

(4)碱熔剂

最常用的碱熔剂是苛性钠,因为它价廉易得。当需要更活泼的碱熔剂时,则使用苛性钾与苛性钠的混合物。使用混合碱的另一优点是其熔点可低于 300℃，适用于要求较低温度的碱熔过程。苛性碱中含有水分时，也可使其熔点下降。

(5)碱熔剂的用量

高温碱熔时一般使用 90%以上的熔融碱，理论需要量为 1∶2(物质的量之比)，但实际上必须过量，一般为 1∶2.5 左右。中温碱熔时，一般使用 70%～80%的浓碱液，且碱过量较多，有时可达 1∶(6～8)，甚至更多。

9.2.2 碱熔方法

9.2.2.1 用熔融碱的常压碱熔(常压高温碱熔)

用熔融碱的常压碱熔适用于含有不活泼磺酸基的芳磺酸盐的碱熔，并且可以使多磺酸中的磺酸基全部置换为羟基。主要产物有苯酚、间苯二酚、1-萘酚和 2-萘酚等。通常是向盛有熔融碱的碱熔锅中分批加入磺酸盐，碱熔温度为 320～340℃，碱过量 250A 左右。加完磺酸盐后，再升温反应一段时间，通过测定游离碱含量控制反应终点。为了防止发生凝锅现象，应将碱熔物快速放入热水中。产物的分离方法及副产物亚硫酸钠的利用，因酚类的性质不同而异。

9.2.2.2 用浓碱液的常压碱熔(常压中温碱熔)

以 70%～80% A 的 NaOH 浓碱液为碱熔剂适用于将多磺酸化合物中的一个磺酸基置换成羟基，由于第一个磺酸基比较活泼，故碱熔温度为 180～270℃，常压下反应。主要产物有 J 酸、γ 酸、芝加哥 S 酸等。

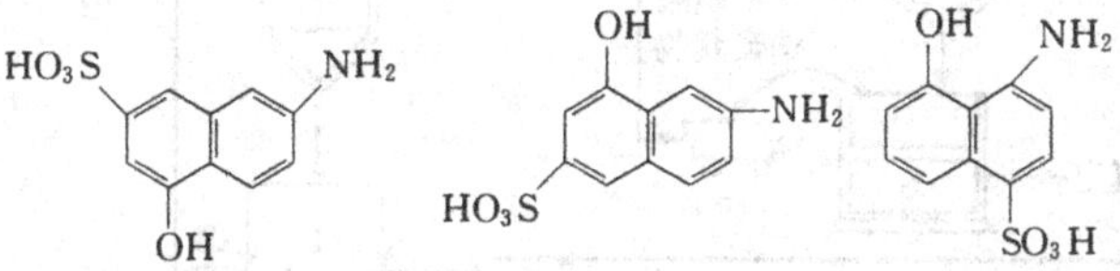

HO_3S　NH_2　OH　　　　OH　NH_2　HO_3S　　　　OH　NH_2　SO_3H

J 酸　　　　γ 酸　　　　芝加哥 S 酸

9.2.2.3 用稀碱液的加压碱熔(加压中温碱熔)

用 20%～50%的 NaOH 溶液为碱熔剂在高温及压力下碱熔，可以实现多磺酸中仅置换其中的一个磺酸基，而保留其余的磺酸基和氨基。例如，2,7-萘二磺酸用 50%的 NaOH 在 200～220℃、1 MPa 下碱熔，得到 2-羟基-7-萘磺酸；1,5-萘二磺酸用 21.74%的 NaOH 在 230℃、2.4 MPa下碱熔，得到 1-萘酚-5-磺酸；1-氨基萘-3,6,8-三磺酸用 23%的 NaOH 在 178～182℃、0.55～0.65 MPa 碱熔，得到 1-氨基-8-萘酚-3,6-二磺酸(H 酸)。

9.2.3 应用实例

9.2.3.1 2-萘酚的制备

2-萘酚及其磺酸衍生物主要用于染料和有机颜料的生产，在医药、农药、橡胶助剂、香料等产品中也有广泛的应用。

2-萘酚的生产方法有磺化碱熔法和 2-异丙基萘氧化—分解法。磺化碱熔法是国内外广泛采用的方法。该法是以萘为原料经磺化、碱熔制得。反应式如下：

$$\xrightarrow[160℃]{H_2SO_4} \quad SO_3H \quad \xrightarrow{Na_2SO_3} \quad SO_3Na$$

$$\xrightarrow{NaOH} \quad ONa \quad \xrightarrow{SO_2/H_2O} \quad OH$$

磺化碱熔法制 2-萘酚的工艺流程如图 9-1 所示。

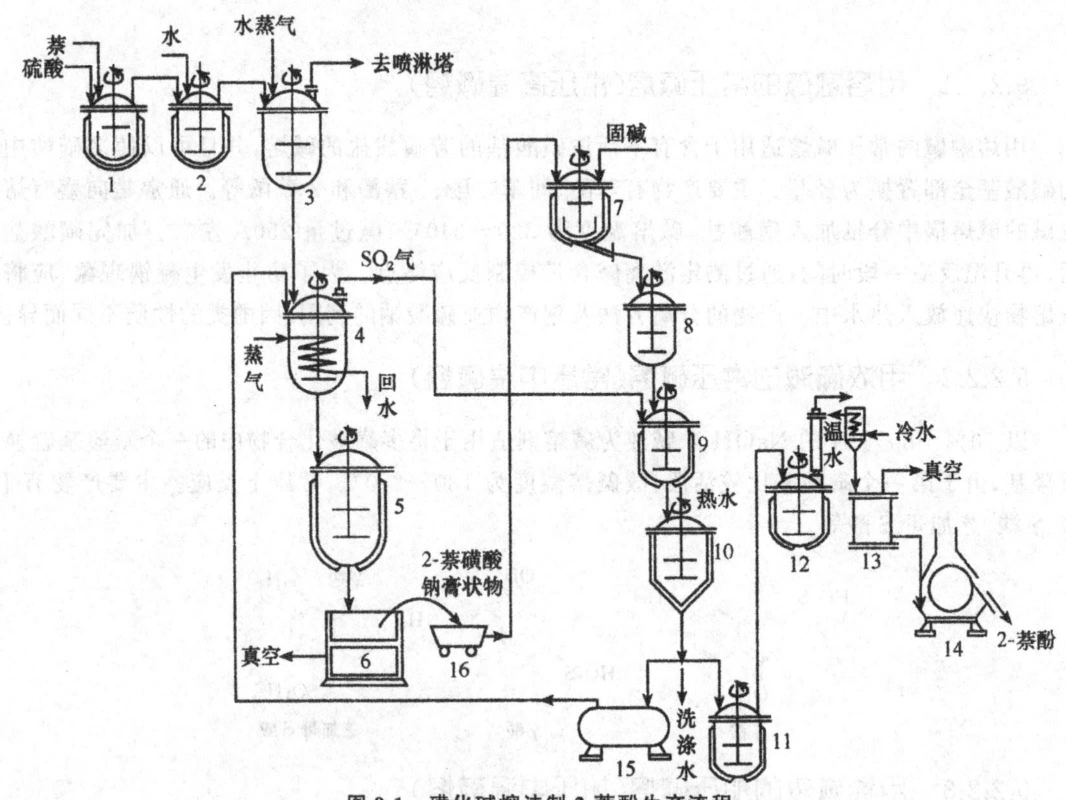

图 9-1 磺化碱熔法制 2-萘酚生产流程

1—磺化锅；2—水解锅；3—吹萘锅；4—中和锅；5—结晶器；6—吸滤器；

7—碱熔锅；9—稀释锅；9—酸化锅；10—煮沸锅；11—干燥锅；

12—真空蒸馏锅；13—储槽；14—切片机；15—亚硫酸钠溶液储槽；16—小车

将熔融的精萘经计量槽加至磺化锅，升温至 140℃。按萘与硫酸的物质的量比 1∶1.085，将 98%的硫酸在 20 min 内均匀加入，然后缓慢升温至 160～164℃，并在此温度下保温 2.5 h。当 2-萘磺酸的含量达到 66%以上、总酸度为 25%～27%时，用压缩氮气将磺化物压入水解锅，并加入少量的水，在 140～150℃下水解 1 h。水解完毕，加入亚硫酸钠溶液，通入水蒸气吹去游离萘，然后将物料放至中和锅，在负压下预热到 80～90℃，将相对密度为 1.14 的亚硫酸钠溶液经计量槽缓慢加入，进行中和反应，中和过程中产生的 SO_2 气吹至酸化锅，中和后的物料放至结晶罐降温至 35～40℃，吸滤后以 10%食盐水洗涤滤饼，再经吸滤得含水量在 20%以上的

2-萘磺酸盐。

2-萘磺酸钠碱熔，先在碱熔锅中加入 98%的固体氢氧化钠，加热至 260℃使其熔融，搅拌升温至 290℃，在约 3 h 内加入 2-萘磺酸钠盐直至游离碱浓度为 5%～6%为止，加毕通入水蒸气，在 320～330℃保温 1 h。碱熔结束后，将碱熔物放到盛有热水的稀释锅内，进行稀释。

稀释后的碱熔物转移到酸化锅，在负压下将中和锅产生的二氧化硫引到酸化锅中，在 70～80℃酸化到酚酞呈无色为止。然后放至煮沸锅，升温至沸，静置后分层。下层的亚硫酸钠溶液放至储槽，以备中和用。上层再用热水洗涤，洗涤后的粗 2-萘酚放入干燥锅用蒸气加热脱水。干燥后的粗 2-萘酚在蒸馏锅中进行真空蒸馏，所得 2-萘酚，在切片机上制成薄片成品。纯度在 99%左右，总收率在 73%～74%。

9.2.3.2 2-氨基-5-萘酚-7-磺酸(J 酸)的生产

J 酸也是重要的染料中间体，它是由吐氏酸经磺化、酸性水解和碱熔而制得的，其化学反应过程如下：

$$\text{(1-}SO_3H\text{-2-}NH_2\text{-萘)} \xrightarrow[\text{磺化}]{\text{发烟硫酸}} HO_3S\text{-(萘, }SO_3H\text{, }NH_2\text{, }SO_3H\text{)} \xrightarrow[\text{中和 盐析}]{\text{酸性水解}}$$

$$NaO_3S\text{-(萘, }NH_2\text{, }SO_3Na\text{)} \xrightarrow[\text{190℃, 0.3～0.4MPa (然后酸析)}]{>60\%NaOH\text{, 碱熔}} HO_3S\text{-(萘, }NH_2\text{, }OH\text{)}$$

J 酸

该法是在碱熔锅中加入 45%的碱液和固碱，在 190～200℃和 0.3～0.4 MPa 时，加入氨基 J 酸钠盐，再在 190～200℃保温反应 6 h，然后进行中和，酸析得 J 酸。

9.3 有机化合物的水解

9.3.1 氯化物的水解

卤化物的水解使羟基置换卤基，生成醇和酚。卤化物可以是脂肪族卤化物，也可以是芳香族卤化物。因为氯比溴价廉易得，工业上主要使用氯基水解法，只有在个别情况下才使用溴基水解法。

9.3.1.1 脂肪族氯化物的水解

与烷基相连的氯原子通常比与芳基相连的氯原子活泼，在比较温和的条件下，其与氢氧化钠溶液作用，可得到相应的醇类。

$$RCl + NaOH \longrightarrow ROH + NaCl$$

一般脂肪族氯化物水解的水解试剂是 NaOH(或 KOH)及碳酸钠的水溶液或用 CaO、

$CaCO_3$、$BaCO_3$、PbO 的悬浮液。

然而，在氯化物碱性水解的同时，也可能伴随有碱性脱氯化氢生成烯烃的平行反应发生，例如，

$$C_nH_{2n+1}Cl + NaOH \longrightarrow C_nH_{2n} + NaCl + H_2O$$

反应中，OH^- 攻击位置不是 α-碳原子，而是 β-碳上的氢，所以碱性脱氯化氢反应的活泼性随 β-碳上氢原子的酸性增加而增加。

9.3.1.2 芳香族氯化物的水解

芳香族氯化物的水解主要是芳环上氯基的水解制取苯酚或萘酚及其衍生物，但其水解比氯代烷烃困难得多。向芳环上引入吸电子取代基，可以提高氯原子的活泼性，使水解较易进行。

氯苯水解制苯酚有气相催化水解法和碱性高压水解法两种。气相催化法是以 $Ca_3(PO_4)_2/SiO_2$ 为催化剂，在 400～450℃的高温下氯苯水解生成苯酚和氯化氢。

$$C_6H_5Cl + H_2O \xrightarrow{Ca_3(PO_4)_2/SiO_2,\ 400\sim450℃} C_6H_5OH + HCl$$

此反应为吸热过程，而且热效应较小。为解决催化剂活性下降较快的问题，反应采用四台绝热式固定床反应器，进行水解—再生切换操作。氯苯的单程转化率为 10%～15%。水解副产的氯化氢可用于氧氯化法生产氯苯。

$$C_6H_6 + HCl + \frac{1}{2}O_2 \longrightarrow C_6H_5Cl + H_2O$$

碱性高压水解法是将氯苯与 10%～15%的氢氧化钠水溶液在 360～390℃、30～36 MPa 下作用，生成苯酚钠。

$$C_6H_5Cl + 2NaOH \xrightarrow{360\sim390℃,\ 30\sim36MPa} C_6H_5ONa + NaCl + H_2O$$

反应采用管式反应器，停留时间为 20 min，除生成苯酚外，还副产二苯醚。

$$C_6H_5ONa + C_6H_5Cl \longrightarrow C_6H_5—O—C_6H_5 + NaCl$$

这两种方法曾是工业上生产苯酚的重要方法，但因其高温、高压和消耗氯气和碱，目前已很少采用。

卤基的水解是亲核置换反应，当苯环上氯基的邻位或对位有硝基时，由于受硝基吸电子作用的影响，苯环上与氯基相连的碳原子上的电子云密度显著下降，从而使氯基的水解较易进行。所以硝基氯苯的水解比氯苯容易，只需要稍微过量的 NaOH 溶液和比较温和的条件，即可水解生成硝基苯酚。例如：

$$p\text{-}ClC_6H_4NO_2 + 2NaOH\ (10\%\sim15\%\ 水溶液) \xrightarrow[0.6MPa]{160℃} p\text{-}NaOC_6H_4NO_2 + NaCl + H_2O$$

$$2,4\text{-}(NO_2)_2C_6H_3Cl + 2NaOH\ (10\%\ 水溶液) \xrightarrow[常压]{90\sim100℃} 2,4\text{-}(NO_2)_2C_6H_3ONa + NaCl + H_2O$$

硝基氯苯的水解产品还有：邻硝基苯酚、2-硝基-4-氯苯酚、2-硝基-4-磺酸基苯酚等。多氯

苯分子中的氯原子较难水解，一般要求较高温度，并需要用铜做催化剂。例如：

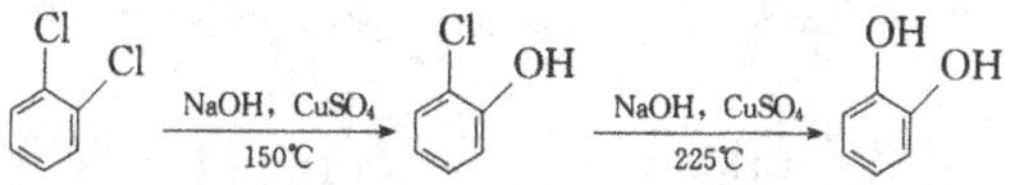

$$\text{邻二氯苯} \xrightarrow[150℃]{NaOH,\ CuSO_4} \text{邻氯苯酚} \xrightarrow[225℃]{NaOH,\ CuSO_4} \text{邻苯二酚}$$

9.3.1.3　相转移催化氯化物的水解

近年来相转移催化技术被应用到氯基的水解反应中，采用的催化剂是其中含有一个长碳链烷基的季铵盐，以便具有一定的亲油性，在反应过程中，$R(CH_3)_3N^+OH^-$ 被带入有机相与氯化物发生水解反应，生成的 $R(CH_3)_3N^+Cl^-$ 回到水相，与水相中的 OH^- 进行离子交换又得到 $R(CH_3)_3N^+OH^-$，加入相转移催化剂可以使水解反应加速。

有机相　$R(CH_3)_3N^+Cl^- + ROH \rightleftharpoons R(CH_3)_3N^+OH^- + RCl$

$\qquad\qquad\rightleftharpoons\qquad\qquad\qquad\qquad\rightleftharpoons$

水　相　$R(CH_3)_3N^+Cl^- + OH^- \rightleftharpoons R(CH_3)_3N^+OH^- + Cl^-$

向反应体系中加入表面活性剂，由于可产生乳化作用，降低扩散阻力，也可加速反应，例如，当进行 2,4-二硝基氯苯的水解时，如加入含 12～18 个碳原子的 N-烷基吡啶氯化物阳离子表面活性剂，可使水解反应加速。

9.3.2　重氮盐的水解

重氮盐在酸性介质中水解可制得酚。这也是在芳环上引入羟基的一个方法。

$$ArNH_2 \longrightarrow ArN_2^+ \overset{H_2O}{\longrightarrow} ArOH + N_2\uparrow$$

利用此法可将羟基导入指定的位置，特别是一些因定位关系而不易制取的某种结构的酚。下列酚通常是由重氮盐水解而制得的。

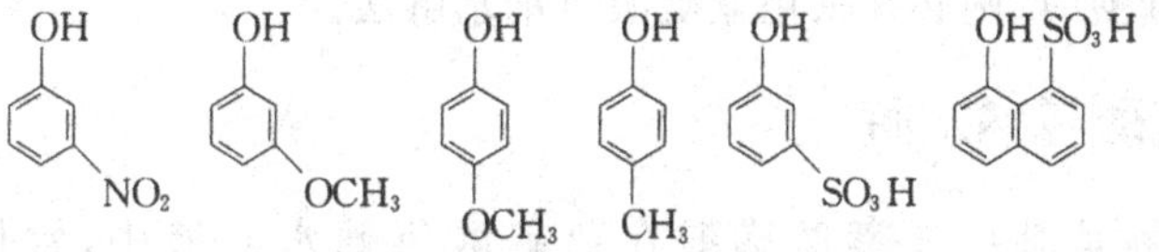

OH/NO₂（间硝基苯酚）　OH/OCH₃（间甲氧基苯酚）　OH/OCH₃（对甲氧基苯酚）　OH/CH₃（对甲酚）　OH/SO₃H（间羟基苯磺酸）　OH SO₃H（8-羟基萘-1-磺酸）

重氮盐水解是单分子亲核取代反应，水解速度与重氮盐的浓度成正比，而与亲核试剂 OH^- 浓度无关。反应的控制步骤是重氮基脱去 N_2 生成芳基正离子。然后芳基正离子和亲核试剂 OH^- 作用生成酚。

$$ArN_2^+ \xrightarrow{-N_2} Ar^+ \xrightarrow[OH^-]{快} ArOH$$

常用的重氮盐是重氮硫酸氢盐，水解在硫酸溶液中进行。重氮盐水解不宜使用盐酸及重氮盐酸盐，因为氯离子的存在会导致重氮基被氯置换的副反应发生。

重氮盐是很活泼的化合物，水解时会发生各种副反应。为避免副反应的发生，重氮盐水解制取酚的操作总是将冷的重氮硫酸氢盐溶液缓慢加入热的或沸腾的稀硫酸中，要使水解反应液中重氮盐的浓度始终很低。水解产物酚可采用水蒸气蒸馏分离。如果水蒸气不易蒸出酚，则可用有机溶剂萃取，将酚从水相转移到有机相。常用的有机溶剂为氯苯、二甲苯等。

重氮盐水解时，如果有硝酸存在，则可制得相应的硝基酚：

$$p\text{-}CH_3C_6H_4N_2^+HSO_4^- \xrightarrow[80℃]{稀 HNO_3} \text{4-甲基-2-硝基苯酚 (OH, } NO_2\text{, } CH_3)$$

在芳环上引入羟基的方法还有烷基芳烃过氧化氢的酸解，环烷烃的氧化—脱氢、芳羧酸的氧化—脱羧以及芳环上的直接羟基化。

9.3.3 芳伯胺水解

芳伯胺水解可将芳环上的氨基转变成羟基，是在芳环上引入羟基的方法之一。但是，芳伯胺水解制取酚要经历硝化、还原、水解等步骤，合成步骤多，设备腐蚀严重，其应用受到了限制。现主要用于制备1-萘酚及其磺酸衍生物和在特定位置上引入羟基的化合物。芳伯胺水解有三种方法，各有其应用范围。

9.3.3.1 酸性水解

酸性水解一般是在稀硫酸中进行，如果水解温度较高，可采用磷酸或盐酸，以避免硫酸引起的氧化反应。此法主要用于1-萘胺及其衍生物的水解。例如：

$$C_{10}H_7NH_2 + H_2O + H_2SO_4 \xrightarrow[200℃，1.2\sim1.5MPa]{15\%\sim20\% H_2SO_4} C_{10}H_7OH + NH_4HSO_4$$

反应必须在衬铅的压热釜中进行。该法工艺过程简单，但设备腐蚀严重、酸性废水量大，生产能力较低。应用此法，还可以由1-萘胺磺酸衍生物制取相应的1-萘酚磺酸衍生物。例如，在酸性水解时，萘环2-位的磺酸基和1-氨基8-位的磺酸基都不会被水解掉。而1-氨基的4-位和5-位的磺酸基将同时被水解掉。所以由1,4-萘胺磺酸和1,5-萘胺磺酸水解制取1,4-萘胺磺酸和1,5-萘胺磺酸时，则必须采用亚硫酸氢钠水解法。

9.3.3.2 亚硫酸氢钠水解

亚硫酸氢钠水解是某些1-萘胺磺酸在亚硫酸氢钠水溶液中，常压沸腾回流（100～104℃），然后用碱处理，即可完成氨基被羟基置换的反应，此反应也称为布赫尔（Bucherer）反应。一般认为它是萘酚转变萘胺的逆反应。工业上应用此法由1,4-和1,5-萘胺磺酸制备1,4-和1,5-萘酚磺酸。

$$\text{1-}NH_2\text{-4-}HO_3S\text{-萘} \xrightarrow{NaHSO_3} \text{1-OH-4-}SO_3S\text{-萘}$$

NW酸

$$\text{1-}NH_2\text{-5-}HO_3S\text{-萘} \xrightarrow{NaHSO_3} \text{1-OH-5-}SO_3H\text{-萘}$$

L酸

9.3.3.3 碱性水解

碱性水解在碱性介质中和较高温度下，萘环上1-位的磺酸基和8-位的氨基可同时被羟基置换。此法仅用于制备变色酸：

$$\text{(HO}_3\text{S)(NH}_2\text{)C}_{10}\text{H}_4\text{(SO}_3\text{H)}_2 \xrightarrow[228℃]{NaOH} \text{(OH)}_2\text{C}_{10}\text{H}_4\text{(SO}_3\text{H)}_2$$

萘环上1-位氨基的2位、3位和8位上的磺酸基对布赫尔反应有阻碍作用，使此法的应用受到了限制。

9.3.4 芳环上硝基水解

芳环上的—NO_2若受邻、对位上的强吸电子基团的影响而活化，在亲核试剂NaOH作用下也可转化为羟基。芳环上的硝基对于碱的作用相当稳定。此法只用于从1,5-和1,8-硝基蒽醌的碱熔制1,5-和1,8-二羟基蒽醌。为了避免氧化副反应，不用苛性钠而用无水氢氧化钙作碱熔剂。反应要在无水非质子型强极性溶剂环丁砜中、280℃左右进行。用环丁砜作溶剂不仅是因为它沸点高，对热和碱的稳定性好，还因为它可以使Ca^{2+}溶剂化，使OH^-成为活泼的裸负离子。由于碱熔产物的分离精制和溶剂回收等问题，此法目前尚未工业化。

$$\text{1,5-二硝基蒽醌} + 2Ca(OH)_2 \xrightarrow[280℃]{环丁砜} [\text{1,5-蒽醌二氧负离子}]Ca^{2+} + Ca(NO_2)_2 + 2H_2O$$

9.3.5 应用实例

9.3.5.1 2,4-二硝基苯酚的生产

2,4-二硝基苯酚为浅黄色结晶，它主要用于硫化染料、苦味酸和显像剂的生产。其合成反应式如下：

$$C_6H_5Cl + HNO_3 \xrightarrow[55\sim80℃]{H_2SO_4} p\text{-}ClC_6H_4NO_2 + H_2O$$

$$p\text{-}ClC_6H_4NO_2 + HNO_3 \xrightarrow[65\sim100℃]{H_2SO_4} 2,4\text{-}(NO_2)_2C_6H_3Cl + H_2O$$

$$\text{2,4-二硝基氯苯} + 2NaOH \xrightarrow[\text{(10\%水溶液)}]{90\sim100\%\text{，常压}} \text{2,4-二硝基苯酚钠} + NaCl + H_2O$$

首先将氯苯加入硝化锅中，然后逐渐加入混酸，加料温度控制在55℃左右。混酸加完后，升温至80℃维持30 min，静置30 min后分离出废酸，一硝基氯苯留在锅内。在一硝基氯苯中再加入混酸，反应温度控制在65℃，混酸加毕，升温至100℃维持1 h。静置30 min后分离出废酸，用热水洗至不呈酸性。然后加入10%的氢氧化钠水溶液，在90～100℃下，常压碱熔，冷却后过滤析出钠盐。用盐酸酸化钠盐至溶液pH=1，即可得2,4-二硝基苯酚黄色结晶状产品。

9.3.5.2 2,3-甲基苯酚的生产

2,3-二甲基苯酚为白色针状结晶，溶于醇和醚等溶剂。主要用于有机合成。工业上通过重氮盐水解法制得，其合成过程如下：

$$\text{2,3-二甲基苯胺}(NH_2, CH_3, CH_3) \xrightarrow[H_2SO_4]{NaNO_2} \text{重氮盐}(N_2HSO_4, CH_3, CH_3) \xrightarrow{H_2SO_4} \text{2,3-二甲基苯酚}(OH, CH_3, CH_3)$$

先将2,3-二甲基苯胺和硫酸的混合物冷却至0～5℃，逐渐加入亚硝酸钠溶液进行重氮化反应。然后将重氮盐缓慢加入已预热至160℃的稀硫酸中进行水解反应，生成的2,3-甲基苯酚用水蒸气蒸馏，所得的粗品用苯重结晶，即可得到产品。

9.4 其他羟基化反应

9.4.1 异丙苯法合成苯酚

苯磺化碱熔法和氯苯水解法制苯酚都存在很多缺点。利用异丙苯法合成苯酚是当前世界各国生产苯酚最重要的路线。此法的优点是以苯和丙烯为原料，在生产苯酚的同时联产丙酮，不需要消耗大量的酸碱，且“三废”少，能连续操作，生产能力大，成本低。此方法已发展成为生产苯酚的主要方法，工业上已有数万吨级装置。

异丙苯法制苯酚包括以下三步反应：

$$C_6H_6 + CH_2{=}CH{-}CH_3 \xrightarrow{\text{烷基化}} C_6H_5{-}CH(CH_3)_2$$

$$C_6H_5{-}CH(CH_3)_2 + O_2 \xrightarrow{\text{氧化}} C_6H_5{-}C(CH_3)_2{-}OOH$$

$$\mathrm{C_6H_5{-}C(CH_3)_2{-}OOH} \xrightarrow{\text{酸分解}} \mathrm{C_6H_5{-}OH} + \mathrm{CH_3\overset{\overset{\large O}{\|}}{C}CH_3}$$

异丙苯过氧化氢的酸分解是在强酸性催化剂存在下进行的，其反应历程为：

$$\mathrm{C_6H_5{-}C(CH_3)_2{-}OOH} \xrightarrow[\text{质子化}]{H^+} \mathrm{C_6H_5{-}C(CH_3)_2{-}OOH_2^+} \xrightarrow{-H_2O} \mathrm{C_6H_5{-}C(CH_3)_2{-}O^+} \xrightarrow{\text{重排}}$$

$$\mathrm{C_6H_5{-}O{-}C^+(CH_3)_2} \xrightarrow{H_2O} \mathrm{C_6H_5{-}O{-}C(CH_3)_2{-}OH_2^+} \xrightarrow{\text{分解}} \mathrm{C_6H_5{-}OH} + \mathrm{CH_3\overset{\overset{\large O}{\|}}{C}CH_3} + H^+$$

酸分解是放热反应。如果温度过高，异丙苯过氧化氢会按其他方式分解，产生副产物，甚至会发生爆炸事故。异丙苯过氧化氢分解常用的催化剂有硫酸、磷酸、磺酸型阳离子交换树脂及二氧化硫等。

以阳离子交换树脂为分解催化剂的异丙苯氧化—分解工艺过程如图 9-2 所示。新鲜异丙苯和循环异丙苯按一定比例混合后，加热至 100℃左右进入氧化塔，净化后的空气由氧化塔底部通入，氧化塔为气液相鼓泡式反应器，塔内设有多层蛇管冷却器，氧化温度控制在 90～100℃，以 10%的碳酸钠溶液调节氧化液 pH 值，控制在 3.5～5。氧化塔顶尾气经冷凝回收异丙苯后，不凝气体排空。回收的异丙苯经碱洗后重新使用。氧化塔底采出的氧化液含异丙苯过氧化氢为 25%～30%，换热后经混合、沉降、水洗除去钠离子和酸性物，然后送去蒸发浓缩。氧化液蒸浓在真空薄膜蒸发器中进行，提浓后的氧化液异丙苯过氧化氢含量达到 80%，经冷却后去分解。

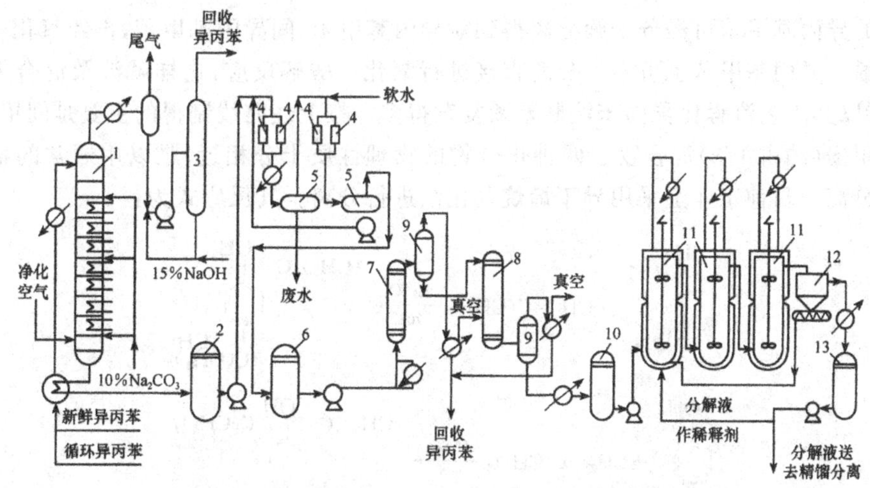

图 9-2　异丙苯氧化—分解生产苯酚丙酮的工艺流程

1—氧化塔；2—氧化液储槽；3—碱洗分离器；4—混合器；5—沉降槽；6—中间储槽；
7—真空升膜蒸发器；8—真空降膜蒸发器；9—分离器；10—浓缩氧化液储槽；
11—分解反应器；12—树脂沉降槽；13—分解液储槽

异丙苯过氧化氢的分解在三台串联操作的反应釜中进行。反应釜内装有阳离子交换树脂并设有冷却夹套、盘管冷却器及搅拌器。利用丙酮的沸腾回流移除反应热。浓缩氧化液和分解液混合稀释后进入串联反应釜，分解在常压下进行，反应温度控制在70℃左右；当分解液中过氧化氢物的浓度低于0.2%时，分解即告终结。分解液由第三台釜中采出，经沉降器分出树脂，并将分解液pH值调整至7～7.5后送去精馏。

分解液经中和、水洗、精馏，即可得到丙酮和苯酚，回收的异丙苯可循环使用。由异丙苯合成苯酚的产率以异丙苯计，可达理论量的92%～93%。

9.4.2 甲酚的生产

甲酚有三种异构体，其中间甲酚是制取高效低毒农药杀螟松和速灭威的重要中间体。对甲酚是制备抗氧化剂2,6-二叔丁基对甲酚的重要中间体。因为需用量大，促进了对甲酚合成路线的研究。其中最重要的合成路线与异丙苯法制苯酚相似。其反应式为：

$$CH_3C_6H_5 + CH_2{=}CHCH_3 \xrightarrow{\text{异丙基化}} CH_3C_6H_4CH(CH_3)_2$$

$$CH_3C_6H_4CH(CH_3)_2 + \underset{\text{空气}}{O_2} \xrightarrow{\text{液相氧化}} CH_3C_6H_4C(CH_3)_2{-}O{-}OH$$

$$CH_3C_6H_4C(CH_3)_2{-}O{-}OH \xrightarrow{\text{酸性分解}} CH_3C_6H_4OH + CH_3COCH_3$$

生成的异丙基甲苯可经分子筛分离得到对异丙基甲苯、间异丙基甲苯，再经氧化—酸解为相应的甲酚。异丙基甲苯也可不经分离直接进行氧化—酸解反应，这样就涉及混合甲酚的分离过程，所以其工艺流程比异丙苯法制苯酚复杂得多。按上述路线制得的主要是间甲酚（约占2/3）和对甲酚（约占1/3）混合物。两种化合物的物理性质十分相近，难以用通常的精馏或结晶的方法分离。目前工业上采用异丁烯烷基化法进行分离。其反应式为：

$$m\text{-}CH_3C_6H_4OH + CH_2{=}C(CH_3)_2 \xrightarrow[70℃]{H_2SO_4} 4,6\text{-}[(CH_3)_3C]_2\text{-}3\text{-}CH_3C_6H_2OH$$

$$p\text{-}CH_3C_6H_4OH + CH_2{=}C(CH_3)_2 \xrightarrow[70℃]{H_2SO_4} 2,6\text{-}[(CH_3)_3C]_2\text{-}4\text{-}CH_3C_6H_2OH$$

分别生成的4,6-二叔丁基间甲酚和2,6-二叔丁基对甲酚，二者的沸点相差较大，可以用一般精馏的方法分离。分出的4,6-二叔丁基间甲酚在催化剂硫酸作用下，脱去叔丁基即得到间甲酚，而副产的2,6-二叔丁基对甲酚经进一步精制即得抗氧剂BHT。

第10章 缩合反应

10.1 概述

缩合反应一般指两个或两个以上分子通过生成新的碳－碳、碳－杂或杂－杂键，从而形成较大的分子的反应。在缩合反应过程中往往会脱去某一种简单分子，如 H_2O、HX、ROH 等。缩合反应能提供由简单的有机物合成复杂的有机物的许多合成方法，包括脂肪族、芳香族和杂环化合物，在香料、医药、农药、染料等许多精细化工生产中得到广泛应用。

缩合反应的类型繁多，有下列分类方法：①按参与缩合反应的分子异同；②按缩合反应发生于分子内或分子间的不同；③按缩合反应产物是否成环；④按缩合反应的历程不同；⑤按缩合反应中脱去的小分子不同。

10.2 羟基缩合反应

醛酮缩合包括醛醛、酮酮及醛酮缩合。在碱或酸作用下，含活泼 α-氢的醛或酮缩合，生成 β-羟基醛或 β-羟基酮的反应，又称奥尔德(Aldol)缩合。

10.2.1 醛醛缩合

醛或酮羰基氧的电负性高于羰基碳的电负性，使羰基碳具有一定的亲电性，致使亚甲基(或甲基)的氢具有酸性，在碱作用下形成 α-碳负离子。

$$H-C(=O)-CH_2-H + OH^{\ominus} \rightleftharpoons \left[H-C(=O)-\overset{\ominus}{C}H_2 \longleftrightarrow H-C(-O^{\ominus})=CH_2 \right] + H_2O$$

α-碳负离子　　烯醇负离子

形成 α-碳负离子(烯醇负离子)的醛，与另一分子醛(酮)进行羰基加成，生成 β-羟基醛。

$$H-C(=O)-CH_3 + \overset{\ominus}{C}H_2-C(=O)-H \rightleftharpoons CH_3-CH(O^{\ominus})-CH_2-C(=O)-H \xrightleftharpoons{H_2O} CH_3-CH(OH)-CH_2-C(=O)-H$$

醛醛缩合可以是同分子醛缩合,也可以是异分子醛缩合。

10.2.1.1 同醛缩合

乙醛缩合是一个典型的同醛缩合。2 mol 乙醛经缩合、脱水生成 α,β-丁烯醛。

$$2CH_3CHO \xrightleftharpoons{\text{稀NaOH}} CH_3\underset{\underset{OH}{|}}{C}HCH_2CHO \xrightarrow{-H_2O} CH_3CH=CHCHO$$

α,β-丁烯醛经催化还原,得正丁醛或正丁醇。

$$CH_3CH=CHCHO \xrightarrow{H_2/Ni} CH_3CH_2CH_2CHO \xrightarrow{H_2/Ni} CH_3CH_2CH_2CH_2OH$$

正丁醛缩合、脱水、加氢还原,产物及一乙基己醇是合成增塑剂 DOP 原料。

$$2CH_3CH_2CH_2CHO \xrightleftharpoons{OH^{\ominus}} CH_3CH_2CH_2\underset{\underset{OH}{|}}{C}H\overset{\overset{C_2H_5}{|}}{C}HCHO \xrightarrow[\triangle]{-H_2O} CH_3CH_2CH_2CH=\overset{\overset{C_2H_5}{|}}{C}CHO$$

$$\xrightarrow{2H_2/Ni} CH_3CH_2CH_2CH_2\overset{\overset{C_2H_5}{|}}{C}HCH_2OH$$

10.2.1.2 异醛缩合

若异醛分子均含 α-氢,含氢较少的 α-碳形成的及一碳负离子与 α-碳含氢较多的醛反应。

$$\begin{matrix}CHO\diagdown \\ \quad CH-H \\ C_2H_5\diagup\end{matrix} \xrightleftharpoons{OH^-} \begin{matrix}CHO\diagdown \\ \quad \bar{C}H \\ C_2H_5\diagup\end{matrix} \xrightleftharpoons[\text{②}\ H^+,\ H_2O]{\text{①}\ CH_3CHO,\ OH^-} C_2H_5-\overset{\overset{CHO}{|}}{C}H-\underset{\underset{OH}{|}}{C}H-CH_3$$

产物 2-乙基-3-羟基丁醛再脱水、加氢还原,主要产物是 2-乙基丁醛(异己醛)。

在碱存在下,异分子醛缩合生成四种羟基醛的混合物,若继续脱水缩合,产物更复杂。

(1)芳醛缩合

芳醛与含 α-氢的醛缩合生成 β-苯基-α,β-不饱和醛的反应,称克莱森—斯密特(Claisen-Schmidt)反应。苯甲醛与乙醛的缩合产物是 β-苯丙烯醛(肉桂醛)。

$$C_6H_5-\overset{\overset{O}{\|}}{C}-H + H-CH_2CHO \xrightarrow{OH^-} C_6H_5-\overset{\overset{OH}{|}}{C}H-\underset{\underset{H}{|}}{C}H-\overset{\overset{O}{\|}}{C}-H \xrightarrow{-H_2O} C_6H_5-\overset{\overset{H}{|}}{C}=CH-\overset{\overset{O}{\|}}{C}-H$$

肉桂醛

在氰化钾或氰化钠作用下,两分子芳醛缩合生成 α-羟基酮的反应称为安息香缩合。

$$2\,C_6H_5-\overset{\overset{O}{\|}}{C}-H \xrightarrow[pH=7\sim8,\ \text{回流}1.5h]{NaCN,\ C_2H_5OH,\ H_2O} C_6H_5-\overset{\overset{O}{\|}}{C}-\underset{\underset{OH}{|}}{C}H-C_6H_5$$

其反应历程如下。

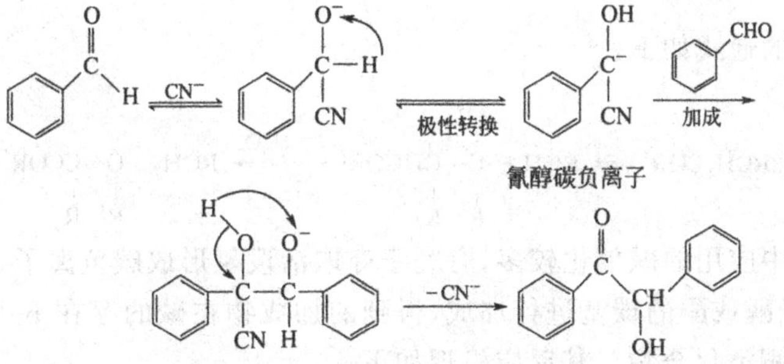

芳醛的苯环上具有给电子基团时,不能发生安息香缩合,但可与苯甲醛缩合,产物为不对称 α-羟基酮。

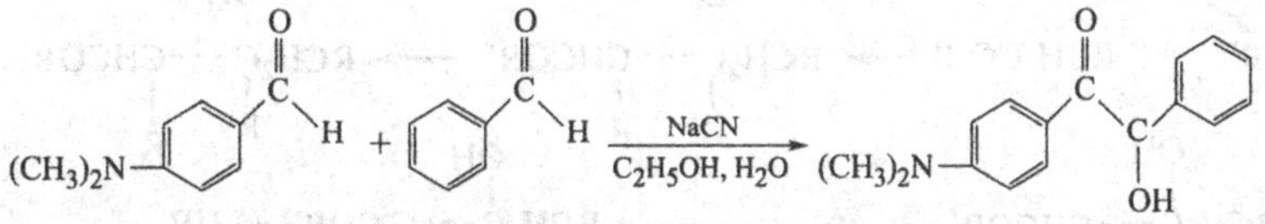

芳醛不含 α-活泼氢,不能在酸或碱催化下缩合。但是,在含水乙醇中,芳醛能够以氰化钠或氰化钾为催化剂,加热后可以发生自身缩合,生成 α-羟酮。该反应称为安息香缩合反应,也称为苯偶姻反应。反应通式如下:

$$2ArCHO \xrightarrow{NaCN 或 KCN} Ar-\overset{O}{\overset{\|}{C}}-\overset{OH}{\overset{|}{CH}}-Ar$$

具体的反应步骤如下:

①氰根离子对羰基进行亲核加成,形成氰醇负离子,由于氰基不仅是良好的亲核试剂和易于脱离的基团,而且具有很强的吸电子能力,因此,连有氰基的碳原子上的氢酸性很强,在碱性介质中立即形成氰醇碳负离子,它被氰基和芳基组成的共轭体系所稳定。

②氰醇碳负离子向另一分子的芳醛进行亲核加成,加成产物经质子迁移后再脱去氰基,生成 α 羟基酮,即安息香。

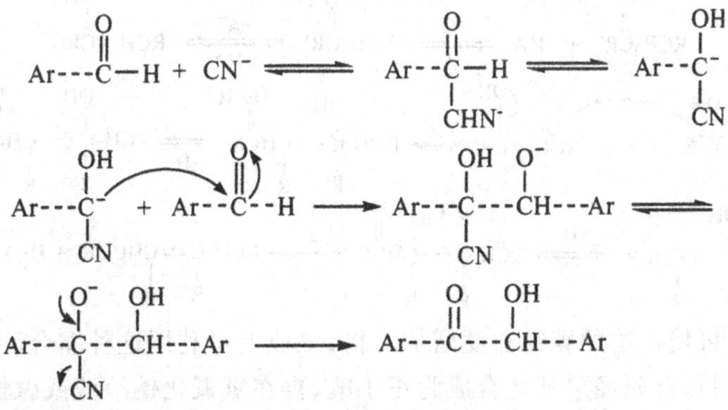

上述反应为氰醇碳负离子向另一分子芳醛进行亲核加成反应。需要注意的是,由于氰化物是剧毒品,对人体会产生强烈危害,且“三废”处理困难,因此在 20 世纪 70 年代后期开始采用具有生物学活性的辅酶纤维素 B1 代替氰化物作催化剂进行缩合反应。

(2)羟醛缩合

羟醛缩合反应的通式如下：

$$2RCH_2COR' \rightleftharpoons RCH_2-\underset{R'}{\overset{OH}{C}}-\underset{R}{C}HCOR' \xrightarrow{-H_2O} RCH_2-\underset{R'}{C}=\underset{R}{C}COR'$$

羟醛缩合反应中应用的碱催化较多，有利于夺取活泼氢形成碳负离子，提高试剂的亲核活性，并且和另一分子醛或酮的羰基进行加成，得到的加成物在碱的存在下可进行脱水反应，生产α,β-不饱和醛或酮类化合物。其反应机理如下：

$$RCH_2COR' + B^- \rightleftharpoons RC^-HCOR' + HB$$

$$RCH_2\overset{O}{\overset{\|}{C}}R' + RCH^-COR' \longrightarrow RCH_2\underset{R'}{\overset{O^-}{C}}---\underset{R}{C}HCOR' \longrightarrow RCH_2\underset{R'}{\overset{OH}{C}}---\underset{R}{C}HCOR' + B^-$$

$$RCH_2\underset{R'}{\overset{OH}{C}}---\underset{R}{C}HCOR' + B^- \rightleftharpoons RCH_2\underset{R'}{\overset{OH}{C}}---\underset{R}{C^-}COR' + HB$$

$$RCH_2\underset{R'}{\overset{OH}{C}}---\underset{R}{C^-}COR' + HB \rightleftharpoons RCH_2\underset{R'}{C}=\underset{R}{C}COR' + H_2O + B^-$$

在羟醛缩合中，转变成碳负离子的醛或酮称为亚甲基组分；提供羰基的称为羰基组分。

酸催化作用下的羟醛缩合反应的第一步是羰基的质子化生成碳正离子。这不仅提高了羰基碳原子的亲电性；同时碳正离子进一步转化成烯醇式结构，也增加了羰基化合物的亲核活性，使反应进行更容易。

$$RCH_2\overset{O}{\overset{\|}{C}}R' + HA \underset{-A^-}{\rightleftharpoons} RCH_2\overset{O^+H}{\overset{\|}{C}}R' \longleftrightarrow RCH_2\overset{OH}{C^+}R'$$

$$RCH_2\overset{O}{\overset{\|}{C}}R' + HA \underset{-A^-}{\rightleftharpoons} RCH_2\overset{O^+H}{\overset{\|}{C}}R' \underset{-HA}{\overset{+A^-}{\rightleftharpoons}} RCH=\overset{OH}{C}R'$$

$$RCH_2\overset{OH}{C^+}R' + RCH=\overset{OH}{C}R' \longrightarrow RCH_2\underset{R'}{\overset{OH}{C}}---\underset{R}{C}H\overset{O^+H}{\overset{\|}{C}}R' \underset{-H^+}{\rightleftharpoons} RCH_2\underset{R'}{\overset{OH}{C}}---\underset{R}{C}H\overset{O}{\overset{\|}{C}}R'$$

$$RCH_2\underset{R'}{\overset{OH}{C}}---\underset{R}{C}H\overset{O}{\overset{\|}{C}}R' \overset{+H^+}{\rightleftharpoons} RCH_2\underset{R'}{\overset{O^+H_2}{C}}---\underset{R}{C}H\overset{O}{\overset{\|}{C}}R' \xrightarrow{+A^-} RCH_2\underset{R'}{C}=\underset{R}{C}HCOR' + H_2O + HA$$

羟醛自身缩合可使产物的碳链长度增加一倍，工业上可利用这种缩合反应来制备高级醇。如以丙烯为起始原料，首先经羰基化合成为正丁醛，再在氢氧化钠溶液或碱性离子交换树脂催化下成为β羰基醛，这样就具有了两倍于原料醛正丁醛的碳原子数，再经脱水和加氢还原可转化成2-乙基己醇。

$$CH_3-CH=CH_2+CO+H_2 \xrightarrow{Co\text{催化剂}} CH_3CH_2CH_2CHO \xrightarrow{OH^-} CH_3CH_2CH_2CH(OH)CH(CH_2CH_3)CHO$$

$$\xrightarrow[-H_2O]{} CH_3CH_2CH_2CH=C(CH_2CH_3)CHO \xrightarrow{+H_2,Ni\text{催化剂}} CH_3CH_2CH_2CH_2CH(CH_2CH_3)CH_2OH$$

在工业上 2-乙基己醇常用来大量合成邻苯二甲酸二辛酯，作为聚氯乙烯的增塑剂。

(3)其他缩合反应

甲醛是无 α-氢的醛，自身不能缩合。在碱作用下甲醛与含 α-氢的醛缩合得 β-羟甲基醛，脱水后的产物为丙烯醛。

$$H_2C=O + H-CH_2CHO \rightleftharpoons CH_2(OH)-CH(H)-CHO \xrightarrow{-H_2O} CH_2=CH_2-CHO$$

季戊四醇是优良的溶剂，也是增塑剂、抗氧剂等精细化学品的原料，过量甲醛与乙醛在碱作用下缩合制得三羟甲基乙醛，再用过量甲醛还原，得季戊四醇。

$$HC(=O)-CH_3 + 3\,HCHO \xrightarrow[15\sim16℃]{25\%Ca(OH)_2} HC(=O)-C(CH_2OH)_3$$

$$\xrightarrow[55\sim60℃]{HCHO,\ 25\%Ca(OH)_2} HOCH_2-C(CH_2OH)_3 + HCOOH$$

季戊四醇

10.2.2 酮酮缩合

酮酮缩合包括对称酮、非对称酮、醛与酮的缩合。

10.2.2.1 对称酮的缩合

对称酮的缩合产物比较单一。例如，20℃时，丙酮通过固体氢氧化钠，缩合产物是 4-甲基-4-羟基戊-2-酮(双丙酮醇)。

$$(CH_3)_2C=O + H-CH_2C(=O)CH_3 \xrightarrow{OH^-} (CH_3)_2C(OH)CH_2C(=O)CH_3$$

4-甲基-4-羟基-2-戊酮

双丙酮醇进一步反应，合成的产品如下：

$$(CH_3)_2C(OH)CH_2COCH_3 \xrightarrow{H_2} (CH_3)_2C(OH)CH_2CH(OH)CH_3$$

4-甲基-4-羟基-2-戊酮　催化加氢　2-甲基-2,4-戊二醇

$$\xrightarrow[\text{脱水}]{-H_2O} (CH_3)_2C{=}CHCOCH_3 \xrightarrow{H_2} (CH_3)_2CHCH_2COCH_3$$

4-甲基-3-戊烯-2-酮　加氢　4-甲基-2-戊酮

$$\xrightarrow{H_2} (CH_3)_2CHCH_2CH(OH)CH_3$$

加氢　4-甲基-2-戊醇

10.2.2.2　非对称酮的缩合

非对称酮的缩合产物有四种，虽通过反应可逆性可获得一种为主的产物，但其工业意义不大。例如，丙酮与甲乙酮缩合，主要得 2-甲基-2-羟基-4-己酮，经脱水、加氢还原可制得 2-甲基-4-己酮。

$$CH_3COCH_3 + H{-}CH_2COC_2H_5 \underset{\text{缩合}}{\overset{OH^-}{\rightleftharpoons}} (CH_3)_2C(OH)CH_2COC_2H_5$$

2-甲基-2-羟基-4-己酮

$$\xrightarrow[\text{消除脱水}]{-H_2O} (CH_3)_2C{=}CHCOC_2H_5$$

2-甲基-2-己烯-4-酮

$$\xrightarrow[\text{催化加氢}]{H_2} (CH_3)_2CHCH_2COC_2H_5$$

2-甲基-4-己酮

10.2.3　醛酮交叉缩合

利用不同的醛或酮进行交叉缩合，得到不同的 α，β-不饱和醛或酮可以看作是羟醛缩合反应更大的用途。

10.2.3.1　含有活泼氢的醛或酮的交叉缩合

含 α-氢原子的不同醛或酮分子间的缩合情况是极其复杂的，它可能产生 4 种或 4 种以上的产物。根据反应性质，通过对反应条件的控制可使某一产物占优势。

在碱催化的作用下，当两个不同的醛缩合时，一般由 α-碳上含有较多取代基的醛形成碳负离子向 α-碳原子上取代基较少的醛进行亲核加成，生成 β 羟基醛或 α，β 不饱和醛：

$$CH_3CHO+CH_3CH_2CHO \xrightarrow{KOH} CH_3-\underset{OH}{\underset{|}{CH}}-\underset{CHO}{\underset{|}{CH}}-CH_3 \xrightarrow{-H_2O} CH_3CH=\underset{CHO}{\underset{|}{C}}-CH_3$$

在含有 α-氢原子的醛和酮缩合时，醛容易进行自缩合反应。当醛与甲基酮反应时，常是在碱催化下甲基酮的甲基形成碳负离子，该碳负离子与醛羰基进行亲核加成，最终得到 α,β-不饱和酮：

$$(CH_3)_2CHCHO+CH_3\overset{O}{\overset{\|}{C}}C_2H_5 \xrightarrow{NaOEt} (CH_3)_2CHCH=CH\overset{O}{\overset{\|}{C}}C_2H_5$$

当两种不同的酮之间进行缩合反应时，需要至少有一种甲基酮或脂环酮反应才能进行：

$$C_6H_5\overset{O}{\overset{\|}{C}}CH_3 + C_6H_5CH_2\overset{O}{\overset{\|}{C}}C_6H_5 \xrightarrow{NaOEt} (C_6H_5)(H_3C)C=C(C_6H_5)COC_6H_5$$

10.2.3.2 Cannizzaro 反应

没有 α-H 的醛，如甲醛、苯甲醛、2,2-二甲基丙醛和糠醛等，尽管其不能发生自身缩合反应，但是在碱的催化作用下可以发生歧化反应，生成等摩尔比的羧酸和醇。其中一摩尔醛作为氢供给体，自身被氧化成酸；另一摩尔醛则作为氢接受体，自身被还原成醇。其反应历程如下：

$$\underset{\text{醛}}{R-\underset{O}{\underset{\|}{C}}-H} + OH^- \xrightleftharpoons{\text{亲核加成}} \underset{\text{氧负离子}}{R-\overset{OH}{\overset{|}{\underset{O^-}{\underset{|}{C}}}}-H}$$

$$R-\overset{OH}{\overset{|}{\underset{O^-}{\underset{|}{C}}}}-H + R-\overset{\delta^+}{\underset{O^{\delta^-}}{\underset{\|}{C}}}-H \xrightarrow[\text{慢}]{\text{氢转移 亲核加成}} \underset{\text{酸}}{R-\overset{OH}{\overset{|}{\underset{O}{\underset{\|}{C}}}}} + \underset{\text{醇负离子}}{R-\overset{H}{\overset{|}{\underset{O^-}{\underset{|}{C}}}}-H} \xrightleftharpoons{\text{快}} \underset{\text{酸负离子}}{R-\overset{O^-}{\overset{|}{\underset{O}{\underset{\|}{C}}}}} + \underset{\text{醇}}{R-\overset{H}{\overset{|}{\underset{OH}{\underset{|}{C}}}}-H}$$

Cannizzaro 反应既是形成 C-O 键的亲核加成反应，又是形成 C-H 键的亲核加成反应。若 Cannizzaro 反应发生在两个不同的没有及氢的醛分子之间，则称为交叉 Cannizzaro 反应。

10.2.3.3 甲醛与含有 α-H 的醛、酮的缩合

甲醛不含 α-氢原子，它不能自身缩合，但是甲醛分子中的羰基却很容易与含有活泼 α-H 的醛所生成的碳负离子发生交叉缩合反应，主要生成β-羧甲基醛。例如，甲醛与异丁醛缩合可制得 2,2-二甲基-2-羟甲基乙醛：

$$\underset{\text{甲醛}}{H_2\underset{O}{\underset{\|}{C}}} + \underset{\text{异丁醛}}{H-\overset{CH_3}{\overset{|}{\underset{CH_3}{\underset{|}{C}}}}-\underset{O}{\underset{\|}{C}}-H} \xrightarrow[\text{缩合}]{OH^-\text{催化}} \underset{\text{2,2-二甲基-2-羟甲基乙醛}}{HO-CH_2-\overset{CH_3}{\overset{|}{\underset{CH_3}{\underset{|}{C}}}}-\underset{O}{\underset{\|}{C}}-H}$$

在碱性介质中，上述这个没有 α-H 的高碳醛可以与甲醛进一步发生交叉 Cannizzaro 反应。这时高碳醛中的醛基被还原成羟甲基(醇基)，而甲醛则被氧化成甲酸。例如，异丁醛与过量的甲醛作用，可直接制得 2,2-二甲基-1,3-丙二醇(季戊二醇)：

$$\underset{\text{2,2-二甲基-2-羟甲基乙醛}}{HO—CH_2—C(CH_3)_2—CHO} + H_2C{=}O + H_2O \xrightarrow[\text{交叉 Cannizzaro 反应}]{OH^-\ \text{催化}} \underset{\text{2,2-二甲基-1,3-丙二醇}}{HOCH_2—C(CH_3)_2—CH_2OH} + \underset{\text{甲酸}}{HCOOH}$$

利用甲醛向醛或酮分子中的羰基 α-碳原子上引入一个或多个羟甲基的反应叫作羟甲基化或 Tollens 缩合。利用这个反应可以制备多羟基化合物。例如，过量甲醛在碱的催化作用下与含有三个活泼 α-H 的乙醛结合可制得三羟甲基乙醛，它再被过量的甲醛还原即得到季戊四醇：

$$3\,H_2C{=}O + H—CH_2—CHO \xrightarrow[\text{缩合}]{OH^-\ \text{催化}} (HOCH_2)_3—C—CHO \xrightarrow[-\,HCOOH]{+\,H_2C{=}O\ \text{还原}} \underset{\text{季戊四醇}}{C(CH_2OH)_4}$$

10.2.3.4　芳醛与含有 α-H 的醛、酮的缩合

芳醛也没有羰基 α-H，但是它可以与含有活泼 α-H 的脂醛缩合，然后消除脱水生成 β-苯基 α,β 不饱和醛。这个反应又叫作 Claisen-Schmidt 反应。例如，苯甲醛与乙醛缩合可制得 β-苯基丙烯醛(肉桂醛)：

$$\underset{\text{苯甲醛}}{C_6H_5—CHO} + \underset{\text{乙醛}}{CH_3—CHO} \xrightarrow[\text{缩合}]{OH^-\ \text{催化}} [C_6H_5—CH(OH)—CH_2—CHO]$$

$$\xrightarrow[\text{消除脱水}]{-\,H_2O} \underset{\beta\text{-苯基丙烯醛(肉桂醛)}}{C_6H_5—CH{=}CH—CHO}$$

10.3　羧酸及其衍生物的缩合

10.3.1　Perkin 反应

Perkin 反应指的是在强碱弱酸盐(如醋酸钾、碳酸钾)的催化下，不含 α-H 的芳香醛加热与含 α-H 的脂肪酸酐(如丙酸酐、乙酸酐)脱水缩合，生成 β-芳基 α,β-不饱和羧酸的反应。通常使用与脂肪酸酐相对应的脂肪酸盐为催化剂，产物为较大基团处于反位的烯烃。以脂肪酸盐为催化剂时，反应的通式为：

$$ArCHO + CH_3COOCOCH_3 \xrightarrow[\triangle]{CH_3COONa} ArCH{=}CHCOOH$$

式中，Ar为芳基。反应的机理表示如下：

$$CH_3COOCOCH_3 \xrightleftharpoons{CH_3COONa} \bar{C}H_2COOCOCH_3$$

$$ArC(=O)-H + \bar{C}H_2COOCOCH_3 \longrightarrow ArCH(O^-)-CH_2COOCOCH_3 \longrightarrow ArCH(OH)-CH_2COOCOCH_3$$

$$\xrightarrow{-H_2O} ArCH{=}CHCOOCOCH_3 \xrightarrow{H_2O} ArCH{=}CHCOOH$$

取代基对Perkin反应的难易有影响，如果芳基上连有吸电子基团会增加醛羰基的正电性，易于受到碳负离子的进攻，使反应易于进行，且产率较高；相反，如果芳基上连有供电子基团会降低醛羰基的正电性，碳负离子不易进攻醛羰基上的碳原子，使反应难以进行，产率较低。

由于脂肪酸酐的α-H的酸性很弱，反应需要在较高的温度和较长的时间下进行，但由于原料易得，目前仍广泛用于有机合成中。例如，苯甲醛与乙酸酐在乙酸钠催化下在170～180℃温度下加热5h，得到肉桂酸。若苯甲醛与丙酸酐在丙酸钠催化下反应则可以合成带有取代基的肉桂酸。

$$PhCHO + CH_3COOCOCH_3 \xrightarrow[\triangle]{CH_3COONa} PhCH{=}CHCOOH$$

$$PhCHO + CH_3CH_2COOCOCH_2CH_3 \xrightarrow[\triangle]{CH_3CH_2COONa} PhCH{=}C(CH_3)COOH$$

Perkin反应的主要应用是合成香料—香豆素，在乙酸钠催化下，水杨醛可以与乙酸酐反应一步合成香豆素。反应分两个阶段：①生成丙烯酸类的衍生物；②发生内酯化进行环合。

$$o\text{-}HOC_6H_4CHO + CH_3COOCOCH_3 \xrightarrow{CH_3COONa} [o\text{-}HOC_6H_4CH{=}CHCOOH] \xrightarrow{-H_2O} \text{香豆素}$$

Perkin反应一般只局限于芳香醛类。但某些杂环醛，如呋喃甲醛也能发生Perkin反应产生呋喃丙烯酸，这个产物是医治血吸虫病药物呋喃丙胺的原料。

$$\text{呋喃-2-CHO} + CH_3COOCOCH_3 \xrightarrow{CH_3COONa} \text{呋喃-2-}CH{=}CHCOOH$$

与脂肪酸酐相比，乙酸和取代乙酸具有更活泼的α-H，也可以发生Perkin反应。如取代苯乙酸类化合物在三乙胺、乙酸酐存在下，与芳醛发生缩合反应生成取代α-H苯基肉桂酸类化合物，该产物为一种治疗心血管药物的中间体。

$$p\text{-}R\text{-}C_6H_4CHO + m\text{-}R'\text{-}C_6H_4CH_2COOH \xrightarrow[\text{三乙胺}]{\text{乙酸酐}} (p\text{-}R\text{-}C_6H_4)(H)C{=}C(COOH)(m\text{-}R'\text{-}C_6H_4)$$

10.3.2 Knoevenagel 反应

在氨、胺或它们的羧酸盐等弱碱性催化剂的作用下，醛、酮与含活泼亚甲基的化合物（如丙二酸、丙二酸酯、氰乙酸酯等）将发生缩合反应，生成α，β-不饱和化合物的反应称为Knoevenagel反应。该缩合反应通式为：

$$\mathrm{RR'C{=}O} + \mathrm{H_2C(X)(Y)} \xrightarrow{\text{弱碱催化}} \mathrm{RR'C{=}C(X)(Y)} + \mathrm{H_2O}$$

式中，R、R′为脂烃基、芳烃基或氢；X、Y为吸电子基团。

这个反应的机理解释主要有以下两种。

①类似羟醛缩合反应机理。具有活泼亚甲基的化合物在碱性催化剂(B)存在下，首先形成碳负离子，然后向醛、酮羰基进行亲核加成，加成物消除水分子，形成不饱和化合物。

$$\mathrm{H_2C(X)(Y)} + \mathrm{B} \rightleftharpoons \mathrm{{}^{-}HC(X)(Y)} + \mathrm{BH^+}$$

$$\mathrm{RR'C{=}O} + \mathrm{{}^{-}HC(X)(Y)} \longrightarrow \mathrm{RR'C(O^-){-}HC(X)(Y)} \xrightarrow{+\mathrm{BH^+}} \mathrm{RR'C(OH){-}HC(X)(Y)}$$

$$\mathrm{RR'C(OH){-}HC(X)(Y)} + \mathrm{B} \underset{}{\overset{-\mathrm{BH^+}}{\rightleftharpoons}} \mathrm{RR'C(OH){-}C^{-}(X)(Y)} \xrightarrow{-\mathrm{HO^-}} \mathrm{RR'C{=}C(X)(Y)}$$

②亚胺过渡态机理。在铵盐、伯胺、仲胺催化下，醛或酮形成亚胺过渡态后，再与活泼亚甲基的碳负离子加成，加成物在酸的作用下消除氨分子，得不饱和化合物。

$$\mathrm{H_2C(X)(Y)} \rightleftharpoons \mathrm{{}^{-}HC(X)(Y)} + \mathrm{H^+}$$

$$\mathrm{RR'C{=}O} + \mathrm{NH_4^+} \rightleftharpoons \mathrm{RR'C(OH)(NH_3^+)} \xrightarrow{-\mathrm{H_2O}} \mathrm{RR'C{=}NH_2^+}$$

$$\mathrm{RR'C{=}NH_2^+} + \mathrm{{}^{-}HC(X)(Y)} \longrightarrow \mathrm{RR'C(NH_2){-}HC(X)(Y)} \xrightarrow{+\mathrm{NH_4^+}}$$

$$\mathrm{RR'C(NH_3^+){-}HC(X)(Y)} \xrightarrow{-\mathrm{NH_4^+}} \mathrm{RR'C{=}C(X)(Y)}$$

Knoevenagel反应在有机合成中，尤其在药物合成中应用很广。例如，丙二酸在吡啶的催化下与醛缩合、脱羧可制得β－取代丙烯酸。

$$\mathrm{RCHO} + \mathrm{H_2C(COOH)_2} \xrightarrow{-\mathrm{H_2O}} \mathrm{R{-}CH{=}C(COOH)_2} \xrightarrow{-\mathrm{CO_2}} \mathrm{R{-}CH{=}CH{-}COOH}$$

采用该反应制备β-取代丙烯酸适用于有取代基的芳醛或酯醛的缩合,反应条件温和,速度快,收率高,产品纯度高。但是,丙二酸的价格比乙酸酐贵得多,在制备β-取代丙烯酸时,经济方面不如 Perkin 反应。

这类反应是以 Lewis 酸或碱为催化剂的,在液相中,特别是在有机溶剂中通过加热来进行,也可采用胺、氨、吡啶、哌啶等有机碱或它们的羧酸盐等作为催化剂,在均相或非均相中反应,一般需要时间较长,而且产率较低。随着新技术、新试剂及新体系的引入,对此类反应也不断出现新的研究成果。

10.3.3 酯酮 Claisen 缩合

酯酮缩合的反应机理与酯酯缩合类似。在碱性催化剂作用下,酮比酯更容易形成碳负离子,因此产物中常混有酮自身缩合的副产物;若酯比酮更容易形成碳负离子,则产物中混有酯自身缩合的副产物。显然,不含 α-活泼氢的酯与酮间的缩合所得到的产物纯度更高。

在碱性条件下,具有 α-H 的酮与酯缩合失去醇生成 β-二酮:

$$\underset{(H)R^1}{\overset{RH_2C}{\diagdown}}C{=}O + R^2COOEt \xrightarrow{B^{\ominus}} R{-}\underset{\displaystyle COR^2}{\underset{|}{CH}}{-}COR^1$$

在 Claisen 酮酯缩合中,为了防止醛酮和酯都会发生自缩合反应,一般将反应物醛酮和酯的混合溶液在搅拌下滴加到含有碱催化剂的溶液中。醛酮的 α-碳负离子亲核进攻酯羰基的碳原子。由于位阻和电子效应两方面的原因,草酸酯、甲酸酯和苯甲酸酯比一般的羧酸酯活泼。

10.3.4 酯酯 Claisen 缩合

酯酯缩合反应指的是酯的亚甲基活泼 α-氢在强碱性催化剂的作用下,脱质子形成碳负离子,然后与另一分子酯的羰基碳原子发生亲核加成并进一步脱 RO^- 而生成β-酮酸酯的反应。

最简单的典型实例是两分子乙酸乙酯在无水乙醇钠的催化作用下缩合,生成乙酰乙酸乙酯:

$$C_2H_5O^-Na^+ + H{-}CH_2{-}\underset{\displaystyle O}{\underset{\|}{C}}{-}OC_2H_5 \rightleftharpoons C_2H_5OH + \underset{Na^+}{^-CH_2}{-}\underset{\displaystyle O}{\underset{\|}{C}}{-}OC_2H_5$$

$$CH_3{-}\underset{\displaystyle O}{\underset{\|}{\overset{\displaystyle OC_2H_5}{\overset{|}{C}}}} + \underset{Na^+}{^-CH_2}{-}\underset{\displaystyle O}{\underset{\|}{C}}{-}OC_2H_5 \xrightleftharpoons{\text{亲核加成}} \left[CH_3{-}\underset{O^-\ \vdots\ Na^+}{\underset{|}{\overset{\displaystyle OC_2H_5}{\overset{\vdots}{C}}}}{-}CH_2{-}\underset{\displaystyle O}{\underset{\|}{C}}{-}OC_2H_5\right]$$

$$\xrightarrow{\text{脱 }C_2H_5O^-Na^+} CH_3{-}\underset{\displaystyle O}{\underset{\|}{C}}{-}CH_2{-}\underset{\displaystyle O}{\underset{\|}{C}}{-}OC_2H_5$$

酯酯缩合可分为同酯自身缩合和异酯交叉缩合两类。

异酯缩合时，如果两种酯都有活泼 α-氢，则可能生成四种不同的 β-酮酸酯，难以分离精制，没有实用价值。如果其中一种酯不含活泼 α-氢，则缩合时有可能生成单一的产物。常用的不含活泼 α-氢的酯有甲酸酯、苯甲酸酯、乙二酸二酯和碳酸二酯等。

为了促进酯的脱质子转变为碳负离子，需要使用强碱性催化剂。最常用的是无水醇钠，当醇钠的碱性不够强，不利于形成碳负离子，也不够使产物 β-酮酸酯形成稳定的钠盐时，就需要改用碱性更强的叔丁醇钾、金属钠、氨基钠、氢化钠等。因为碱催化剂必须使 β-酮酸酯完全形成稳定的钠盐，所以催化剂的用量要多于原料酯的用量。

为了避免酯的水解，缩合反应要在无水溶剂中进行。一般可用苯、甲苯、煤油等非质子传递非极性溶剂。有时为了使碱催化剂或 β-酮酸酯的钠盐溶解可用非质子极性或弱极性溶剂，如二甲基甲酰胺、二甲基亚砜、四氢呋喃等。另外，用叔丁醇钾作催化剂时可用叔丁醇作溶剂，用氨基钠作催化剂时可用液氨作溶剂。

与两种都含活泼 α-氢的异酯缩合相类似的例子是氰乙酰胺与乙酰乙酸乙酯的缩合与环合。

10.3.5 Stobbe 反应

Stobbe 反应是指在强碱的催化作用下，丁二酸二乙酯与醛、酮羰基发生缩合，生成 α-亚烃基丁二酸单酯的反应。Stobbe 缩合主要用于酮类反应物。该反应常用的催化剂为醇钠、醇钾、氢化钠等。反应的通式为：

$$R^2-\overset{O}{\overset{\|}{C}}-R^1 + H_2\overset{COOEt}{\overset{|}{C}}-CH_2-COOEt \xrightarrow{R^3CONa} R^2-\overset{R^1}{\overset{|}{C}}=\overset{COOEt}{\overset{|}{C}}-CH_2-COONa + R^3COH + EtOH$$

式中，R^1、R^2 为烷基、芳基或氢；R^3 为烷基。

在强碱的催化作用下，丁二酸二酯上的活泼 α-H 脱去，生成碳负离子，然后亲核进攻醛、酮羰基的碳原子。

α-亚烃基丁二酸单酯盐在稀酸中可以酸化成羧酸酯，如果在强酸中加热，则可发生水解并脱羧的反应，产物为比原来的醛酮多三个碳的 β,γ-不饱和酸。

$$(R^1)(R^2)C=C(CH_2COO^-)(COOEt) \xrightarrow{H_3O^+} (R^1)(R^2)C=C(CH_2COOH)(COOEt)$$

$$(R^1)(R^2)C=C(CH_2COO^-)(COOEt) \xrightarrow[-CO_2]{H^+,\triangle} (R^1)(R^2)C=CHCH_2COOH$$

α-萘满酮是生产选矿阻浮剂和杀虫剂的重要中间体，以苯甲醛为原料，通过 Stobbe 反应进行合成。

$$\text{C}_6\text{H}_5\text{-CHO} \xrightarrow[\text{EtONa}]{(\text{CH}_2\text{COOEt})_2} \text{C}_6\text{H}_5\text{-CH}{=}\underset{}{\overset{\text{COOEt}}{\text{C}}}\text{CH}_2\text{COO}^- \xrightarrow[-\text{CO}_2]{\text{H}^+,\triangle} \text{C}_6\text{H}_5\text{-CH}{=}\text{CHCH}_2\text{COOH} \xrightarrow{\text{H}_2,\text{Pd/C}}$$

$$\text{C}_6\text{H}_5\text{-CH}_2\text{CH}_2\text{CH}_2\text{COOH} \xrightarrow{\text{H}^+} \text{1-四氢萘酮}$$

10.3.6 Darzens 反应

Darzens 反应指的是 α-卤代羧酸酯在强碱的作用下活泼 α 氢脱质子生成碳负离子，然后与醛或酮的羰基碳原子进行亲核加成，再脱卤素负离子而生成 α，β-环氧羧酸酯的反应。其反应通式：

$$\begin{matrix}R^1\\ \quad\rangle C{=}O\\R^2\end{matrix} + H-\underset{X}{\overset{R^3}{C}}-COOC_2H_5 \xrightarrow[\text{脱 H}^+\text{，亲核加成}]{(CH_3)_3C-ONa} \left[\begin{matrix}R^1 \quad R^3\\ C-C-COOC_2H_5\\ R^2 \quad O^- \ X\end{matrix}\right]$$

$$\xrightarrow[\text{脱 X}^-\text{，环合}]{-X} \begin{matrix}R^1\\ \quad C\overset{O}{—}C-COOC_2H_5\\R^2\end{matrix}$$

常用的强碱有醇钠、氨基钠和叔丁醇钾等。其中，叔丁醇钾的碱性很强，效果最好，因为脱落的卤素负离子要消耗碱，所以每摩尔 α-卤代羧酸酯至少要用 1 mol 碱。缩合反应发生时，为了避免卤基和酯基的水解，要在无水介质中进行。这个反应中所用的 α-卤代羧酸酯一般都是 α-氯代羧酸酯，也可用于 α-氯代酮的缩合。除用于脂醛时收率不高外，用于芳醛、脂酮、脂环酮以及 α，β-不饱和酮时都可得到良好结果。

由 Darzens 缩合制得的 α，β-环氧酸酯用碱性水溶液使酯基水解，再酸化成游离羧酸，并加热脱羧可制得比原料所用的酮(或醛)多一个碳原子的酮(或醛)。其反应通式：

$$\begin{matrix}R^1 \quad\quad R^3\\ C\overset{O}{—}C-COOC_2H_5\\R^2\end{matrix} \xrightarrow[\text{碱性水解}]{NaOH} \begin{matrix}R^1 \quad\quad R^3\\ C\overset{O}{—}C-COONa\\R^2\end{matrix} \xrightarrow[\text{酸化}]{H_2SO_4} \begin{matrix}R^1 \quad\quad R^3\\ C\overset{C}{—}O-COOH\\R^2\end{matrix}$$

$$\xrightarrow[\text{热脱羧}]{-CO_2} \left[\begin{matrix}R^1 \quad\quad R^3\\ C\overset{O}{—}C-H\\R^2\end{matrix}\right] \xrightarrow{\text{氢转移，开环}} \begin{matrix}R^1 \quad\quad R^3\\ CH-C{=}O\\R^2\end{matrix}$$

该反应对于某些酮或醛的制备有一定的用途。例如，由 2-十一酮与氯乙酸乙酯综合、水解、酸化、热脱羧可制得 2-甲基十一醛：

$$CH_3(CH_2)_8-\overset{CH_3}{\overset{|}{C}}-O + H-\underset{Cl}{\overset{H}{C}}-COOC_2H_5 \xrightarrow[\text{脱 H}^+\text{，亲核加成，脱 Cl}^-]{C_2H_5ONa/-H^+,-Cl^-} CH_3(CH_2)_8-\overset{CH_3}{C}\overset{O}{—}\overset{H}{C}-COOC_2H_5$$

$$\xrightarrow[\text{酯基水解}]{NaOH} \xrightarrow[\text{酸化}]{H^+} CH_3(CH_2)_8-\overset{CH_3}{C}\overset{O}{—}\overset{H}{C}-COOH \xrightarrow[\text{热脱羧 氢转移，开环}]{-CO_2} CH_3(CH_2)_8-\overset{CH_3}{\overset{|}{CH}}-\underset{O}{\underset{\|}{C}}-H$$

10.3.7 含亚甲基活泼氢化合物与卤烷的C-烷化反应

亚甲基上的活泼氢在强碱作用下，脱质子形成的碳负离子可以与卤烷发生亲核取代反应而使亚甲基氢被一个或两个烷基所取代。例如，将丙二酸二乙酯、乙醇钠的乙醇溶液，加热至回流，缓慢滴加氯丁烷，回流 2 h，然后常压回收乙醇，经后处理得丁基丙二酸二乙酯。当三者的摩尔比为 1∶1.46∶1.58 时，按丙二酸二乙酯计，收率接近 100%。

$$C_2H_5ONa + H_2C(COOC_2H_5)_2 \xrightleftharpoons{\text{脱质子}} C_2H_5OH + Na^+\ {}^-CH(COOC_2H_5)_2$$

$$C_4H_9{-}Cl + Na^+\ {}^-CH(COOC_2H_5)_2 \xrightarrow{\text{亲核取代}} C_4H_9{-}CH(COOC_2H_5)_2 + NaCl$$

当亚甲基上有两个活泼氢时，可以在亚甲基上依次引入一个或两个烷基。在引入两个不同的烷基时，应该先引入高碳的伯烷基，再引入低碳的伯烷基。因为高碳烷基卤的反应活性比低碳烷基卤弱。或先引入伯烷基，后引入仲烷基，因为仲烷基的空间位阻比伯烷基大，而仲烷基丙二酸二乙酯的酸性又比伯烷基丙二酸二乙酯低，如果先引入仲烷基，就不易再引入第二个烷基。如果要引入两个仲烷基，可使用活性较高的氰乙酸乙酯，C-烷化后再将—CN 基转化为—$COOC_2H_5$ 基。

第 11 章　精细有机合成路线设计基本方法与评价

11.1　逆合成法及其常用术语

“逆合成法”(Retrosynthetic Analysis)主要来源于英文 Retro Synthesis 一词。全词的含义，就是“与合成路线方向相反的方法”，或者说“倒退的合成法”，也叫反向合成(Antithetic Synthesis)。逆合成法是有机合成线路设计基本的方法，是所有其他有机合成线路设计的基础。

近年来，随着有机合成的发展，各种新型的有机合成方法已经应用于工业生产中，但是传统的有机合成方法仍在实践中有着广泛的应用，如逆合成法。逆合成法是有机合成路线设计最简单、最基本的方法，其他一些更复杂的合成路线设计方法技巧，都是建立在本方法的基础之上的。就像盖房子必须先打好基础一样，学习设计有机合成路线，也应当首先掌握“逆合成法”。

11.1.1　逆合成法的含义及原理

1964 年，哈佛大学化学系的 E.J.Corey 教授首次提出逆合成的观念，将合成复杂天然物的工作提升到了艺术的层次。他创造了逆合成分析的原理，并提出了合成子(Synthon)和切断(Disconnection)这两个基本概念，获得了 1990 年的诺贝尔化学奖。他的方法是从合成产物的分子结构入手，采用切断(一种分析法，这种方法就是将分子的一个键切断，使分子转变为一种可能的原料)的方法得到合成子(在切断时得到的概念性的分子碎片，通常是个离子)，这样就获得了不太复杂的、可以在合成过程中加以装配的结构单元。

有机合成中采用逆向而行的分析方法，从将要合成的目标分子出发，进行适当分割，导出它的前体，再对导出的各个前体进一步分割，直到分割成较为简单易得的反应物分子。然后反过来，将这些较为简单易得的分子按照一定顺序通过合成反应结合起来，最后就得到目标分子。从起始原料经过一步或多步反应经过中间产物制成目标分子。这个过程可表示为：

$$甲\xleftarrow[\text{试剂,条件?}]{\text{(反应)?}}乙\xleftarrow[\text{条件?}]{\text{(反应)?}}丙\xleftarrow[\text{条件?}]{\text{(反应)?}}产物丁(TM)$$

这一系列的反应过程，通常称之为合成路线。但是，在设计合成路线时，都是由目标分子逐步往回推出起始的合适的原料。这个顺序正好与合成法(Synthesis)相反，所以称为反向合成，即逆合成法。

如此类推下去，直到推出允许使用的、合适的原料甲为止。经过这样反向的推导过程，再将之反过来，即得一条完整的合成路线。其过程可示意如下：

丁 ←(反应)？试剂，条件？— 丙 ←(反应)？如何制得？— 乙 ←(反应)？如何制得？— 甲

目标分子(TM)　　　　　　　　　　　　原料

例如，TM1 这个分子被 Corey 用作合成美登木素的中间体：

TM1

Corey 采用的逆推是这样的：

断开　$CH_2{=}O$　断开　$CH_2{=}O$

合成一般是由简单的原料开始，逐步发展成为复杂的产物，其过程可看成是逐步“前进”的。同时也要认识到，在设计合成路线时，需要采取由产物倒推出原料，也可称之为“倒退”的办法。当然，在此处“退”是为了“进”，这体现了一种以退为进的辩证的思维方法，因此可以说，逆合成法实质上是起点即终点，通过“以退为进”的手段来设计合成路线。

综上所述，逆合成的基本分析原理就是把一个复杂的合成问题通过逆推法，由繁到简地逐级地分解成若干简单的合成问题，而后形成由简到繁的复杂分子合成路线，此分析思路与真正的合成正好相反。合成时，即在设计目标分子的合成路线时，采用一种符合有机合成原理的逻辑推理分析法：将目标分子经过合理的转换(包括官能团互变，官能团加成，官能团脱去、连接等)或分割，产生分子碎片(合成子)和新的目标分子，后者再重复进行转换或分割，直至得到易得的试剂为止。

简而言之，逆合成法就是 8 个字“以退为进、化繁为简”的合成路线设计法。

11.1.2　逆分析中常用的术语

在逆分析过程或阅读国内外众多文献时，常常涉及许多关于合成的专业术语及概念。

(1)切断

切断(Disconnection，dis)是人为地将化学键断裂，从而把目标分子架拆分为两个或两个以上的合成子，以此来简化目标分子的一种转化方法。“切断”通常是在双箭头上加注 dis 表示。

Me　NO_2　OMe O　dis　Me　OMe　NO_2　O　Me—⟨⟩—OMe　Cl　NO_2　O

(2)转化

逆合成中利用一系列所谓的转化(Transform)来推导出一系列中间体和合适的起始原料,转化用双箭头表示,这是区别于单箭头表示的反应。

目标结构 ⟹ 合成子 ‐‐‐‐→ 合成试剂

每一次转化将得到比目标更容易获得的试剂,在以后的逆合成中,这个试剂被定义为新的目标分子。转化过程一直重复,直到试剂是可以商品获得的。逆合成中所谓的转化有两大类型,即骨架转化和官能团的转化。骨架转化通过切断、联结和重排等手段而实现。

(3)合成子

由相应的已知或可靠的反应进行转化所得的结构单元。从合成子出发,可以推导得到相应的试剂或中间体。合成子(Synthon)是一个人为的概念化名词,它区别于实际存在的起反应的离子、自由基或分子。合成子可能是实际存在的,是参与合成反应的试剂或中间体;但也可能是客观上并不存在的、抽象化的东西,合成时必须用它的对等物。这个对等物就叫合成等效试剂。

(4)合成等效试剂

合成等效试剂(Synthetic Equivalent Reagents)指与合成子相对应的具有同等功能的稳定化合物,也称为合成等效体。

$CH_3CH_2^-$ 合成子 ‐‐‐‐→ CH_3CH_2MgBr 合成等效试剂

(5)受电子合成子

以 a 代表,指具有亲电性或接受电子的合成子(Acceptor Synthon),如碳正离子合成子。

(6)供电子合成子

以 d 代表,指具有亲核性或给出电子的合成子(Donor Synthon),如碳负离子合成子。

异裂(heterolysis) $\xrightarrow{dis}$ (a) = CH_3-CHO + $^-C_2H_5$(d) = C_2H_5MgBr 等效剂

(7)自由基

以 r 代表。

(8)中性分子合成子

以 e 代表。

(9)联结

联结(Connection,con)通常是在双箭头上加注 con 来表示。

OHC–$CH_2CH_2CH_2CH_2$–CHO (1–6) $\xrightarrow{2,6\text{-con}}$

(10)重排

重排(Rearrangement,rearr)通常是在双箭头上加注 rearr。

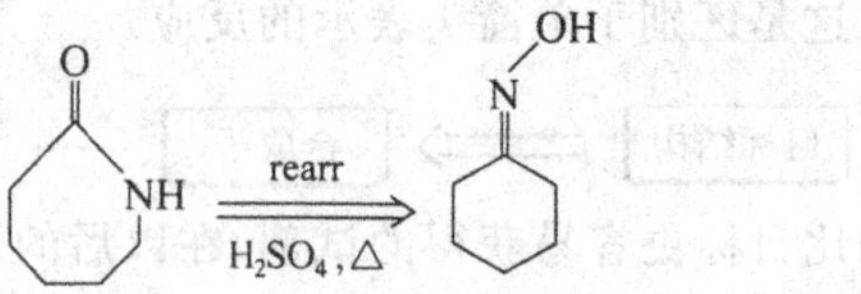

(11)官能团互变

在逆合成分析过程中,常常需要将目标分子中的官能团转变成其他官能团,以便进行逆分析,这个过程称为官能团互变(Functional Group Interconversion,FGI)。

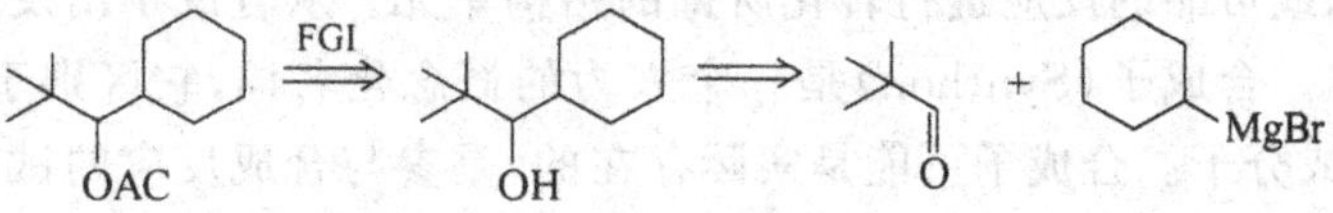

(12)官能团引入

在逆合成分析中,有时为了活化某个位置,需要人为地加入一个官能团,这个过程称为官能团引入(Functional Group Addition,FGA)。

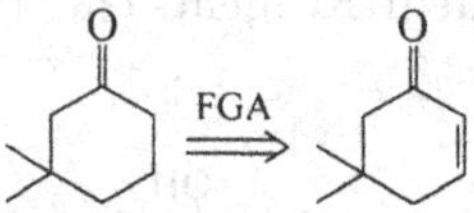

(13)官能团消除

在逆合成分析中,为了分析的需要常常去掉目标分子中的官能团,这个过程称为官能团消除(Functional Group Removal,FGR)。

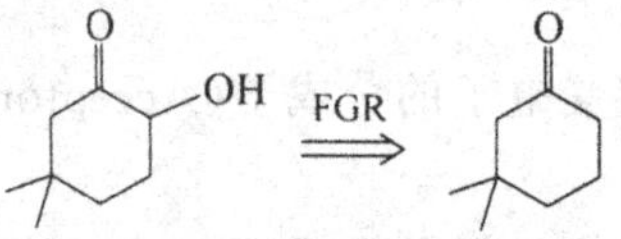

常见合成子及相应的试剂或合成等效体如表 11-1 所示。

表 11-1　常见合成子及相应的试剂或合成等效体

合成子	试剂或合成等效体
R−	RM(M=Li,MgBr,Cu 等)
$-C_6H_5$	C_6H_6,C_6H_5MgBr
−CHCOX	CH_3COX(X=R′,OR′,NR'_2)
$-CH_2COCH_3$	CH_3COCH_2COOEt
$-CH_2COOH$	$CH_2(COOEt)_2$
$PhC(O)^-$	PhCHO/NaCN
R^+	RX(X=Br,I,OTs 等离去基团)
R^+O═O	RCOX

续表

合成子	试剂或合成等效体
R^+CHOH	RCHO
H_2^+COH	$H_2C{=}O$
^+COOH	CO_2
$^+CH_2CH_2OH$	—
$^+CH_2CHCOR$	$CH_2{=}CHCOR$
R^+COH	RCOOEt

(14)逆合成转变

逆合成转变是产生合成子的基本方法。这一方法是将目标分子通过一系列转变操作加以简化，每一步逆合成转变都要求分子中存在一种关键性的子结构单元，只有这种结构单元存在或可以产生这种子结构时，才能有效地使分子简化，Corey 将这种结构称为逆合成子(retron)。例如，当进行醇醛转变时要求分子中含有—C(OH)—C—CO—子结构，下面是一个逆醇醛转变的具体实例：

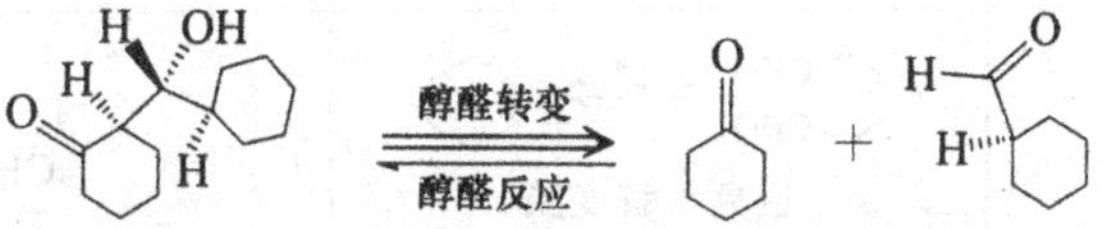

醇醛转变

醇醛反应

式中，双箭头表示逆合成转变，与化学反应中的单箭头含义不同。

常用的逆合成转变法是切断法。它是将目标分子简化的最基本的方法。切断后的碎片即为各种合成子或等价试剂。究竟怎样切断，切断成何种合成子，则要根据化合物的结构、可能形成此键的化学反应以及合成路线的可行性来决定。一个合理的切断应以相应的合成反应为依据，否则这种切断就不是有效切断。逆合成分析法涉及如下知识(表 11-2～表 11-4)。

表 11-2　逆合成切断

变换类型	目标分子	合成子	试剂和反应条件
一基团切断(异裂)	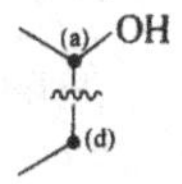 逆Grignard变换	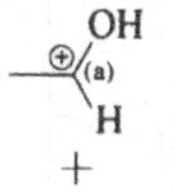 $C_2H_5^{\ominus}$(d)	CH_3CHO + EtMgBr ① 0 ℃(THF) ② NH_4Cl/H_2O
二基团切断(异裂)	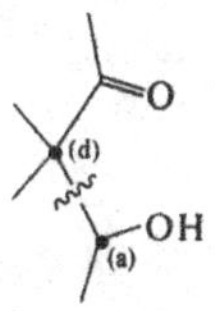 逆羟醛缩合变换	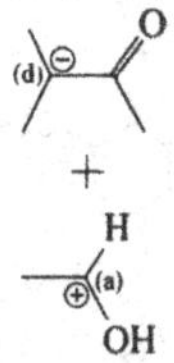	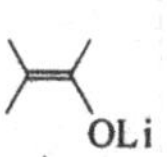 OLi + CH_3CHO ① −78 ℃/室温(THF) ② NH_4Cl/H_2O

续表

变换类型	目标分子 合成子 试剂和反应条件
二基团切断(均裂)	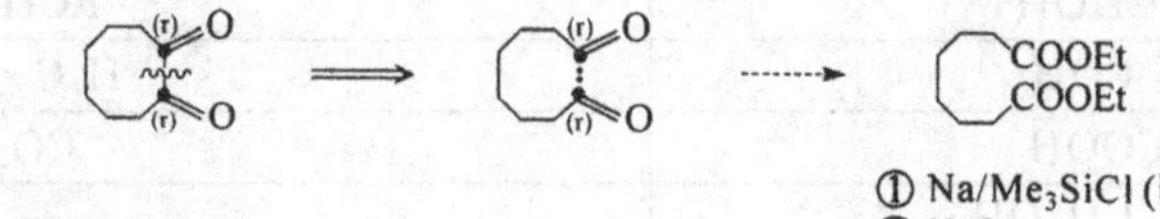 逆偶姻变换；COOEt COOEt ① Na/Me_3SiCl(甲苯,△) ② H_2O
电环化切断	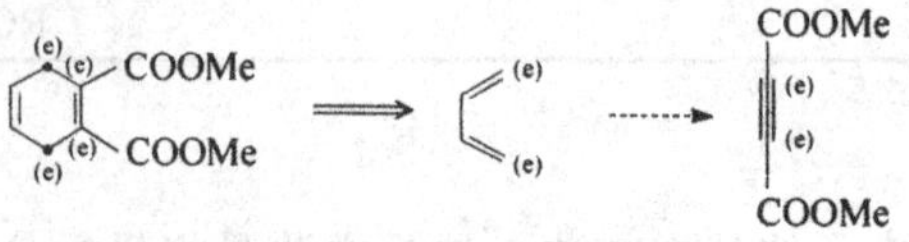 逆Diels-Alder变换；COOMe COOMe；COOMe COOMe (合成子＝试剂) (C_6H_6,△) [氢醌]

注：虚线箭头表示合成子与等价试剂之间的关系；∿∿∿表示切断。

表 11-3　逆合成连接

变换类型	目标分子	试剂和反应条件
连接	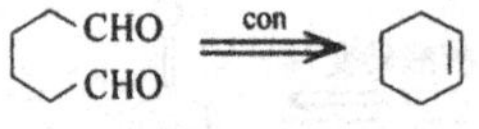 CHO CHO con；逆臭氧解变换	O_3/Me_2S CH_2Cl_2，−78℃
重排	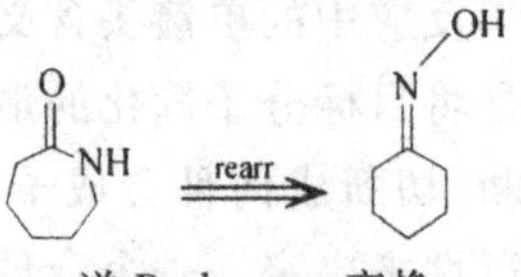 O NH rearr N OH；逆 Beckmann 变换	H_2SO_4，Δ

注：con(connection)即连接；rearr(rearrangement)即重排。

表 11-4　逆合成转换

官能团转换 (FGI)	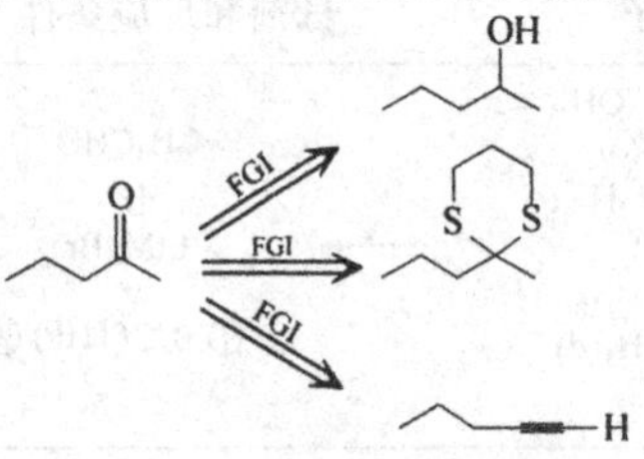 O FGI OH；FGI S S；FGI H	$CrO_3/H_2SO_4/CH_3COCH_3$ $HgCl_2/CH_3CN$ $HgCl_2$(aq H_2SO_4)
官能团引入 (FGA)	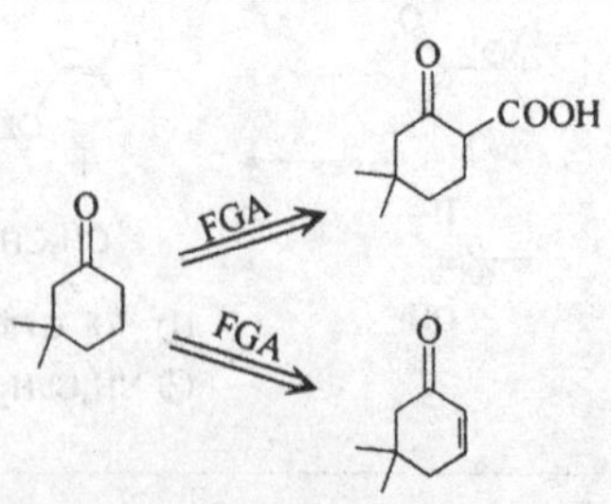 O FGA O COOH；FGA O	PhNH2,Δ H_2[Pd−C](EtOH)

续表

官能团消除(FGR)	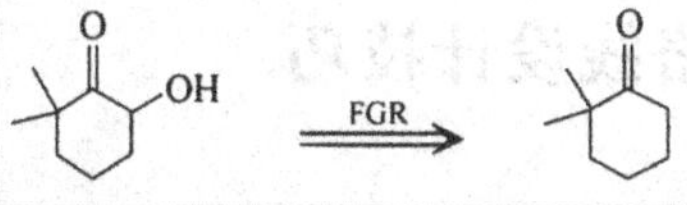 2-羟基-6,6-二甲基环己酮 ==FGR==> 2,2-二甲基环己酮	①LDA(THF)，$-25℃$ ②O_2，$-25℃$ ③，H_2O

注：FGI 即 functional group interconversion；FGA 即 functional group addition；FGR 即 functional group removal。

逆合成分析法虽然涉及以上各方面，但并不意味着每一个目标分子的逆分析过程都涉及各个过程。

例如，2-丁醇的两种切断转变如下：

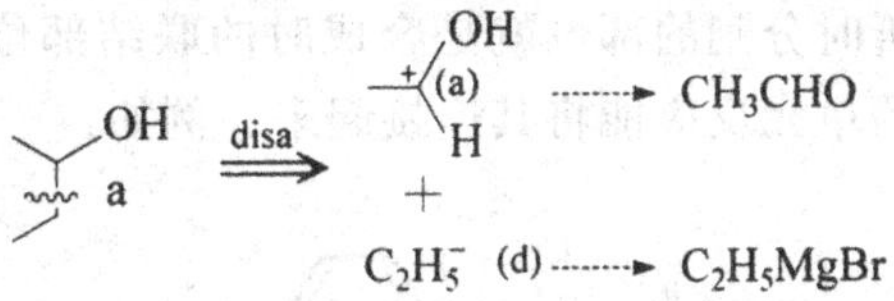

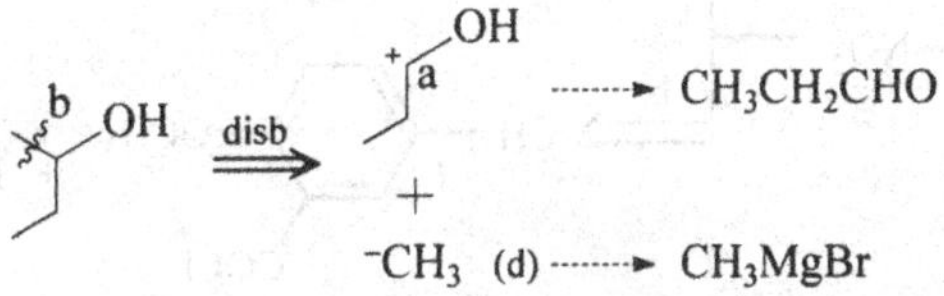

disa：$CH_3CH(OH)^+$ (a) ⋯⋯→ CH_3CHO ＋ $C_2H_5^-$ (d) ⋯⋯→ C_2H_5MgBr

disb：$CH_3CH_2CH(OH)^+$ (a) ⋯⋯→ CH_3CH_2CHO ＋ $^-CH_3$ (d) ⋯⋯→ CH_3MgBr

第一种切断得到的原料来源方便，所以称为较优路线。

对于叔醇的切断转变：

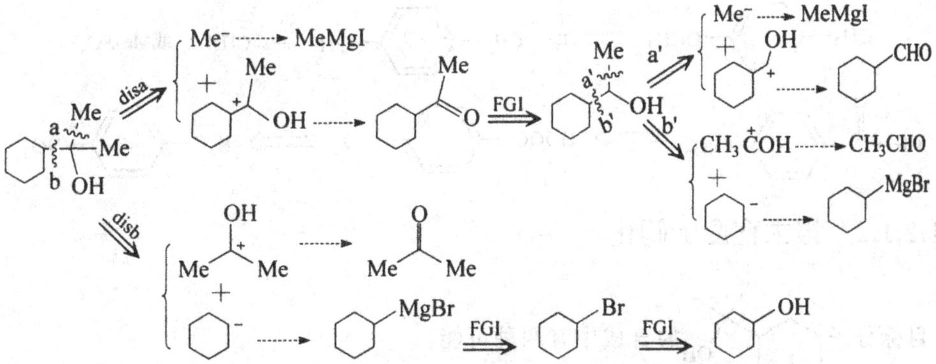

disa：Me^- ⋯⋯→ MeMgI ＋ 环己基$C^+(Me)OH$ ⋯⋯→ 环己基甲基酮 ==FGI==> a′：Me^- ⋯⋯→ MeMgI ＋ 环己基CH^+OH ⋯⋯→ 环己基-CHO；b′：$CH_3\overset{+}{C}OH$ ⋯⋯→ CH_3CHO ＋ 环己基负离子 ⋯⋯→ 环己基-MgBr

disb：$Me\overset{+}{C}(OH)Me$ ⋯⋯→ 丙酮 ＋ 环己基负离子 ⋯⋯→ 环己基-MgBr ==FGI==> 环己基-Br ==FGI==> 环己醇

显然，dis b 的逆合成路线比 dis a 短，原料也比较容易得到，其相应的合成路线为：

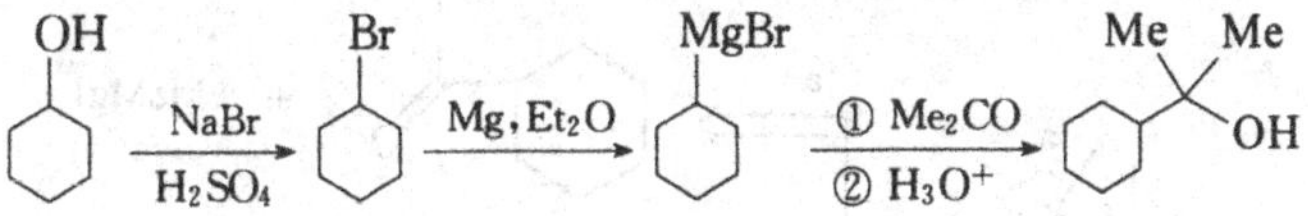

环己醇 $\xrightarrow[H_2SO_4]{NaBr}$ 溴代环己烷 $\xrightarrow{Mg,Et_2O}$ 环己基-MgBr $\xrightarrow[②\ H_3O^+]{①\ Me_2CO}$ 2-环己基-2-丙醇

11.2 逆合成路线设计技巧

11.2.1 逆向切断的原则

11.2.1.1 要有合理的反应原理

目标分子在逆向合成分析时分割的部位就是合成时的联结部位。分割是手段，合成才是目的，因此分割后，要有较好的单元反应能将其连接起来。例如：

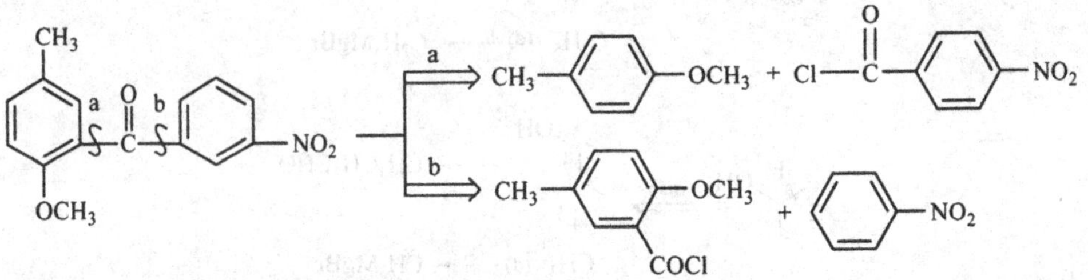

很显然，b 路线不可行，因为硝基苯很难发生傅—克酰基化反应；a 路线是合理的。按 a 路线还可往下推导：

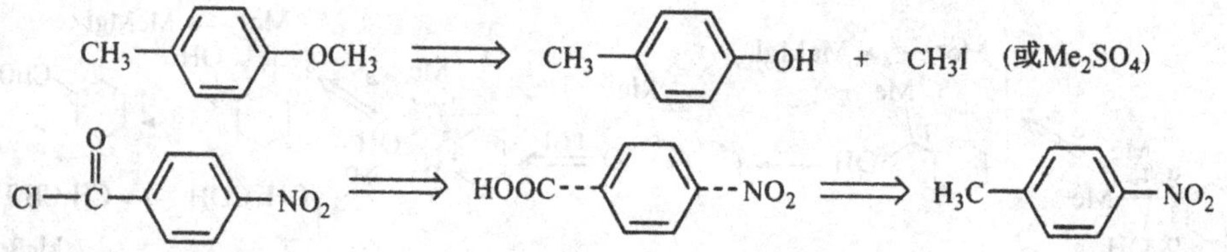

11.2.1.2 最大程度的简化

在目标分子的合成中有两种可能：

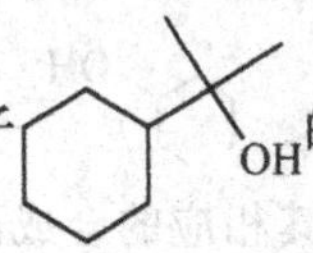

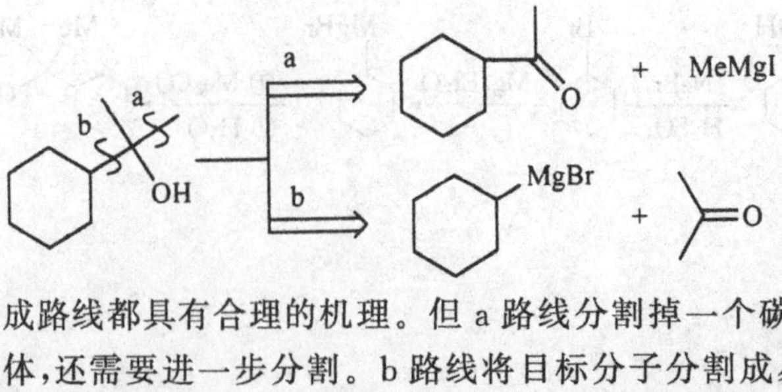

这两种可能的合成路线都具有合理的机理。但 a 路线分割掉一个碳原子后，留下的却是一个不易得到的中间体，还需要进一步分割。b 路线将目标分子分割成易得的原料丙酮和环

己基溴，所以 b 的合成路线较 a 短，符合最大简化原则，是较好的分割。

11.2.1.3　得出易得原料

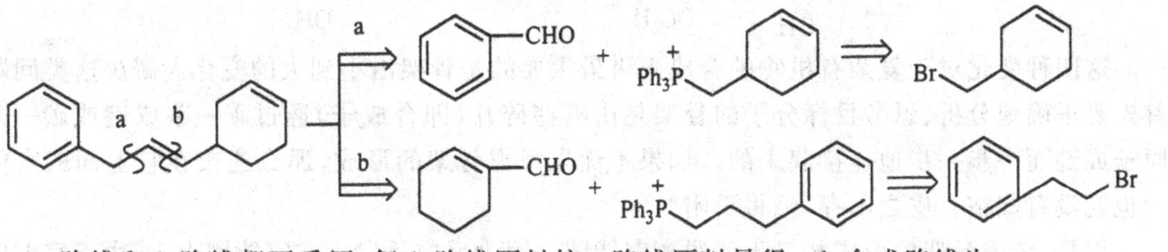
a
b
CHO
Ph3P
Br

a 路线和 b 路线都可采用，但 b 路线原料较 a 路线原料易得。b 合成路线为：

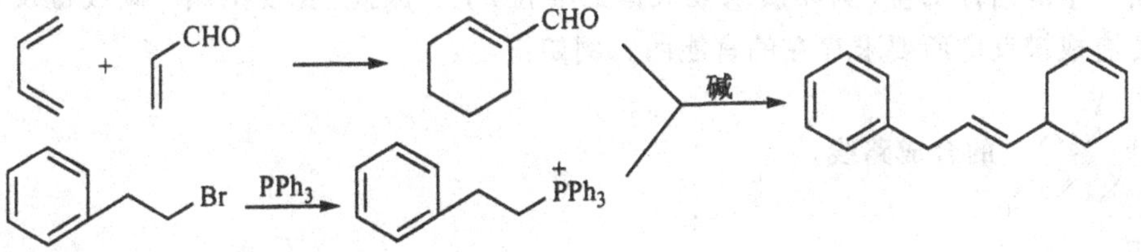
CHO
碱
Br
PPh3

11.2.2　逆向切断技巧

在逆向合成法中，逆向切断是简化目标分子必不可少的手段。不同的断键次序将会导致许多不同的合成路线。若能掌握一些切断技巧，将有利于快速找到一条比较合理的合成路线。

11.2.2.1　优先考虑骨架的形成

有机化合物是由骨架和官能团两部分组成的，在合成过程中，总是存在着骨架和官能团的变化，一般有以下四种可能。

①骨架和官能团都无变化而仅变化官能团的位置。例如：

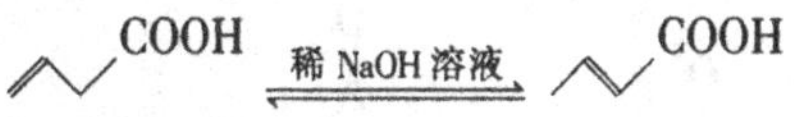
COOH
稀 NaOH 溶液
COOH

②骨架不变而官能团变化。例如：

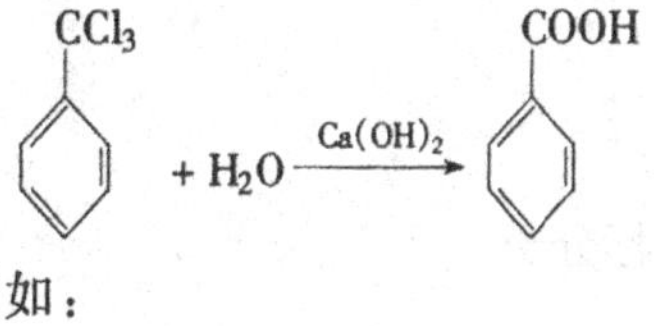
CCl3
+ H2O
Ca(OH)2
COOH

③骨架变而官能团不变。例如：

$$CH_3(CH_2)_5CH_3 \xrightarrow[\text{紫外光}]{CH_2Cl_2} CH_3(CH_2)_6CH_3 + \underset{\underset{CH_3}{|}}{CH_3CH}(CH_2)_4CH_3 +$$

$$CH_3CH_2\underset{\underset{CH_3}{|}}{CH}(CH_2)_3CH_3 + (CH_3CH_2CH_2)_2CHCH_3$$

④骨架、官能团都变。例如：

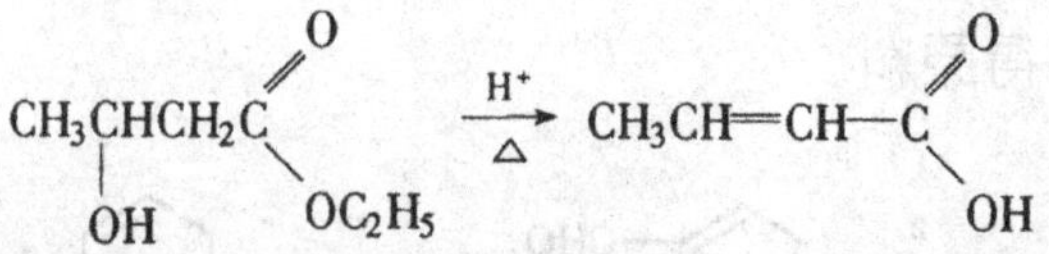

$$CH_3CH(OH)CH_2C(=O)OC_2H_5 \xrightarrow[\triangle]{H^+} CH_3CH=CH-C(=O)OH$$

这四种变化对于复杂有机物的合成来讲最重要的是骨架由小到大的变化。解决这类问题首先要正确地分析、思考目标分子的骨架是由哪些碎片(即合成子)通过碳—碳成键或碳—杂原子成键而一步一步地连接起来的。如果不优先考虑骨架的形成，那么连接在它上面的官能团也就没有归宿。皮之不存，毛将焉附?

但是，考虑骨架的形成却又不能脱离官能团。因为反应是发生在官能团上，或由于官能团的影响所产生的活性部位(例如羰基或双键的 α-位)上。因此，要发生碳—碳成键反应，碎片中必须要有成键反应所要求存在的官能团。例如：

设计 [结构式] 的合成路线。

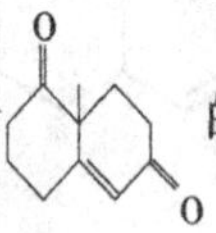

分析：

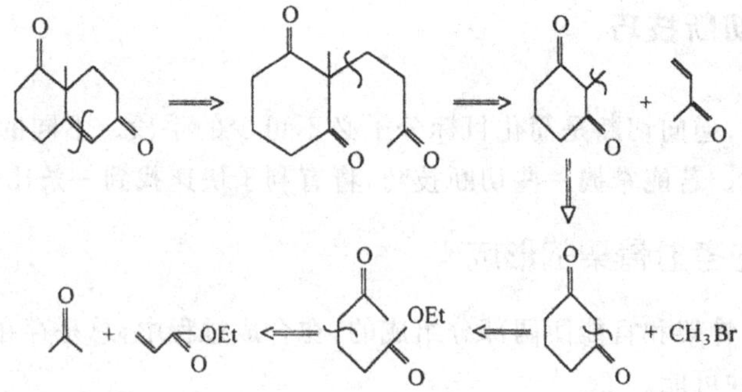

$$\Rightarrow \quad + \quad CH_3Br \qquad + \quad OEt$$

合成：

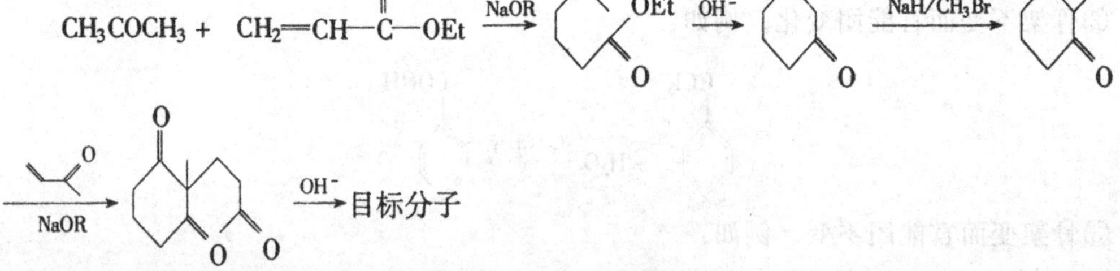

$$CH_3COCH_3 + CH_2=CH-C(=O)-OEt \xrightarrow{NaOR} (OEt) \xrightarrow{OH^-} \xrightarrow{NaH/CH_3Br}$$

$$\xrightarrow{NaOR} \xrightarrow{OH^-} \text{目标分子}$$

由上述过程可以看出，首先应该考虑骨架是怎样形成的，而且形成骨架的每一个前体(碎片)都带有合适的官能团。

11.2.2.2 碳-杂键先切断

碳与杂原子所成的键，往往不如碳—碳键稳定，并且，在合成时此键也容易生成。因此，在合成一个复杂分子的时候，将碳—杂键的形成放在最后几步完成是比较有利的。一方面避免这个键受到早期一些反应的侵袭；另一方面又可以选择在温和的反应条件下来连接，避免在后期反应中伤害已引进的官能团。合成方向后期形成的键，在分析时应该先行切断。例如：

(1)设计（苯基戊烯基醚结构式）的合成路线

分析：

$PhO\text{-}CH_2CH_2CH_2CH=CH_2 \Rightarrow PhOH + Br\text{-}CH_2CH_2CH_2CH=CH_2 \xrightarrow{FGI} HO\text{-}CH_2CH_2CH_2CH=CH_2 \xrightarrow{FGI} EtOOC\text{-}CH_2\text{-}CH_2CH=CH_2 \Rightarrow CH_3COOEt + Br\text{-}CH_2CH=CH_2$

合成：

$$CH_2(COOEt)_2 \xrightarrow[\text{BrCH}_2\text{CH=CH}_2]{EtONa} (EtO_2C)_2CH\text{-}CH_2CH=CH_2 \xrightarrow[\text{② EtOH/H}^+]{\text{① H}^+/H_2O} EtO_2C\text{-}CH_2CH_2CH=CH_2 \xrightarrow{LiAlH_4}$$

$$HO\text{-}CH_2CH_2CH_2CH=CH_2 \xrightarrow{PBr} Br\text{-}CH_2CH_2CH_2CH=CH_2 \xrightarrow{C_6H_5ONa} \text{目标分子}$$

(2)设计（3-羟基-4,4-二甲基-γ-丁内酯结构式）的合成路线

分析：

内酯 ⇒ $HOCH_2C(CH_3)_2CH(OH)COOH \xrightarrow{FGI} HOCH_2C(CH_3)_2CH(OH)CN \Rightarrow HOCH_2C(CH_3)_2CHO + HCN$；$HOCH_2C(CH_3)_2CHO \Rightarrow HCHO + (CH_3)_2CHCHO$

合成：

$$\text{合成}\ (CH_3)_2CHCHO + HCHO \xrightarrow{K_2CO_3} HOCH_2C(CH_3)_2CHO \xrightarrow{HCN} HOCH_2C(CH_3)_2CH(OH)CN \xrightarrow{HCl} \text{目标分子}$$

(3)设计（4-氧代-4H-吡喃-2,6-二羧酸结构式，HO_2C、CO_2H）的合成路线

分析：

吡喃酮二羧酸 ⇒ $HO_2C\text{-}C(OH)=CH\text{-}CO\text{-}CH=C(OH)\text{-}CO_2H \Rightarrow CH_3COCH_3 + 2\ HO_2C\text{-}COOH$

合成：

$$CH_3COCH_3 + 2\,EtO_2C\text{-}CO_2Et \xrightarrow{EtONa} EtO_2C\text{-}C(OH)=CH\text{-}CO\text{-}CH=C(OH)\text{-}CO_2Et \xrightarrow[HCl]{H_2O} \text{目标分子}$$

11.2.2.3 目标分子活性部位先切断

目标分子中官能团部位和某些支链部位可先切断，因为这些部位是最活泼、最易结合的地方。例如：

(1)设计 $CH_3CH(OH)\text{—}C(CH_3)(C_2H_5)\text{—}CH_2OH$ 的合成路线

分析：

$$CH_3CH(OH)\text{—}C(CH_3)(C_2H_5)\text{—}CH_2OH \xrightarrow{FGI} CH_3\text{—}\underset{\|}{C}(=O)\text{—}C(CH_3)(C_2H_5)\text{—}COOEt \longrightarrow$$

$$C_2H_5Br + CH_3I + CH_3\overset{O}{\overset{\|}{C}}CH_2CO_2Et$$

合成：

$$CH_3\overset{O}{\overset{\|}{C}}CH_2CO_2Et \xrightarrow[②C_2H_5Br]{①EtONa} CH_3\text{—}\overset{}{C}(=O)\text{—}CH(C_2H_5)\text{—}CO_2Et \xrightarrow[②CH_3I]{①EtONa}$$

$$CH_3C(=O)\text{—}C(CH_3)(C_2H_5)\text{—}CO_2Et \xrightarrow{LiAlH_4} \text{目标分子}$$

(2)设计 4-异丁基-α-甲基苯乙酸（结构式：$CH_3CH(CO_2H)$—苯环—$CH_2CH(CH_3)_2$）的合成路线

分析：

$$ArCH(CH_3)CO_2H \xrightarrow{FGI} ArCH(CH_3)Br \xrightarrow{FGI} ArCH(CH_3)OH \xrightarrow{FGI} ArCOCH_3 \longrightarrow$$

（Ar = 4-异丁基苯基）

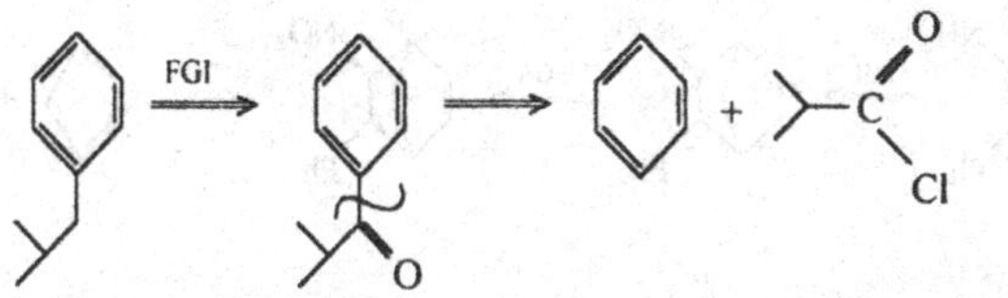

FGI

合成：

$\ce{AlCl3}$ COCl；Zn－Hg 浓 HCl；CH_3COCl $AlCl_3$；$NaBH_4$

OH　Br　PBr_3　①Mg，Et_2O ②CO_2 ③水解 目标分子

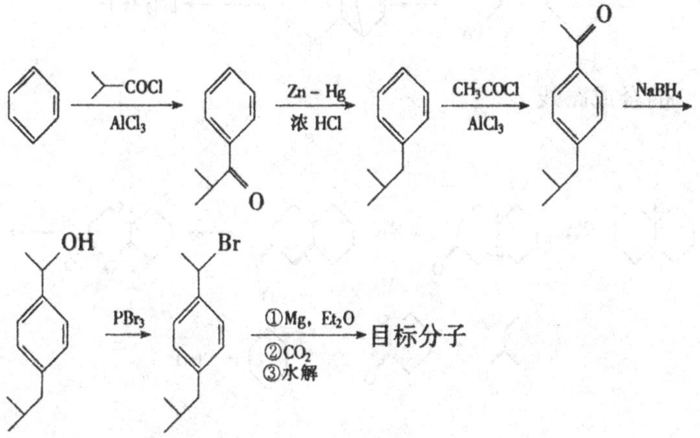

11.2.2.4 添加辅助基团后切断

有些化合物结构上没有明显的官能团指路，或没有明显可切断的键。在这种情况下，可以在分子的适当位置添加某个官能团，以利于找到逆向变换的位置及相应的合成子。但同时应考虑到这个添加的官能团在正向合成时易被除去。例如：

(1)设计的合成路线

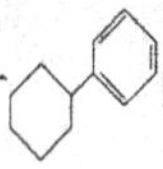

分析：

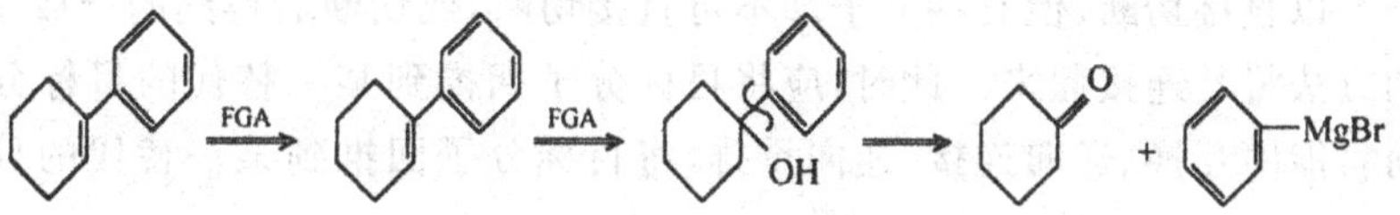

FGA　FGA　OH　O　+　MgBr

合成：

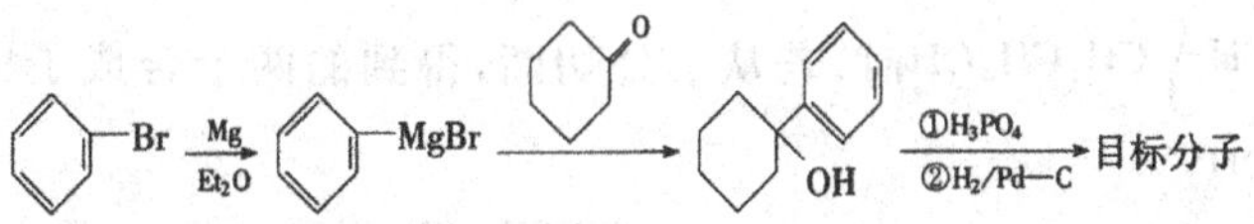

Br　Mg Et_2O　MgBr　O　OH　①H_3PO_4 ②H_2/Pd—C　目标分子

(2)设计 NH_2 Ph 的合成路线

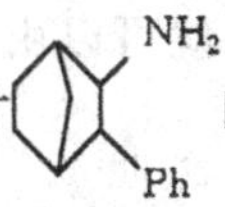

分析：环己烷的一边碳上如果具有一个或两个吸电子基，在其对侧还有一个双键，这样的化合物可方便地应用 Diels-Alder 反应得到。

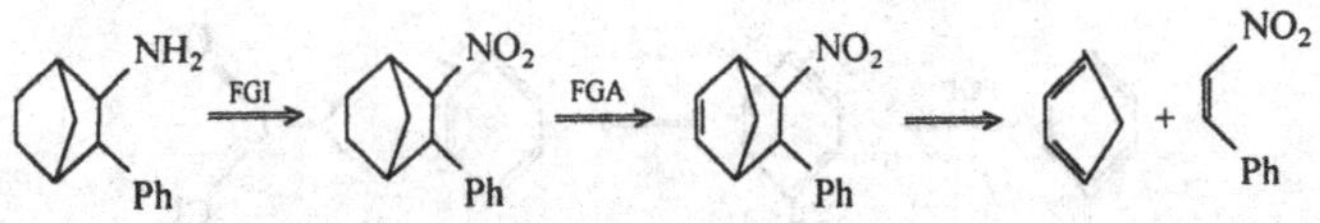
NH2
FGI
NO2
FGA
NO2
+
NO2
Ph
Ph
Ph
Ph

合成：

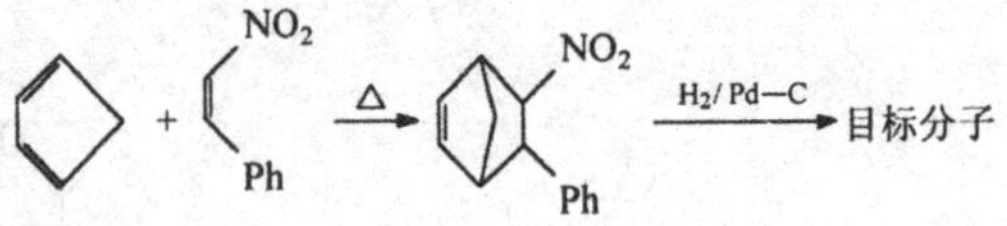
NO2
NO2
+
△
H2/Pd—C
目标分子
Ph
Ph

(3)设计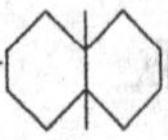的合成路线

分析：

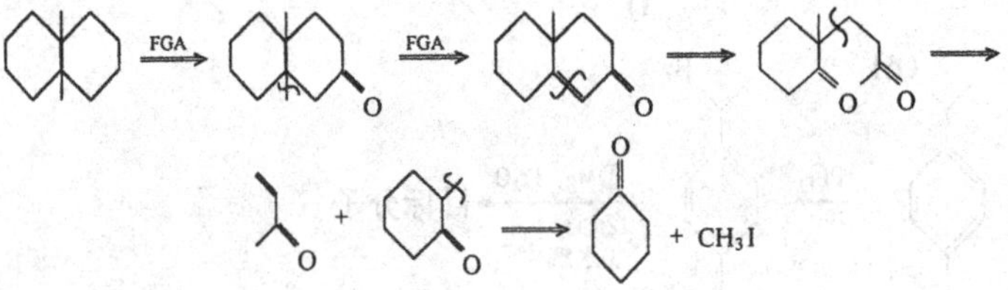
FGA
FGA
O
O
O
O
O
+
O
O
+ CH3I

合成：

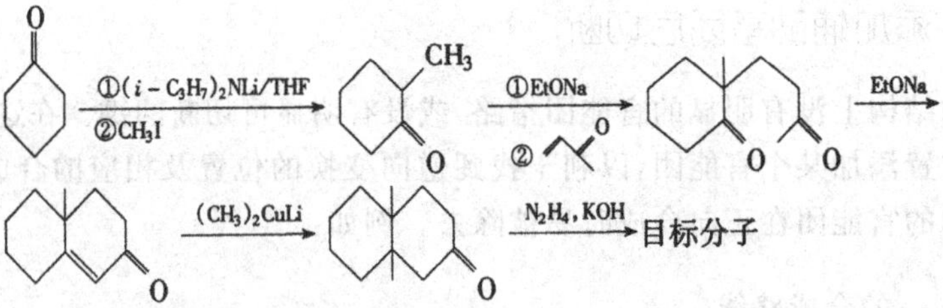
O
①(i-C3H7)2NLi/THF
②CH3I
CH3
O
①EtONa
②
O
O
O
EtONa
(CH3)2CuLi
N2H4, KOH
目标分子
O
O

11.2.2.5　回推到适当阶段再切断

有些分子可以直接切断，但有些分子却不可直接切断，或切断后得到的合成子在正向合成时没有合适的方法将其连接起来。此时，应将目标分子回推到某一替代的目标分子后再行切断。经过逆向官能团互换、逆向连接、逆向重排，将目标分子回推到某一替代的目标分子是常用的方法。

例如，合成 $CH_3\underset{\displaystyle OH}{\underset{|}{C}H}\overset{a}{\wr}CH_2CH_2OH$ 时，若从 a 处切断，得到的两个合成子中的 $\ominus CH_2CH_2OH$ 找不到合成等效剂。如果将目标子分子变换为 $CH_3\underset{\displaystyle OH}{\underset{|}{C}H}—CH_2CHO$ 后再切断，就可以由两分子乙醛经醇醛缩合方便地连接起来。

(1)设计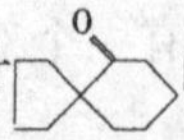的合成路线

分析：该化合物是个叔烷基酮，故可能是经过哪醇重排而形成。

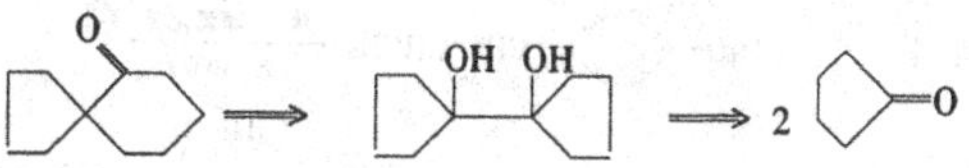

合成：

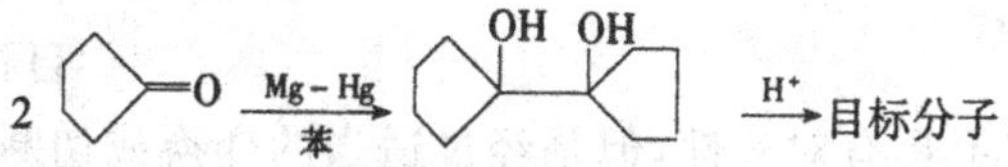

$$2\ \text{环戊酮} \xrightarrow[\text{苯}]{Mg-Hg} \xrightarrow{H^+} \text{目标分子}$$

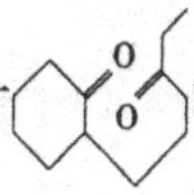

(2)设计（结构式）的合成路线

分析：

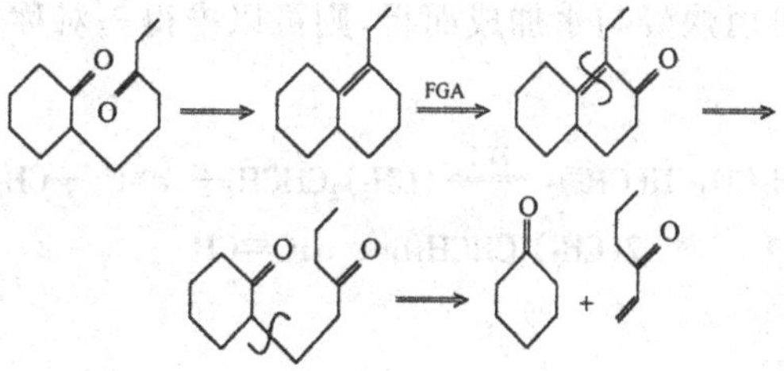

FGA

合成：

$\xrightarrow[H^+]{R_2NH}$ $\xrightarrow[②OH^-]{①}$ $\xrightarrow[②C_2H_5I]{①R_2NH/H^+}$

$\xrightarrow[②Ac_2O,\text{吡啶} ③\text{液氨}]{①LiAlH_4}$ $\xrightarrow{[O]}$ 目标分子

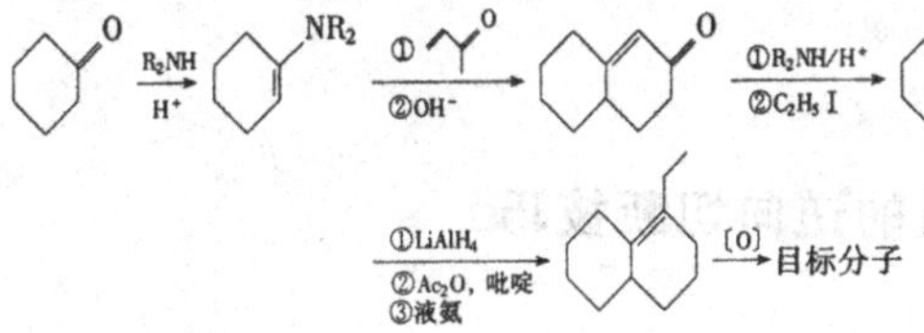

11.2.2.6　利用分子的对称性

有些目标分子具有对称面或对称中心，利用分子的对称性可以使分子结构中的相同部分同时接到分子骨架上，从而使合成问题得到简化。例如：

(1)设计 $HO-C_6H_4-CH(C_2H_5)-CH(C_2H_5)-C_6H_4-OH$ 的合成路线

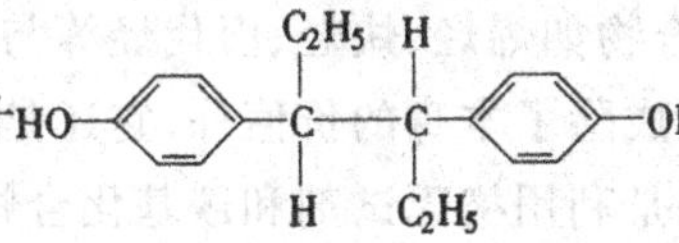

分析：

$$HO-C_6H_4-CH(C_2H_5)-CH(C_2H_5)-C_6H_4-OH \longrightarrow 2HO-C_6H_4-CH(C_2H_5)-Cl \longrightarrow$$

$$HO-C_6H_4-CH{=}CH-CH_3 \Longrightarrow CH_3O-C_6H_4-CH{=}CH-CH_3$$

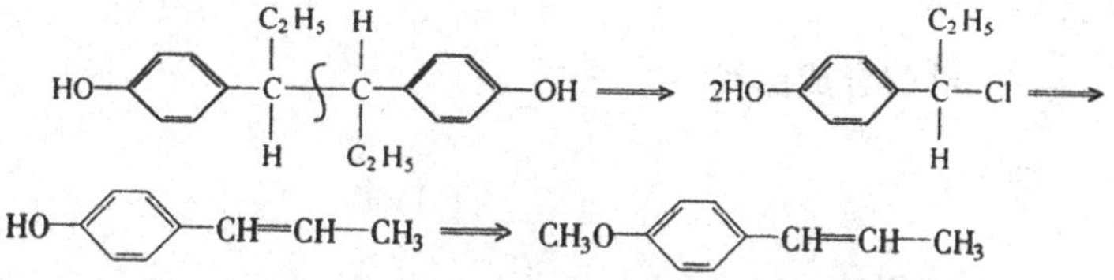

茴香脑[以大豆茴香油(含茴香脑 80%)为原料]

合成：

$$2CH_3O-C_6H_4-CH=CHCH_3 \xrightarrow[5\sim10℃]{苯,干燥氯化氢}$$

$$2CH_3O-C_6H_4-CH(Cl)CH_2CH_3 \xrightarrow[85\sim90℃]{Fe} CH_3O-C_6H_4-CH(C_2H_5)-CH(C_2H_5)-C_6H_4-OCH_3 \xrightarrow{HI}$$

目标分子

有些目标分子本身并不具有对称性，但是经过适当的变换或切断，即可以得到对称的中间物，这些目标分子存在着潜在的分子对称性。

(2)设计$(CH_3)_2CHCH_2C(=O)CH_2CH_2CH(CH_3)_2$的合成路线

分析：分子中的羰基可由炔烃与水加成而得，则可以推得一对称分子。

$$(CH_3)_2CHCH_2C(=O)CH_2CH_2CH(CH_3)_2 \xRightarrow{FGI} (CH_3)_2CHCH_2 + C\equiv C + CH_2CH(CH_3)_2 \Longrightarrow$$

$$2(CH_3)_2CHCH_2Br + HC\equiv CH$$

合成：

$$HC\equiv CH + 2(CH_3)_2CHCH_2Br \xrightarrow{NaNH_2/液 NH_3} (CH_3)_2CHCH_2C\equiv CCH_2CH(CH_3)_2$$

$$\xrightarrow[HgSO_4]{稀 H_2SO_4} 目标分子$$

11.2.3 几类常见物质的逆向切断

11.2.3.1 官能团物质的逆向切断

(1)醇类及其衍生物的逆向切断

在种类繁多的有机化合物中，醇、酚、醚、醛、酮、胺、羧酸及其衍生物是最基本的几类。其中醇是最特殊、最重要的一种，因为它是连接烃类化合物如烯烃、炔烃、卤代烃等与醛、酮、羧酸及其衍生物等羰基化合物的桥梁物质。所以，醇的合成除了本身的价值外，它还是进一步合成其他有机物的中间体。合成醇最常用、最有效的方法是利用格氏试剂和羰基化合物的反应，但切断的方式要视目标分子的结构而定，一般要在与目标分子羟基邻近的碳原子上进行。

①设计$(PhCH_2CH_2)_3C-OH$的合成路线

分析：

$$(PhCH_2CH_2)_3C-OH \Longrightarrow EtO-C(=O)-OEt + 3\ PhCH_2CH_2MgBr$$

合成：

3Ph⌒⌒MgBr + EtO—C(=O)—OEt ⟶ $(PhCH_2CH_2)_3C$—OH

包含对称结构单元的醇，采用多处同时切断的方式可简化合成路线，原料是格氏试剂和酯。

②设计 3-环己烯基二苯基甲醇（结构式）的合成路线

分析：

目标分子 ⟹ 3-环己烯甲酸乙酯（COOEt）+2 PhMgBr ；3-环己烯甲酸乙酯 ⟹ 丁二烯 + 丙烯酸乙酯（COOEt）

合成：

丁二烯 + 丙烯酸乙酯（COOEt）⟶ 3-环己烯甲酸乙酯（COOEt）$\xrightarrow{2PhMgBr}$ 目标醇（Ph, Ph, OH）

许多有机化合物都可回推到醇，然后按醇的切断方法来设计它的合成路线。

③试设计 $(CH_3)_2C{=}CHCH_2CH_2Ph$ 的合成路线

分析：此目标分子是烯烃，但可回推到醇，然后按醇的切断方式进行切断。

$(CH_3)_2C{=}CHCH_2CH_2Ph$ ⟹ $(CH_3)_2C(OH)CH_2CH_2Ph$ ⟹ $BrMgCH_2CH_2Ph$ + CH_3COCH_3

$BrMgCH_2CH_2Ph$ ⟹ $HOCH_2CH_2Ph$ ⟹ 环氧乙烷 + PhMgBr

合成：

$$PhMgBr \xrightarrow{环氧乙烷} HOCH_2CH_2Ph \xrightarrow{PBr_3} BrCH_2CH_2Ph \xrightarrow[干醚]{Mg} BrMgCH_2CH_2Ph$$

$$\xrightarrow[②\ H_2O]{①\ CH_3COCH_3} (CH_3)_2C(OH)CH_2CH_2Ph \xrightarrow{H_3O^+} (CH_3)_2C{=}CHCH_2CH_2Ph$$

④从 C_6H_5—Br 和$CH_2=CH_2$ 合成 [structure: Ph–CH₂–CH(Ph)–O–C(=O)–CH₃]

分析：目标分子为酯。因此，可先将其转换为醇，然后进行切断。可有三种切断方式：

$$C_6H_5-CH_2-CH(OCOCH_3)-C_6H_5 \Longrightarrow C_6H_5\overset{③}{\wr}CH_2\overset{②}{\wr}CH(OH)\overset{①}{\wr}C_6H_5$$

按照醇的分割原则，应选择①或②，但②的切断与原料 C_6H_5Br 不符，因此选择①，则切断如下：

$$C_6H_5-CH_2-CH(OH)\wr C_6H_5 \Longrightarrow C_6H_5-CH_2CHO + C_6H_5-MgBr$$

$$C_6H_5\wr CH_2CH_2OH \Longrightarrow C_6H_5-MgBr + \text{环氧乙烷}$$

合成：

$$CH_2=CH_2 \xrightarrow[250℃]{Ag,O_2} \text{环氧乙烷}$$

$$CH_2=CH_2 \xrightarrow[H^+]{H_2O} CH_3CH_2OH \xrightarrow{KMnO_4} CH_3COOH$$

$$C_6H_5-Br \xrightarrow[醚]{Mg} C_6H_5-MgBr \xrightarrow{\text{环氧乙烷}} C_6H_5-CH_2CH_2OH \xrightarrow[吡啶]{CrO_3}$$

$$C_6H_5-CH_2CHO \xrightarrow[2)\ H_2O]{1)\ C_6H_5MgBr} C_6H_5-CH_2-CH(OH)-C_6H_5 \xrightarrow[H^+]{CH_3COOH} C_6H_5-CH_2-CH(OCOCH_3)-C_6H_5$$

酮可由仲醇氧化得到，羧酸可由伯醇氧化得到，因此酮、羧酸的合成路线设计亦可参考醇的切断方法。

其他常见官能团之间的相互转化可以简单归纳如下：

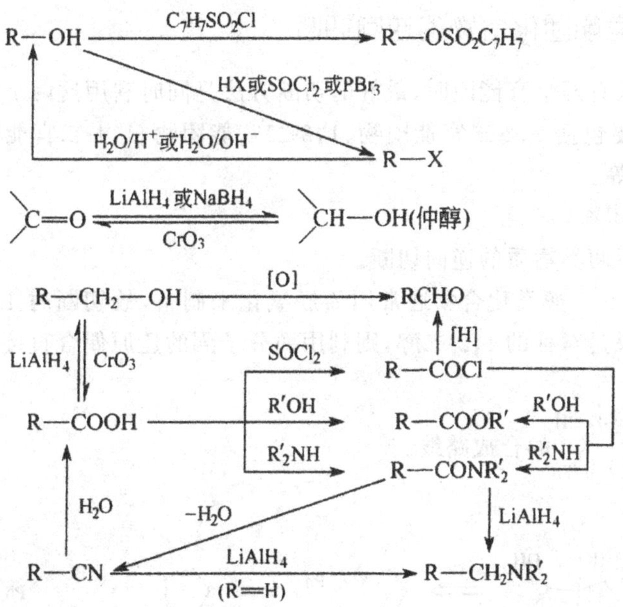

(2)羧酸的逆向切断

羧酸也是一类重要的有机物，有了羧酸，羧酸衍生物就很容易制备。羧酸的合成除了先回推到醇再切断的路线外，还有两种方法可以利用，一种是利用格氏试剂与二氧化碳反应制备羧酸，另一种是利用丙二酸二乙酯与卤代烃反应制备羧酸。

例如，试设计 $PhCH_2CH(COOH)CH_2CH=CH_2$ 的合成路线。

分析：

$$PhCH_2CH(COOH)CH_2CH=CH_2 \overset{a}{\Longrightarrow} PhCH_2Br + CH_2=CHCH_2Br + EtOOCCH_2COOEt$$

$$PhCH_2CH(COOH)CH_2CH=CH_2 \overset{b}{\Longrightarrow} CO_2 + PhCH_2CH(Br)CH_2CH=CH_2 \Longrightarrow PhCH_2CH(OH)CH_2CH=CH_2$$

$$\Longrightarrow BrCH_2CH=CH_2 + PhCH_2CHO \Longrightarrow PhMgCl + \text{环氧乙烷}$$

显然，两种方案均为合理路线，但 a 路线比 b 路线短，因为 a 路线更符合最大简化原则，所以 a 比 b 更好。

合成：

$$EtOOCCH_2COOEt \xrightarrow[EtONa]{CH_2=CHCH_2Br} EtOOCCH(COOEt)CH_2CH=CH_2 \xrightarrow[PhCH_2Br]{EtONa}$$

$$EtOOCC(COOEt)(CH_2Ph)CH_2CH=CH_2 \xrightarrow[H^+,\ -CO_2]{OH^-} PhCH_2CH(COOH)CH_2CH=CH_2$$

11.2.3.2 双官能团化合物的逆向切断

当一个分子中含有两个官能团时，最好的切断方法是同时利用这两个官能团的相互关系。双官能团化合物主要包括1,2-二官能团物、1,3-二官能团物、1,4-二官能团物、1,5-二官能团物、1,6-二官能团物等。

(1)1,2-二官能团物

下面仅介绍以下两类物质的逆向切断。

①1,2-二醇。1,2-二醇类化合物通常用烯烃氧化来制备，故切断时1,2-二醇先回推到烯烃再进行切断。如果是对称的1,2-二醇，则利用两分子酮的还原偶合直接制得，偶合剂是Mg-Hg-$TiCl_4$。

例如，试设计（结构式：OH OH Ph）的合成路线。

分析：

（反应式：HO OH Ph ⟹(FGI) 环戊亚基—Ph ⟹ 环戊酮 + Br—Ph）

合成：

（反应式：Br—Ph →(PPh_3) Ph—$\bar{C}$H—$\overset{+}{P}Ph_3$ →(环戊酮, BuLi) 环戊亚基—Ph →(OsO_4) HO OH Ph）

②α-羟基酮。α4羟基酮是利用醛、酮与炔钠的亲核加成反应，然后三键水合制得。其逆向切断方式如下：

（反应式：OH, O ⟹ OH ⟹ 丙酮 + NaC≡CH）

此外，还能利用双分子酯的偶姻反应(酮醇缩合反应)来合成。

(2)β-羟基羰基化合物和α,β-不饱和羰基化合物的逆向切断

β-羟基羰基化合物属于一种1,3-二官能团化合物，由于它很容易脱水生成α,β-不饱和羰基化合物，所以在此将两者的逆向切断放在一起讨论。

对于β-羟基羰基化合物可作如下切断。

（反应式：OH O H ⟹ O H (a) + O^- H (b)）

负离子b恰好是羰基化合物a的烯醇负离子。a在弱碱下则可转化成负离子b，所以羟基碳基化合物可由醇醛缩合而得。

（反应式：O H →(OH^-) O^- H →(CHO) OH CHO）

α,β-不饱和羰基化合物可由β-羟基羰基化合物脱水得到。因此,α,β-不饱和羰基化合物可按如下方法切断拆开。

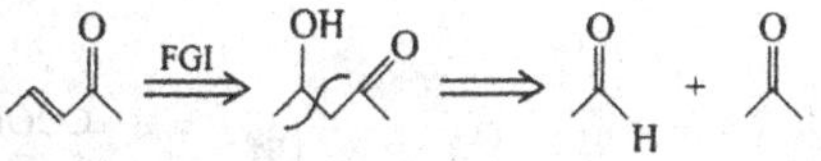

[结构式: α,β-不饱和酮 —FGI⟹ β-羟基酮(OH, O) ⟹ 醛(O, H) + 丙酮(O)]

例如,设计目标分子[结构式: 5,5-二甲基-5,6-二氢吡喃-2-酮]的合成路线。

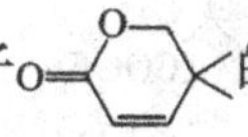

分析:目标分子是一个α,β-不饱和内酯,打开内酯环,可得到α,β-不饱和羰基化合物,而γ-羟基酸或δ-羟基酸受热很容易形成内酯环。

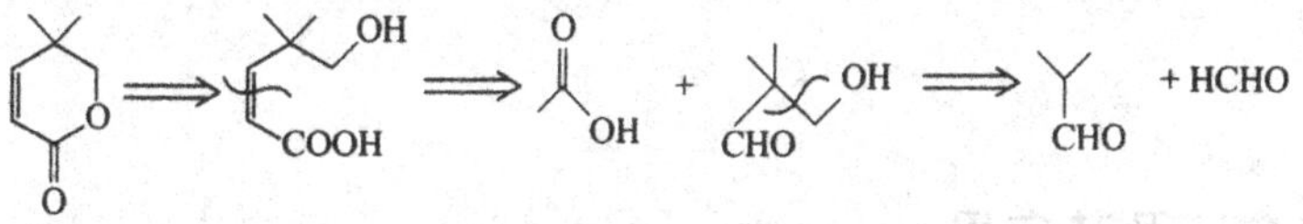

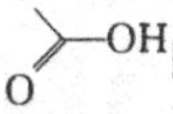

[结构式: 内酯 ⟹ (OH, COOH) ⟹ 乙酸(O, OH) + (OH, CHO) ⟹ 异丁醛(CHO) + HCHO]

[结构式: 乙酸(O, OH)]的合成等效剂为丙二酸,最后脱羧和环化可同时发生。

合成:

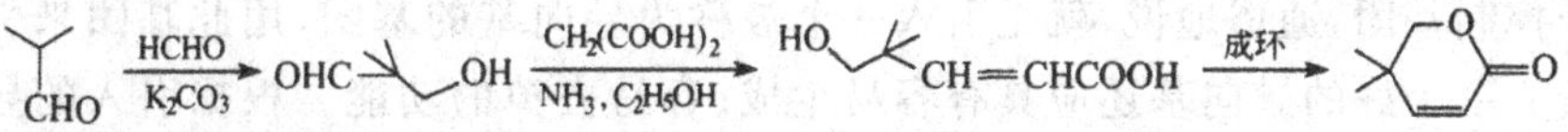

[结构式: 异丁醛(CHO) —$HCHO$/K_2CO_3→ OHC—C(CH₃)₂—OH —$CH_2(COOH)_2$/NH_3, C_2H_5OH→ HO—C(CH₃)₂—CH═CHCOOH —成环→ 内酯(O)]

(3)二羰基化合物的逆向切断

二羰基化合物包括1,3-二羰基化合物、1,4-二羰基化合物、1,5-二羰基化合物和1,6-二羰基化合物。以下仅介绍1,3-二羰基化合物的逆向切断技巧。

Claisen缩合反应是切断1,3-二羰基化合物的依据。Claisen缩合反应包括Claisen酯缩合、酮酯缩合、腈酯缩合等,这些缩合分别得到结构上略有差异的化合物,但最终都能生成1,3-二羰基化合物,因此目标化合物可切断为酰基化合物和α-氢试剂两种合成等效剂。

酰化试剂有:

H—CO—OEt, CH_3CO—OEt, EtO—CO—OEt, $EtOCOCH_2$—CH_2COOEt

提供α-氢的试剂有:醛、酮、酯、腈。

①设计[结构式: Ph, Ph, O, COOEt]的合成路线。

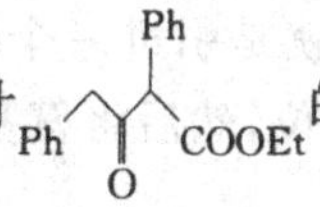

分析:这是一个β-酮酸酯,可以考虑利用Claisen酯缩合反应来合成。

合成路线为:

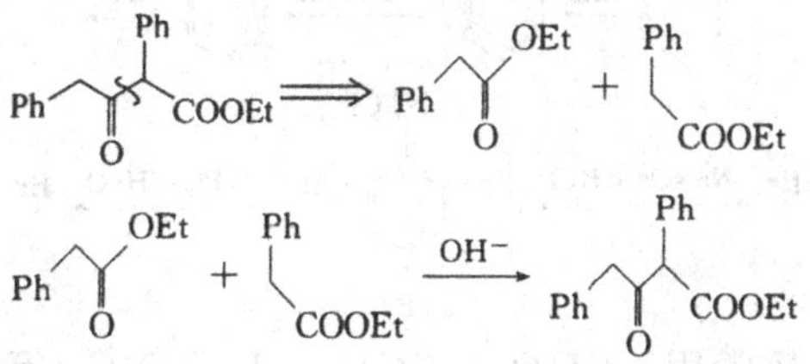

[结构式: (Ph, Ph, O, COOEt) ⟹ (Ph, O, OEt) + (Ph, COOEt)]

[结构式: (Ph, O, OEt) + (Ph, COOEt) —OH^-→ (Ph, Ph, O, COOEt)]

②设计[结构式: Ph, COOEt, COOEt]的合成路线。

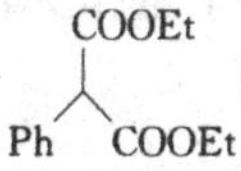

分析:目标分子是丙二酸酯的衍生物,也属于1,3-二碳基化合物。

$$\mathrm{Ph-CH(COOEt)_2} \xrightarrow{dis} \mathrm{PhCH_2COOEt} + \mathrm{EtO-\overset{O}{\overset{\|}{C}}-OEt}$$

合成：

$$\mathrm{PhCH_2COOEt} + \mathrm{EtO-\overset{O}{\overset{\|}{C}}-OEt} \xrightarrow[-EtOH]{OH^-} \mathrm{Ph-CH(COOEt)_2}$$

11.3 导向基和保护基的应用

11.3.1 导向基及其应用

在有机合成中，为了使某一反应按设计的路线来完成，常在该反应发生前，在反应物分子上引入一个控制基团，通俗地说，就是引入一个被称为导向基的基团，用此基团来引导该反应按需要进行。一个好的导向基还应具有容易生成、容易去掉的功能。根据引入的导向基的作用不同，分三种导向形式进行讨论，即活化导向、钝化导向和封闭特定位置进行导向。这里主要对活化导向和钝化导向进行讨论。

11.3.1.1 活化导向

在分子结构中引入既能活化反应中心，又能起到导向作用的基团，称为活化基。活化导向是有机合成中常用的主要方法。

下面以合成实例来解释活化导向基在合成中的导向作用。

(1)设计 1,3,5-三溴苯的合成路线

分析：该合成问题是在苯环上引入特定基团。苯环上的亲电取代反应中，溴是邻位、对位定位基，现互为间位，显然不可由本身的定位效应而引入。它的合成就是引进一个强的邻位、对位定位基——氨基作导向基，使溴进入氨基的邻位、对位，并互为间位，然后将氨基去掉。

合成：

$$\mathrm{C_6H_6} \xrightarrow{混酸} \mathrm{C_6H_5NO_2} \xrightarrow{Fe+HCl} \mathrm{C_6H_5NH_2} \xrightarrow{Br_2}$$

$$\text{2,4,6-}\mathrm{Br_3C_6H_2NH_2} \xrightarrow{NaNO_2+HCl} \text{2,4,6-}\mathrm{Br_3C_6H_2N_2^+Cl^-} \xrightarrow{H_3PO_2/H_2O} \text{1,3,5-}\mathrm{C_6H_3Br_3}$$

在延长碳链的反应中，还常用—CHO、—$COOC_2H_5$、—NO_2 等吸电子基作为活化基来控制反应。

(2)设计 $CH_3\overset{O}{\overset{\|}{C}}CH_2CH_2-C_6H_5$ 的合成路线

分析：

$$CH_3-\overset{O}{\overset{\|}{C}}-CH_2 \nmid CH_2-C_6H_5 \Longrightarrow CH_3\overset{O}{\overset{\|}{C}}CH_3 + BrCH_2-C_6H_5$$

如果以丙酮为起始原料，可引入一个 $-\overset{O}{\overset{\|}{C}}-OC_2H_5$，使羰基两旁 α-C 上的 α-H 原子的活性有较大的差异。所以合成时使用乙酰乙酸乙酯，苄基引进后将酯水解成酸，再利用 β-酮酸易于脱羧的特性将活化基去掉。

合成：

$$CH_3\overset{O}{\overset{\|}{C}}CH_2\overset{O}{\overset{\|}{C}}-OC_2H_5 \xrightarrow{C_2H_5ONa} CH_3\overset{O}{\overset{\|}{C}}-\overset{-}{C}H\overset{O}{\overset{\|}{C}}-OC_2H_5$$

$$\xrightarrow{C_6H_5-CH_2Br} CH_3\overset{O}{\overset{\|}{C}}-\underset{CH_2-C_6H_5}{CH}-\overset{O}{\overset{\|}{C}}-OC_2H_5 \xrightarrow{稀\ KOH} CH_3\overset{O}{\overset{\|}{C}}\underset{CH_2-C_6H_5}{CH}COOK$$

$$\xrightarrow[\triangle]{H^+} CH_3\overset{O}{\overset{\|}{C}}CH_2CH_2-C_6H_5$$

(3)设计 $CH_3COCH_2CH_2Ph$ 的合成路线

分析：目标分子是一个甲基酮，可以考虑用丙酮原料来合成，但如果选用乙酰乙酸乙酯为原料效果会更好。因为相对于丙酮而言，乙酰乙酸乙酯本身就带一个活化导向基——酯基，能使反应定向进行，而且乙酰乙酸乙酯又非常易于制得。

合成：

$$CH_3COCH_2COOEt \xrightarrow[PhCH_2Br]{EtONa} CH_3COCH(CH_2Ph)COOEt \xrightarrow[②\ H^+/\triangle]{①\ OH^-} CH_3COCH_2CH_2Ph$$

(4)设计 2-甲基-6-烯丙基环己酮的合成路线。

分析：

$$\text{2-甲基-6-烯丙基环己酮} \Longrightarrow \text{2-甲基环己酮} + Br\text{CH}_2\text{CH}{=}\text{CH}_2$$

可以预料，当 α-甲基环己酮与烯丙基溴作用时。会生成混合产物，所以可以引入甲酰基活化导向控制反应的进行。

合成：

$$\text{2-甲基环己酮} + HCOOCH_3 \xrightarrow{CH_3ONa} \text{2-甲酰基-6-甲基环己酮} \xrightarrow{\text{烯丙基溴}} \text{2-烯丙基-2-甲酰基-6-甲基环己酮} \xrightarrow{OH^-} \text{目标分子}$$

11.3.1.2 钝化导向

为了使多官能团化合物的某一反应中心突出来而将其他部位"钝化",或降低非反应中心的活泼程度而便于控制反应的基团,称为钝化导向基。其导向作用就是降低非反应中心的活泼程度,来合成所要的目标分子。

下面以合成实例来解释钝化导向基在合成中的导向作用。

(1)设计对溴苯胺的合成路线

分析:氨基是一个很强的邻位、对位定位基,溴化时易生成多溴取代产物。为避免多溴代反应,必须降低氨基的活化效应,也即使氨基钝化到一定程度。这可以通过在氨基上乙酸化而达到此目的。乙酰氨基(—$NHCOCH_3$)是比氨基活性低的邻位、对位基,溴化时主要产物是对溴乙酸苯胺,然后水解除去乙酰基后即得目标分子。

合成:

$$PhNH_2 \xrightarrow{(CH_3CO)_2O} PhNHCOCH_3 \xrightarrow{Br_2} p\text{-}BrC_6H_4NHCOCH_3 \xrightarrow{H_2O} p\text{-}BrC_6H_4NH_2$$

(2)设计PhNH~~~(正丙基)的合成路线

分析:

$$PhNH\text{—}CH_2CH_2CH_3 \Longrightarrow PhNH_2 + Br\text{—}CH_2CH_2CH_3$$

目标分子采用上述切断法效果不好,因为产物比原料的亲核性更强,不能防止多烷基化反应的发生。

解决的方法是利用胺的酰化反应,酰化反应不易产生多酰基化产物,得到的酰胺再用氢化铝锂还原。所以目标分子应进行下述逆推。

$$PhNHCH_2CH_2CH_3 \xRightarrow{FGA} PhNHCOCH_2CH_3 \Longrightarrow PhNH_2 + CH_3CH_2COCl$$

合成:

$$CH_3CH_2CO_2H \xrightarrow{SOCl_2} CH_3CH_2COCl \xrightarrow{PhNH_2} PhNHCOCH_2CH_3 \xrightarrow{LiAlH_4} PhNHCH_2CH_2CH_3$$

(3)设计间硝基苯胺的合成路线

分析:由于氨基是邻、对位定位基,苯胺直接用混酸进行硝化反应,不仅得不到间硝基苯胺，且苯胺将被氧化为苯醌。要得到间硝基苯胺，避免这一副反应发生，将苯胺先溶于浓硫酸中，使之成为硫酸氢盐，然后再硝化。这时的—NH_2 转变为—NH_3^+，是一钝化苯环的间位定位基，不仅可以防止苯胺的氧化，也起到钝化基的导向作用。

合成：

$$C_6H_5NH_2 \xrightarrow{H_2SO_4(浓)} C_6H_5NH_3^+HSO_4^- \xrightarrow[\Delta]{HNO_3} m\text{-}O_2NC_6H_4NH_3^+HSO_4^- \xrightarrow{H_2O/OH^-} m\text{-}O_2NC_6H_4NH_2$$

上述方法也同样适用于对硝基苯胺的合成：

$$C_6H_5NH_2 \xrightarrow[或(MeCO)_2O]{MeCOCl} C_6H_5NHCOMe \xrightarrow[HNO_3]{H_2SO_4} p\text{-}O_2NC_6H_4NHCOMe \xrightarrow{H_2O/OH^-} p\text{-}O_2NC_6H_4NH_2$$

11.3.1.3 封闭特定位置进行导向

对分子中不需要反应且反应活性特强、有可能优先反应的部位，引入一个封闭基（阻塞基）将其占据，使基团进入不太活泼而确实需要进入的位置，这种导向称为封闭特定位置的导向作用。

可作为封闭位置的导向基很多，常用的有三种：—SO_3H、—COOH 和—$C(CH_3)_3$ 等。下面以合成实例来解释钝化封闭基在合成中的导向作用。

(1)设计 邻氯甲苯（$o\text{-}ClC_6H_4CH_3$）的合成路线

分析：甲苯氯化时，生成邻氯甲苯和对氯甲苯的混合物，它们的沸点非常接近（常压下分别为 159℃和 162℃），分离困难。合成时，可先将甲苯磺化，由于—SO_3H 体积较大，只进入甲基的对位，将对位封闭起来，然后氯化，氯原子只能进入甲基的邻位，最后水解脱去—SO_3H，就可得很纯净的邻氯甲苯。

合成：

$$C_6H_5CH_3 \xrightarrow{浓\ H_2SO_4} p\text{-}HO_3SC_6H_4CH_3 \xrightarrow[FeCl_3]{Cl_2} 2\text{-}Cl\text{-}4\text{-}HO_3S\text{-}C_6H_3CH_3 \xrightarrow[150℃]{H_2O,\ H^+} o\text{-}ClC_6H_4CH_3$$

(2)设计 2,6-二氯苯酚（OH 两侧邻位各有一个 Cl）的合成路线

分析：在苯环上的亲电取代反应中，羟基是邻、对位定位基。要在羟基的两个邻位上引入氯原子，需要事先将羟基的对位封闭起来。以空间位阻较大的叔丁基为阻断基，不仅可以阻断其所在的部位，而且还能封闭其左右两侧，同时它还容易从苯环上除去而不影响环上的其他基团。

合成：

OH-苯 $\xrightarrow[H_2SO_4]{(CH_3)_2C=CH_2}$ 4-叔丁基苯酚（$C(CH_3)_3$）$\xrightarrow{Cl_2}$ 2,6-二氯-4-叔丁基苯酚 $\xrightarrow{275\sim350℃}$ 2,6-二氯苯酚

(3)设计 2-溴-3,4-二甲基苯酚（H_3C、H_3C、Br、OH）的合成路线

分析：3,4-二甲基苯酚的羟基有两个邻位，其6-位比2-位更容易发生溴化反应，而合成要求在2-位上引入溴原子。为此，可用羧基将6-位封闭起来，再进行溴化。

合成：

3,4-二甲基苯酚 $\xrightarrow[KHCO_3]{CO_2}$ 2-羟基-4,5-二甲基苯甲酸（COOH）$\xrightarrow{Br_2}$ 3-溴-2-羟基-4,5-二甲基苯甲酸 $\xrightarrow[\text{在喹宁中加热}]{-CO_2}$ 目标分子

$\xrightarrow[\text{在喹宁中加热}]{-CO_2}$ 2-溴-3,4-二甲基苯酚

11.3.2 官能团保护

在含有多官能团化合物的合成中，若与某官能团进行反应的试剂能影响另外的官能团时，最好的方法是在不希望反应的官能团上暂时引入保护性基团（称为保护基），将其有选择性地保护起来，待某官能团与试剂反应后，再将保护基除去。因此作为保护基必须具备下列要求。

①对不同的官能团能选择性保护。

②引入、除去保护基的反应简单，产率高，而且其他官能团不受影响。

③可经受必要的和尽可能多的试剂的作用，所形成的衍生物在反应条件下是稳定的。

一个合适的保护基对于合成的成败至关重要。不同的化合物，其保护的理由不同，保护的方法也不相同。一般常用的官能团保护的反应归纳如下。

11.3.2.1 羟基的保护

醇容易被氧化、酸化和卤化，仲醇和叔醇还容易脱水。因此，在欲保留羟基的一些反应中，需要将醇类转变成醚类、缩醛或缩酮类以及酯类等保护起来。将醇羟基转变成醚类的主要形式有甲醚、叔丁醚、苄醚和三苯基甲醚等。

(1)酯化法

由于酯在中性和酸性条件下比较稳定，因此可用生成酯的方法保护羟基。常用的保护基是乙酰基。反应后，保护基可用碱性水解的方法除去。

$$ROH \xrightarrow[Ac_2O/NaOAc/AcOH]{60℃} ROAc$$

(2)苄醚法

苄醚在碱性条件下是稳定的，反应完成后可在 Pd-C 催化剂上低压加氢氢解还原。

$$ROH \xrightarrow{KOH/C_6H_5CH_2Cl} ROCH_2C_6H_5$$

如用硫酸二甲酯与醇反应生成甲醚来保护羟基，则还原时需用强酸(氢碘酸)。

(3)四氢吡喃醚法

醇的四氢吡喃醚能耐强碱、格氏试剂、烷基锂、氢化镁铝、烷基化和酰基化试剂等。因此，此法应用十分广泛。醇与二氢吡喃在酸存在下反应即可引入四氢吡喃基，反应完成后在温和的酸性条件下水解，去除保护基。

$$ROH \xrightarrow[HCl]{\text{二氢吡喃}} R\ddot{O}\text{-}(\text{四氢吡喃-2-基}) \xrightarrow{H_3^+O} ROH$$

11.3.2.2　氨基的保护

胺类化合物的氨基容易发生氧化、烷基化、酰基化以及与醛、酮缩合等反应，对氨基的保护是阻止这些反应的发生。

(1)氨基酰化

氨基酰化是保护氨基的常用方法。一般伯胺的单酰基化已足以保护氨基，使其在氧化中保持不变，保护基可在酸性或碱性条件下水解除去。

$$NH_2CH_2CH_2CHO \xrightarrow{(CH_3CO)_2O} CH_3CONHCH_2CH_2CHO \xrightarrow{KMnO_4}$$

$$CH_3CONHCH_2CH_2COOH \xrightarrow{\text{水解}} NH_2CH_2CH_2COOH$$

二元羧酸与胺形成的环状双酰衍生物是非常稳定的，能提供更安全的保护。常用的酰化剂是丁二酸酐、邻苯二甲酸酐。

(2)用烷基保护

用烷基保护氨基，主要是用苄基和三苯甲基，尤其是三苯甲基的空间位阻作用对氨基有很好的保护作用，而又很容易脱除。

11.3.2.3　羰基的保护

醛、酮中的羰基可发生氧化、还原以及各种亲核加成反应，是有机化学中最容易发生反应的官能团。对醛、酮羰基保护的方法有许多，但最重要的是形成缩醛和缩酮。

乙二醇、乙二硫醇是常用的碳基保护剂，它们与醛、酮作用生成的环缩醛、环缩酮，对还原试剂(如钠的醇溶液、钠的液氨溶液、硼氢化钠、氧化铝锂)、催化加氢、中性或碱性条件下的氧化剂以及各种亲核试剂都很稳定，因此可在这些反应中保护羰基。缩醛或缩酮对酸敏感，甚至很弱的草酸或酸性离子交换树脂都能有效地脱去保护基，过程为：

$$RCHO \xrightarrow{HOCH_2CH_2OH,\ HCl} RCH\langle^{O}_{O}\rangle \xrightarrow{H_3^+O} RCHO$$

11.3.2.4 羧基的保护

羧基由羰基和羟基复合而成。由于复合后羟基与羰基组成 p-π 共轭，从而使羰基的活性降低，羟基的活性升高，因此羧基的保护实际上是羟基的保护，通常用形成酯的形式来保护羧基，如甲酯或乙酯，不过除去甲酯或乙酯需要较强的酸或碱。为此，可采用叔丁酯(可用弱酸除去)、苄酯(可用氢解还原除去)等形式，这些酯可由相应羧酸的酰氯与醇来制得。一般流程为：

$$RCOOH \longrightarrow RCOCl \xrightarrow{C_6H_5-CH_2OH} RCOOCH_2-C_6H_5 \xrightarrow{Pd-C/H_2} RCOOH$$

11.3.2.5 碳—碳不饱和键的保护

烯烃易被氧化、加成、还原、聚合、移位，是最易发生反应的官能团之一。炔烃反应活性较烯烃稍弱。将烯烃首先与卤素反应转变为 1,2-二卤化物，以后可用锌粉在甲醇、乙醇或乙酸中脱卤再生出碳—碳双键。此反应条件温和，生成烯烃时没有异构化及重排等副反应，因此可用于带烯键化合物氧化其他基团时保护双键。

炔烃与卤素加成生成四卤化物，用上述方法也可脱卤再生炔烃。

11.4 合成路线的评价标准

合成一个有机物常常有多种路线，由不同的原料或通过不同的途径获得目标产物。这些合成路线如何选择？选择依据是什么？一般说来，如何选择合成路线是个非常复杂的问题，它不仅与原料的来源、产率、成本、中间体的稳定性及分离、设备条件、生产的安全性、环境保护等都有关系，而且还受生产条件、产品用途和纯度要求等制约，往往必须根据具体情况和条件等做出合理选择。通常有机合成路线设计所考虑的主要有以下几个方面。

11.4.1 原料和试剂的选择

选择合成路线时，首先应考虑每一合成路线所用的原料和试剂的来源、价格及利用率。

原料的供应是随时间和地点的不同而变化的，在设计合成路线时必须具体了解。由于有机原料数量很大，较难掌握，因此，对在有机合成上怎样才算原料选择适当，通常可以简单地归纳为如下几条。

①一般小分子比大分子容易得到，直链分子比支链分子容易得到。脂肪族单官能团化合物，小于六个碳原子的通常是比较容易得到的，至于低级的烃类，如三烯一炔(乙烯、丙烯、丁烯和乙炔)则是基本化工原料，均可由生产部门得到供应。

②脂肪族多官能团的化合物容易得到，在有机合成中常用的有 $CH_2=CH-CH=CH_2$、$H_2C\overset{O}{—}CH_2$(环氧乙烷)、$X(CH_2)_nX$(X 为 Cl、Br，n=1～6)$CH_2(COOR)_2$、$HO-(CH_2)_n-OH$(n=2～4，

6) XCH_2COOR、ROOCCOOR′等。

③脂环族化合物中，环戊烷、环己烷及其单官能团衍生物较易得到。其中常见的为环己烯、环己醇和环己酮。环戊二烯也有工业来源。

④芳香族化合物中甲苯、苯、二甲苯、萘及其直接取代衍生物（$—NO_2$、—X、$—SO_3H$、—R、—COR 等），以及由这些取代基容易转化成的化合物（—OH、—OR、$—NH_2$、—CN、—COOH、—COOR、—COX 等）均容易得到。

⑤杂环化合物中，含五元环及六元环的杂环化合物及其衍生物较容易得到。

在实验室的合成中一般不受成本的约束，但在以后的工业化可行性中尽量避免采用昂贵的原理和试剂，这是工业成本核算原则中必须要考虑的问题。在成本核算中还需考虑供应地点和市场价格的变动。

11.4.2 合成步数和反应总收率

合成路线的长短直接关系到合成路线的价值，所以对合成路线中反应步数和总收率的计算是评价合成路线最直接和最主要的标准。当然，设计一个新的合成路线不可避免地会遇到个别以前不熟悉的新反应，因此简单地预测和计算反应总收率常常是困难的。一般主要从影响收率的三个方面进行考虑。

首先，在对合成反应的选择上，要求每个单元反应尽可能具有较高的收率。

其次，应尽可能减少反应步骤。可减少合成中的收率损失、原料和人力，缩短生产周期，提高生产效率，体现生产价值。

最后，应用收敛型的合成路线也可提高合成路线收率。例如，某化合物（T）有两条合成路线：第一条路线是由原料 A 经 7 步反应制得（T）；第二条路线是分别从原料 H 和 L 出发，各经 3 步得中间体 K 和 O，然后相互反应得靶分子（T）。假定两条路线的各步收率都为 90%，则从总收率的角度考虑，显然选择第二条路线较为适宜。

线路一：A→B→C→D→E→F→G→（T）

$$总收率=(90\%)^7\approx0.478$$

线路二：

$$\left.\begin{array}{l}H\rightarrow I\rightarrow J\rightarrow K\\ L\rightarrow M\rightarrow N\rightarrow O\end{array}\right]\rightarrow(T)$$

$$总收率=(90\%)^4\approx0.656$$

11.4.3 中间体的分离与稳定性

一个理想的中间体应稳定存在且易于纯化。一般而言，一条合成路线中有一个或两个不太稳定的中间体，通过选取一定的手段和技术是可以解决分离和纯化问题的。但若存在两个或两个以上的不稳定中间体就很难成功。因此，在选择合成路线时，应尽量少用或不用存在对空气、水气敏感或纯化过程繁杂、纯化损失量大的中间体的合成路线。

11.4.4 过程设备条件

在有机合成路线设计时,应尽量避免采用复杂、苛刻的反应设备,当然,对于那些能显著提高收率,缩短反应步骤和时间,或能实现机械化、自动化、连续化,显著提高生产力以及有利于劳动保护和环境保护的反应,即使设备要求高些、复杂一些,也应根据情况予以考虑。

11.4.5 安全生产和环境保护

在许多有机合成反应中,经常遇到易燃、易爆和有剧毒的溶剂、基础原料和中间体。为了确保安全生产和操作人员的人身健康和安全,在进行合成路线设计和选择时,应尽量少用或不用易燃、易爆和有剧毒的原料和试剂,同时还要密切关注合成过程中一些中间体的毒性问题。若必须采用易燃、易爆和有剧毒的物质,则必须配套相应的安全措施,防止事故的发生。

当今人们赖以生存的地球正受到日益加重的污染,这些污染严重地破坏着生态平衡,威胁着人们的身体健康,国际社会针对这一状况提出了"绿色化学""绿色化工""可持续发展"等战略概念,要求人们保护环境,治理已经被污染的环境,在基础原料的生产上应考虑到可持续发展问题。化工生产中排放的"三废"是污染环境、危害生物的重要因素之一,因此在新的合成路线设计和选择时,要优先考虑不排放"三废"或"三废"排放量少、少污染环境且容易治理的工艺路线。要做到在进行合成路线设计的同时,对路线过程中存在的"三废"的综合利用和处理方法提出相应的方案,确保不再造成新的环境污染。

第 12 章　精细有机合成的选择性控制与工艺优化

12.1　有机合成反应的选择性及控制机制

12.1.1　有机合成反应的选择性

反应的选择性(Selectivity)是指在一定条件下,同一底物分子的不同位置或方向上都可能发生反应并生成两种或两种以上种类的不同产物的倾向性。当其中某一种反应占主导且生成的产物为主产物时,这种反应的选择性就较高,如果两种反应趋势相当,这种反应的选择性就较差。有机合成选择性包括化学选择性(Chemoselectivity)、区域选择性(Regioselectivity)和立体选择性(Stereoselectivity)。

12.1.1.1　化学选择性

官能团的不同决定了化学活性的不同。化学选择性是指在反应中使用某种试剂对一个有多种官能团的分子起反应时,只对其中一个官能团作用的特定的选择性。例如,硼氢化钠可将4-氧戊酸乙酯还原成 4-羟基戊酸乙酯。这表示硼氢化钠可对羰基进行选择性还原,只对酮基起作用,而不作用于酯基。相反,氢化锂铝同时对酮基及酯基进行还原,生成 1,4-戊二醇:

$$\text{CH}_3\text{COCH}_2\text{CH}_2\text{COOC}_2\text{H}_5 + NaBH_4 \longrightarrow \text{CH}_3\text{CH(OH)CH}_2\text{CH}_2\text{COOC}_2\text{H}_5$$

$$\text{CH}_3\text{COCH}_2\text{CH}_2\text{COOC}_2\text{H}_5 + LiAlH_4 \longrightarrow \text{CH}_3\text{CH(OH)CH}_2\text{CH}_2\text{CH}_2\text{OH}$$

12.1.1.2　区域选择性

处于同一分子不同位置上相同的官能团,在发生化学反应时,其反应速率存在一定的差异,且产物的稳定性也不同。若某一试剂只能与分子的某一特定位置上的官能团作用,而不与其他位置上相同的官能团发生反应称为位置选择性的反应。例如,下列甾体化合物有多个羟基,其中一个是烯丙位的羟基。当用活性二氧化锰进行氧化时,只在烯丙位的羟基被氧化,而其他位置上的羟基无变化：

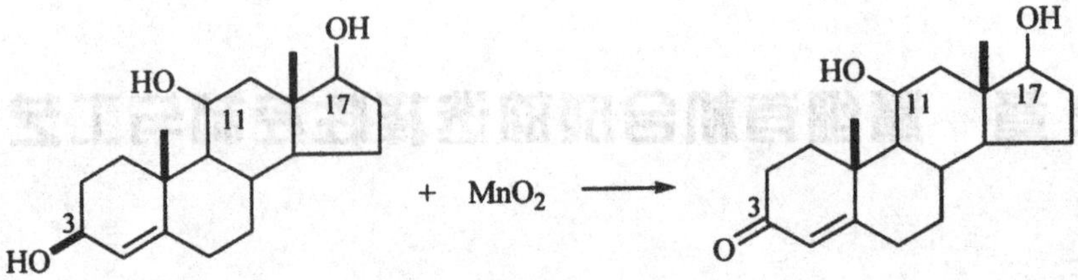

又如，Trost B.M.和 Tsuji J.研究取代烯丙基乙酸体系在催化作用下形成 π-烯丙基体系时，催化剂的不同会产生区域选择性的反应：

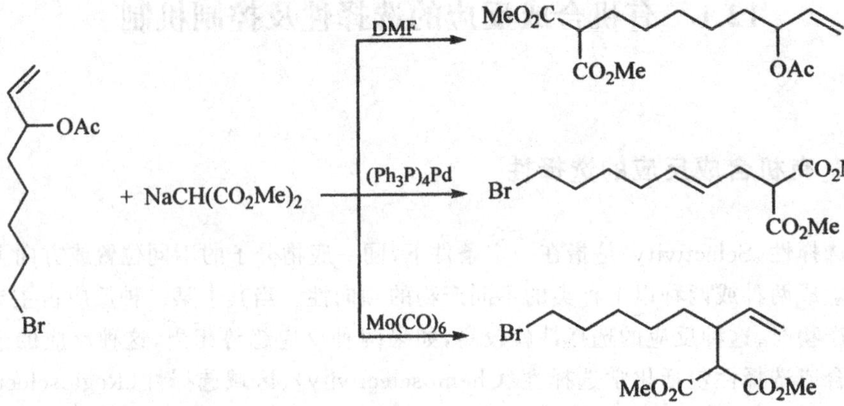

12.1.1.3　立体选择性

在反应中，一个化合物能生成两个空间结构不同的立体异构体，若此反应无立体选择性，则产物中两种异构体是等量的；若此反应是立体选择性的反应，则两者不等量，一个含量大于另一个，量的差别愈大，反应的立体选择性愈好。如果这种立体异构体是对映异构体，就叫对映选择性(Entioselectivity)；如果某个反应只生成一种，而没有另一种，就叫立体专一性反应。例如，樟脑酮被氢化锂铝还原时，所得两种羟基构型不同的醇，其比例是 9∶1，这是由于樟脑酮分子的立体结构不对称性所造成的。在羰基的两侧起反应时，试剂受到的空间位阻是不同的。反应时，空间位阻力小的产物（羟基在外，exa 型），比空间位阻大的产物（羟基在内，endo 型）的量大得多。

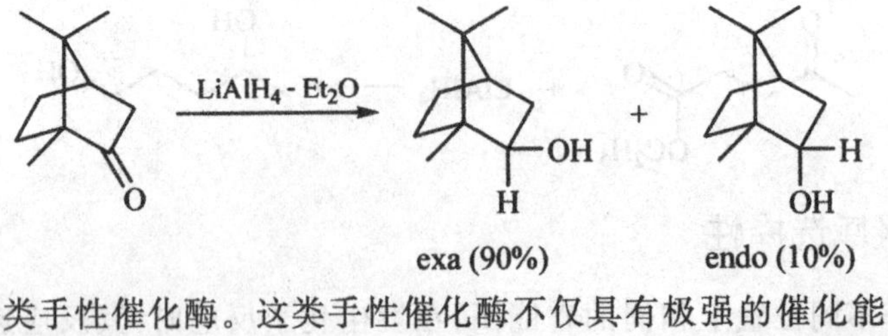

exa (90%)　　endo (10%)

生物体内有一类手性催化酶。这类手性催化酶不仅具有极强的催化能力，而且立体选择性也很强，甚至单一地生成某一种立体结构，即可以将非手性的化合物转化为单一的手性衍生物，即立体专一性反应。例如，反式—丁烯二酸酶(Fumarase)可将反式—丁烯二酸水合成(S)-(—)—苹果酸，而其对映体(R)—(＋)—苹果酸含量小于1%。此酶就是手性催化剂。

反式-丁烯二酸酶-H_2O

>99%　　<1%

手性催化试剂除了天然的酶外，还有部分为人工制成的。如手性氢化锂铝可将非手性的苯乙酮还原得到100%的(—)-1-苯基丁醇，而没有其对映异构体产生。这也是立体专一选择性反应。

在立体化学中，对映异构体的纯度，常用对映过量(enatiomeric excess，ee%)的百分比表示。如两个对映体产物的比是92∶8，则ee%是92－8＝84(或ee＝84%)。立体(或对映)专一性反应的ee＝100%或接近100%。

12.1.2 有机合成反应选择性的控制机制

12.1.2.1 底物结构对反应选择性的控制

在合成中，底物的结构对反应的选择性控制起着重要的作用。例如：

HBr(1mol)

HBr(1mol)

12.1.2.2 反应条件的控制

在合成反应中选择合适的反应条件可实现反应的选择性，这也是目前有机合成研究的热点之一。例如，苯胺可以与醛反应形成亚胺，也可以与4-氯嘧啶发生亲核取代。考虑到亚胺的形成在弱酸性水溶液中是一个可逆的过程，在该条件下，已成功实现了高选择性的亲核取代。

$^iPrNH_2/H_2O/HCl$

98.2%

$CH_3CN/H_2O/HCl$

93%

即使是两个完全相同的官能团，也可以使用适当的选择性试剂使其中之一发生反应，例如，硫氢化钠（铵）、硫化物以及二氯化锡都是还原芳环上硝基的选择性还原剂，不仅有数目上的选择，还有芳环位置上的选择。

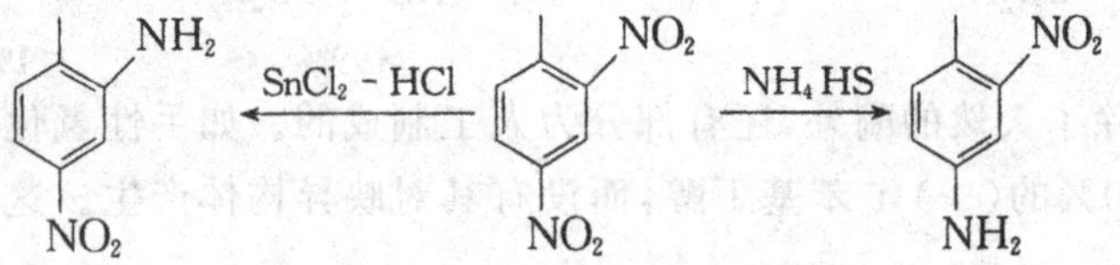

$SnCl_2$ - HCl　　NH_4HS

12.1.2.3　立体选择性控制

人们所用的有机医药、植物调节剂、香料等具有一定的生理活性，这是由它们的特定结构决定的即立体结构的差异性。例如，作为铃兰香料的羟基醛的顺反异构体表现出不同的性质：顺式异构体无气味，而反式异构体则具有强烈的气味。

顺-4-(1-甲基-1-羟基乙基)环己甲醛　反-4-(1-甲基-1-羟基乙基)环己甲醛

在对映选择性反应中，合成具有光学活性有机物，不仅具有学术上的意义，也是实际应用中需要解决的问题。通过对映选择性得到光学纯的化合物的途径有以下几点。

①外消旋化合物的拆分。拆分是有机合成的一种重要分离技术。

②手性源途径。以手性源化合物为起始原料，如天然氨基酸、糖类等。

③生物酶催化的有机反应酶催化的不对称合成能得到光学纯度比较高的化合物，但因各种条件的限制，应用范围还不是很广泛。

④不对称合成。不对称合成是现代有机合成中解决立体选择性问题的重要方法，已经形成了许多不对称合成的新方法，如 Sharpless 环氧化。

12.2　非对映立体选择性控制与对映立体选择性控制

12.2.1　非对映立体选择性控制

非对映立体选择性主要由通过反应过渡态空间构象位阻作用决定，在非环状体系中主要遵守 Cram 法则或 Felkin 法则。

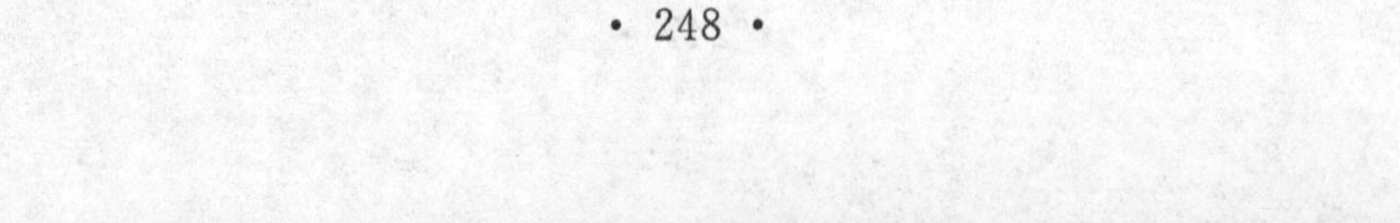

Cram模型　　Felkin-Ahn模型

而当分子中存在可配位基团时，分子的构象主要由配合作用决定，因此反应遵循螯合模型。

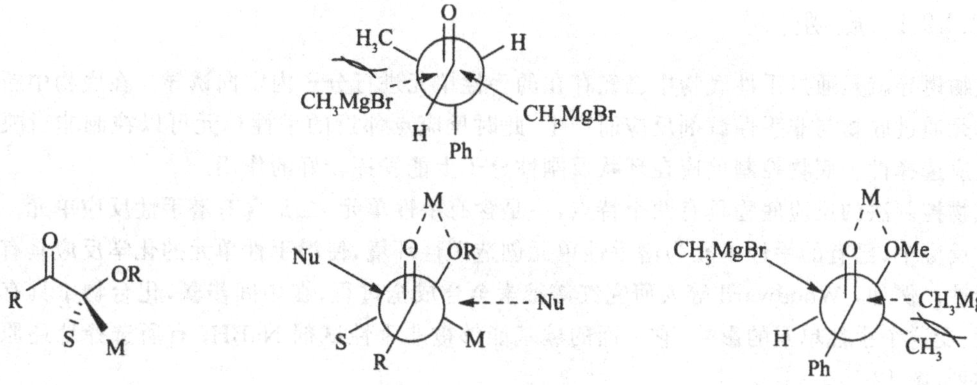

螯合模型

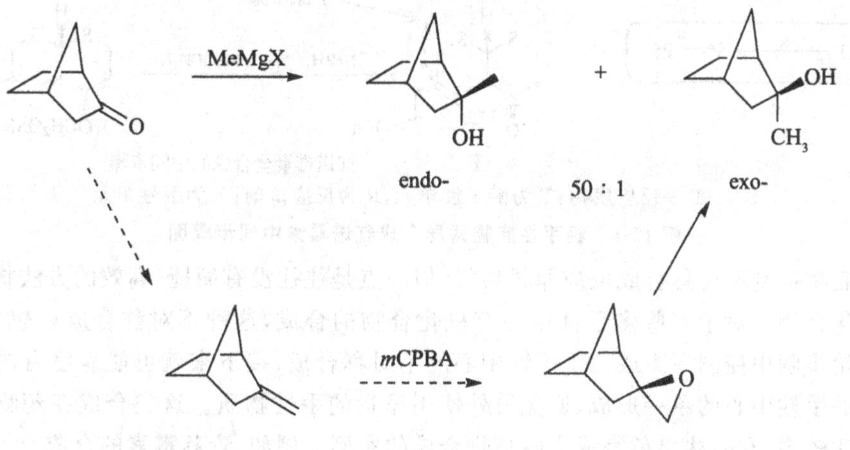

endo- 50 : 1 exo-

12.2.2 对映立体选择性控制

由于生物体内的化学过程大部分是手性的，一对对映异构体在生命活动中的作用可能有显著差异，有时甚至是相反的，因此在医药和农药等需要参与生物体代谢过程而发挥作用的精细有机化学品中的有效成分应该以单一有效的对映异构体使用。获得对映纯（也称为光学纯和手性纯）精细有机化学品的途径包括：直接从生物体或生化反应产物分离，或再衍生，也称为手性源技术；对外消旋混合物进行拆分；利用对映立体选择性控制技术合成。手性源技术要求自然界已经存在相应的异构体，必然受到原料来源限制。对映异构体的拆分不仅通常很困难，而且会产生一半非活性异构体，成为废物或需要再次消旋转化成目标异构体。因此对映选择性的合成反应就成为获得对映异构纯精细有机化学品的主要工具。对映立体选择性反应是指产物的两个对映立体异构体的生成量不等，也常称为手性控制。由于对映立体异构体的区别仅在于基团的空间取向不同，在非手性条件下，它们的主要物理化学性质没有区别。因此在精细有机合成中对映立体选择性的控制就必须通过一个外在的手性元素来实现，属于相对控制，常称为不对称诱导或手性诱导。根据这个外在的手性元素在反应中的位置，不对称诱导主要可以分为底物诱导、试剂诱导、催化诱导和环境(溶剂、晶格等)诱导等,其中环境诱导目前在精细有机合成中的应用还很少。

12.2.2.1 底物诱导

底物诱导就是通过手性底物中已经存在的手性单元进行分子内定向诱导。在底物中新的手性单元通过底物与非手性试剂反应而产生,此时反应点邻近的手性单元可以控制非对映面上的反应选择性。底物控制反应在环状及刚性分子上能发挥较好的作用。

底物控制法的反应底物具有两个特点:一是含有手性单元,二是含有潜手性反应单元。在不对称反应中,已有的手性单元为潜手性单元创造手性环境,使潜手性单元的化学反应具有对映选择性。例如,Woodward 等人研究红诺霉素全合成全过程,在中间步骤,化合物 1 具有手性单元;受这个手性单元的影响,它上面的羰基能够被非手性试剂 $NaBH_4$ 有所选择地还原成单一构型(图 12-1)。

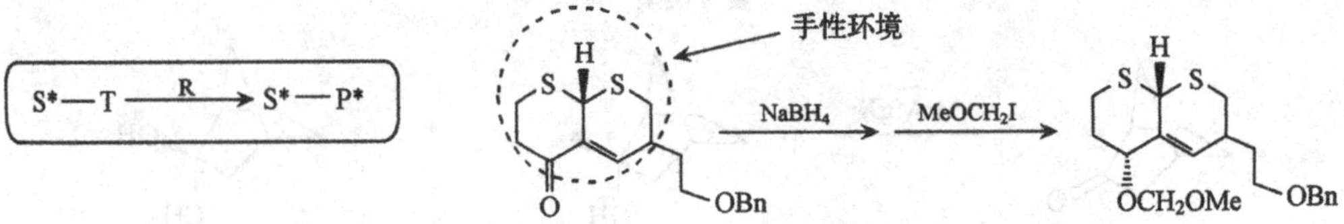

S*—T —R→ S*—P*

手性环境

NaBH₄ → MeOCH₂I →

1 红诺霉素全合成的中间步骤

S^*—T 为反应底物;T 为潜手性单元;R 为反应试剂;* 为手性单元

图 12-1 经手性底物诱导合成红诺霉素中间步骤图

手性底物控制不对称合成反应原料易得,但缺点是往往没有简捷、高效的方法将其转化为手性目标化合物。对于一些多手性中心有机化合物的合成,这种不对称合成思想尤为重要。只要在起始步骤中控制一个或几个手性中心的不对称合成,接下来就可能靠已有的手性单元来控制别的手性中心的单一形成,避免另外使用昂贵的手性物质。这类合成在药物合成上的应用研究比较多,有一些出色完成实际药物合成的实例。例如,青蒿霉素的合成。

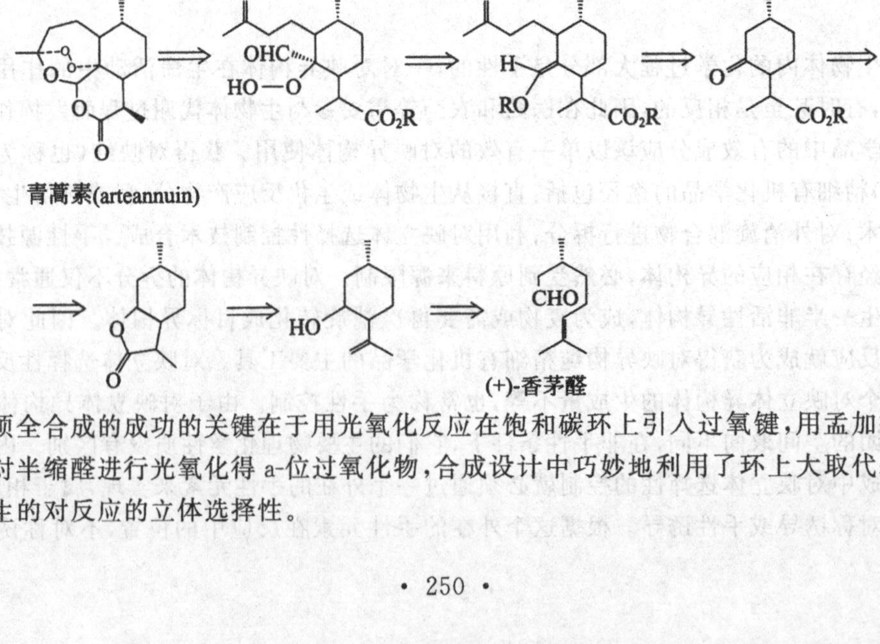

青蒿素(arteannuin) ⟹ ... ⟹ (+)-香茅醛

这项全合成的成功的关键在于用光氧化反应在饱和碳环上引入过氧键,用孟加拉玫红作光敏剂对半缩醛进行光氧化得 a-位过氧化物,合成设计中巧妙地利用了环上大取代基优势构象所产生的对反应的立体选择性。

12.2.2.2 试剂诱导

在无手性的分子中通过化学反应产生手性中心，无手性分子的底物为潜手性化合物，通过光学活性反应试剂在不对称环境中，两者反应生成不等量的对应异构体产物。一个常用的方法是利用手性试剂对含有对映异构的原子、对映异构的基团或对映异构面的底物作用。手性诱导不对称合成的方法具有简单灵活且所得目标产物光化学纯度较高的特点。其不对称合成过程为：

$$S \xrightarrow{R^*} P^*$$

手性诱导试剂的种类很多，常见的有手性硼试剂、锂盐类试剂等。硼试剂在手性合成中具有硼氢化、还原、烷基化的作用，硼试剂中可通天然或合成的手性化合物引入手性，得到手性硼试剂。例如，将(－)或(＋)－α-蒎烯经硼氢化后得到的手性二蒎基硼烷是很好的手性硼试剂。

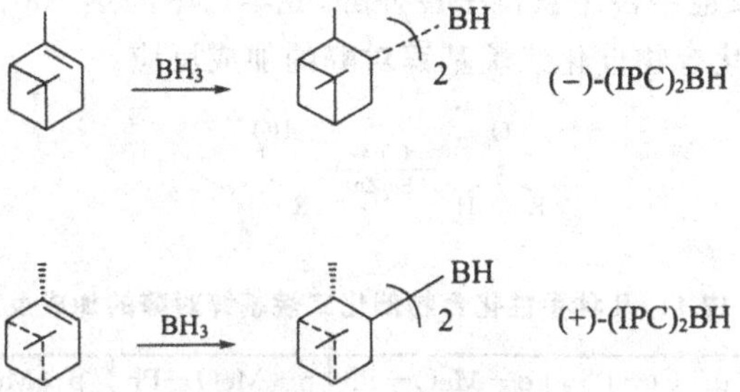

$\xrightarrow{BH_3}$ (－)-(IPC)$_2$BH

$\xrightarrow{BH_3}$ (+)-(IPC)$_2$BH

在手性硼试剂的作用下还可以完成羰基的不对称合成。例如，将 α-蒎烯用 9-BBN 进行硼氢化后得到 B-3-蒎基-9-BBN。

锂盐类的醇可以进行手性烷基化、氨基化、羟基化反应，手性氨基锂与酮羰基生产不对称的烯醇锂盐，再与亲电试剂反应可得氧取代或碳取代的化合物；手性氨基铜可以对烯酮进行烷基化。

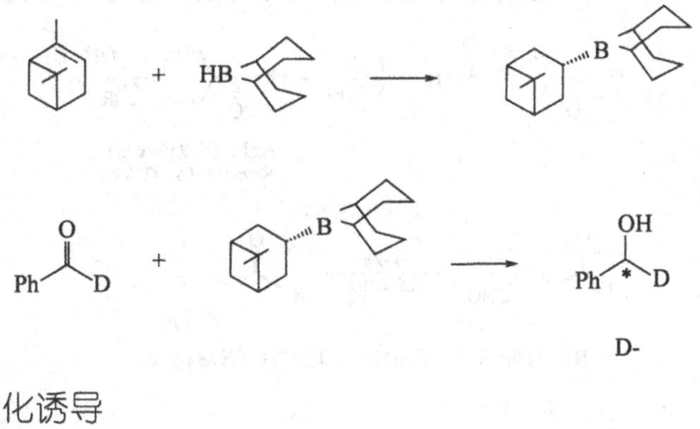

\+ HB ⟶ B

Ph(C=O)D + B ⟶ Ph–C*H(OH)–D

D-

12.2.2.3 催化诱导

催化法以光学活性物质作为催化剂来控制反应的对映体选择性。它可以分为两种：生物催化法和不对称化学催化法：

$$S + R \xrightarrow{\text{酶}} P^*$$

$$S+R \xrightarrow{\text{手性催化剂}} P^*$$

其中,S 为反应底物;R 为反应试剂;* 代表手性物质。

(1)手性催化剂诱导醛的不对称烷基化

醛、酮分子中羰基醛、酮与 Grignard 试剂的反应生成相应醇是一个古老而经典的亲核加成反应。但由于 Grignard 试剂反应活性非常大,往往使潜手性的醛、酮转化为外消旋体,而像二烷基锌这样的有机金属化合物对于一般的羰基是惰性的,但就在 20 世纪 80 年代,Oguni 发现几种手性化合物能够催化二烷基锌对醛的加成反应。例如,(S)-亮氨醇可催化二乙基锌与苯甲醛的反应,生成(R)-1-苯基-1-丙醇,ee 值为 49%。从此这个领域的研究迅速发展,迄今为止,已设计出许多新的手性配体,应用这些手性配体可促进醛与二烷基锌亲核加成,这些催化剂一般对芳香醛的烷基化也具有较高的立体选择性。

(S)-1-甲基-2-(二苯基羟甲基)-氮杂环丁烷[(S)-3]也用于催化二乙基锌对各种醛的对映选择性加成。在温和的反应条件下获得手性仲醇,光学产率高达 100%。

表 12-1 为几种手性化合物催化二烷基锌对醛的加成反应。

RCHO $\xrightarrow[Et_2Zn]{(S)\text{-}3}$ RCH(OH)*Et

表 12-1 几种手性化合物催化二烷基锌对醛的加成反应

R	Ph	p—Cl—Ph	o—MeO—Ph	p—MeO—Ph	p—Me—Ph	E—PhCH=CH
ee%	98	100	94	100	99	80
构型	S	S	S	S	S	S

由表 12-1 可知,芳香醛的乙基化反应在(S)-1-甲基-2-(二苯基羟甲基)-氮杂环丁烷[(S)-3]作催化剂时获得的对应异构体的产量高,而且产物均为 S 构型。

(S)-3 和(1S,2R)-1 手性催化剂也能化学选择性地与醛反应,而且产量也比较高。例如:

Ph—CO—C₆H₄—CHO $\xrightarrow[(1S,2R)\text{-}1]{R_2Zn}$ Ph—CO—C₆H₄—CH*(OH)R

R=Et (*S*, 93% ee)
R=*n*-Bn (*S*, 92% ee)

R^1COCH₂CH₂CHO $\xrightarrow[(1S,2R)\text{-}1]{Et_2Zn}$ R^1COCH₂CH₂CH*(OH)Et

R^1=Ph(S,87%ee) R^1=PhCH₂(S,81%ee)

(2)酶催化法

酶催化法使用生物酶作为催化剂来实现有机反应。酶是大自然创造的精美的催化剂,它能够完美地控制生化反应的选择性。酶催化的普通不对称有机反应主要有水解、还原、氧化和碳—碳键形成反应等。早在 1921 年,Neuberg 等用苯甲醛和乙醛在酵母的作用下发生缩合反应,生成 D-(—)-乙酰基苯甲醇。用于急救的强心药物"阿拉明"的中间体 D-(—)-乙酰基间羟基苯甲醇也是用这种方法合成的。1966 年,Cohen 采用 D-羟腈酶作催化剂,苯甲醛和 HCN

进行亲核加成反应，合成(R)-(+)-苦杏仁腈，具有很高的立体选择性，反应式如下：

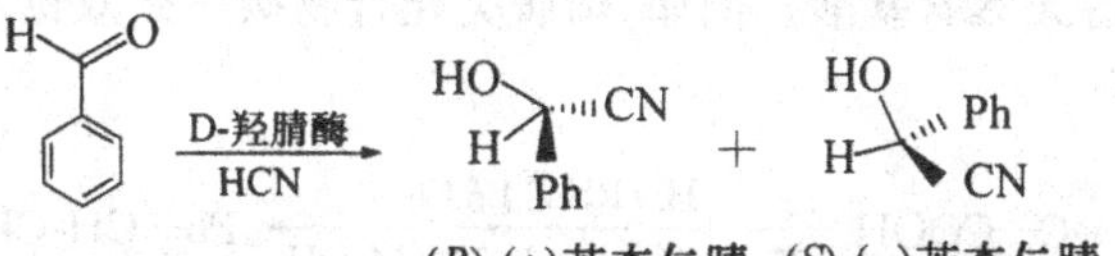

D-羟腈酶 HCN

(R)-(+)苦杏仁腈 (S)-(-)苦杏仁腈

ee 94%

目前内消旋化合物的对映选择性反应只有酶催化反应才能完成。马肝醇脱氢酶(HLADH)可选择性地将二醇氧化成光学活性内酯，猪肝酯酶(PLE)可使二酯选择性水解成光学活性产物β-羧酸酯，反应式如下：

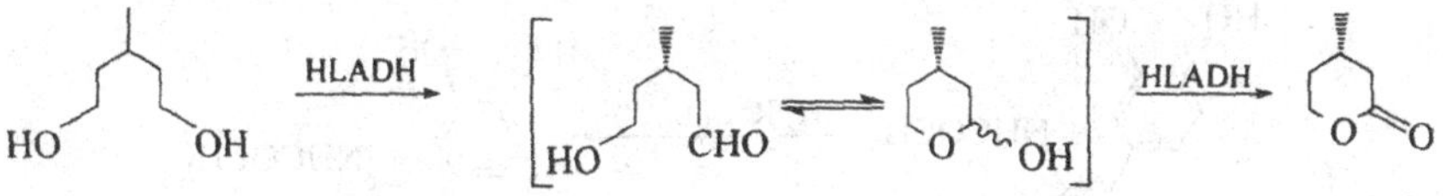

HLADH

ee 87%

PLE 88%

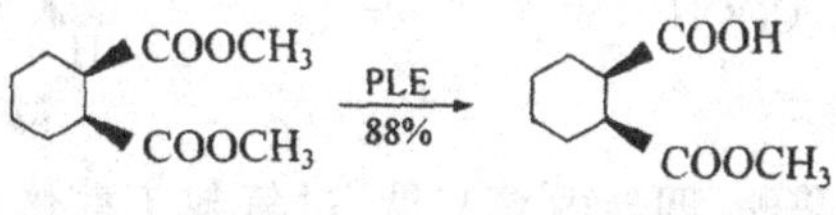

ee>97%

部分蛋白质可以作为不对称合成的催化剂使用，例如，在碱性溶液中进行 Darzen 反应时，可用牛奶蛋清酶做催化剂，反应式如下：

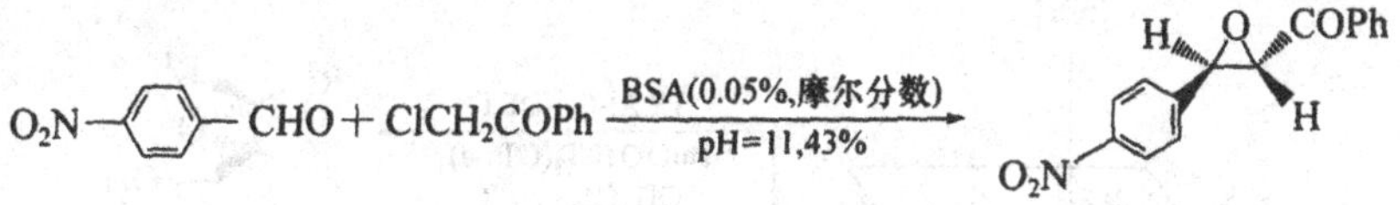

$O_2N-C_6H_4-CHO + ClCH_2COPh \xrightarrow[pH=11,43\%]{BSA(0.05\%,摩尔分数)}$

ee 62%

手性化学催化剂控制对映体选择性的不对称催化能够手性增殖，仅用少量的手性催化剂，就可获取大量的光学纯物质。也避免了用一般方法所得外消旋体的拆分，又不像化学计量不对称合成那样需要大量的光学纯物质，它是最有发展前途的合成途径之一。尽管酶催化法也能手性增殖，但生物酶比较娇嫩，常因热、氧化和 pH 值不适而失活；而手性化学催化剂对环境有将很强的适应性。

(3)有手性催化剂参与的不对称合成物的应用

1986 年，美国 Monsanto 公司的 Knowles 等和联邦德国的 Maize 等几乎同时报道了用光学活性磷化合物与铑生成的配位体作为均相催化剂进行不对称催化氢化反应，引起了化学界的兴趣。目前某些不对称催化反应其产物的 ee 可达 90%，有的甚至达 100%。目前反应所使用的中心金属大多为铑和铱，手性配体基本为三价磷配体。

例如：

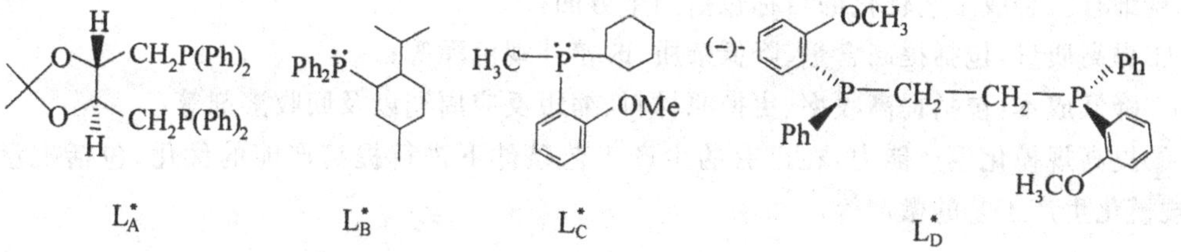

L_A^* L_B^* L_C^* L_D^*

具有这种手性配体的铑对碳—碳双键、碳—氧双键及碳-氮双键发生不对称催化氢化反应，用这类反应可以制备天然氨基酸。例如，烯胺类化合物碳—碳双键不对称氢化反应后得到天然氨基酸反应式如下：

$$\underset{(Z)\text{-}\alpha\text{-乙酰氨基肉桂酸}}{Ph—CH=C(NHCOCH_3)—COOH} \xrightarrow[25\ ^\circ C,4\ atm,4\ h,50\%MeOH]{H_2/RhL_D^*L_D^*Cl_2} \underset{(+)\text{-N-乙酰氨基苯丙氨酸}}{Ph—CH_2CH(NHCOCH_3)COOH}$$

同样用手性磷催化剂进行不对称催化氢化来制备重要的抗震颤麻痹药物 L-多巴(3-羟基酪氨酸)，反应式如下：

$$\xrightarrow{H_2/RhL_D^*L_D^*Cl_2}$$

ee 94%

Sharpless 研究组用酒石酸酯、四异丙氧基钛、过氧叔丁醇体系能对各类烯丙醇进行高对映选择性环氧化，可获得 ee 值大于 90% 的羟基环氧化物，并且根据所用酒石酸二乙酯的构型可得到预期的立体构型的产物。

[:Ö:]

(*R*,*R*)-(+)-DET
t-BuOOH, Ti(OPr-*i*)$_4$
CH_2Cl_2, −20 ℃

(*S*,*S*)-(−)-DET
t-BuOOH, Ti(OPr-*i*)$_4$
CH_2Cl_2, −20 ℃

[:Ö:]

12.3 精细有机合成工艺优化

精细有机合成工艺优化是建立在已有的精细合成工艺基础之上的改进与创新，包括最佳工艺条件(参数、溶剂、加料等)的筛选、后处理方法优化以及工艺的整体创新等一系列研究工作的总和。

精细有机合成工艺优化的目标包括四个方面：

①提高质量：包括提高含量、降低杂质、改善外观色泽等；

②降低成本：包括提高收率、更换原材料、缩短反应周期以及回收溶剂等；

③提高规模化生产能力：在已有的生产工艺条件下进行提高产能的优化，包括批量的调整、规模化生产工艺的微调等；

④减少废弃物排放：三废的优化处理，包括废气的吸收、废液的回收以及废渣的利用。下面举例说明精细有机合成工艺优化的内容和方法。

12.3.1　缩短合成步骤

设计既有高效益又符合绿色原理的有机合成工艺路线是非常必要也是非常困难的。其中，简化反应步骤，减少中间体的数量和用量不失为一种好的途径。在精细有机合成实验中，步骤越多，造成的污染越大，收率越低，成本相应也越高。

例如，4-羟基苯乙醇是医药、香料的中间体，在医药上主要用于合成心血管药物美多心安等。4-羟基苯乙醇最早的生产方法是经过六步反应，后来经过工艺改进缩短为四步，目前最优的生产方法缩短为两步反应，整个反应的成本从原来六步的 80 万元/吨减少到四步的 35 万元/吨，目前只要 18 万元/吨。反应步骤和污染物减少了，产量提高了，生产成本大幅度降低，是一条既有高效益又符合绿色原理的理想工艺路线。

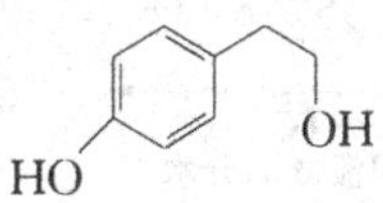

HO　OH

4-羟基苯乙醇

12.3.2　选择高效催化剂

在有机化学中，反应速率的快慢不仅与反应物自身的性质有关，还受反应时的压强、温度、反应物的浓度及反应所用催化剂的影响。催化剂是一个比较关键的因素，在反应过程中起着非常重要的作用。绿色精细有机合成化学所追求的目标是实现高选择性、高效的化学反应，极少的副产物，实现“零排放”，继而达到高“原子经济性”的反应。显然，相对化学当量的反应物，催化活性高的催化剂更符合绿色有机合成化学的要求。

12.3.2.1　5-羧基苯并三氮唑的合成

在利用 3,4-二氨基苯甲酸合成 5-羧基苯并三氮唑过程中，为了加快 S_N2 的亲核取代反应和成环反应的进行，引入聚乙二醇(PEG)作相转移催化剂，降低了反应条件，提高了产品纯度，简化了操作过程，产品的收率大于 80%，含量大于 99%。

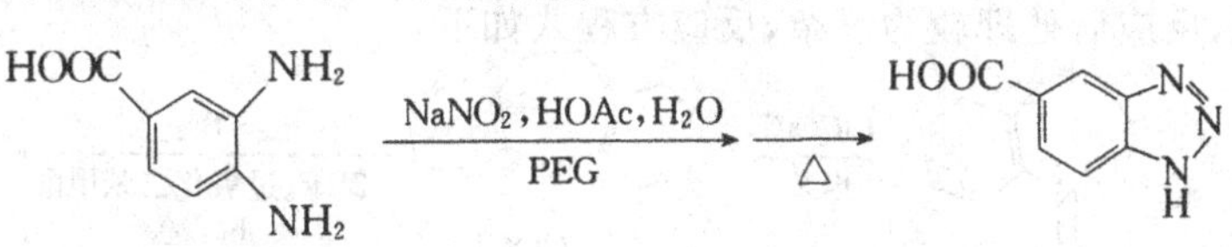

HOOC　NH_2　NH_2　$\xrightarrow[PEG]{NaNO_2,HOAc,H_2O}$　$\xrightarrow{\triangle}$　HOOC　N　N　N　H

12.3.2.2　3,5-二氨基苯甲酸的合成

在硝基还原成氨基反应中，以钯—碳催化加氢还原代替化学还原的方法，可以减少污染，提高产品的收率和质量。例如，在 3,5-二硝基苯甲酸的还原中，采用化学还原法如硫化碱、保险粉、铁粉等还原时，产品收率很低，且产生的废弃物对环境的污染较大；而采用钯—碳催化下

加氢还原的方法，在 15 个大气压下；温度 90℃，3～4 h 即可还原完全，收率大于 85%，且使用过的钯—碳可以回收反复使用，是一个绿色的清洁反应。

$$\text{3,5-}(O_2N)_2C_6H_3COOH \xrightarrow[Pd/C]{H_2} \text{3,5-}(H_2N)_2C_6H_3COOH$$

12.3.3 一锅煮反应

一锅煮的合成方法就是将一个多步反应和多步操作置于一个反应锅中一次完成，反应过程中不再分离许多中间体。简单地说，就是把原料、试剂、催化剂、溶剂一起全部加入一个反应锅中制备目标产物。一锅煮反应具有高效性、高选择性、条件温和以及操作简单等诸多特点。例如，1,1-环丙基二羧酸二乙酯的制备。

$$CH_2(COOEt)_2 \xrightarrow[\triangle,\text{回流 6 h,分水}]{ClCH_2CH_2Cl,\ K_2CO_3,\ PTC} \text{1,1-环丙基二羧酸二乙酯}$$

1,1-环丙基二羧酸二乙酯

在反应时，直接将原料丙二酸二乙酯、二氯乙烷、碳酸钾、相转移催化剂聚乙二醇加入同一反应器中，加热回流 6 h，待反应完成后，过滤，除去溶剂二氯乙烷，减压蒸馏得产品 1,1-环丙基二羧酸二乙酯。

12.3.4 溶剂归一化

所谓溶剂归一化，就是多步化学反应虽然不可能在一个反应设备中进行，但可选用同一种溶剂。溶剂归一化的前提是用一种溶剂代替多种溶剂而不影响反应正常进行。溶剂归一化可以简化操作，降低生产成本，减少多种废液的产生，便于溶剂的回收利用。

12.3.4.1 卡巴西平的合成

卡巴西平是一种抗癫痫、抗抑郁症以及三叉神经痛的药物，它是以二苯基氮杂卓为原料经过酰氯化、溴代以及消除等一系列反应制备的，该反应的原始生产工艺使用了甲苯、氯苯以及乙醇等多种溶剂，反应后处理较为复杂，反应方程式如下：

$$\text{二苯并氮杂卓} \xrightarrow[\text{甲苯}]{ClCOCl} \text{N-COCl} \xrightarrow[\text{氯苯、过氧化二苯甲酰},\ h\nu,\ \triangle]{Br_2} \text{Br-N-COCl} \xrightarrow[\text{氯苯},150\sim170\ ℃]{-HBr} \text{N-COCl} \xrightarrow[\text{乙醇}]{NH_3} \text{N-CONH}_2$$

二苯并氮杂卓　　卡巴西平

经过工艺优化后，反应溶剂只使用氯苯，反应操作简化，且收率也较使用三种不同溶剂提高了。单一溶剂氯苯的回收也比甲苯、氯苯以及乙醇多种溶剂回收的操作简化很多。

12.3.4.2 卤代碳酸酯的合成

在氯代碳酸酯的合成过程中，使用单一溶剂氯苯代替甲苯和氯苯作溶剂，同样后处理操作大大简化，反应收率明显提高。

$$H_3CO\text{-}C_6H_4\text{-}OH \xrightarrow[\text{甲苯}]{ClCOCl} H_3CO\text{-}C_6H_4\text{-}O\text{-}C(=O)\text{-}O\text{-}C_6H_4\text{-}OCH_3 \xrightarrow[\text{氯苯、过氧化二苯甲酰},\ h\nu,\ \triangle]{Cl_2} Cl_3CO\text{-}C_6H_4\text{-}O\text{-}C(=O)\text{-}O\text{-}C_6H_4\text{-}OCCl_3$$

12.3.5 准一步反应

所谓准一步反应，是指在一个反应锅里依次完成多步化学反应，几步化学反应相当于一步化学反应所用的反应设备和后处理工序。这种方法简化了反应步骤，不提取中间体，减少了后处理步骤，可以提高反应收率。这种方法能够容易地合成常规方法难以合成的目标分子。

例如，4-羟基苯乙酮的制备：

$$CH_3COOH \xrightarrow[\text{碱吸收 } SO_2]{SOCl_2} CH_3COCl \xrightarrow[H_2O\text{ 吸收 }HCl]{C_6H_5OH} C_6H_5OCOCH_3 \xrightarrow[\triangle]{AlCl_3} HO\text{-}C_6H_4\text{-}COCH_3$$

4-羟基苯乙酮

在反应中，少量的原料二氯亚砜、苯酚的残余对产物 4-羟基苯乙酮制备无明显影响，将三步反应在同一反应容器内依次进行，产品的收率和质量都较分步反应明显提高。同样，下面几种产品的合成都可以在同一反应设备内采用“准一步法”进行，获得了理想的结果。

$$C_6H_4(COOH)_2 \xrightarrow{Ac_2O} \text{邻苯二甲酸酐} \xrightarrow{NH_2CH_3} \text{N-甲基邻苯二甲酰亚胺}$$

N-甲基邻苯二甲酰亚胺

$$\text{3-氯苯胺 } (NH_2,\ Cl) \xrightarrow[HCl]{Br_2} \text{4-溴-3-氯苯胺 } (NH_2,\ Cl,\ Br) \xrightarrow{NaNO_2} \text{重氮盐 } (\overset{+}{N_2}Cl^-,\ Cl,\ Br) \xrightarrow[Cu_2O]{H_3PO_2} \text{2-氯溴苯 } (Br,\ Cl)$$

2-氯溴苯

$$\text{C}_6\text{H}_5\text{NH}_2 \xrightarrow[\text{HCl, H}_2\text{O}]{\text{Cl}_2} \text{2,4,6-Cl}_3\text{C}_6\text{H}_2\text{NH}_2 \xrightarrow{\text{NaNO}_2} \text{2,4,6-Cl}_3\text{C}_6\text{H}_2\overset{+}{\text{N}}_2\text{Cl}^- \xrightarrow[\text{CuCl}]{\text{NaH}_2\text{PO}_2} \text{1,3,5-Cl}_3\text{C}_6\text{H}_3$$

1,3,5-三氯苯

12.3.6 不提纯原则

所谓不提纯原则，是指中间体中的杂质只要不影响后续反应的产率和质量，尽可能不提纯而直接投入下一步反应，尽量减少中间体的损失，提高产率，降低生产成本。

$$\text{1,2-Cl}_2\text{C}_6\text{H}_4 \xrightarrow[\text{H}_2\text{SO}_4]{\text{HNO}_3} \text{3,4-Cl}_2\text{C}_6\text{H}_3\text{NO}_2 \xrightarrow{\text{KF}} \text{3-Cl-4-F-C}_6\text{H}_3\text{NO}_2 \xrightarrow[\text{EtOH}]{\text{H}_2\text{, Pd-C}} \text{3-Cl-4-F-C}_6\text{H}_3\text{NH}_2$$

12.3.6.1 3-氯-4-氟苯胺的合成

3-氯-4-氟苯胺的合成反应中，硝化反应过程产生的杂质不影响目标产物的氟代反应，氟代反应过程中产生的杂质，无论是酚还是未氟代的氯化物都不影响硝基还原，因而只要在最后将粗产品提纯即可。提纯的方法是用成盐洗涤法，把粗产品加酸中和成盐，过滤、洗涤后，再用碱中和回收纯品。

12.3.6.2 扁桃酸的合成

在扁桃酸的合成中，也采用了不提纯原则。腈化反应产物中的所有杂质均不影响水解反应，而产物提纯用中和吸附的方法，将粗产品加入碱水中和溶解，再加入活性炭吸附后过滤，滤液酸化后冷却过滤得纯品。

$$\text{C}_6\text{H}_5\text{CHO} \xrightarrow[\text{② NaCN}]{\text{① NaHSO}_3} \text{C}_6\text{H}_5\text{CH(OH)CN} \xrightarrow[\text{H}_2\text{O}]{\text{H}^+} \text{C}_6\text{H}_5\text{CH(OH)COOH}$$

12.3.7 无溶剂反应

在有机化学物质的合成过程中，使用有机溶剂是较为普遍的，这些溶剂会散失到环境中造成污染。化学家创造了多种取代传统有机溶剂的绿色化学方法，如以水为介质、以超临界流体为溶剂、以室温离子液体为溶剂等，而最彻底的方法是完全不用溶剂的无溶剂有机合成。

无溶剂有机反应最初被称为固态有机反应，因为它研究的对象通常是低熔点有机物之间的反应。反应时，除反应物外不加溶剂，固体物质界面接触发生反应。实验结果表明，很多固态下发生的有机反应，较溶剂中更为有效和更能达到好的选择性。

12.3.7.1 2-硝基-4-叔丁基苯酚的合成

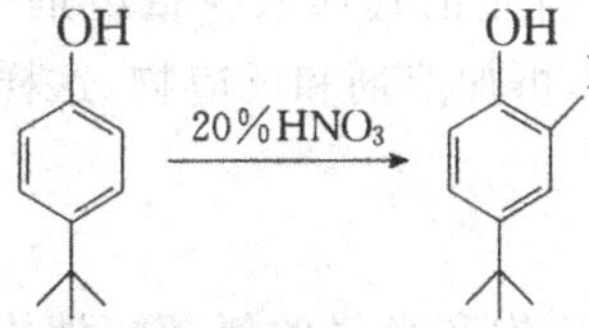

在反应体系中，只有原料对叔丁基苯酚和 20%硝酸两种物质，硝酸既是反应底物又是反应溶剂。为了加快反应的进行，原料叔丁基苯酚反应前要充分研磨，反应过程中搅拌要强烈。反应结束后，后处理操作简单，废液硝酸可以回收再利用，大大减少了对环境的污染。

12.3.7.2 1,3-二氯-2-甲基蒽-9,10-二酮的合成

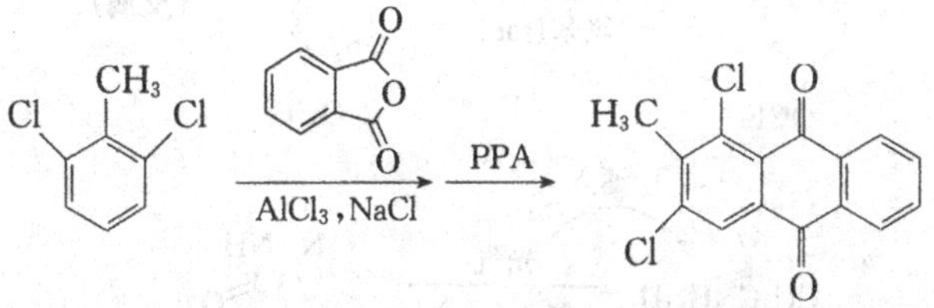

反应体系中只有 2,6-二氯甲苯、邻苯二甲酸酐、催化剂氯化铝以及氯化钠等固体反应物，是一个典型的无溶剂反应。其中，氯化钠的加入是为了降低反应物熔点，随着反应温度的升高，反应物熔化加快了反应的进行。反应完成后冷却成固体，用水洗涤除去水溶性杂质即得到目标产物。反应过程中不使用有机溶剂，绿色环保，后处理操作简单。

12.3.8 改变加料方式

在有些有机反应中，加料方式的改变，不仅可以减少副产物的生成，提高产品的质量和收率，而且还可以避免安全事故的发生。

一般情况下，我们需要根据副产物的结构。以确定主副反应对某一组分的反应级数的相对大小并确定原料的加料方式。例如，滴加的功能有两个：

①对于放热反应，可减慢反应速度，使温度易于控制；

②控制反应的选择性。如果滴加有利于选择性，则滴加时间越慢越好；如不利于选择性的提高，则改为一次性的加入。在不同的具体实例中，必须具体问题具体分析。

12.3.8.1 金属钠参与的反应

在利用金属钠还原 4-羟基苯乙酸乙酯的反应中，为了避免反应过于剧烈导致爆炸事故的发生，不能将钠加入至 4-羟基苯乙酸乙酯的二甲苯溶液中，而是将金属钠先融化到二甲苯中，强烈搅拌下分散成小钠珠，再分批加入酯进行还原。反应方程式如下：

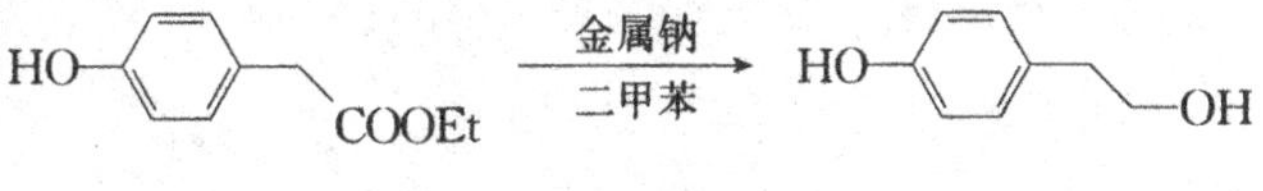

12.3.8.2 Pd-C的使用

钯碳(Pd-C)催化剂在使用时,应当先把其加入少量溶剂中制成糊状物,再加入至反应锅中。不能先把Pd-C加入至反应锅中,再加溶剂和反应物,这样容易发生自燃。

12.3.8.3 通光气反应

如果要合成酰氯,必须把原料加入饱和光气的氯苯溶液中,光气必须过量。否则,如果将光气通入反应原料的氯苯溶液中,得到的不是酰氯,而是环合产物,所以加料顺序对产物的生成影响很大。反应方程式如下:

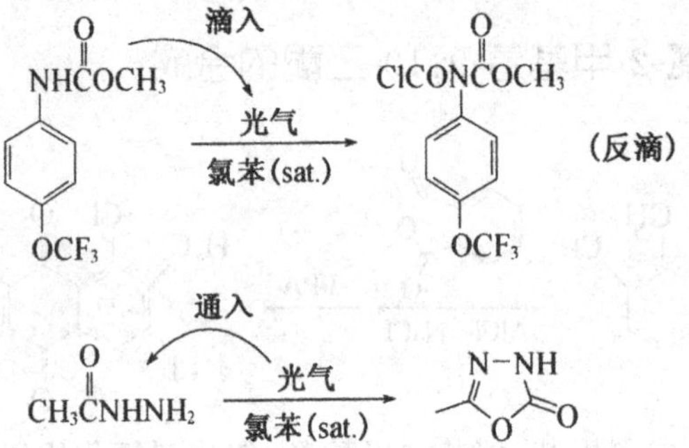
滴入
NHCOCH3
光气
氯苯(sat.)
ClCONCOCH3
OCF3
OCF3
(反滴)
通入
CH3CNHNH2
光气
氯苯(sat.)
N-NH
O
O

12.3.9 改进合成路线

通过对精细化工品常用合成工艺的适当改进,可以使工艺路线更加合理,生产设备和操作得到简化,可提高产品质量和收率。

12.3.9.1 降低活性,提高选择性

在5-氯茚酮与碳酸二甲酯发生取代反应过程中,可以用氢化钠来活化α位碳形成碳负离子,但由于氢化钠碱性太强,它还可以将β位碳活化,导致副产物的生成。通过使用乙醇一氢氧化钾作为碱,降低了碱的活化能力,副产物明显减少,大幅度提高了目标产物的收率。反应方程式如下:

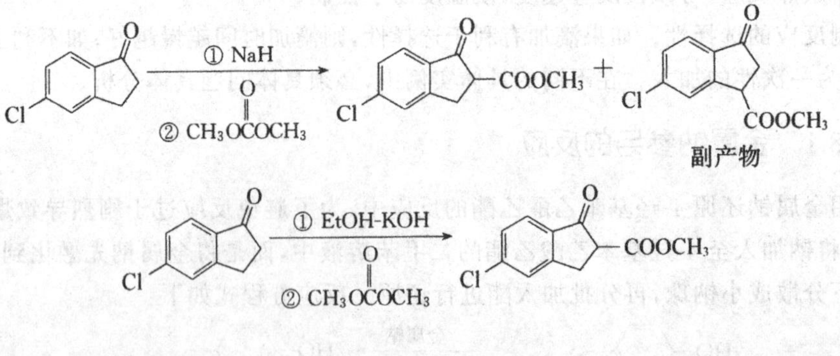
① NaH
② CH3OCOCH3
Cl
COOCH3
Cl
Cl
COOCH3
副产物
① EtOH-KOH
② CH3OCOCH3
Cl
COOCH3
Cl

12.3.9.2 改变反应底物，提高产品纯度

在氯酚醚的合成中，可以用 4-氯苯酚为原料与 3-氯丙二醇反应制备，但在反应后产品中的原料残余在 1%以上，无法进一步提纯，而产品的纯度要求原料 4-氯苯酚残余小于 0.3%。通过改变实验条件无法达到要求。通过改变反应底物，将 3-氯丙二醇用环氧氯丙烷代替，其他条件不变的情况下，反应后用 2%的硫酸水解得到目标产物氯酚醚，产品的纯度大于 99%，原料残余远小于 0.3%。反应方程式如下：

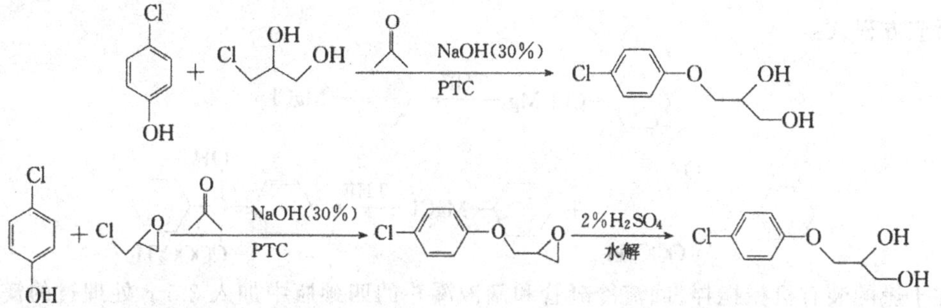

NaOH(30%)
PTC

NaOH(30%)
PTC
2%H_2SO_4
水解

12.3.10 变串联式为并联式合成

复杂的有机分子可切断的键不止一个，因此切断的技巧是很重要的。在切断时，尽量考虑并联式的切断方法，就是指在接近分子中央处进行切断，使其断裂成合理的两部分，这两部分一般为比较易得的原料或较易合成的中间产物，而不是采取从端部切断一个或二个碳原子的串联式的切断方法。

12.3.10.1 依托普瑞特的合成

在依托普瑞特的逆向合成分析中，首先考虑将其从中间的酰胺键切断，其中 B 为易得的原料，A 为易合成的中间体，两者再进行并联合成目标产物。

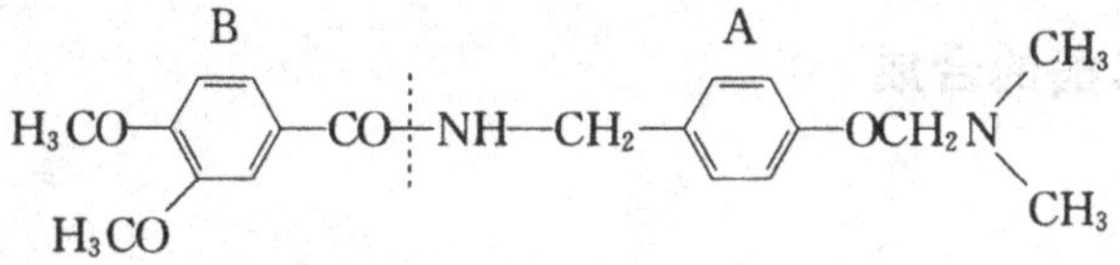

A+B ⟶ 依托普瑞特

12.3.10.2 嘧菌酯的合成

在嘧菌酯的合成中，同样也是从分子中间切断成 A 和 B 两部分，进行并联式合成。

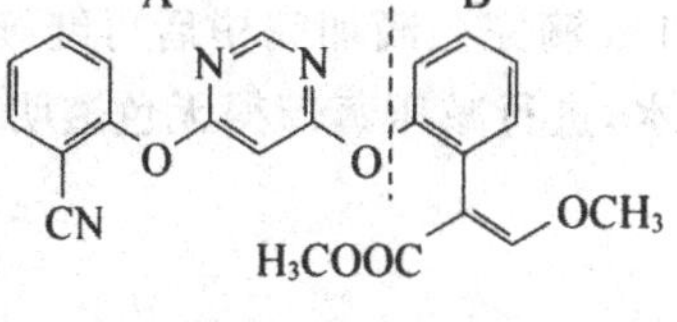

A+B ⟶ 嘧菌酯

12.4 工艺优化案例

12.4.1 α-羟基-α-环己基苯乙酸乙酯的合成

反应方程式：

$$\text{C}_6\text{H}_{11}\text{—Cl} + \text{Mg} \xrightarrow{\text{THF}} \text{C}_6\text{H}_{11}\text{—MgCl}$$

$$\text{C}_6\text{H}_5\text{—CO—COOC}_2\text{H}_5 + \text{C}_6\text{H}_{11}\text{—MgCl} \xrightarrow{\text{THF}} \text{C}_6\text{H}_5\text{—C(OH)(C}_6\text{H}_{11}\text{)—COOC}_2\text{H}_5$$

在干燥的装有机械搅拌、回流冷凝管和滴液漏斗的四颈瓶中加入 3.5 g 处理过的镁片，无水 50 mL 四氢呋喃(THF)，0.5 mL 溴乙烷，搅拌下滴加 16 g 环己基氯和 50 mL 无水 THF 的溶液，引发反应。缓慢升温至回流，待反应液中有均匀气泡产生后，缓慢滴加环己基氯和 THF 的溶液，控制滴加速度以维持回流温度。滴加结束，继续反应 1～2 h，直至金属镁反应完为止，冷却静置 1 h。

在干燥的装有机械搅拌、回流冷凝管、温度计和滴液漏斗的四颈瓶中加入 22 g 苯甲酰甲酸乙酯，40 mL 无水 THF，控制温度在 35～40℃。搅拌下滴加上述环己基氯化镁。滴加完毕，继续反应 2～3 h，薄层层析监测反应进程。反应完成后，向反应中加入 100 g 碎冰和 10 mL 浓硫酸，搅拌。冷却、静置，分出有机层，用水、饱和碳酸氢钠溶液分别洗涤，有机相用无水硫酸钠干燥。旋转蒸发蒸去 THF，再减压蒸馏，收集 150℃(5 mmHg)的馏分，得无色液体 21.5 g，收率大于 66%，纯度大于 99%(GC)。

12.4.2 三氟乙酰乙酸乙酯的合成

反应方程式：

$$\text{F}_3\text{C—CO—OCH}_2\text{CH}_3 + \text{CH}_3\text{—CO—OCH}_2\text{CH}_3 \xrightarrow[\text{EtOH}]{\text{EtONa}} \text{F}_3\text{C—CO—CH}_2\text{—CO—OCH}_2\text{CH}_3$$

在装有机械搅拌、回流冷凝管、温度计和滴液漏斗的四颈瓶中，加入 150 mL 无水乙醇，20.49 g 乙醇钠。搅拌和冷却下，滴加 28.4 g 三氟乙酸乙酯。滴加完毕后升温至 50℃，缓慢滴加 22 g 乙酸乙酯和 50 mL 乙醇的混合溶液，约 1 h 滴完。滴加完毕后再继续反应 2 h。反应完成后，除去溶剂，残余物用浓硫酸中和，除去盐水，进行减压蒸馏得无色透明液体 27.59 g，收率大于 75%，纯度大于 99%(GC)。

12.4.3　2-对氯苄基苯并咪唑的合成

反应方程式：

$$\text{4-ClC}_6\text{H}_4\text{CH}_2\text{CN}\xrightarrow[\text{EtOH(无水)},\ \text{CH}_2\text{Cl}_2]{\text{HCl(干燥)}}\left[\text{4-ClC}_6\text{H}_4\text{CH}_2\text{C(=NH)OEt}\right]\xrightarrow[\text{PEG-600}]{\text{邻苯二胺}}\text{2-(4-氯苄基)苯并咪唑}$$

在装有机械搅拌、回流冷凝管、温度计和氯化氢导气管的 500 mL 四颈瓶中，加入 200 mL 二氯甲烷，30 mL 无水乙醇，在搅拌下加入 75.8 g 对氯苯乙腈，溶解。冰水浴冷至 0℃以下，通入干燥的氯化氢气体至饱和(出口处有氯化氢气体放出)，室温反应过夜，用薄层层析监测反应进程。反应结束后，室温抽尽氯化氢(白色沉淀出现为止)，加入邻苯二胺 59.4 g(0.55 mol)，3 g 聚乙二醇 600(PEG 600)，先室温反应 1 h，再回流下反应 4 h，用薄层层析监测反应进程。反应完成后，冷却，加入 200 mL 水洗涤。用氨水调节 pH 8～9，过滤，固体干燥后用乙醇-水重结晶得白色固体 98 g，产率大于 80%，含量大于 99%(GC)。

12.4.4　1,1-环丙烷二甲酸二甲酯的合成

反应方程式：

$$\text{CH}_2(\text{COOCH}_3)_2+\text{ClCH}_2\text{CH}_2\text{Cl}\xrightarrow[\text{TBAB(PTC)}]{\text{K}_2\text{CO}_3}\text{1,1-环丙烷二甲酸二甲酯 (COOCH}_3)_2$$

在装有机械搅拌、回流冷凝管、分水器的 500 ml 的三颈瓶中加入 200 mL 1,2-二氯乙烷，46 mL 丙二酸二甲酯，140 g 活化的粉末碳酸钾，3 g 四丁基溴化铵(TBAB)。搅拌下缓慢升温至回流，分水器分水，回流 6 h，分出约 9 mL 水。反应完成后，冷却，过滤除去固体，固体用少量的 1,2-二氯乙烷洗涤，收集滤液，旋转蒸发除去未反应的二氯乙烷。减压精馏收集 94℃(10 mmHg)的馏分，得无色液体 51 g，产率大于 80%，含量约为 99%(GC)。

第 13 章 精细有机合成新方法新技术

13.1 绿色合成技术

尽管 20 世纪精细有机合成工业的发展对人类寿命的延长、食品供给的增加、生活质量的提高起到了极其重要的作用，但是许多精细化学品的生产和使用也对生态环境造成了严重的破坏。为了从源头上制止污染，绿色化学的概念应运而生，精细有机合成的绿色化符合可持续发展的要求，是发展的必由之路。

精细化工产品由于品种繁多、合成工艺复杂、反应步骤多，技术密集度高，原材料利用率低等特点，“三废”的排放量大，对生态系统影响严重。例如，精细化工生产废水污染物含量高，COD 含量高，尤其在制药、农药等高污染行业中，由于原料反应不完全、生产过程中大量溶剂使用造成废水的 COD 值在几万乃至十几万 ppm($1\ ppm=10^{-6}$)。另外，废水中的有害有毒物质含量高，生物处理难以进行。许多有机污染物对生物具有很强的钝化和杀灭作用，如卤素化合物、硝基化合物、有机氮化物、叔胺、季铵盐类化合物以及一些具有杀菌作用的表面活性剂等。此外，精细化工中一些废水盐分含量高，如染料农药行业中的盐析、酸析以及碱析废水中和后形成的含盐废水，同样不利于生物处理。染料、农药生产中的废水的色度一般很高，阻碍光线在水中通过，严重地影响了水生生物的生长和自然水体系基于光化学的自然净化能力。

13.1.1 合成原理绿色化

绿色化学的核心就是要利用化学原理从源头消除污染，按照绿色化学的原则，最理想的化工生产方式是：反应物的原子全部转化为期望的最终产物。经过多年的研究和探讨，化学界就精细有机合成的绿色化提出了绿色化学的 12 条原则。

①防止污染优于污染治理。实行“污染预防”新策略，改变传统的化学思维和发展模式，将传统的“先污染，后治理”改变为“从源头上防止污染”，从根本上避免和消除对生态环境有毒有害的原料、催化剂、试剂和溶剂的使用。

②提高合成反应的“原子经济性”。“原子经济性”的概念由美国著名化学家 B.M.Trost 于 1991 年提出改变传统的以产物百分收率评价化学反应优劣的观念，而以反应中反应物原子的利用效率为标准。

③在合成过程中，尽可能不使用和不产生对人体健康和环境有害的物质。试剂和原材料的选择在合成过程中，尽可能不使用挥发性大、腐蚀性高、易燃、易爆、高毒的试剂等，并尽可能

避免在反应过程中产生这样的物质。

④设计安全的化学品。根据化学产品的生命周期进行评价。首先该产品的起始原料应尽可能来自可再生资源，然后产品本身必须不会引起人类健康和环境问题，最后当产品使用后，应能再循环或易于在环境中降解为无毒无害的物质。

⑤使用无毒无害的溶剂和助剂。常用的有机溶剂如：氯仿、四氯化碳、苯和芳香烃被疑为致癌物，而含氯氟烃(CFCs)被认为是破坏大气臭氧层的凶手。使用无毒无害的溶剂和助剂，包括超临界流体、液体水、离子液体等，此外还包括一些无溶剂反应和固态反应。

⑥合理使用和节省能源。减少热反应，开发“冷反应”(光化学反应、电化学反应、生化反应等)。电化学合成技术用电子代替化学反应中的氧化剂和还原剂在清洁合成中独具魅力。

⑦尽可能利用可再生资源。只要技术上和经济上可行，使用的原材料应是能再生的。

⑧尽可能减少不必要的衍生步骤。应尽量避免不必要的衍生过程，如基团的保护，物理与化学过程的临时性修改等。

⑨采用高选择性的催化剂。尽量使用选择性高的催化剂，而不是提高反应物的配料比。

⑩设计可降解的化学品。设计化学产品时，应考虑当该物质完成自己的功能后，不再滞留于环境中，而可降解为无毒的产品。

⑪便于污染的快速检测和监控。分析方法也需要进一步研究开发，使之能做到实时、现场监控，以防有害物质的形成。

⑫防止事故和隐患发生的安全生产工艺。化学过程中使用的物质的种类或物质的形态，应考虑尽量减少实验事故的潜在危险，如气体释放、爆炸和着火等。

按照这些原则，化学工作者要更加深入研究，尽可能提出绿色原料、绿色试剂、绿色溶剂、绿色工艺以及绿色产品的合成路线，真正达到精细有机合成的绿色化。

13.1.2 药物合成绿色化

有机药物经常由数量众多的原子合成，并具有立体异构现象。这一特征意味着有机药物的合成往往是一个多步骤合成的复杂过程。因此，化学制药过程被认为是产污系数最高的化工过程。一般来讲，每生产一吨药物，要产生数十吨乃至上百吨的废物，给环境造成了极大的污染。

如何实现化学制药的绿色化是合成化学家及制药工程师面临的重大挑战。为了实现药物的绿色合成，在合成技术中，应该采用无溶剂合成、固相合成，以及一锅法合成，尽量避免使用大量的溶剂和助剂，尽量避免使用保护技术、去保护技术和分离技术，提高化学合成的转化率和选择性。

13.1.2.1 布洛芬

布洛芬是一种非甾体广谱消炎止痛药，用于类风湿关节炎、风湿性关节炎、头痛、牙痛等症状。传统的布洛芬生产技术为英国布茨公司于 20 世纪 60 年代开始采用的 Brown 合成法，从原料到产品需要经过 6 步反应，反应式如下：

由于每一步反应过程中的原料只有一部分进入产物，所用原料中的原子只有40%左右进入最后产品中，原子利用率不高；该反应步骤较多，反应过程中使用到的原料和溶剂较多，对环境污染较为严重。

随着有机化学合成技术的进步，BHC公司于20世纪80年代后期采用了羰基化法合成布洛芬。该法以异丁苯为原料，在钯催化剂的作用下与一氧化碳发生羰基化插入反应合成布洛芬，三步反应产率均在95%以上。与经典的Brown合成法相比，该工艺不但合成工艺简单，原料利用率高，而且溶剂使用量小，避免产生大量的废物，对环境的污染较小。该工艺路线原子利用率高达77%，比原路线减少废物近40%。反应方程式如下：

美国乙基公司在1993年开发了用异丁基苯乙烯催化加成、羰基化反应合成布洛芬的新工艺，收率高达95%，该工艺适合大规模生产。该合成方法比BHC公司的方法产率更高，并且由于采用含水的高压反应，反应温度更易控制，成本更低。

13.1.2.2 薄荷醇

薄荷醇在制药、香料和糖果等工业中广泛使用。20世纪80年代以前，人们主要依靠从天然薄荷中提取获得。1982年，日本高砂公司利用过渡金属铑的BINAP配合物[Rh(S)－BI-

NAP]作催化剂，催化二乙基香茅胺的异构化合成了光学纯度在 96%～99%(ee 值)的薄荷醇，年产量达 9 吨。其中，中间体香茅醛的光学纯度最高可达 99%(ee 值)，而天然香茅醛的光学纯度均小于 80%(ee 值)。反应方程式如下：

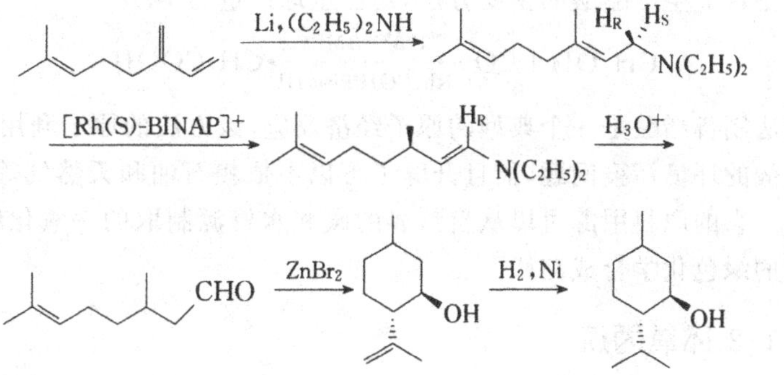

$$\xrightarrow{Li,(C_2H_5)_2NH} \quad H_R \; H_S \; N(C_2H_5)_2$$

$$\xrightarrow{[Rh(S)\text{-}BINAP]^+} \quad H_R \; N(C_2H_5)_2 \xrightarrow{H_3O^+}$$

$$CHO \xrightarrow{ZnBr_2} OH \xrightarrow{H_2,Ni} OH$$

96%～99%(ee)

在不对称催化过程中，每使用 1 kg 催化剂，能实现对 300 吨原料的催化，能合成 180 吨薄荷醇。底物与催化剂之比约为 30 万：1，该反应是不对称合成工业应用成功的典范。

13.1.3 中间体合成绿色化

13.1.3.1 醋酸

醋酸是一类重要的化工中间体和化学反应溶剂，用途极其广泛。醋酸主要用于生产醋酸乙烯单体、对苯二甲酸、醋酸乙酯以及醋酸纤维素等，在化工、轻工、纺织、农药、医药以及染料等领域均有应用。

醋酸最早的工业生产方法是利用乙醛氧化法，原料乙醛一般通过乙炔、乙醇，或者乙烯制得，目前工业上主要通过乙烯氧化制备乙醛。乙醛氧化制备醋酸是利用醋酸锰为催化剂，在含乙醛 5%～10%的醋酸溶液中通入空气或氧气，反应温度 50～80℃，压力 0.6～0.8 MPa，乙醛的转化率在 90%以上，醋酸选择性大于 95%，整个工艺过程所有设备和管道必须采用不锈钢材料制作。反应方程式如下：

$$CH_3CHO + O_2 \xrightarrow[(CH_3COO)_2Mn]{50\sim80℃} CH_3COOH$$

该制备方法工艺落后，原料乙醛制备需要乙烯，生产成本高，且废水、废气对环境污染大。在乙醛氧化生产醋酸时，还要防止过氧醋酸的积累、乙醛与空气混合形成爆炸性混合物的出现，该工艺存在着较大的安全隐患。

第二种方法为丁烷液相氧化法。该方法采用正丁烷或 C_5～C_7 的轻油作为原料，使用醋酸钴、醋酸铬或醋酸锰作催化剂，反应温度在 95～100℃，压力 1.0～5.47 MPa，直接氧化生成醋酸。该生产方法步骤少，原料易得，但副产物较多，分离难度较大，对设备和管道腐蚀性大，生产成本较高，绿色化程度较差，目前只有少数厂家还在用此方法生产。反应方程式如下：

$$C_4H_{10} + O_2 \xrightarrow[(CH_3COO)_2Mn]{95\sim100℃} CH_3COOH + H_2O$$

第三种方法为甲醇羰基化法。该法有高压法和低压法两种，高压法对设备的要求高，材料和动力的消耗较大，目前在工业生产中主要使用低压法。低压法是以铑化合物为催化剂，碘化氢水溶液为助催化剂，压力 3.04～6.08 MPa，在 170℃下进行反应，反应选择性高达 99%，基本无副产物。该法是目前生产醋酸的主要方法，约占全球产量的 70%。

$$CH_3OH + CO \xrightarrow[Rh(CO)PPh_3,\ HI]{173℃,\ 3MPa} CH_3COOH$$

甲醇羰基化法制备醋酸是一个典型的原子经济反应，该方法的原子利用率达 100%，消除了氧化法合成乙酸的环境污染问题，而且开辟了可以不依赖石油和天然气等不可再生资源为原料的合成路线。它的原料甲醇可以从自然界的碳和水资源制取的一氧化碳和氢气合成，因此它是一条典型的绿色化学合成路线。

13.1.3.2　1，2-环氧丙烷

1，2-环氧丙烷主要用于生产聚醚、丙二醇、聚氨酯，表面活化剂、破乳剂等，在食品、烟草、医药行业也有广泛的应用，是一种重要的精细化学品原料。1，2-环氧丙烷的生产主要有氯醇法、过氧化氢法等。

氯醇法制备 1，2-环氧丙烷是以丙烯、氯气以及氢氧化钙为原料，氯气溶于水生成次氯酸，次氯酸与丙烯发生加成反应生成氯丙醇，再与氢氧化钙反应生成环氧丙烷，最后精馏得到高纯度产品。氯醇法制备 1，2-环氧丙烷工艺流程短，工业化生产比较安全，但副产物较多，每生产 1 吨环氧丙烷需要消耗 1.4～1.5 吨的氯化钙，产生 40～80 吨的有机废水，原子利用率只有 31%，资源浪费和环境污染较为严重。

过氧化法采用将异丁烷或乙苯液相氧化成过氧化物，再利用生成的过氧化物氧化丙烯得到环氧丙烷。反应方程式如下：

$$(CH_3)_2CH{-}CH_3 + O_2 \xrightarrow{130\sim150\ ℃,\ 0.07\sim0.14\ MPa} H_3C{-}C(CH_3)_2{-}O{-}OH + H_3C{-}C(CH_3)_2{-}OH$$

$$H_3C{-}C(CH_3)_2{-}O{-}OH + H_2C{=}CH{-}CH_3 \xrightarrow[0.1\sim6.86\ MPa]{MnO_2,\ 50\sim120\ ℃} H_3C{-}\underset{O}{\triangle} + H_3C{-}C(CH_3)_2{-}OH$$

使用该生产工艺制备环氧丙烷，每生产 1 吨环氧丙烷，可产生 3 吨叔丁醇副产物。该方法无须使用氯气，生产成本较低，“三废”排放较氯醇法大为降低，基本无腐蚀性，副产物叔丁醇也是一种重要的化工产品，该工艺属于绿色清洁生产工艺。目前国际上投资大型环氧丙烷生产线大都采用此方法。

氧气氧化法是最近开发的一种 1，2-环氧丙烷生产技术。该方法以二氧化碳为溶剂，以钯为催化剂，利用氢气和氧气制备过氧化氢代替上述路线的过氧叔丁醇。在硅酸钛的催化下，利用过氧化氢氧化丙烯生成环氧丙烷，选择性达到 100%。但由于该方法中生产过氧化氢的成本较高，目前无法实现工业化生产。但这种合成技术绿色化程度极高，是一种很有潜力的清洁生产工艺。

13.2　真空实验技术

随着精细有机合成技术的迅速发展，新的实验方法、实验设备不断涌现。真空(通常根据压强的大小可将真空划分为以下几个区域：粗真空：0.133 3～100 kPa，1～760 mmHg；低真空：0.133～133.3 Pa，0.001～1 mmHg；高真空：<0.1333 Pa，<0.001 mmHg。)操作是有机合成中一种重要的实验方法，对空气敏感的有机化合物以及易挥发的有机化合物的合成和分离等均需在真空条件下进行，此外，真空还是进行酯化、缩酮化等平衡反应时打破平衡促进反应进行的一种重要手段。

13.2.1　无水无氧实验操作技术

在精细有机合成中，有机金属化合物、自由基等对空气中的氧、水以及二氧化碳等有很高的反应活性，它们在空气中很不稳定，因此对此类化合物的合成、分离、纯化和分析鉴定必须使用特殊的仪器设备和无水无氧实验操作技术。

目前常采用的无水无氧实验操作技术有三种，这三种操作技术各有优缺点，具有不同的适用范围。

(1)高真空线操作技术

高真空线(Vacuum-line)操作技术，要求真空一般在 10^{-4}～10^{-7} kPa，高真空泵和仪器安装的要求较高，一般使用机械真空泵和扩散泵，同时还要使用液氮冷阱。在高真空线上一般可进行样品的封装、液体转移等操作。

在高真空及一定温差下，液体样品可由一个容器转移到另一个容器里，这样所转移的液体不溶有任何气体。此外，还可以在高真空线上进行升华和干燥。

在真空线操作系统中，试剂处理量较少，对于氟化氢以及其他活泼的氟化物需要金属或碳氟化合物制的仪器而不能使用玻璃仪器，对设备和真空度要求很高。

(2)手套箱操作

手套箱(Glove-box)中的空气用惰性气体反复置换，在惰性气体气氛中进行操作。这对空气敏感的固体和液体物质提供了更直接的操作办法。

手套箱操作可进行较复杂的固体样品的操作。如红外光谱样品制样，X-衍射单晶结构分析、装晶体等，还可用于进行放射性物质与极毒物质的操作，这样对操作者和环境不发生危害和污染。其操作量可以从几百毫克到几千克。

(3)Schlenk 操作技术

Schlenk 操作的特点是在惰性气体气氛下，将体系反复抽真空—充惰性气体，使用特殊的 Schlenk 型玻璃仪器进行操作。

这一方法排除空气比手套箱好，对真空度要求不太高，由于反复抽真空—充惰性气体，真空保持大约 0.1 kPa 就能符合要求；比手套箱操作更安全，更有效。实验操作迅速，简便。一般操作量从几克到几百克，大多数化学反应(回流、搅拌、加料、重结晶、升华、提取等)以及样品的存储皆可在其中进行，可用于溶液及少量固体的转移，因此 Schlenk 操作技术是最常用的无水无氧操作体系，已被化学工作者广泛采用。

高真空线、手套箱和 Schlenk 操作系统互为补充，方便操作，有时高真空线亦可与 Schlenk 操作系统连接为一个整体。

13.2.2 惰性气体的纯化

在精细有机实验中常用的惰性气体主要是氮气、氩气和氦气。由于氮气价廉易得，大多数有机金属试剂在其中均能保持稳定；此外氮气的密度与空气相近，在其中称量物质时无须校正，因此作为惰性气体氮气最为常用。但是，氮气在室温下能与金属锂反应，在高温下还能与其他多种金属作用，在这种情况下就需要使用较为昂贵的氩气或氦气。由于氩气比空气重，它对空气敏感化合物的保护作用比氮气好，在研究金属有机化合物，特别是稀土金属有机化合物时一般都采用氩气作为保护气。

13.2.2.1 惰性气体纯化装置安装和操作

惰性气体的脱水方法主要有两种：一种是低温凝结，将气体压缩使水的分压增加冷凝；另一种是使用干燥剂，在脱水操作中，最常使用 4A 或 5A 分子筛，它们具有吸水性强、吸水快的特点，而且使用后可再生使用，是一种理想的干燥剂。惰性气体的脱氧方法分为湿法和干法。湿法是惰性气体通过还原性液体脱氧，这样经常会引入水和有机分子，实际使用较少。干法脱氧是让气体通过脱氧剂，有时需要加热保证脱氧速度，干法常用的脱氧剂主要是金属和金属化合物，如铜、氧化锰、镍、钠一钾合金等。

安装前的准备工作如下：

①汞的处理。分析纯的金属汞可以直接使用，使用过的汞用稀硝酸洗涤，然后用大量的水冲洗，用滤纸将水吸干，然后用五氧化二磷或分子筛进行脱水，脱水后的汞密封保存，以备压力表及汞封安全瓶子用。

②液体石蜡的处理。液体石蜡为化学纯，最好为医用液体石蜡，压入金属钠丝，干燥脱水，以备计泡计、液封管使用。

③橡皮管预处理。安装惰性气体纯化装置，应选用壁厚优质的橡皮管，并且尽量少用，以免空气渗入。所用的橡皮管需用氢氧化钠一乙醇溶液浸泡，再用水长时间冲洗，烘干，充入惰性气体，密封备用。

④脱水剂和脱氧剂。分子筛与银催化剂需要事先活化处理，在柱内充好惰性气体，密封备用。

⑤真空脂的使用。所有真空活塞和磨口接头均需洗净擦干。涂真空硅脂，涂得薄而均匀、透明，所以活塞及接口应用橡皮筋扎牢。

安装操作过程中，每装一部分都要用惰性气体“吹”，赶走空气，然后连接。体系完全安装完毕后，抽真空，充惰性气体，将体系保持正压。

13.2.2.2 惰性气体纯化装置和操作

一般实验室使用的惰性气体无水无氧操作系统，如图 13-1 所示。

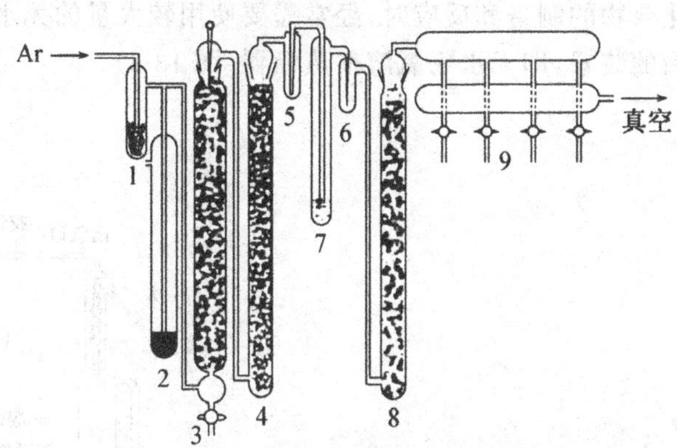

图 13-1 惰性气体提纯和使用装置

1—起泡器；2—汞安全瓶；3—活性铜；4—钯分子筛；

5、6—安全瓶；7—钠钾合金；8—4A 分子筛；9—双排管

惰性气体纯化装置在使用时，先将惰性气体通过液体石蜡鼓泡器观察并调节进气量，然后依次经过水银安全瓶、活性铜、银或钯分子筛脱氧，再经过钠钾合金脱水，最后再经过一个 4A 分子筛柱后和双排管一端相连，经纯化的惰性气体进入双排管，双排管另一端接真空体系。双排管上装有 4～8 个双斜三通活塞，活塞一端与反应体系相连，反应装置通过双排管可以抽真空和充惰性气体。国外实验室通常称这种装置为 Schlenk 操作系统，此外可以根据实验对保护气体的要求适当调整净化装置。

13.2.3 无水无氧溶剂、试剂处理

无水无氧操作的反应、分离使用的一切试剂、溶剂，必须严格纯化，除去水和氧。在储存时，也必须注意，防止水汽空气侵入。无水无氧溶剂的处理方法，按标准方法处理。反应中使用的无水无氧溶剂为液态试剂，在使用前再加干燥剂预处理，然后在惰性气体保护下蒸馏，进一步除去水和氧。蒸馏使用一般仪器，在出口处装有一个三通管，一端接液封，一端经冷阱接真空泵；馏分接收瓶用支管通惰性气体。在蒸馏瓶中插通气的毛细玻璃管(图 13-2)。

惰性气氛下常压蒸馏的具体操作如下。

①装置安装后，先对系统抽真空，充保护气体，反复三次，达到除水除氧的目的。

②将经无水处理过的溶剂装在蒸馏瓶中，加入适当的干燥剂。在连续通惰性气体的情况下，将空瓶取下，把装溶剂的蒸馏瓶换上。通过细玻璃管向容器中充惰性气体至正压，然后抽真空(真空不宜太高，否则低沸点溶剂会沸腾)，反复 3～4 次。

③将仪器出口处连通液封，从细玻璃管中再连续通惰性气体，将体系内的气体排出。然后关闭惰性气体的活塞，体系尾气通液封。

④用电热套或油浴加热，由变压器控制温度；先收集低沸点物质，再将馏分收集在带支管的接收瓶。

⑤蒸馏结束后，停止加热，立即向馏分接收瓶中通惰性气体至正压，如不立即通气，体系已造成负压，导致液封的液体石蜡和汞可能倒吸。在连续通惰性气体的情况下，取下馏分接收瓶，盖上瓶塞，连在双排管上，充入惰性气体保存，备用。

在进行金属有机化合物的制备和反应时，经常需要使用较大量的无水无氧溶剂，可以使用成套既可回流又可蒸馏的装置，即无水无氧溶剂蒸馏器(图 13-3)。

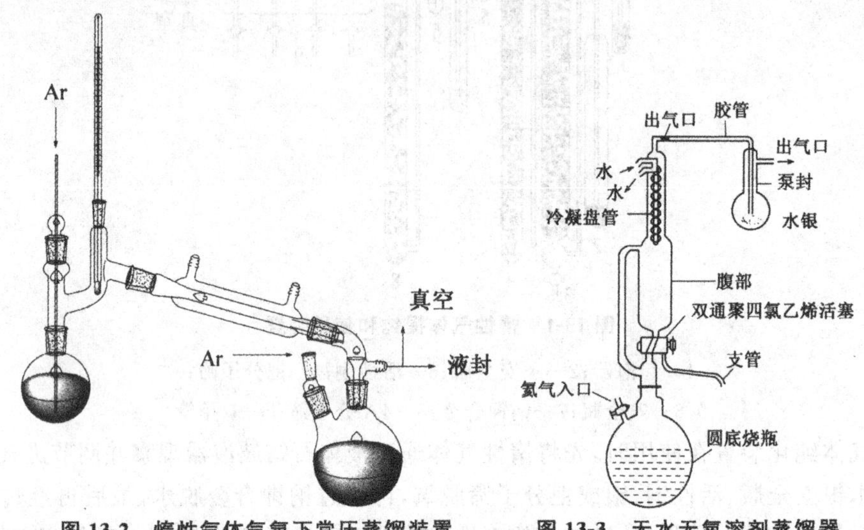

图 13-2 惰性气体气氛下常压蒸馏装置　　图 13-3 无水无氧溶剂蒸馏器

13.2.4 无水无氧反应技术

进行无水无氧的化学反应时，一般采用标准的 Schlenk 操作：在惰性气氛下，用 Schlenk 型仪器和注射器进行。反应瓶一般使用一口到四口的标准磨口瓶或 Schlenk 管。大多数技术与常规有机合成中所用的技术相似。如图 13-4 所示的是普通惰性气氛下进行反应操作的装置。一个四颈反应瓶，惰性气体从支管通入。装有温度计、回流冷凝管、恒压滴液漏斗、磁力搅拌以及固体和液体试剂加料口，尾气经冷凝管出口连接液封或球胆。

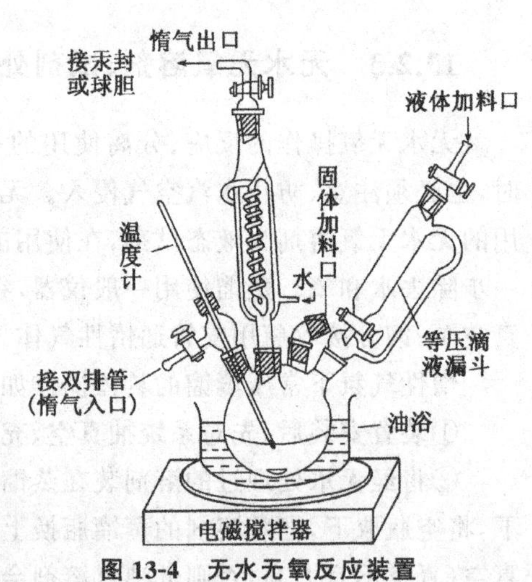

图 13-4 无水无氧反应装置

Schlenk 玻璃仪器(图 13-5)实际上是将有机合成中各类玻璃仪器加上侧管活塞而制成的。一般情况下，从侧管导入惰性气体，在惰性气体的存在下，在反应瓶中进行有机合成反应、转移等操作。Schlenk 玻璃仪器侧管上的侧管活塞通常为三通或两通活塞。当使用两口玻璃容器时，在其中一个口上接有这种活塞，就可以作为 Schlenk 管使用了。单口玻璃反应瓶上连接三通活塞同样也具有 Schlenk 仪器的功能(图 13-6)。

通过 Schlenk 侧管可以和无水无氧操作线连接，旋转活塞可以进行抽真空和通入惰性气体；当需要移去仪器时，通过关闭这个侧管活塞以保持仪器内的惰性气体为正压，这样可以使外界的空气不能进入（图 13-7）。

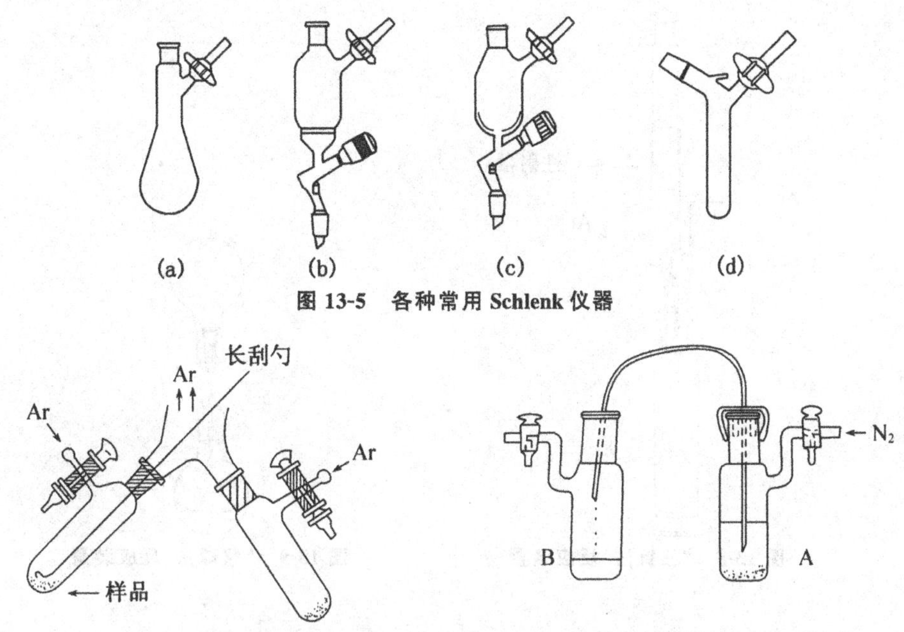

图 13-5　各种常用 Schlenk 仪器

(a) 固体物料转移用的Schlenk装置　(b) 液体物料转移用的Schlenk装置

图 13-6　惰性气体下的 Schlenk 物料转移装置

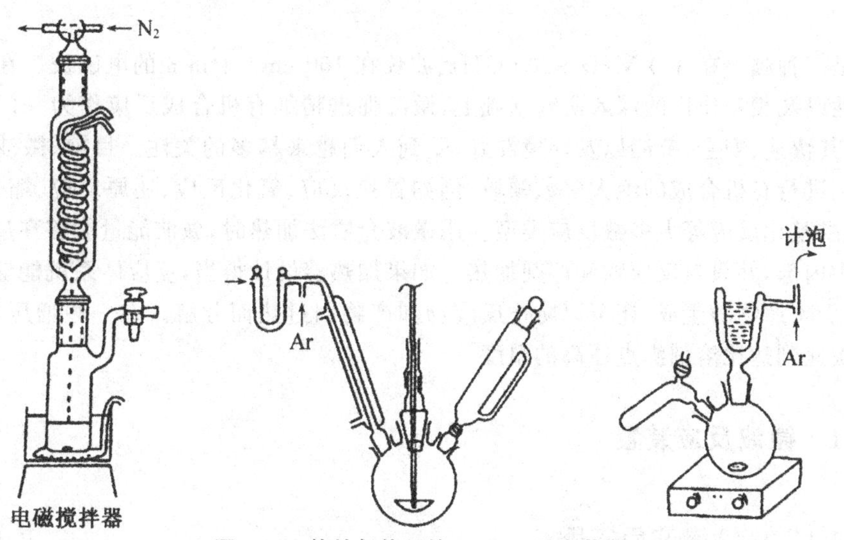

图 13-7　惰性气体下的 Schlenk 反应装置

“三针法”反应装置一般用于半微量实验中电磁搅拌的常温或低温反应，如图 13-8 所示，插在反应管口橡皮塞上的三根针头，其中两根针头用于惰性气体的导入和导出，第三根用于通过注射器加料。

"气球法"反应装置通常在橡胶气球上扎上注射针后通入惰性气体,通过反应瓶的隔膜橡胶塞插入反应瓶内,利用惰性气体对反应体系加压(图 13-9)。此外,橡胶的弹性可以适应体系内一定的压力变化,相应增加了实验的安全性。

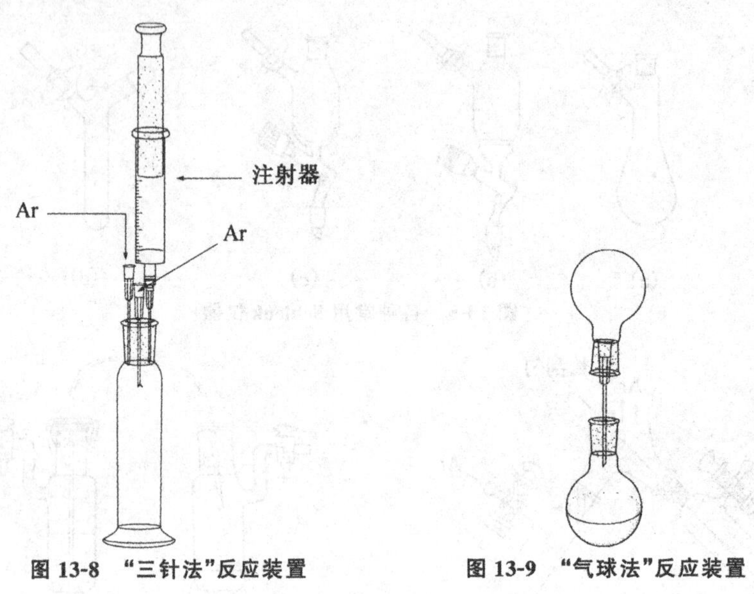

图 13-8 "三针法"反应装置　　图 13-9 "气球法"反应装置

13.3 微波催化技术

微波是一种频率在 300 MHz～300 GHz、波长在 100 cm～1 mm 的电磁波。在对微波中的物质特性以及相互作用的深入研究基础上,微波促进精细有机合成反应作为一门交叉性前沿学科,因其快速、安全、节能以及环境友好,受到人们越来越多的关注。目前,微波技术已经成功应用到进行有机合成的绝大多数领域,例如置换反应、氧化反应、还原反应、缩合反应、烷基化反应、酰基化反应等大多数反应类型。用微波介质法加热时,微波能量能够穿过容器直接进入反应物内部,并只对反应物和溶剂加热。如果加热器设计得当,反应体系就能够被均匀加热,从而减少副产物的生成,还可以防止反应物和产物因过热而分解。在一些增压体系中,也可以实现快速到达比溶剂沸点还高的温度。

13.3.1 微波反应装置

13.3.1.1 连续微波反应器

目前,大部分利用微波催化技术进行的有机化学反应都是在家用微波炉内完成的。人们对微波炉加以改造,设计出可以进行回流操作的微波反应装置。这种改造比较简单,在家用微波炉的侧面或顶部打孔,插入玻璃管同反应器连接,在反应器上插上冷凝管(外露),用水冷却。为了防止微波泄漏,一般要在炉外打孔处连接一定直径和长度的金属管进行保护。回流微波反应器的发明，使得常压下在容器中进行的反应变得安全，并且可以采用聚四氟乙烯材质的输入管进行惰性气体保护反应，这对于金属有机反应具有一定的意义。

许多有机化学工作者发现，对于普通的微波反应装置，只有在反应物量小的情况下，微波才显著促进有机化学反应；若反应物量大，则效果明显降低。基于这种原因，设计出了连续微波反应器(Microwave Reactor)。以澳大利亚 CSIR0 公司设计的 CSIR0 连续微波反应器为例，其设计原理如图 13-10 所示，反应物经压力泵压入反应管 5，达到所需反应时间后流出微波腔 4，经交换器 7 降温后流入产物储存槽 10。

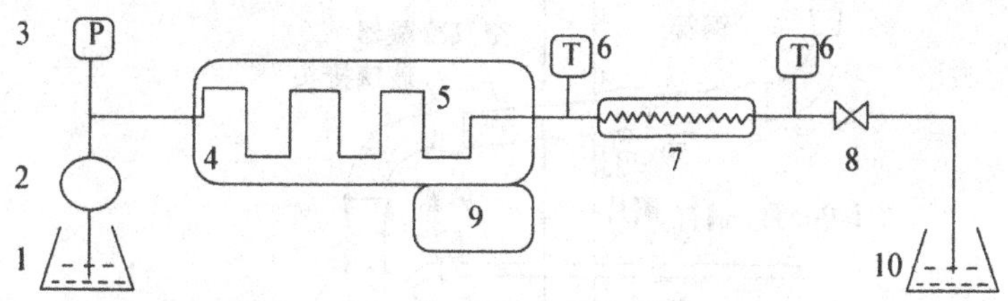

图 13-10　连续微波反应器

1—待压入的反应物；2—泵流量计；3—压力转换器；4—微波腔；
5—反应管；6—温度检测器；7—热交换器；8—压力调节器；9—微波程序控制器；10—产物储存槽

连续微波反应器可以大大改善实验规模，它的出现使得微波反应技术最终应用于工业生产成为可能。有些连续反应器还可以进行高压反应，但目前只能应用于低黏度体系的液相反应，对固相反应以及固液混合体系不能使用。

13.3.1.2　微波反应容器

一般来说，微波对物质的加热作用是“内加热”，升温速度十分迅速，在密闭体系进行的反应很容易发生爆裂，对于密闭容器，需要承受特定的压力。耐压的微波反应容器种类较多，如 Dagharst 和 Mingos 设计的 Pyrex 反应器可耐压 8.1 MPa，澳大利亚 CSIR0 公司的微波间歇式反应器，可以在 260℃，1.01×10^7 Pa 状态下进行反应。对于非封闭体系的反应，如敞口反应，对容器的要求不是很严格，一般采用玻璃材料反应器，如烧杯、烧瓶、锥形瓶等。另外，根据反应动力学研究的需要，当需要检测反应时的温度和压力时，反应器除采用耐压材料外，还要安装一些检测温度和压力的辅助系统。对于温度的检测方法，较为常用的是安装经聚四氟乙烯绝缘的热电偶，也有采用气体温度计、光学纤维检测器、红外高温检测器等方法来测定反应温度。有些微波反应器还加入了一种附带载荷，其目的是吸收反应物未能吸收的过剩能量，防止电弧出现而破坏微波反应装置。总之，用于有机化学反应的微波装置，逐渐朝着自动化程度高、安全、检测手段更完善的方向发展。

13.3.1.3　微波常压反应装置

为了使微波常压有机合成反应在安全可靠和操作方便的条件下进行，伦敦帝国理工学院的 Mingos 对家用微波炉进行了改造，如图 13-11 所示。在微波炉壁上开了一个小孔，将冷凝管置于微波炉炉腔外侧，装有溶液的圆底烧瓶经过一个玻璃接头与冷凝管相连，后者穿过铆接在微波炉侧的铜管接到炉外的水冷凝管上。微波快速加热时，溶液在这种装置中进行回流。在下侧面有一聚四氟乙烯管与反应容器相连，通过此管可为反应瓶提供惰性气体，从而对反应体系起到保护作用。

微波常压合成技术的出现，大大推动了微波合成技术的发展。与密闭技术相比，常压技术采用的装置简单、方便、安全，适用于大多数微波有机合成反应。

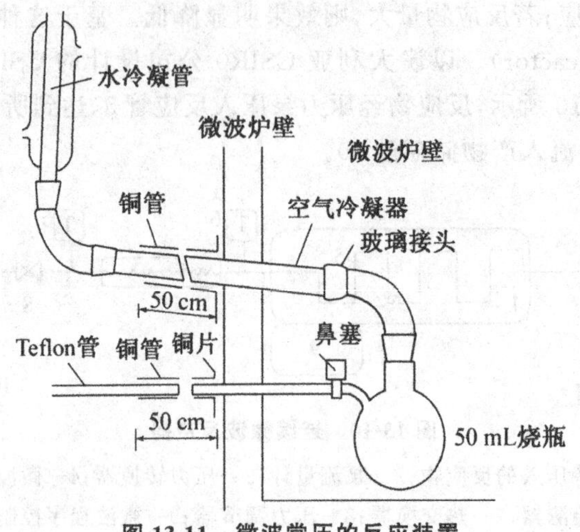

图 13-11　微波常压的反应装置

13.3.1.4　微波干法反应装置

在微波常压技术发展的同时，英国科学家 Villemin 等发明了微波干法合成技术。反应容器置于微波炉中心，聚四氟乙烯管从反应容器的底部伸出微波炉外与惰性气源相连，当在微波辐射下发生反应时，惰性气流吹进反应瓶底部起到搅拌作用；当反应结束时，聚四氟乙烯管又可与真空泵相连接，将反应生成的液体吸走，使用此类反应装置可以合成一些常规方法难以合成的多肽(图 13-12)。

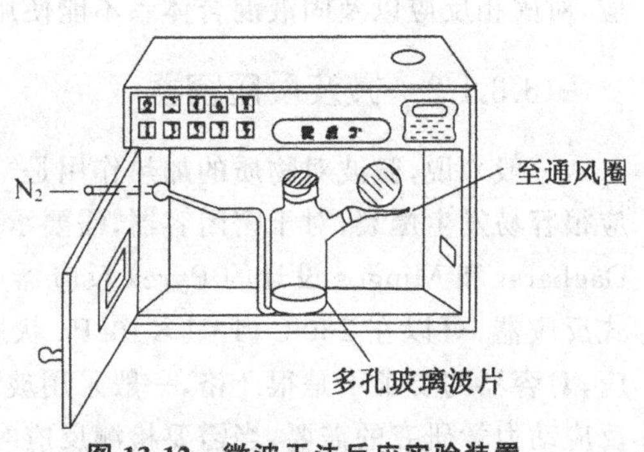

图 13-12　微波干法反应实验装置

13.3.1.5　微波密闭反应装置

微波密闭合成反应技术是指将装有反应物的密闭反应器置于微波源中，启动微波，反应结束后，冷却至室温再进行产物的纯化分离(图 13-13)。它实际上是一种在相对高温高压下进行的反应。该方法的特点是能使反应体系瞬间获得高温高压，因而反应速率大大提高。但这一技术的安全性较差，且不易控制。因而该技术对于挥发性不大的反应体系，可采用密闭合成反应技术。该技术已成功用于甲苯氧化、苯甲酸甲酯化等。

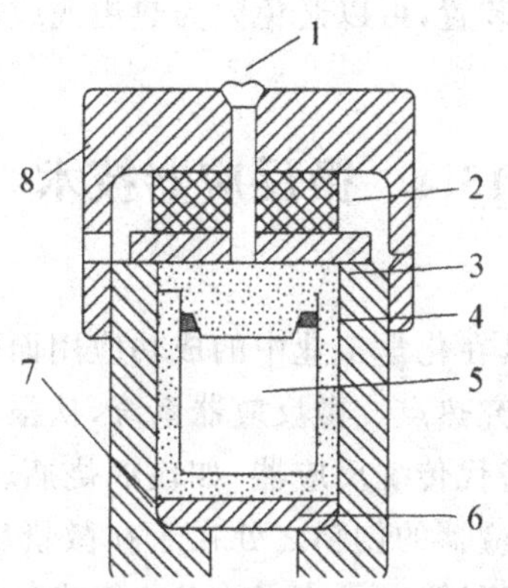

图 13-13 可调节反应釜内压力的微波干法反应装置

1—聚四氟乙烯螺帽;2—减压盘;3—聚四氟乙烯帽;4—聚四氟乙烯环形垫圈;
5—聚四氟乙烯反应容器;6—底盘;7—反应器外套;8—环形螺帽

密闭的反应容器通常使用聚四氟乙烯材料或玻璃器皿外面包上一层抗变形的投射微波的特殊材料。为了对反应进行控制和监测,Mingos 等人设计了可以调节反应釜内压力的密封罐式反应器。反应时将反应物装入 5 内,当反应体系的压力增大时,通过由橡胶做成的减压盘 2 使得压力减小,从而使体系内部的温度也得到控制。3 和 4 均起到密封反应体系的作用,6 起到支撑反应容器的作用,同时因其由质地较软的物质制成,对体系压力可起到缓冲作用,8 为整个装置的上盖,起到密闭和防止反应物逸出的作用。

13.3.2 微波促进的合成技术

13.3.2.1 “无溶剂”反应

大多数微波促进的化学反应,都是使用家用微波炉来进行的,但由于在家用微波炉中进行有机合成并不能得到很好的控制,为了避免事故的发生可以不使用溶剂,让反应在黏土、氧化铝和硅酸盐等固相中进行,称为“无溶剂反应”,这一技术在有机合成中得到了广泛应用。

“无溶剂反应”技术是非常环境友好的,它避免使用有机溶剂并且操作简便,但是此类反应在反应物的预处理以及后处理过程中经常要用到溶剂,如果固体支撑物能够作为一个反应物参与反应,并且在反应之后仅仅用过滤就能除去,操作会大大简便。经过研究,通过改变固体支撑物的性质,可以将其应用于“无溶剂反应”中,这一技术具有很多优点,可以提高操作安全,避免低沸点溶剂在加热过程中出现压强增大。

13.3.2.2 回流以及加压反应

有机反应过程中,经常用到回流反应,经过改造的家用微波炉以及一些新型的微波反应器都可用于微波促进的回流反应,增加了回流系统后,反应体系与大气相连可以排除易燃气体,避免发生爆炸。此外,反应温度也不会比溶剂的正常沸点高很多,过热效应还可以在某种程度上加快反应速率,而不会出现因过热而导致的副反应发生。

现代化的用于有机合成的微波加热设备还可以实现加压下的微波反应,该类反应器都安装了较好的温度控制和压力测量装置,可以避免因为热逃逸或加热不够而导致的实验失败。

13.4 微反应器技术

近年来,微反应器技术由于其在化学工业中的成功应用而引起越来越广泛的关注,并逐渐成为国际精细化工技术领域的研究热点。微反应器系统,从根本上讲,是一种建立在连续流动基础上的微管道式反应器,用以替代传统反应器,如玻璃烧瓶、漏斗以及工业级有机合成上的常规反应锅等批次反应器。微反应器的创新之处在于在微量反应器中,有大量的以微电子精密机械加工技术制作的微型反应通道(通常直径为几十微米),这些通道具有极大的比表面积,极大的换热效率和混合效率,从而使有机合成反应的微观状态得以精密控制,为提高反应收率以及选择性提供了可能。微反应器另一创新之处在于以连续式反应(Continuous Flow)代替批次反应(batchmode),这就使精确控制反应物的停留时间成为可能。

13.4.1 微反应器适合的反应类型

据统计,在精细化工反应中,大约有 20%的反应可以通过采用微反应器,在收率、选择性或安全性等方面得到提高。微反应器显然并非适用于所有类型化学反应,它的优势集中体现在以下几类反应中。

(1)放热剧烈的反应

微反应器由于能够及时导出热量,对反应温度实现精确控制,消除局部过热,显著提高反应的收率和选择性。

(2)反应物或产物不稳定的反应

某些反应物或生成的产物不稳定,在反应器中停留时间长会分解,导致收率的下降。微反应器系统是连续流动式的,而且可以精确控制反应物停留的时间。

(3)对反应物配比要求严格的快速反应

某些反应对配比要求很严格,微反应器系统可以瞬间达到均匀混合,避免局部过量,使副产物减少到最低。

(4)危险化学反应以及高温高压反应

对某些难以控制的化学反应,微反应器有两个优势:反应热可以很快导出,反应温度可以有效控制在安全范围内;由于反应为连续流动反应,在线的化学品量极少,造成的危害小。

(5)产物颗粒均匀分布的反应

由于微反应器能实现瞬间混合,对于形成沉淀的反应,颗粒的形成、晶体生长的时间是基本一致的,因此得到颗粒的粒径有窄分布的特点。对于某些聚合反应,有可能得到聚合度窄分布的产品。

13.4.2 微反应器的特殊用途

(1)小试工艺直接放大

精细化工多数使用间歇式反应器，由于传质传热效率的不同，合理化工艺路线的确定时间相对比较长，一般都是采用“小试—中试—工业化生产”这一流程。利用微反应器技术进行生产时，工艺放大不是通过增大微通道的特征尺寸，而是通过增加微通道的数量来实现的。所以小试最佳反应条件不需要做任何改变就可以直接进入生产，因此不存在常规反应器的放大难题，这样就大幅度缩短了产品由实验室到市场的时间，这一点对于制药行业，意义极其重大。

(2)精确控制反应温度

极大的比表面积决定了微反应器有极大的换热效率，即使是反应中瞬间释放出大量热量，也可以及时吸收热量，维持反应温度不超出设定值。而对于强放热反应，常规反应器中由于混合速率及换热效率不够高，常常会出现局部过热现象。而局部过热往往导致副产物生成，从而使收率和选择性下降。在精细化工生产中，剧烈反应产生的大量热量如果不能及时导出，就会导致冲料事故甚至发生爆炸。

(3)精确控制反应时间

常规的反应釜，为防止反应过于剧烈造成的影响，通常采用逐渐滴加反应物的操作方法，这样就造成先滴加的反应物在反应体系中停留时间过长，对于某些反应可能会导致副产物的增多。微反应器技术采取的是微观通道中的连续流动反应，可以精确控制物料在反应条件下停留的时间。达到反应时间后就立即出料并终止反应，这样就有效减少了因反应时间过长而导致的副产物生成。

(4)精确快速混合物料

对于那些对反应物配比要求很精确的快速反应，如果搅拌不充分，就会在局部出现配比过量，容易产生副产物，这一现象在常规反应器中几乎无法避免，而微反应器系统的反应通道一般只有数十微米，可以精确地按配比混合，避免副产物生成。

(5)可操作性以及安全性

微反应器是密闭的微管式反应器，在高效微换热器的帮助下实现精确的温度控制，它的制作材料可以用各种高强度耐腐蚀材料，因此可以轻松实现高温、低温、高压等反应。另外，由于是连续流动反应，虽然反应器体积很小，产量却完全可以达到常规反应器的水平。

由于对反应温度、压力等条件的精确控制，最大程度地减少了安全事故和质量事故发生的可能。与常规反应不同，微反应器采用连续流动反应，反应器中停留的化学品数量很少，即使在设备失控的状态下，危害程度也非常有限。

13.4.3 微反应器的应用实例

有机硼化合物是有机合成中一类重要的化合物，在医药和农药合成中有重要用途，可以通过 Suzuki 偶联反应合成很多有价值的分子。使用 Grignard 试剂制备有机硼化合物的反应速度很快，反应放热剧烈，若反应温度过高就会出现副产物。反应方程式如下：其中 R1、R2 是反应物；P1 是产品；I1～I4 是过渡态中间体，C1、C2 分别是二取代和三取代产物，S1～S5 是各种途径产生的其他副产物。

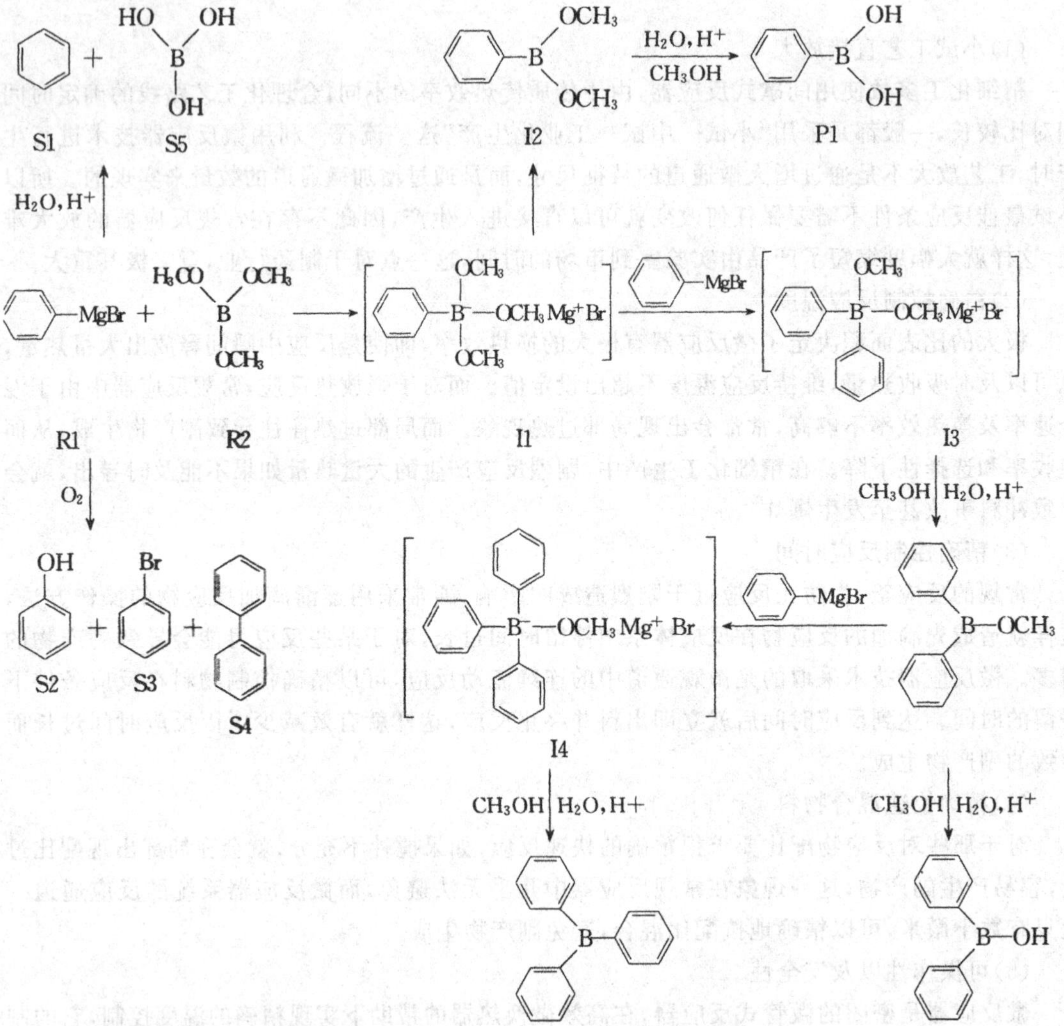

为了抑制副产物的生成，提高产品的产率，工业上采用的方法如下。

①原料硼酸酯大大过量。

②反应在－35～－55℃的低温下进行。

③由于反应放热比较剧烈，长时间缓慢逐渐滴加反应物。

由此可见，该反应的经济性较差，并且工业上操作较为烦琐。

用微反应器对该反应进行了研究，在温度 20℃时的小试反应中，微反应器收率比常规反应器提高 12%左右；实验还表明微反应器在 50℃条件下取得了和 20℃几乎相同的收率，这在常规反应器中是不可能实现的；而中试生产中，在温度－10℃时，收率达到理想的 89.2%。

微反应器尽管有诸多优势，但作为一种新技术，仍然有很多问题需要解决。其中最严重的问题是：堵塞和腐蚀。对于堵塞，由于微通道直径非常小，反应原料中含有固体的反应就很难操作。因此微反应器主要还是用于液液反应和气液反应。对于多相催化反应，尽管目前已经有很多研究进展，但离工业化似乎还有一段距离。腐蚀问题对微反应器来说是最大的问题，数十微米的腐蚀对常规反应器丝毫不构成威胁，而对微反应器就是致命性的伤害。因此，微反应器的使用时，必须考虑到材质是否耐反应物料腐蚀的问题。

参考文献

[1]王利民,邹刚.精细有机合成[M].上海:华东理工大学出版社,2012.

[2]李克华,李建波.精细有机合成[M].北京:石油工业出版社,2007.

[3]唐培堃,冯亚青,王世荣.精细有机合成工艺学(简明版)[M].北京:化学工业出版社,2011.

[4]薛叙明.精细有机合成技术[M].第二版.北京:化学工业出版社,2009.

[5]吕亮.精细有机合成单元反应[M].北京:化学工业出版社,2012.

[6]俞马金,崔凯.精细有机合成化学与工艺学[M].南京:南京大学出版社,2015.

[7]唐培堃,冯亚青.精细有机合成化学与工艺学[M].第二版.北京:化学工业出版社,2006.

[8]王建新.精细有机合成[M].北京:中国轻工业出版社,2006.

[9]郝素娥.精细有机合成单元反应与合成设计[M].哈尔滨:哈尔滨工业大学出版社,2008.

[10]赵地顺.精细有机合成原理及应用[M].北京:化学工业出版社,2009.

[11]杨黎明,陈捷.精细有机合成实验[M].北京:中国石化出版社,2011.

[12]张大国.精细有机单元反应合成技术手册[M].北京:化学工业出版社,2014.

[13]张大国.精细有机单元反应合成技术:还原反应及其实例[M].北京:化学工业出版社,2009.

[14]张铸勇.精细有机合成单元反应[M].上海:华东理工大学出版社,2003.

[15]林峰.精细有机合成技术[M].北京:科学出版社,2009.

[16]张招贵.精细有机合成与设计[M].北京:化学工业出版社,2003.

[17]蒋登高,章亚东,周彩荣.精细有机合成反应及工艺[M].北京:化学工业出版社,2001.

[18]张友兰.有机精细化学品合成及应用实验[M].北京:化学工业出版社,2005.

[19]王剑波等.有机合成——策略与控制[M].北京:科学出版社,2017.

[20]孙昌俊,孙凤云.氧化反应原理[M].北京:化学工业出版社,2017.

[21]孙昌俊,刘少杰,李文保.有机环合反应原理与应用[M].北京:化学工业出版社,2016.

[22]胡跃飞.现代有机合成试剂——氧化反应试剂[M].北京:化学工业出版社,2011.

[23]陆国元.有机反应与有机合成[M].北京:科学出版社,2017.

[24]孔祥文.基础有机合成反应[M].北京:化学工业出版社,2014.

[25]纪顺俊,史达清等.现代有机合成新技术[M].2 版.北京:化学工业出版社,2014.

[26]朱彬.有机合成[M].成都:西南交通大学出版社,2014.

[27]王乃兴.天然产物全合成——策略、切断和剖析[M].2 版.北京:科学出版社,2014.

[28]赵德明.有机合成工艺[M].杭州:浙江大学出版社,2012.
[29]徐克勋.精细有机化工原料及中间体手册[M].北京:化学工业出版社,1998.
[30]马军营,任运来等.有机合成化学与路线设计策略[M].北京:科学出版社,2008.
[31]田铁牛.有机合成单元过程[M].北京:化学工业出版社,2010.